U0822206

乾隆花园研究与保护

符望阁（上）

Qianlong Garden Research and Conservation

Fuwangge (I)

符望阁外景

序

具有88年历史的故宫博物院随着国家的命运几经兴衰，终于迎来了昌盛的时期，88年的博物院比起600年历史的宫殿更具活力和朝气。近年来，国家加大了文物保护工作资金和技术上的投入，但充盈的“钱袋”换来的不应是保护项目中的浮夸和粗制滥造。去除浮躁，以沉稳之心面对每一件文物，是我们每一位文物保护者所应具有的工作态度；应让“尊重历史、崇尚科学”的保护理念深入到每一位文物保护工作者心中。

“文物”之词在中国尚属年轻，文物保护开始较晚，文物、建筑的保护刚刚开始了几十年，梁思成先生在20世纪30年代就开始了文物建筑的研究，但限于各种条件，保护工作尚未开始，历史上的文物修缮仅是修缮工程，还未上升到文化工程，给保护工作留下了不少遗憾。

乾隆花园是故宫内保存最为完整的、具有乾隆时期艺术风格的园林和古建筑群，其精美灿烂的内檐装修是故宫内现存极少的未受当代人为干预的宫廷原状遗存，蕴含着大量真实的历史信息，其保护措施和修复方案的制定必须建立在系统而科学的前期调研基础上。符望阁前期调研记录完成建筑勘察、档案整理、遗迹调查，以及内檐装修各种工艺的调查和实验分析，汇集成册，非常重要。乾隆花园保护项目秉承“保护为主、抢救第一”的方针，最大限度地遵从历史原状，保留历史信息，将给后人留下极为宝贵的历史财富。

乾隆花园保护工作伊始就已制定了环境控制和展览展示方案，并进行了大量的现场遗存和文物库房调查，使保护修缮方向明确、有的放矢。多年来，古建筑保护形成了仅就建筑本体进行维修的设计和管理模式，使设计、维修、保护、展陈、导览等方面相互脱节，从而忽视了建筑本体与内檐装修、室内文物与室内环境、室内陈设与开放组织的相互关系。如何全面了解古建筑以及古建筑内部所有的历史信息，如何使保护修复后的古建筑更利于文物的健康生存，如何为展览展示提供更为安全合理的解决方案，是在保护前就应解决的问题。还文物以尊严，给文物以生命，属于建筑内部的文物理应回到它的归属地去。合理利用和展示，是遗产地和博物馆建设所肩负的双重责任。

多年来，故宫博物院与美国世界建筑文物保护基金会（简称WMF）建立了长期稳定的多学科合作的平台。2003年以来，来自世界各地的顶级专家共同服务于乾隆花园保护工作，专业领域涉及宫廷历史、文物修复、环境控制、微生物防治、显微分析等众多方面，不同信息的分析与叠加将会使历史信息得以更加充分和完整的展示。工作全过程的详细记录和调研报告的编辑整理，是保护工作至关重要的环节。我们不仅要注重实践，更要注重总结。《符望阁》的出版，在文物建筑保护领域中起到了良好的示范作用。不仅如此，我们还要鼓励用中英文出版调研报告和工程报告，继续扩大媒体传播，让更多的人理解和支持我们的工作。

单霁翔

2013年4月

Preface

The Palace Museum has been rising and falling with the destiny of the country since its establishment in 1925. It is fairly a young museum with 88 years of history, quite energetic and vigorous, to compare with the Forbidden City with 600-year history. Government has taken great efforts in fund and technology for cultural heritage conservation in the recent years, but the substantial fund shouldn't be resulted in exaggerated and shoddy conservation projects. Therefore, it is conservators' essential attitude toward their work, facing each cultural heritage with calm and peace, rather than impetuosity. That is, let the concept of "respecting history, admiring science" stay deep into one's heart.

The term "cultural heritage" is new to China. Heritage conservation started comparatively late, and architectural conservation did only a few decades ago. Mr. LIANG Sicheng began to study the Chinese historic architecture in 1930s, however, conservation work failed to launch because of various condition. Historic architecture had been repaired when necessary, yet conservation work was not promoted to a view of culture, hence, historic message could hardly be remained.

Qianlong (the Palace of Tranquility and Longevity)Garden is the most complete architectural complex remained in the Forbidden City with gardening of Qianlong period artistic style. The exquisite interior decorations extant are rarely found so far that present the original display of that time and have not been intervened by contemporary people, which carry large amount of original and historical information, that is why the conservation measures and repair plan must be made in accordance with a systematic and scientific prophase investigation. Fuwangge is, then, accomplished through architectural survey, archival sorting out, remains collation, and art crafts exploration of interior decorations, together with serious of experimental analysis. Qianlong Garden Conservation Project adheres the guideline"protect mainly, and rescue first", comply with the original state and retain the historic information to the greatest extent so as to leave the precious treasure to following generations.

At the very beginning of Qianlong Garden Conservation Project, a master plan was drawn up for climate control, interpretation and display; meanwhile, investigation of on-site remains and relic in storage was undertaken to ensure the repair under control and approach the goal. However, architecture repair in the past has focused merely on design and management of the building itself, and design, repair, conservation, display, interpretation, and so on are unrelated to each other, ignored the connection among the building and interior decorations, indoor relics, environment, display and visiting organization. How can the heritage architecture ensure cultural relics remain properly after conservation? How can a plan provide exhibition and display a safe environment? A problem must be resolved before repair. The cultural relics, in this case, deserve respect, endowed renewal, and eventually go back to the building of their ascription. Reasonable application and display are the double responsibility of heritage site and museum should shoulder.

The collaboration between the Palace Museum (PM) and the World Monuments Fund (WMF) was set up on the basis of multi-science cooperation. World-class experts from WMF and PM are involved in the field of palace history, cultural relics conservation, climate control, microbial control, microscopic analysis, and so on, a variety of information collection and overlapping integrate historic message and display. Documentation of the whole procedure and collection of the investigation are a crucial step to the entire conservation project. We devote to not only conservation practice but also summarization. The publishing of *Fuwangge* (Investigation and Documentation) sets an example in the field of architectural conservation. What's more, project report in Chinese and English as well is to be encouraged to publish, and media propagation should also be enforced in order to be understood and supported.

Shan Jixiang

(Director of the Palace Museum)

April 2013

前言一

世界遗产因其具有超越国界的重要性和价值，即“突出普遍价值”而被列入《世界遗产名录》。保护遗产的价值是所有保护工作的基础。

多年来，基于价值的保护得到越来越多的认同，不论是保护管理规划的制订、修改，文化遗产影响评估和预防性保护的开展，还是具体保护工程方案的编制、审核，遗产阐释和展示，环境整治方案的设计、实施等，始终注重所有决策都以价值评估为前提。在此基础上，我们应把价值评估工作做深、做细，分清每个组成部分具体支撑了哪些遗产价值。这样才能判定哪些干预是允许的，可以干预到什么程度，而哪些干预是绝对不允许的，从而科学规划，合理分配资源，达到保护与利用共生共济的目的。

保护文化遗产的历史真实性和完整性，全面继承它的文化价值，是文化遗产保护的永恒主题。要实现这个主题，首先要确定保护工作的程序。《中国文物古迹保护准则》规定，文物古迹的保护工作总体上分为六步，依次是文物调查、评估、确定各级保护单位、制订保护规划、实施保护规划、定期检查规划。《乾隆花园保护规划》根据乾隆花园的情况，编排了这样一个程序：查阅历史文献，调研原有结构，编写报告；提出保护目标和对策；编制总体规划；编制行动计划；为实施程序的全过程进行培训和教育。

在总结倦勤斋保护项目经验的基础上，乾隆花园保护项目办公室以符望阁为先导，摸索和开创了对故宫内檐装修、装饰进行调研记录的方法。全面保护内檐装修是一个新课题，如何调研并准确记录它们也是前人没有做，而保护前必须完成的任务。符望阁前期调研报告为每一种类型的内檐装修设计了图例，规范了残损等级，评述了各类工艺特征，对各类装饰材料进行了分析检测，对环境进行了监测评估，特别是初步建立了内檐装修信息采集、存档和管理数据平台，各专业的调研、评估，为实施保护打下了坚实基础。

随着当今世界各国文物保护事业的交流发展，随着科学技术的突飞猛进，强化保护理念，建立方法标准，把传统技术与文物保护理念很好地结合起来，是我们文物保护工作努力的方向，我们愿为此做有益的尝试。

《乾隆花园研究与保护》系列图书，紧紧围绕乾隆花园保护项目的前期调研记录、科技保护修复工作整理编辑成册，按建筑序列分期出版。

《符望阁》（上）为符望阁整体保护工程的前期调研记录；随着修复工作的完成，记录符望阁保护修复过程的《符望阁》（下）也将与读者见面。

王时伟

2013 年 5 月

Introduction I

World Heritage Sites, due to their "exceptional universal value", are recorded in List of World Cultural Heritage, regarded as significant and valuable beyond borders. It is foundemental to preserve their overall value.

Conserving the value of heritage has been increasingly identified in the recent years, and the determinations based on conservation take value assessment as precondition no matter they are formulation, modification of the conservation managememt plan, assessment of heritage influence , the development of preventive conservation, or establishment, verification of the specific conservation protocol, heritage interpretation and display, environment remediation design and implementation. Therefore, more effort should be made on value assessment toward each part of the heritage with care and in detail. As a result, what is allowed to intervent and to what extent must be decided in accordiance with scientific planning and resources distribution in order to reach the mutual benefit of conservation and application.

It is an eternal theme in the protection of cultural heritages to preserve the historical authenticity and integrity, that is, to inherit the cultural value comprehensively. In order to achieve this aim, conservation process must be defined at the first place. Principles for the Conservation of Heritage Sites in China involves six steps undertaken in order, they are identification and investigation, assessment, formal proclamation as an officially protected site and determination of its classification, preparation of a conservation master plan, implementation of the conservation master plan, and periodic review of the master. The Master Plan for Qianlong Garden Conservation is drafted accordingly: consulting historical documents, research on the original structures, and work out a report, put forward the objectives of and measures for protection, develop an overall plan, and carry out training and education for undertaking the whole process.

On the basis of conservation experience on Juanqinzhai, Qianlong Garden Conservation Project Office takes Fuwangge as the forerunner, starting a creative method for documentation on interior decorations. All around architectural interior conservation is a new topic and the method to precisely investigate and document them is a challenge that has never been explored by elder generations, so it is an assignment we must complete before conservation. *Fuwangge Investigation Report* designs legends for each interior decoration, defines levels of deterioration, reviews the conservation techniques, analyzes the decorative materials, monitors and assesses the environment. More importantly, we established the data base to collect, document and manage the information on interior decorations, laying a solid foundation for the subsequent conservation work.

With the development of technical communication among countries and the rapid advancement of the scientific technology, our goal is to strengthen the concept, standardize conservation method and better combine the traditional technique with modern conservation concept.

Investigation and documentation as prephase of the Project is part of the series of *Qianlong Garden Conservation*, scientific conservation and restoration is to be compiled and published in accordance with the proceeding of each architectural conservation.

Fuwangge (Investigation and Documentation) is Part I of the book series, while Part II, *Fuwangge* (Conservation), will be published when the conservation of this building is accomplished.

Wang Shiwei

May 2013

前言二

故宫博物院与美国世界建筑文物保护基金会（简称WMF）合作保护乾隆花园以来，符望阁建筑及其装修保护便开启了国际合作保护项目的一个窗口。

符望阁是乾隆花园中体量最大、内檐装修最奢华的建筑，位于花园的第四进院。其室内结构复杂，装修材料繁多，因此对它的保护将不仅仅使此建筑受益，还将有益于乾隆花园的其他建筑。

在符望阁的保护过程中，在WMF资助人的大力支持下，我们和故宫博物院合作在院内创办了"家具与内檐装修保护培训中心"。培训项目充分利用符望阁和其他建筑丰富的装修材料进行实验保护，以传统工艺与现代科学保护方法相结合为核心，以大力提高故宫博物院及中国其他地方古建筑和内檐装修专业保护技能为宗旨。另外，故宫博物院与WMF合作培训模式将不仅有益于乾隆花园项目，还将有益于未来的文物保护事业。第一期培训学员的系统学习成果如今已经投入到了符望阁和乾隆花园其它建筑的保护工作之中。

当故宫博物院与WMF2003年协议合作保护整体乾隆花园时，便制定了乾隆花园整体保护阶段性实施方案，即按照院落逐步向前推进。目的是对前一阶段的保护工作进行评估，扬长避短，更好地保护下一座建筑。

自2008年倦勤斋保护完成后，故宫博物院与WMF按照乾隆花园整体保护方案第一阶段的计划，开始了符望阁的修复工程。这次我们继续采取中外对口专家结对的方式，即故宫博物院专家与WMF的国际专家分别对各自专业领域如文物保护、保护科学、参观导览和环境控制领域展开合作。总结倦勤斋保护工程的经验，除了对现场环境评估、记录和研究外，很快又遇到了其他保护难题，因此根据项目的需要我们增加了病虫害防治和漆器保护专家。

倦勤斋有两个主要修复主题，即古代珍贵木材装修工艺以及独特的欧式风格丝质通景画。然而，符望阁有大量罕见的材料需要修复，这些材料包括百宝嵌大漆装饰、嵌螺钿大漆装饰以及历史来源不详的织物。

这些珍贵材料通常用于较小器物的装饰，而在符望阁中却被大范围用在建筑内檐装修中。这些材料的修复方法需要将材料的传统修复方式与建筑及结构的修复技艺相结合。

在制定修复方法的过程中，故宫博物院与WMF工作组意识到仅仅依靠科学分析及传统工艺研究是不够的。例如，符望阁南面明间有一种如刺绣一样十分精致的织物，我们对其每层的结构进行了一系列分析，并请故宫博物院的专家同时对其历史来源及制作技艺进行研究之后，得知这种织物被称作"漆纱"，这种材料源自于宋代大臣的乌纱帽。这种深入的前期调查研究对于未来修复方案的制定、材料的保存及复制起至关重要的作用。

符望阁的修复工作对于现代文物保护工作者以及研究古代技艺的历史学家来讲既是激励、启发，更是挑战。同时，这项修复工程使文物保护工作者与历史学家之间的合作更加紧密，甚至使他们之间的依赖性更强。这种合作会随着工程进展不断加深，并会成为符望阁修复项目宝贵的财富。

世界建筑文物保护基金会执行副总裁

伍子兴

2013年5月

Introduction II

The conservation of Fuwangge (FWG) in the Forbidden City provides a clear window into how the international cooperation between the Palace Museum (PM) and World Monuments Fund (WMF) to restore the Qianlong Garden is organized and how it benefits both the immediate and long-term conservation of the Garden and its historic interiors.

Fuwangge (FWG), the Belvedere of Viewing Achievements, is located in the fourth courtyard and is the largest and most lavishly decorated interior in the Qianlong Garden. It has a highly complex and sophisticated interior design program and it is not surprising that the conservation solutions developed for FWG would have benefits beyond this one building.

During the restoration of Fuwangge, we were inspired to create CRAFT (Conservation Resources for Architectural Interiors/Furniture, and Training) in the Forbidden City with the support of an international patron of WMF and matching support from the Palace Museum. This conservation-training program uses the rich materials found in Fuwangge and other buildings in the Garden as a learning laboratory. CRAFT is rooted in the project's core value of marrying traditional craftsmanship with modern scientific approaches. It lays the foundation for greatly advancing the level of conservation expertise at other historic sites and interiors within the Forbidden City and elsewhere in China. Further, it gives the work of the PM and WMF an impact that will be felt far beyond the Garden's walls, and long into the future. Participants in the first session of CRAFT are already contributing to the research and implementation of the conservation program for Fuwangge and other buildings in the Garden.

When the Palace Museum and WMF agreed in 2003 to cooperate on the restoration of the entire Qianlong Garden, we adopted a Master Plan that was designed to implement the work in phases – courtyard by courtyard. The intention of this approach was to allow time between phases to evaluate recently completed work and adjust the approach in future phases to take advantage of best practices and the lessons learned as we progress from building to building.

Following the well-received conservation of Juanqinzhai (JQZ), the Studio of Exhaustion from Diligent Service, in 2008, the PM and WMF began the restoration of Fuwangge as part of Phase I of the Qianlong Garden Master Plan. We continued to use the joint system of international experts and Palace Museum counterparts in various specialty areas – objects conservation, conservation science, interpretation, and climate control. We expanded the team when necessary, adding biodegradation and lacquer specialists. We applied the lessons learned in JQZ, including thorough site conditions assessments, documentation, and research, but quickly encountered conservation challenges far beyond those we addressed in JQZ.

While JQZ had largely two types of conservation topics—archaic wood working techniques and a theatre pavilion with unique, European-inspired room sized silk trompe l'oeil murals – FWG had a multitude of new materials requiring conservation. These included layered lacquer with deep stone inlays, lacquer with intricate mother of pearl inlays, and fabrics of mysterious origins.

In addition, these precious materials, usually reserved for small decorative objects, were installed on a grand scale—as parts of architectural elements and surfaces. Conservation required solutions that incorporated standard material conservation with architectural and structural restoration techniques.

During our work on Fuwangge, the Palace Museum/WMF teams learned that reliance on solely scientific analysis or traditional craftsmanship was not sufficient to develop successful conservation solutions. For example, as much as we learned from scientists about the stratification of the layers forming the embroidery-like filigree fabric in the South room of Fuwangge, it took extended and extensive research by the Palace Museum into historic records to identify the origins and technique of what we now call "lacquered gauze" – a material whose origins stem from Song Dynasty scholars' hats. This deeper understanding is essential to future decisions about the conservation, restoration, and/or replication of this material.

Fuwangge delights, enchants, and challenges the modern conservator and historian of ancient techniques equally. Conserving the building has lead to even stronger cooperation –even mutual dependency – between our two types of experts. This alliance continues to deepen, and will be one of the great legacies of the conservation work on Fuwangge.

Henry Tzu Ng

Executive Vice President, World Monuments Fund

May 2013

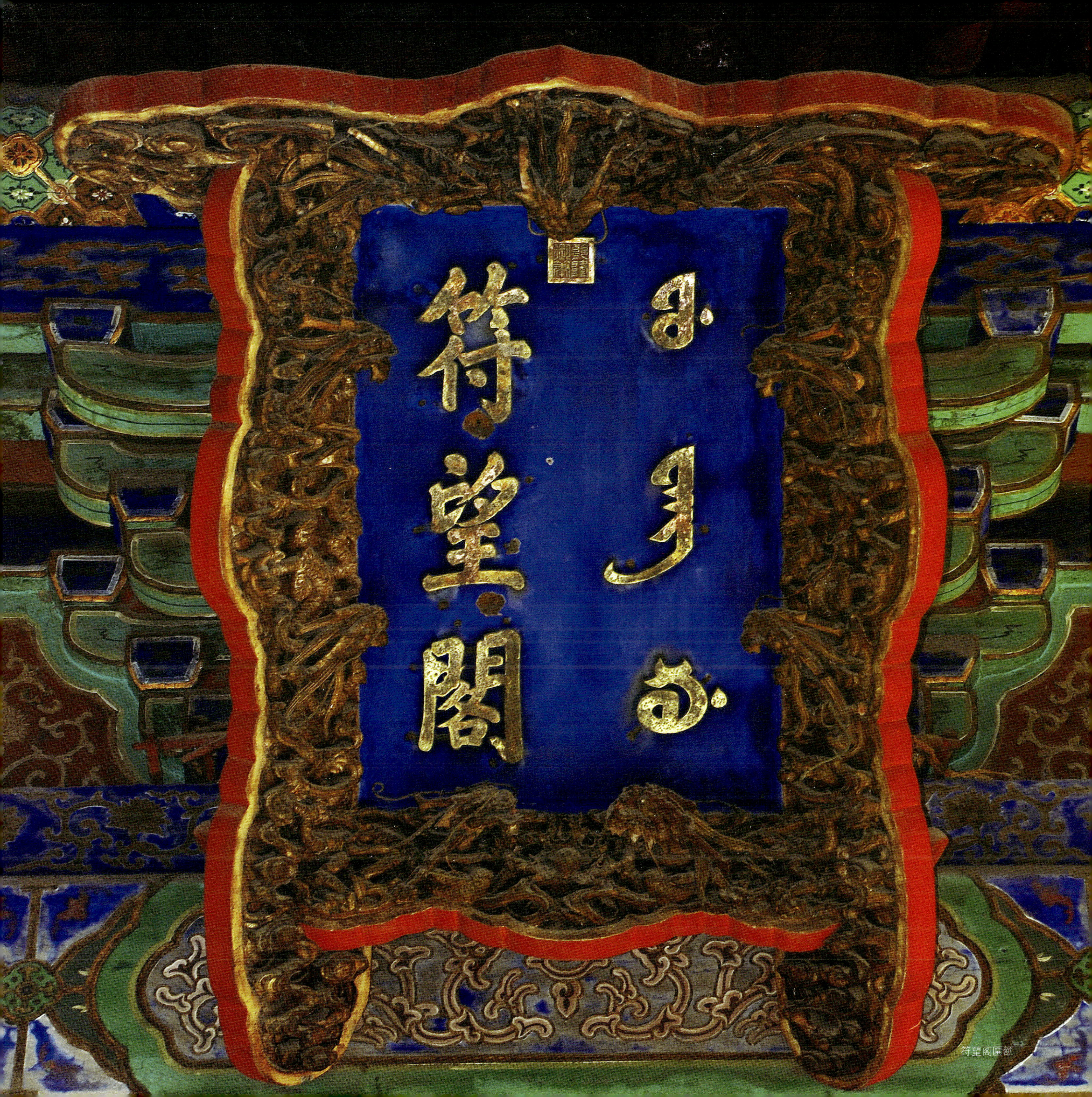

符望阁匾额

从符望阁一层望南部院落

目录

第一章　符望阁与乾隆花园……18

第一节　花园与建筑……19

一　皇帝钟爱的花园……19

二　符望阁——“其诚符我望，惟静候天恩”……26

第二节　符望阁及乾隆花园的缔造者……31

一　花园的主人……31

二　几个重要人物……35

第三节　认识与发现……37

一　时代的辉煌——工艺与材料……37

二　技术的融汇——南方与北方、宫廷与地方……38

三　未曾扰动的历史信息……39

四　技艺与科技的留存……40

第二章　建筑空间结构与保存状况……42

第一节　“迷楼”的空间艺术……43

第二节　二百年间的修缮……47

一　嘉庆朝……47

二　光绪朝……47

三　民国时期……47

四　新中国成立后……47

第三节　如今的健康状况……48

第三章　内檐装修各工艺保存状况……52

第一节　总述……53

一　类型及分布……53
二　符望阁内檐装修的修缮历史……73

第二节　木装修……74

一　木作装修的工艺特征……74
二　木作装修的榫卯形式……78
三　木作装修的题材类别……82
四　木作装修的材料鉴定……84
五　木作装修的保存现状……85
六　木作装修的现状评估……94
七　木作装修的修复建议……96

第三节　漆艺……98

一　符望阁漆艺装修的工艺特征……98
二　符望阁漆艺装修材料及产地……104
三　符望阁漆艺装修的保存现状……105
四　符望阁漆艺装修修复建议……109

第四节　百宝镶嵌……110

一　百宝镶嵌工艺发展历史概述……110
二　符望阁内檐装修百宝镶嵌构件类型及图案题材……110
三　符望阁内檐装修百宝镶嵌材料分析……112
四　符望阁内檐装修百宝镶嵌工艺做法及工艺复原……114
五　符望阁内檐装修百宝镶嵌构件现状调查……116
六　符望阁内檐装修百宝镶嵌修复建议……119

第五节　金属镶嵌……121

一　掐丝珐琅……121
二　铜镏金……134

第六节　丝织品……142

一　符望阁内檐装修丝织品工艺简述……142
二　符望阁内檐装修丝织品保存现状……146
三　符望阁内檐装修丝织品分析检测……150
四　病害分析……159
五　修复建议……162

第七节　书画装裱……163

一　符望阁贴落调查……163
二　符望阁隔扇心调查……173

第八节　室内裱糊……178

一　纸张裱糊工艺在符望阁的应用……178
二　现状残损调查……180
三　修复建议……184

第四章　室内环境监测……186
第一节　符望阁环境现状调查……187
一　环境现状调查与监测的目的及意义……187
二　环境监测布点原则……188
三　环境监测结果的分析与讨论……188
第二节　符望阁光环境保护研究……190
一　实测研究……190
二　模拟研究……192
三　数据分析……194
四　结论……196
第五章　原状陈设研究……198
第一节　不可忽视的“痕迹”……199
一　首层隔墙……200
二　仙楼层隔墙……222
第二节　寻档问物……226
一　乾隆时期符望阁的陈设……226
二　乾隆朝以后符望阁的陈设……228
三　符望阁室内陈设复原的设想……228
第六章　内檐装修的信息采集、存档和管理……232
第一节　信息采集、存档和管理的需求……233
第二节　信息的采集……234
一　工作构架……234
二　勘查记录内容设计……234
三　描述规范化……236
第三节　信息的组织……238
一　信息组织实现方式的选取……238
二　信息组织的层次……239
第四节　项目展望……241
第五节　符望阁内檐装修各工艺残损图解词汇表……242
附录一：符望阁内外檐各项目检测报告……260
附录二：符望阁室内贴落一览表……280
附录三：符望阁相关历史档案……320

Contents

Chapter I: Fuwangge and Qianlong Garden 18

1 Garden and the Architecture 19
2 Creators of Fuwangge and Qianlong Garden 31
3 Understandings and Findings 37

Chapter II: Spatial Structure and Status Quo of the Architecture 42

1 Spatial Art of the "Labyrinth" 43
2 Restoration in the Past 200 Years 47
3 Present Condition 48

Chapter III: Status Quo of the Techniques of the Interior Decorations 52

1 General Description 53
2 Wooden Decorations 74
3 Lacquerwork 98
4 Inlays of Various Materials 110
5 Metal Inlays 121
6 Silk 142
7 Calligraphy and Painting 163
8 Wallpaper 178

Chapter IV: Interior Environmental Monitor 186

1 Status Quo of the Environment in Fuwangge 187
2 Studies on the Light Environment in Fuwangge 190

Chapter V: Studies on Original Display 198

1 "Remains" that cannot be Neglected 199
2 Archival Research 226

Chapter VI: Information Collection, Archiving and Management of the Interior Decorations 232

1 Demand for Information Collection, Archiving and Management 233
2 Information Collection 234
3 Organization of the Information 238
4 Further Assignment of the Project 241
5 Illustration Glossary on the Deterioration of Interior Decoration Techniques in Fuwangge 242

Appendix I: Test Report on Interior and Exterior of Fuwangge 260

Appendix II: Tieluo in Fuwangge 280

Appendix III: Archives on Fuwange 320

符望阁三层内景

回首空尘，万物流转，旧日的辉煌伴着无声的岁月逐渐隐去。今天，当我们再次轻叩历史的门钹，晨曦中，耀眼的光芒又一次照进这座古老的楼阁。拂去轻尘，我们惊喜地发现，往昔的一切依然那么鲜活而富有生机。历史的脉搏依然沉稳而坚实地跳动着，它时刻撞击着我们的心灵。方寸之间，道不尽的离奇人物，说不完的万千事态，就像是一本书、一台戏，窸窣而委婉地向我们诉说着过往的故事。

那么，今天，就让我们循着帝王的足迹，轻触浮尘，慢慢地揭开历史的迷纱吧！

第一章
符望阁与乾隆花园
Chapter I: Fuwangge and Qianlong Garden

【提要】符望阁是故宫乾隆花园中的重要建筑，乾隆花园又是宁寿宫建筑群的精华之处。因此，谈及符望阁，就不能绕过乾隆花园；论及乾隆花园，就必然涉及宁寿宫整个区域；而宁寿宫又与清朝的一位杰出皇帝——乾隆皇帝密不可分。他是这样一位皇帝，他拥有权力者所拥有的一切素质和禀赋：智慧、机谋、坚强和野心；同时，他又是这样一位皇帝，他追求禅道的空灵与虚幻，他崇尚儒者的温文尔雅，他对艺术与技术的追求近乎苛刻。正是这样的品质与人格造就了这样近乎完美且无处不充斥着个人魅力的皇家园林与宫廷陈设，也正是这样登峰造极的技术与艺术带给我们无限的追溯与畅想，她留给我们的是一代帝王和一个时代的辉煌。

Abstract: Fuwangge (The Belvedere of Viewing Achievements) is an important architectural structure in Qianlong Garden (The Garden of the Palace of Tranquility and Longevity), and Qianlong Garden is considered as a masterpiece among the architectural complex in the Forbidden City. Therefore, Qianlong Garden should not be neglected whenever Fuwangge is mentioned, neither should the Qianlong Emperor of Qing Dynasty. On one hand, the Qianlong Emperor owned all the qualities and endowments an Emperor should have; he was wise, witty, firm and ambitious; on the other hand, he pursued the soul of Zen Buddhism and advocated Confucian immortality, and he was harsh in demanding of technology and art. These character and personality resulted in the construction of such exquisite imperial garden which reaches the peak of perfection in technology and art, and remains the wisdom of an emperor and the brilliance of an era.

第一节

花园与建筑

1 Garden and the Architecture

一　皇帝钟爱的花园

六十岁，无论是古人还是今人，当人生完满而充实地走过了一个甲子，的确该好好地庆贺一番，乾隆皇帝也不例外。对于先帝们，六十已算高龄，然而对于精力充沛的乾隆皇帝，似乎正值壮年，踌躇满志，意气风发。当隆重而热烈的六旬大庆过后，为了践行即位之初的诺言，这位皇帝即下令修葺宁寿宫，以作为“禅让”后的优游颐养之所，即太上皇宫。

幼年时的弘历深受祖父康熙皇帝的喜爱和影响，他的一生都对祖父的丰功伟业景仰不已，尊崇备至，甚至自谦地将其作为自己帝业的楷模而不敢超越一步。因而，他在登基之初即声言，如果上天保佑他像其祖父一样在位六十年，他就传位给自己的儿子：“至乾隆六十年（1795 年）乙卯，予寿跻八十有五，即当传位皇子，归政退闲。”[1]

这一年是乾隆三十五年。史上历朝太上皇宫的选址和兴建，基本上都不是由太上皇自己做主，因此所建的太上皇宫规模既小，又无立意与情寄。乾隆皇帝不同，他与李渊、赵佶、赵构、赵昚、朱祁镇不一样，他要按照自己的心意构建一个全新的太上皇宫，这里将承载他六十年来的人生感悟和精神寄托。于是，经过深思熟虑，他把目光停留在了原宁寿宫一带。

宁寿宫位于紫禁城内东北部，原为明代东裕库、仁寿宫旧址，其北部为老年宫妃居住的哕鸾宫、喈凤宫旧址（图 1-1-1）[2]。清康熙二十八年（1689 年）改建成为宁寿宫[3]，为东朝太后之居（图 1-1-2）。也许是看重永宁长寿之意，乾隆皇帝将他的颐养天年之所选在了这里，对原宁寿宫进行大规模的改建。乾隆三十六年（1771 年）工程开始，四十一年新宫建成，历时 5 年，耗银 140 余万两。为了彰显“禅让”者的崇高品德，并冀其福寿绵长，建成的太上皇宫虽仍沿用宁寿宫之名，但其建造规模却远远超过以往[4]。新宫地势开阔，局面一新，较之前代愈发恢宏壮丽，形成了南起九龙壁，北至贞顺门，东西广 115m，南北深 406m，占地面积约 46000m^2

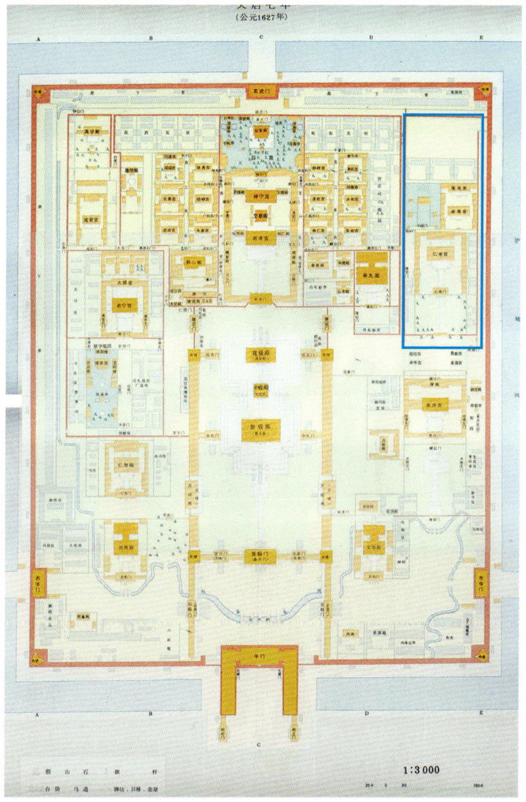

图 1-1-1　天启七年（1627 年）紫禁城全图（右上蓝框内为宁寿宫区原址）

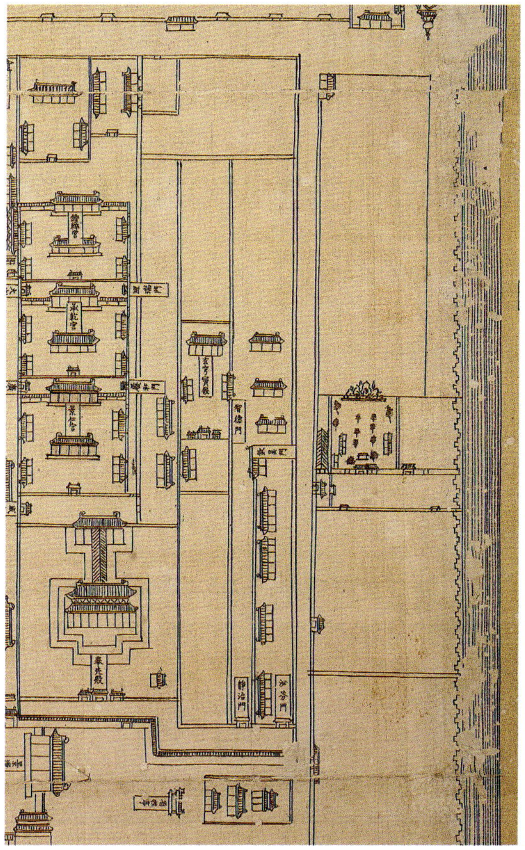

图 1-1-2　康熙十八年前《皇城宫殿衙署图》所示宁寿宫区

的建筑群。全区共有殿座、房屋总计千余间（图 1-1-3 ~ 4）。宁寿全宫以紫禁城中轴宫殿为设计模板，分前后两个部分。前半部分以皇极殿、宁寿宫为主。后半部分又分为三路，中路以养性殿、乐寿堂为主线，东路以阅是楼、畅音阁、庆寿堂为辅线，西路则以连续四个院落的花园一贯而下。这种局面大体就是紫禁城前朝三大殿与内朝后三宫的缩影，其主要殿宇形制也多仿自紫禁城原有建筑，如皇极殿仿乾清宫，宁寿宫仿坤宁宫，养性殿仿养心殿，符望阁仿延春阁，景福宫仿静怡轩，梵华楼仿慧曜楼，佛日楼仿吉云楼，倦勤斋仿敬胜斋等，诸如此类，宁寿全宫仿佛就是紫禁城的缩影。然而，纵观明清两朝，这种幽致的园林隐秘于壮丽的宫殿，且园林与宫殿处处相连、互贯互通的布局形式，在严肃规整的皇宫大内却是首开先河。

在宁寿全宫的整个营建过程中，乾隆皇帝可谓呕心沥血。从图纸到烫样，从备料到施工，无不亲力亲为，加之其不时的造访[5]和偶尔闪动的灵感，给整个工程赋予了更多个人气质和难以预料的“变数”。宫殿的气魄与奢华处处体现着皇家的规制和皇权的至尊，而花园则不同，太多的灵感、思绪与寄托可以任由她的主人践行在这片自由灵动的空间里。正所谓“三分在匠人，七分在主人”[6]。宁寿宫花园，也正是因为她的第一个主人而顺理成章地被后人叫做“乾隆花园”。花园虽地处深宫大内，但却是主人的世外桃源。这里填满了主人的爱好、经历甚至是理想，这里是他冥心禅想的静地，也是他思绪灵动的江湖。宁寿宫花园对于乾隆皇帝，绝不仅仅是一个游憩的后花园，她同时承托着重要的实用功能，她是一个多用途的综合体：倦勤斋观戏，符望阁宴集，抑斋、养和精舍、静尘心室礼佛……起居、召见大臣、处理政务，她俨然是皇帝苑居生活的重要组成部分。（图 1-1-5）

乾隆花园坐落于宁寿宫内西路，是宁寿宫中最为独特的院落，其构思巧妙，博采众长，于规整中求变化，融南北造园风格为一体。从古至今，其造园手法备受赞誉。花园占地东西宽不足 40m，南北长有 160m，十分狭长，因此设计者摒弃了集中环抱的造园格局，而是采取了院

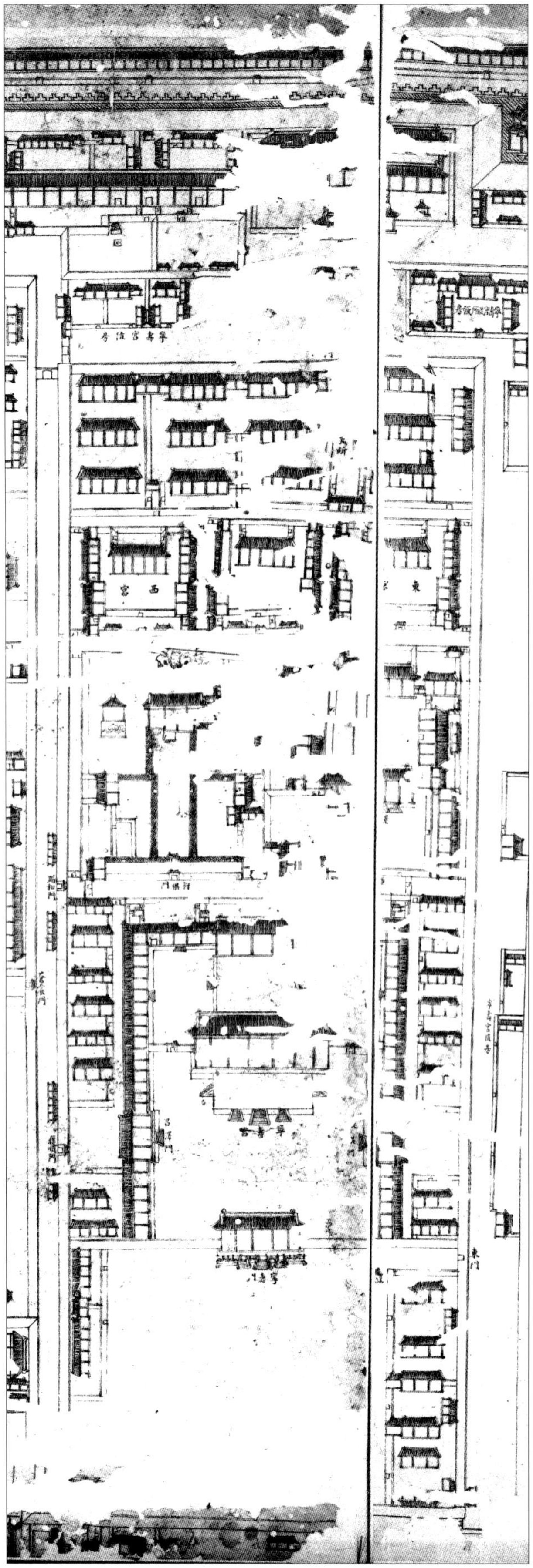

图 1-1-3　改建前的宁寿宫区——乾隆十五年《乾隆京城图》局部

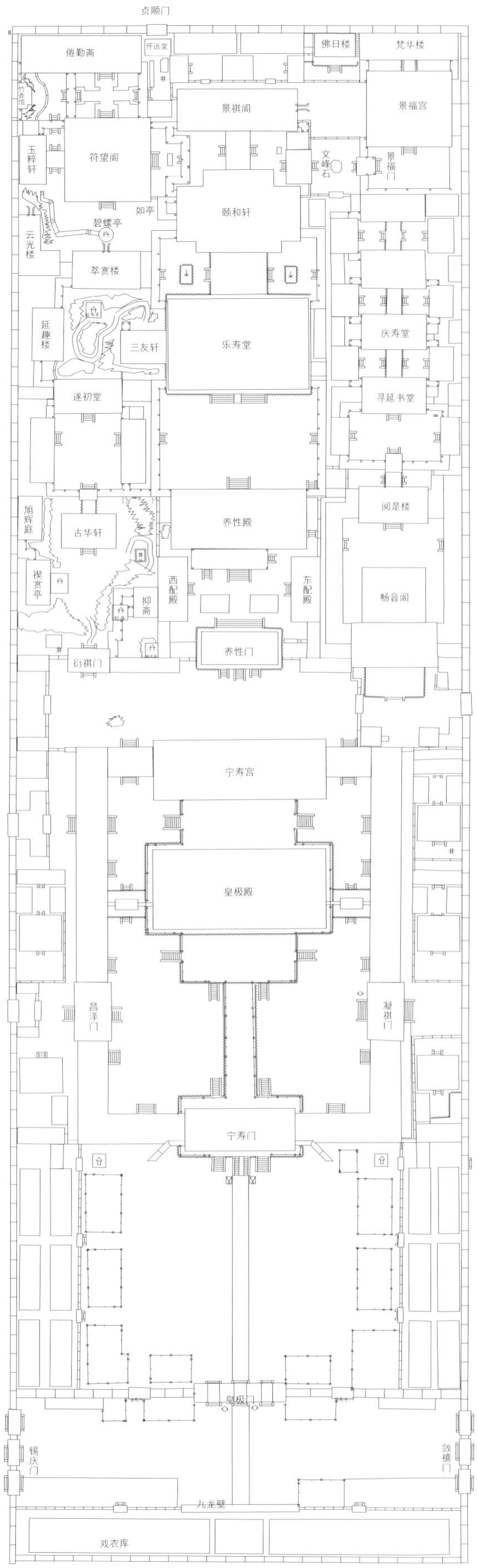

图 1-1-4　宁寿宫区平面图

图 1-1-5　乾隆花园全图

院相连、收放相间、一贯而下的串联模式。花园自南向北布置了四进院落，进进相连，每一进都给人以不同的视觉感受，形成风格各异的四个景区，显示出高超的造园艺术水准。乾隆花园于是成了整个宁寿宫区的点睛之笔。（图 1-1-6 ~ 7）

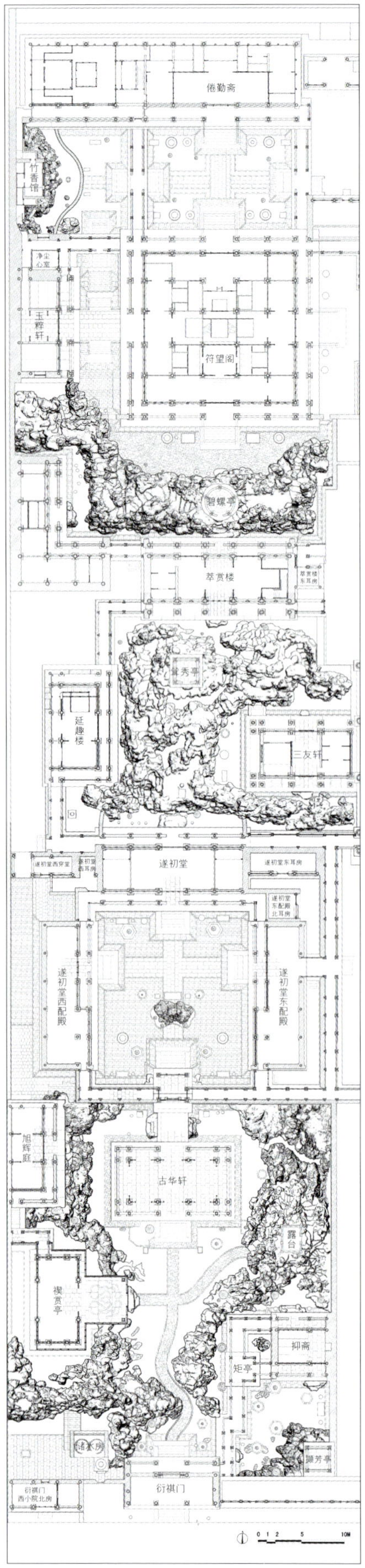

图 1-1-6　乾隆花园平面图

图 1-1-7　乾隆花园剖面图

图 1-1-8　古华轩

第一进院落仿自江南小院，庭院布局活泼自然。迎门为一带假山，以曲径通幽的手法将游人引入古木参天、山石环抱的院内。院内正中是一座敞轩，因轩前一株古楸而名“古华轩”（图 1-1-8）。轩内施以简洁明快的落地罩，使内外景致隔而不断，追求一种物我一体的境界。轩前以西侧的禊赏亭和东侧的假山露台互为对景。禊赏亭内地面开凿流杯渠，仿晋人王羲之《兰亭序》“曲水流觞”的故事为之（图 1-1-9）。轩西堆石为山，山上建有“旭辉庭”（图 1-1-10），面迎朝阳，以赏日出之意。院落的东南角，以曲廊围合一小院。游廊转角处建有一亭，名“矩亭”。廊东连接一座面阔一间半的小佛堂，名曰“抑斋”。院内假山上建有一亭，曰“撷芳亭”。

古华轩后为一垂花门，其内为乾隆花园的第二进院落。这是一座一正两厢的四合院，院落空间较比民居四

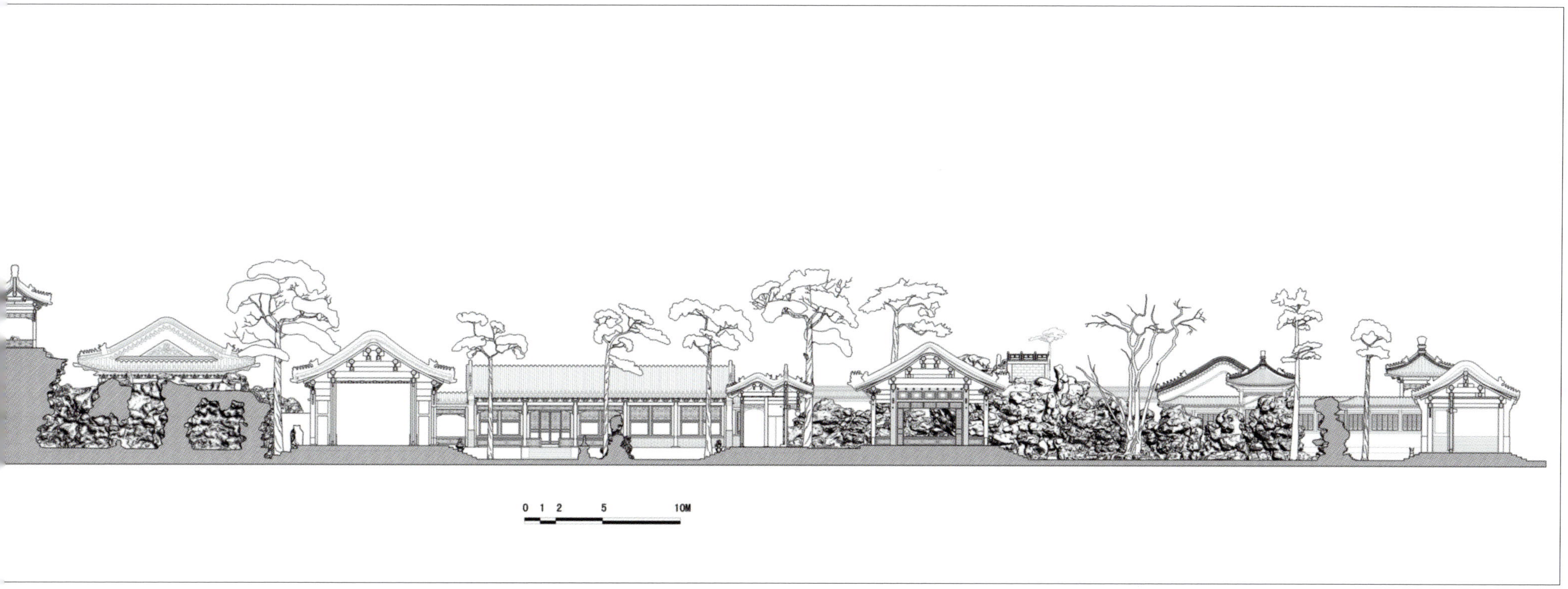

图 1-1-9　禊赏亭

图 1-1-10　旭辉庭

合院略显宽敞而疏朗。院中散点湖石，主体建筑“遂初堂”（图 1-1-11），取乾隆帝在位六十年后“归政得遂初愿”之意。

遂初堂后为第三进院落。此院满庭叠山，临峰造涧，洞谷相通，曲折迂回。主峰上建有一亭，名“耸秀亭”（图 1-1-12）。山北有萃赏楼（图 1-1-13），山西有延趣楼。东南角有三友轩，轩内门窗装修及家具陈设皆以“岁寒三友”——松、竹、梅为装饰图案（图 1-1-14），轩外略植松竹加以点缀，刻意的追求与看似不经意的点缀，乾隆帝之风雅可见一斑。

第四进院落高阁耸立，华丽壮观。这里从建筑布局到形制均仿自乾隆皇帝登基之初所造的建福宫花园。华丽端庄的符望阁巍然屹立于院落正中（图 1-1-15）。阁为重檐方殿，仿建福宫花园延春阁式样而建。阁前层峦叠嶂，峰峦上建有一亭，名“碧螺亭”（图 1-1-16）。其平面作五瓣梅花状，组成五柱五脊的梅花小亭。亭内外各种装饰全部采用梅花图案，美观别致，色彩丰富，是我国古代极为少见的亭式建筑。符望阁西南有楼名“云光楼”，平面形同曲尺，仿自建福宫花园之玉壶冰。阁东有玉粹轩，仿自建福宫花园之凝晖堂。其南为山石掩映自成小院的竹香馆（图 1-1-17），仿自建福宫花园之碧琳馆。阁后则为倦勤斋，仿自建福宫花园之敬胜斋。

从空间布局上考量，乾隆花园在紫禁城现存的四座花园（御花园、慈宁花园、建福宫花园和乾隆花园）中限制性最大，这也就愈发考验造园者深厚的功底和独到的匠心。花园地形狭长而平坦，无山可依，无景可借，无水可引。全园造景全赖建筑与庭院、山景的组合变化，通过建筑与叠石的错落、屏蔽和引导，形成空间的开合与幽深、平叙与曲折，在辗转腾挪中创造出趣味横生的园林空间。纵深四进院落，每进各有其趣，而又连成一体。院落布局紧凑、灵活、多变，亭、台、楼、榭、殿、阁，大小二十余座建筑以多种形式铺陈其间，以游廊、假山串联其中，并点缀以植被、陈设、铺装等室外元素，共同创造出一个个生动而富于变化的园林空间。园内建筑高低错落，巧妙组合，互为因借，黄、绿、蓝、紫、

图 1-1-11　遂初堂

图 1-1-12　耸秀亭

图 1-1-13　萃赏楼

图 1-1-14　三友轩西次间

图 1-1-15　符望阁外立面

图 1-1-16　碧螺亭

图 1-1-17　竹香馆

翠等各色琉璃瓦屋面交互使用，生动活泼的金线苏式彩画被大量施用于梁枋彩绘中，共同营造出色彩丰富、意趣横生的园林空间。花园的设计手法、建筑风格、建筑尺度与宫中其他院落大相径庭，称得上是皇家园林中小巧玲珑、精湛华丽的不朽之作。整座花园既有私家园林玲珑秀巧的风貌，又与皇宫华贵富丽的氛围相协调，是乾隆中早期紫禁城建筑与园林的典型代表。

花园内的楼阁轩堂不但在外观上富丽堂皇，室内装修也极为考究。花罩隔扇用材名贵，且大量运用镂雕、镶嵌工艺。符望阁内装修以百宝镶嵌和掐丝珐琅为主，延趣楼的嵌瓷片和双面绣，萃赏楼的斑竹攒嵌和玻璃画，都具有很高的工艺水准。三友轩内圆光罩以竹丝为地，紫藤为虬，以绿玉、墨玉雕作梅花、竹叶，暗喻岁寒三友；而倦勤斋的装修更是极尽奢华，遍布顶壁的通景画，双面透绣的隔扇，竹丝嵌玉的挂檐板，通常仅在把玩件上方可一窥的竹簧雕刻，在这里竟然大面积地用于墙壁的裙板上，竹簧浮雕的百鹿山水栩栩如生，真是处处精彩，令人叹为观止。

乾隆皇帝对于中国古典园林的偏好与影响，在中国园林的发展史上也是可圈可点的。除宁寿宫区以外，北京的清漪园、圆明园、静宜园、静明园，承德的避暑山庄暨外八庙等皇家苑囿和木兰围场都渗透着他的思想。这些皇家园林，是园林艺术史上的一颗颗璀璨的明珠，体现着清代园林文化的辉煌。如今，除圆明园被焚毁外，其他多已成为世界文化遗产。这些也与清代帝王们始终保持着的满族先辈驰骋山野的骑射传统，对山泽草木始终保持着较为深厚的情感有很大关系。乾隆皇帝就曾自诩："山水之乐，不能忘于怀。"他曾于三十年间六下江南，足迹遍及扬州、无锡、苏州、杭州、海宁等中国私家园林精华荟萃之地。凡他所中意的园林，均命随行画师仔细描画，"携图以归"，作为皇家建园的参考。六次驻足江南园林，流连忘返，意犹未尽。江南文人园林那深邃高远的意境，那些对理想世界的精神追求，蕴涵于山水之间，传达于心灵之巅。正是这位在位六十年的皇帝，一手促成了北方与南方、皇家与私家园林的大融汇，留下了乾隆花园——这座精美灿烂的园林精品。

二　符望阁——"其诚符我望，惟静候天恩"

乾隆花园第四进院落从建筑布局到形制完全仿自建福宫花园，在这个完整的院落体系中，华丽端庄的符望阁巍然屹立于正中。她是全园的制高点，也是花园中体量最大的建筑。她岿然而立，端庄挺拔，自成一景。

> 层阁延春肖，题楣意有存；耄期致勤倦，
> 颐养谢尘喧；豫葺优游地，略嘶恭俭门；其诚
> 符我望，惟静候天恩。（图 1-1-18）

这是乾隆皇帝题予符望阁的一段御制诗，诗中明确地阐述了建阁及赋名的缘由。

符望阁建于清乾隆三十七年（1772 年）[7]，仿自建福宫花园中延春阁（图 1-1-19），从建筑形式到体量几乎如出一辙。符望阁为重檐方殿，外观两层，内实三层，下层北向还有仙楼[8]。四角攒尖顶，黄色琉璃瓦屋面，蓝色琉璃瓦件饰檐头、脊件。楼阁四面各五间带周围廊，二层出平座，四面各三间。（图 1-1-20 ~ 22）

阁内下层内檐为"中心发散式"布局：南向明间内跨为一须弥座，其上设宝座，最为开敞而隆重，东西次梢间略作装修隔断，只为突出明间宝座的核心地位；北向明三间连通，内跨设一仙楼，明间仙楼之下设宝座床，仙楼之上以隔扇划分三间，明间设栏杆罩与下层飞罩相呼应；东西两个方向空间或连通或分隔，布置相对灵活，各向明间均设宝座床，宝座两翼有信道连接两侧空间，并引导至楼梯间。西向空间打破中心对称格局，空间分隔略显自由灵活。东西向这样一来，面对四个方向内檐装修布置手法，仿佛将四座一字型殿宇背对背组织在一起，面向室外的院落。在晴好的日子里，只要打开四面的隔扇，南面的假山，北面的倦勤斋，西面的玉粹轩，东面的游廊小院，尽在眼前，室内外空间相汇交融。

阁内中层是一结构过渡层，可作存储空间使用。

阁内顶层是一开敞的大空间。当中设宝座、书案、脚踏、屏风一套，正中设紫檀楼梯，周围门户皆可开启。凭栏俯瞰，不仅花园美景尽收，还可饱览紫禁城内外之秀色。

符望阁的室内装修颇具特色，以各种不同类型的装修巧妙地分隔空间，真真假假变幻其中，身临其境难辨东西，穿门越槛之际，往往迷失方向，故俗有“迷楼”之称。乾隆时期经营各工，极重室内装修，往往不惜工本，精益求精，百工技巧，荟萃一堂，符望阁即为宫中最为精华之典范。其室内空间复杂丰富，罩隔、床榻的设计手法和工艺水平精彩绝伦，木雕、双面绣、竹丝镶嵌、錾铜、珐琅、漆雕、点螺、玉雕、百宝……处处精雕细琢。所有这些，均来源于乾隆皇帝所钟爱的江南风格。凭着江南工匠的高超技艺，打破器物的边界，把乾隆时期最精彩奢华的工艺和材料铺陈到整个室内空间。符望阁室内装修，成了清代顶尖工艺水平的集中体现。如果能将符望阁的建筑与装修赋予人的某种特征，那么，它就是北方男子大气雄健的体魄和江南女子细腻委婉性格的统一体。

当我们再次考量符望阁与延春阁的建筑与空间时，不难发现二者近乎趋同的相似性。关于延春阁，已有专家学者对其室内空间格局进行了考证：“延春阁室内为三层，中间一层为仙楼。下层分成东南西北四个方向，每面又分为若干空间，皆设宝座或宝座床，南面额曰‘惠如春’，南门正间设地平，地平上设宝座床，南门东次间面南设宝座床。二层仙楼额曰‘澄怀神自适’，面西宝座床一座，面北宝座床一座。顶楼额曰‘俯畅群生’，‘内设紫檀木镶嵌如意罗汉床宝座’……”[9] 今天，我们所能想象的繁复与奢华已经伴随着那场大火灰飞烟灭，仅就文献和档案的记载仅可略窥一二。从上文的描述中不难看出两座楼阁形制和空间的相似性：二层阁楼，内设仙楼，东南西北四个方向的布局，地平，宝座，宝座床等等。相隔三十年，在宫中直线距离不足 500m 的咫尺之遥，东西分设两座完全一样的高阁，恐怕不仅仅是帝王对往昔的怀念和追溯，更多的是来自于乾隆皇帝本人对于这种

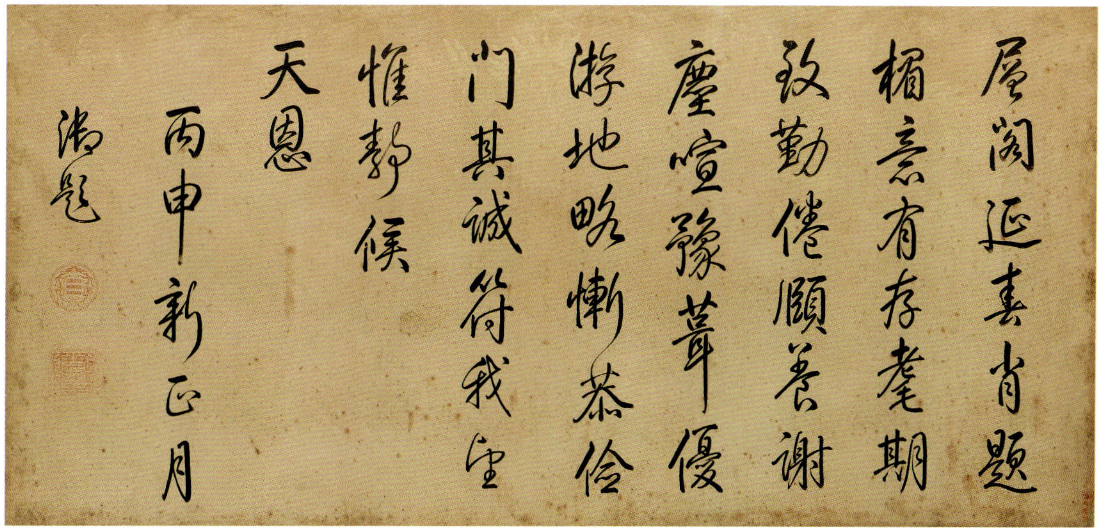

图 1-1-18　乾隆御笔“层阁延春肖……”贴落

图 1-1-19　建福宫立样图

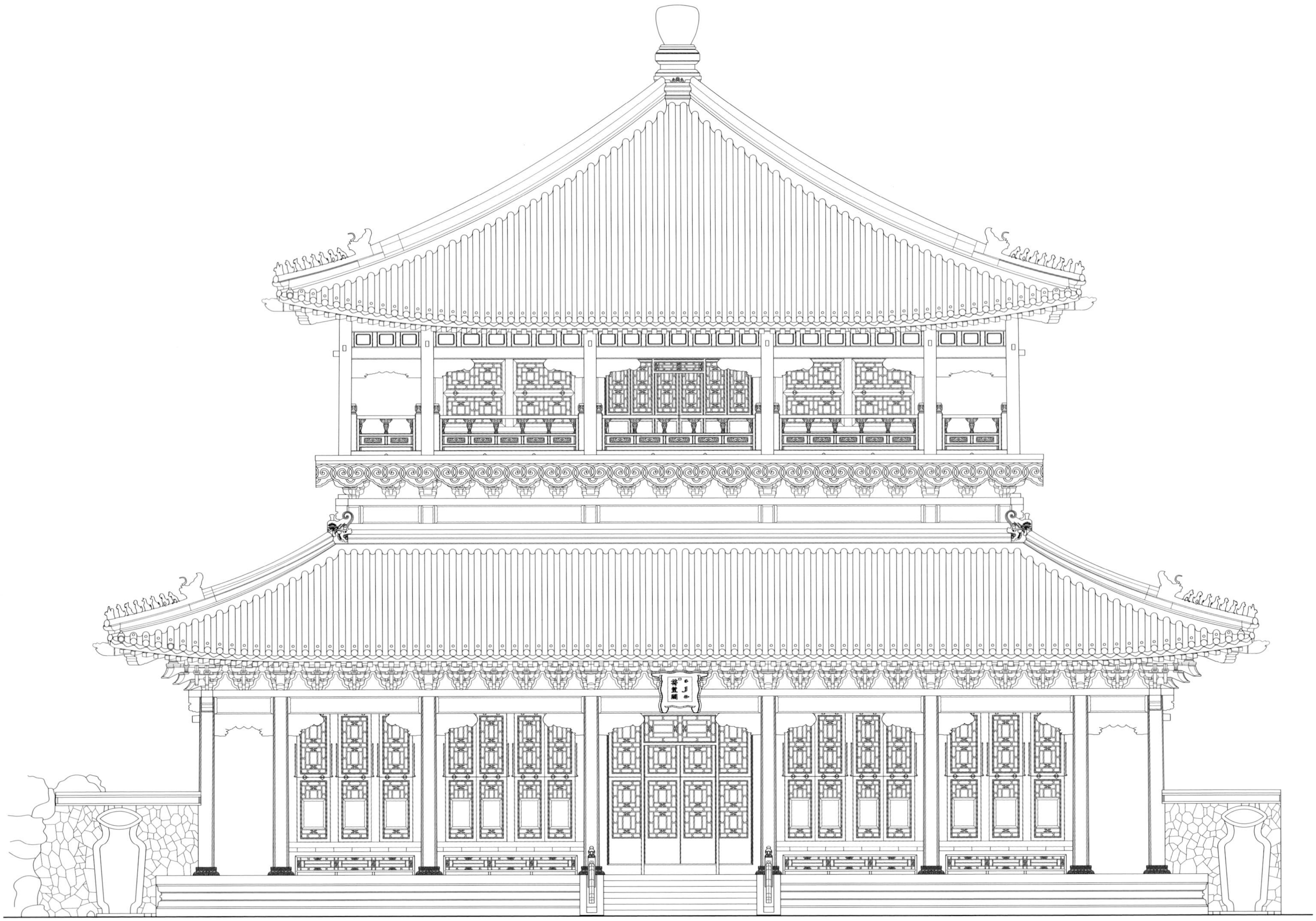

图 1-1-20　符望阁立面图

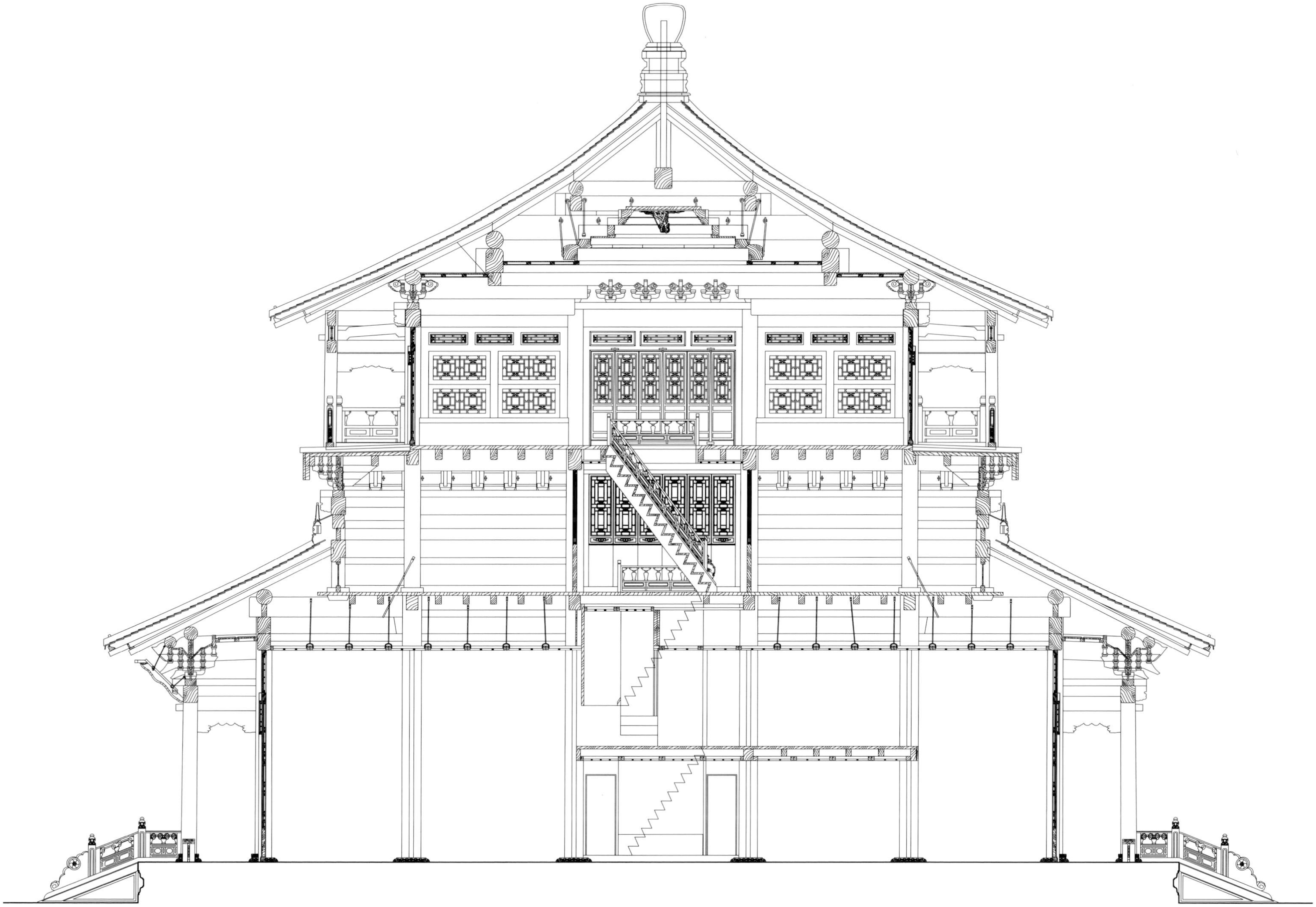

图 1-1-21　符望阁剖面图

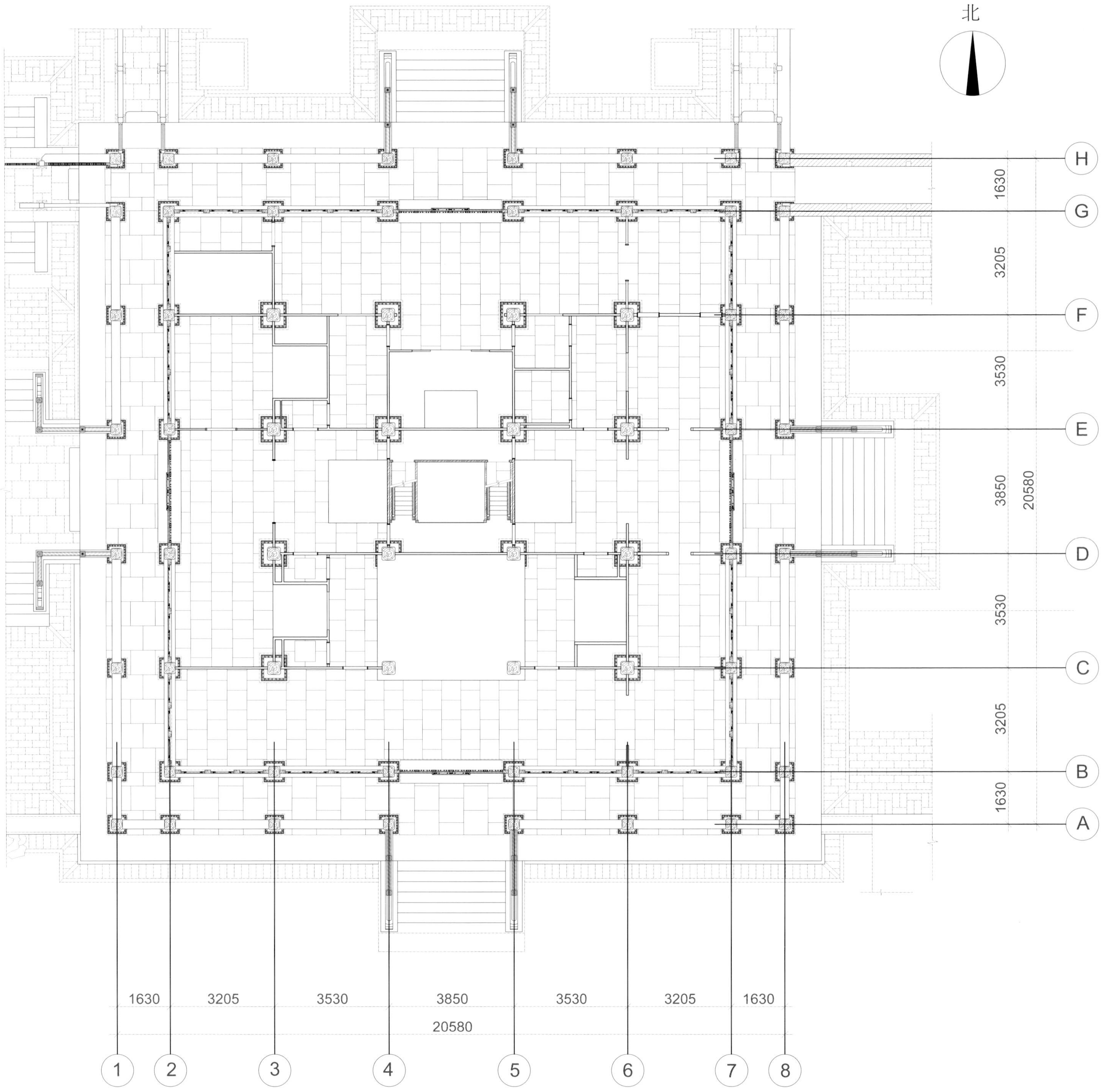

图 1-1-22　符望阁一层平面图

建筑和空间设计手法的认同和喜爱。

纵观乾隆花园全园之脉络，不难发现符望阁处于何等至高而独特的地理位置之上。花园诸建筑紧围中轴而设，符望阁以南，自耸秀亭至遂初堂、衍祺门，南北两部，朝向分中却并不在一条轴线，符望阁错中偏东两米左右。建筑布局因地势空间而变，轴线的错动在巧妙的变化中难以察觉。虽为权宜之计，却打破了宫殿拘于方圆的规矩。在错动却依然贯穿南北的轴线上，呈现出南低北高、南疏北密的空间格局，如同一曲乐章，在起承转合间，完成了从序曲到高潮的奏鸣。符望阁处于全园的制高点，又是轴线上体量最大的建筑，它恰恰是这高与低、疏与密的终点，也成就了这部乐章最为跌宕起伏、壮丽完美的高潮。

所有这些，经过皇帝与匠师们的精雕细琢，历经四载，符望阁及其精美的装修终于大功告成。落成之后的每年腊月二十一日，乾隆皇帝都要在此赏饭给王公大臣[10]。之后的二十几年，每每游历花园并登临阁上，乾隆皇帝都要在此抒情言志，为后人留下了很多诗文，不知这位皇帝心中的梦想与期盼是否真的遂其所愿、符其所望？归政后，乾隆皇帝真的能够“耄期致勤倦，颐养谢尘喧”吗？

第二节
符望阁及乾隆花园的缔造者

2 Creators of Fuwangge and Qianlong Garden

一　花园的主人

从乾清宫西二所到太和殿，从太和殿再到乾隆花园，一个是风霜雪雨、血腥残酷的疆场，一个是情志所归、浪迹心海的江湖，偌大的紫禁城似乎涵盖了一代帝王的人生道路。的确，乾隆皇帝是宁寿宫花园当之无愧的主人。是他，下令修建，是他，事必躬亲，并自始至终关注工程的设计和实施，一点一滴地践行着他的理想与追求。曲折幽暗，辗转腾挪，似乎昭示着朝廷与江湖的某种联系；对自然儒雅的追求与“万物皆备于我、移天缩地在君怀”的情愫，透过权利与金钱，相互交织于乾隆花园的每一个角落。

乾隆皇帝自小天资聪颖，具有超常的智商、充沛的精力和无比精明的头脑。迫于父亲的严明，他所受的教育在大清开国以来的历代皇帝中是最完整、最系统，也是最严格的。他擅长运动，弓马娴熟；他精通满、汉、蒙、藏、维等多种语言；他酷爱书画诗词，一生作诗42000余首；他嗜好字画、瓷器、玉石、印章、钟表等精品收藏，并钟情于园林山水；他一生中的大部时间孜孜求治，从不懈怠。（图 1-2-1）

这个在位六十年的皇帝一生所成就的事业真是太多了，光记载他言行的《清高宗实录》就多达 1500 卷，1350余万字。他主持纂修《四库全书》，编修《满文大藏经》，整理《无圈点老档》，敕编《八旗通志》、《满洲源流考》、《钦定满洲祭神祭天典礼》、《御制五体清文鉴》，编绘《京城全图》，敕撰《日下旧闻考》，编修《国朝宫史》等等，所有这些堪称对中国文化发展的巨大贡献；他续建和新建皇家园林，为后人留下了不可多得的文化遗产；他蠲免钱粮，巩固新疆，怀柔西藏，统一中华各民族。他将祖宗的基业发扬光大，可谓开明之君、有为之主。

最为难能可贵的是，乾隆皇帝在他有生之年做出了“禅位”的决定。乾隆皇帝曾在宁寿宫落成之时即乾隆四十一年（1776 年）所写的《新葺宁寿宫落成新正恭侍皇太后宴因召廷臣即事联句》[11]中称：“本拟乾隆六十年，设诚如愿禅应然。敢期增益比皇祖，定卜京垓迈老籛。”注中说：“皇祖临御六十一年，予不敢上同皇祖，是以践祚之初，吁天默祝至六十年，即拟归政。”至乾隆四十三年九月二十一日，乾隆皇帝宣谕：至六十年内禅。他说：“昔皇祖御政六十一年，予不敢相比。若邀穹苍眷佑，至乾隆六十年，予寿八十有五，即当传位太子，归政退闲。”到乾隆六十年九月初三日，85 岁的乾隆皇帝于圆明园勤政殿，召见皇子皇孙、王公大臣，宣示立皇十五子嘉亲王颙琰为皇太子，以明年为嗣皇帝嘉庆元年，届期归政。嘉庆元年（1796 年）正月初一日，乾隆帝于太和殿，举行内禅大礼，授玺。颙琰即皇帝位，尊弘历为太上皇帝，

图 1-2-1　清人画弘历朝服像轴

训政。乾隆皇帝内禅皇位后，又训政三年零三天。虽然后人对其禅而不退多有讥评，但纵观中国两千年的皇朝历史，内禅归政者，前君罕见，后君亦无。能有如此宽阔的胸襟和对权力的释怀，实在难能可贵。当然，“禅位”的决定成了建造宁寿宫这个太上皇宫最好的藉口，同时也成就了紫禁城中灿若明珠的乾隆花园。所以，花园与建筑无论建造得多么辉煌，多么奢华，似乎都有足够的理由。

1735 年，二十五岁盛年登基的乾隆皇帝继承了父辈留下的殷实家底，此时的大清王朝，经过康熙皇帝和雍正皇帝 73 年的治理，国泰民安，一派升平之象。他立志“行仁义”，做“有道明君”，以“宽仁”为基本施政纲领，要求自己谦虚为怀，对物质享受严于律己。他曾严拒大臣们的进贡，还下了一道谕旨，说明他不收贡品的理由：“殊不知君臣之间，惟在诚意相孚，不以虚文相尚。如为督抚者，果能以国计民生为务，公尔忘私，国尔忘家，则一德一心，朕必加以奖赏，若不知务此而徒以贡献方物为联上下之情，则早已见轻于朕矣。”励精图治之态灼然可见。但是，个人的天性是不可能被长期抑制的，虽然登基之后强自隐忍了十余年，随着江山稳固，境遇顺遂，步入中年之后的皇帝对自己的要求不再那么严格了（特别是到了晚年，坐享盛世，不思精进，耳目闭塞，吏治腐败，致使国运已渐衰微。此为后话）。出自帝王之家的乾隆皇帝本性慷慨，加之受过良好的教育，有极高的艺术修养，从小被培养起的超级精细的欣赏口味使他凡事精益求精，尽善尽美，达到登峰造极之至。乾隆十六年（1751 年），当进贡的大门被敲开之后，每逢庆典、出巡或吉日，世间珍玩潮水一样涌入宫中，皇帝对珍品的好恶甚至左右着市场的价格。举国上下所有高级官员在极短的时间内摸清了皇帝的喜好：在所有装饰及把玩件中，钟表、字画、古玉是最讨皇帝喜爱的物件。不难想象，当六十岁的乾隆皇帝决意修建太上皇宫之时，以他的经历、财力、修养和喜好，皇宫的营造将非比寻常，这里将充盈着皇帝最钟爱的“情节”。

因为受到良好的教育，乾隆皇帝具有极佳的文化修养。幼年习书，青年学画，且颇具造诣。他命大臣们编

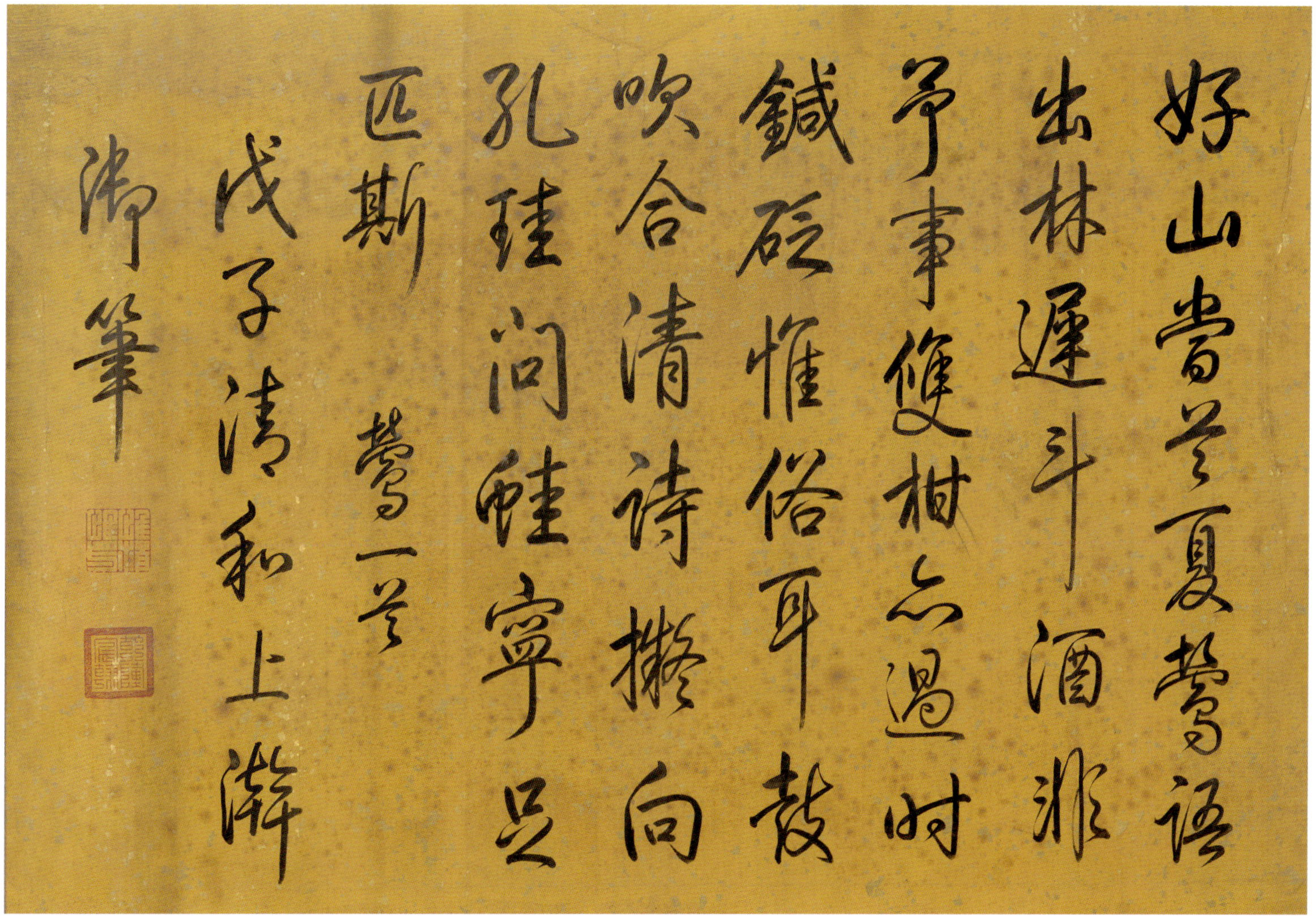

图 1-2-2　乾隆御制诗

纂的《石渠宝笈》，著录了清内府所藏自古至清的历朝帝王和名家的书画作品，“既博且精，非前代诸谱循名著录者比也”，是书画鉴赏、研究的必读之作。字画珍品也是乾隆皇帝私人收藏中最重要的内容。著名的《伯远帖》自乾隆十一年（1746 年）进入内府，经其品题，与王羲之《快雪时晴帖》、王献之《中秋帖》并藏在养心殿西暖阁西尽间；他御书“三希堂”匾额[12]，足见皇帝对于传世法书绘画的推崇和喜爱。

符望阁建成之际，一向乐于品鉴且善于营造气氛的乾隆皇帝，为了让殿宇的氛围愈显儒雅而温馨，曾多次命词臣及如意馆画家绘画成作，并逐一安排每幅画帖的张贴位置。不仅如此，乾隆皇帝还将自己的御制诗文贴于四壁，甚至将他于乾隆二十六年（1761 年）及三十三年写的旧诗文也用来张挂，不遗余力地营造意趣，点缀空间。（图 1-2-2）

皇帝对古玉的兴趣也十分浓厚。故宫博物院现今收藏的三万件玉器里，有两万余件为清宫旧藏，它们大都是在乾隆时期收集整理或制造出来的。乾隆皇帝一生仅撰写有关玉器的诗文就有八百余篇，我们所能看到的名品玉器上几乎都刻有乾隆皇帝的诗词。那些御制诗文里显示出，他经常一个人玩赏于玉库，甚至挑出一些古玉，命人刮垢清理后，亲自评出等级。皇帝对于玉石的喜爱甚至达到了“痴迷”的程度。当然，对于玉石的痴迷首先得益于乾隆二十五年后清廷对于新疆南北的控制，使和田美玉真正畅通无阻地进入宫廷。其次得益于苏州玉工应诏进宫，他们细腻精湛的技艺和一丝不苟的作风，加上皇帝本人对玉文化的深刻理解，将乾隆时期玉器的制作推上了中国治玉史的顶峰，成就了玉器界“乾隆工”的美名。我们在符望阁及乾隆花园大部分建筑的内檐装修中可以看到以青玉、白玉、墨玉等上等和田美玉为装饰元件的隔罩、槛窗（图 1-2-3），它们不仅做工精细，而且古朴儒雅。不仅在这些隔罩上嵌玉，匠师们更是将玉石镶嵌扩展成百宝镶嵌、竹木镶嵌、点螺等多种工艺，让古朴与奢华自然天成，将镶嵌工艺推到了登峰造极的高度。（图 1-2-4）

受父亲的影响，乾隆皇帝自小喜欢西洋玩意儿，尤其那些西洋钟表。那些不仅能准确报时，又有精巧逼真的小人儿、小鸟儿随着大小齿轮的精准运行不时变换着“戏法”的西洋玩意儿，从幼年到成年给乾隆皇帝留下了挥之不去的记忆。乾隆二十二年十二月，皇帝传旨两广总督李侍尧和粤海关监督李永标，说：“此次所进镀金洋景表亭一座甚好！嗣后似此样好看者多觅几件，再有大而好者，亦觅几件，不必惜价。如觅得时，于端阳进贡几件来！”皇帝如此直接地向臣下索贡并不多见，看得出那物件确实让他痴迷。乾隆皇帝对西洋钟表的搜罗，除看重其技术新奇外，更关注它们造型的精巧别致。以至乾隆时期，中国曾是世界上最大的钟表购进国。不仅外购，皇帝还下令内务府造办处制作和改造钟表，不仅用于品玩，而且也悬挂或摆设于各殿座。仅乾隆朝收存的钟表就达 3000 余件。今天，符望阁室内东北角隔墙所悬双面墙表即出自内务府造办处之手，制于乾隆三十九年正月，其原型为延春阁大墙表[13]。（图 1-2-5）

作为宁寿宫的主人和总设计师，对于宁寿宫日后之制，老年的乾隆皇帝在辞世前四年就已做了安排：“宁寿宫，乃朕称太上皇后，颐养意地，在紫垣之左。日后尤不应照雍和宫之改为佛宇。其后之净室、佛楼，今有之，亦不必废也。其宫殿，永当依今之制，不可更改。若我大清亿万斯年，我子孙仰膺天眷，亦能如朕之享图日久，寿届期颐，则宁寿宫仍作太上皇之居。”[14] 他的意思是，

图 1-2-3　符望阁室内百宝嵌迎风板

图 1-2-4　符望阁首层明间中进间北缝沉香木雕夹纱嵌玉槛窗

希望他的后继者们将他苦心经营的宫苑永久保存，将这座世外桃源般的殿宇永作太上皇宫之用。遗憾的是乾隆朝之后，社会动荡，内忧外患，其身后的皇帝大都短命，太上皇再也没有在宫中出现过。这座华美的宫苑被长期废置，直到光绪十九年（1893 年），才又以 60 万两白银重新修葺[15]，从此变成了慈禧太后的寝宫。

二　几个重要人物

（一）两淮盐政盐运史——李质颖

乾隆花园以其精美的内檐装修显胜，如此大量的内檐装修难以在短时间内由内务府制作完成，而两淮盐政盐运史李质颖在其制作过程中分担并完成了大量的工作，是乾隆花园营建过程中举足轻重的人物。正是他，竭尽全力地将最为精美奢华的江南工艺带入宁寿宫，使江南的精致华美与内务府造办处的朴实简约融汇于花园的内檐装修中。可以说，江南手工艺者的参与，从某种程度上刺激并带动了皇家装饰技艺的发展。

李质颖，承德人，内务府满洲正白旗人。年幼勤学，雍正十三年（1735 年）中举人，乾隆二年（1737 年）中进士，四年钦点翰林院庶吉士，散馆授编修，八年授内务府司员，旋授河东盐政，三十二年十月授长芦盐政，兼内务府郎中衔，三十五年任两淮盐政，四十年六月调安徽巡抚，四十一年四月改任广东巡抚，四十五年四月改任浙江巡抚，四十六年任粤海关监督。其为官四十余年，恪尽职守，官至总管内务府大臣，卒于乾隆五十九年，年逾八十。

乾隆三十八年十月初六日的奏折，可以使我们窥见在乾隆花园诸建筑内檐装修的承办中李质颖起到的作用。

窃奴才前蒙皇上豢养望成擢用盐政。前岁在京仰遇，格外荣恩，垂慈教育，至厚至周，刻骨铭心，难酬万一。自叩辞回任今已二年，感激日深，孺恋倍切。伏查六七等月接奉内务府大臣寄信，奉旨交办景福宫、符望阁、萃赏楼、延趣楼、倦勤斋等五处装修。奴才已将镶嵌式

图 1-2-5　符望阁钟表

样雕镂花纹，悉筹酌分别预备杂料，加工选定，晓事商人，遵照发来尺寸详慎监造。今已办有六七成，约计明岁三四月可以告竣。至监务一切应办事件，奴才俱已办理全完。现在正值闲暇之时，仰恳天恩俯准，奴才于十月二十八日将盐政印信照例暂交运使廷抡护理。奴才即束装起身，趋赴阙廷，瞻仰天颜，跪聆圣训。奴才犬马恋主之忱，得以少伸，感沐高厚恩遇于无次矣。为此恭折奏恳伏乞皇上恩允谨奏。[16]

清中期，以扬州为首的江南经济日益繁荣，漕运、盐运四通八达。这里富贾云集，商贸发达，一大批能工巧匠汇聚于此，建造业和手工业随着经济的昌盛日渐发达。所有这些，为时任两淮盐政的李质颖得以承办宁寿宫装修工程提供了人力、财力和技术的可能。他亲自挑选工匠，组织采购，监督生产，筹划运输。在宫外异地制作如此大量的装修在档案记载中尚属首次。室内装修当属建筑的一部分，材料的多样、工艺的繁复尚且不论，单就尺寸的精准、风格的统一就已极难造就。由于南北方气候的差异，硬木镶嵌的装修构件在北京干燥的气候下“离缝走错”、“嵌花结漆地微有爆裂脱落”、“玉铜花结有脱落”时常发生，往来修复、运输画样，还将延续到装修制作完成之后的数年，异地加工的难度可想而知。

（二）福隆安、英廉、金简、和珅等

内务府总理工程处为清宫内务府常设机构，负责宫中宫殿苑囿各处建筑的营建和修缮。按照宫中惯例，每遇大型工程事项必设临时机构，负责工程设计、预算、审核、备料、监工到验收的全过程，从园林种植、堆山理水到建筑砌筑、内檐装修，再到室内外陈设的方方面面无不涉及，直至工程交验，临时机构方可解除。

乾隆三十五年（1770年），宁寿宫总理工程处成立。内务府大臣三和，兵部尚书福隆安，大学士英廉，副都统四格，内务府大臣刘浩，侍郎金辉、金简等先后参与宁寿宫工程管理事务，他们各司其职，共同管理宁寿宫工程各项事宜。乾隆皇帝是个诗文学艺俱佳的才子和事必躬亲的领导者，面对宁寿宫如此庞大且令他煞费苦心的工程，承担工程总理之人不仅要为其所信，更要具备严谨的工作作风和较高的艺术修养，方能贯彻他的意图，保证工程顺利如期地完成。

福隆安（1746～1784年），富察氏，字珊林，满洲镶黄旗人。父傅恒，官至大学士，为孝贤纯皇后侄。乾隆二十三年（1758年）授福隆安和硕额驸，二十五年三月尚乾隆帝第四女和硕和嘉公主，同年七月袭父爵，封一等忠勇公，官至兵部尚书，兼军机大臣。乾隆三十八年四月加太子太保。乾隆四十一年正月，复授兵部尚书，仍领工部。乾隆四十九年卒，年三十九。福隆安多才多艺，尝与金昆、程志道合画《冰嬉图卷》。曾任《四库全书》正总裁，奉命补撰《皇朝礼器图式》，并负责翻译《清文全藏经》事务。

三和（?～1773年），纳喇氏，满洲镶白旗人。初授护军校，累迁一等侍卫。乾隆六年，授总管内务府大臣，迁户部侍郎，调工部，复调还户部。十四年，擢工部尚书。寻降授侍郎，调户部，复调还工部。三十二年，授内大臣。

四格（?～1776年），内务府员外郎、内务府总管。乾隆十六年（1751年）奉宸苑卿，二十年正红旗蒙古副都统，二十三年镶蓝旗满洲副都统，三十年镶白旗汉军都统。

英廉（1707～1783年），字计六，号梦堂，辽东（今辽阳）人，姓冯氏。雍正十年（1732年）举人，初为笔帖式，历官江南河工学习、淮南府外河同知、永定河道、内务府正黄旗护军统领，《清史稿》言其“先陟外台，考历著声绩”。其工诗文，有《梦堂诗稿》，善山水及墨竹。官至刑部尚书加太子太保。乾隆四十八年（1783年）病逝，乾隆皇帝特赐银5000两治丧。曾担任《四库全书》正总裁、《日下旧闻考》总裁等重要官职。

金简（?～1794年），字可亭，朝鲜望门之后。乾隆十五年（1750年），由内务府笔帖式升主事。三十年擢郎中。三十七年升总管内务府大臣，翌年三月命

办武英殿监刻各项事宜，十二月充四库全书处副总裁。三十九年任户部汉右侍郎，又授镶黄旗汉军副都统，赏戴花翎。四十二年调补户部满右侍郎，次年办《四库全书荟要》并署工部尚书。四十五年三月转补户部左侍郎。四十六年六月总理工程事务。四十八年七月擢工部尚书，又授镶黄旗汉军都统。五十七年迁吏部尚书。在工部任职的十余年间，乾隆皇帝多次命其董理重要工程，督修造办。主持疏浚京畿淤塞河道，承办辟雍工程，督修明十三陵，皆因工程如期竣工，受到乾隆帝嘉奖。其文化功底深厚，曾择《四库全书》罕见书籍，编成《武英殿聚珍版丛书》；创制木活字 25 万余个，撰成《武英殿聚珍版程式》，成为我国活字印刷史上的重要文献。金简深得高宗弘历的器重，曾先后参与乾隆朝重要的政治、经济、文化建设，成为一代股肱名臣。其兄金辉亦仕途亨通，官至兵部满左侍郎，同金简同理宁寿宫工程。

刘浩（生卒不详），清内务府总管，乾隆三十四年（1769年）为庆皇帝六十大寿，主持重修岱庙；乾隆三十六年，治理花儿闸运粮河南岸河口，并参与营建扩建乾隆七年至四十四年的北海工程。

和珅等（1750 ～ 1799 年），原名善保，字致斋，钮祜禄氏，满洲正红旗二甲喇人。曾兼任多职，封一等忠襄公，任首席大学士、领班军机大臣，兼管吏部、户部、刑部、理藩院、户部三库，还兼任翰林院掌院学士、《四库全书》总裁官、领侍卫内大臣、步军统领等要职，为乾隆皇帝宠信之极，官阶之高，管事之广，兼职之多，权势之大，清朝罕有。自小天资出众，才华横溢，精通满、汉、蒙、藏四种语言，经史典籍无不涉猎，文字功夫出众，武功骑射也相当不错。他兴趣广泛，琴棋书画无所不通，特别以诗名。他主编了《四库全书》、《大清一统志》、《三通》等大型丛书。乾隆四十一年，出任内务府大臣。就任之后不久，即使经常入不敷出的内务府扭亏为盈，也正是这一年，和珅开始主理宁寿宫营建后期的各项事宜。

通过以上各位要员的履历可以看出，参与营建宁寿宫工程的各路官员，不是办事严谨、具有较高的文化素养和艺术才能的朝廷重臣，就是屡监工程的内务府大臣。我们虽无法从档案中详辨各位要员在宁寿宫工程中各领何职，如何分工与作为，但正是得益于这些重臣的出色表现，浩大恢宏的宁寿宫工程才得以在短短数年内顺利完工。也因如此，在工程告罄之日，大臣们理所当然地受到乾隆皇帝的重赏："将管理工程之大臣兵部尚书公福隆安、大学士英廉、户部尚书和珅各准其加三级……"[17]

第三节

认识与发现

3 Understandings and Findings

正如前文所述，符望阁及乾隆花园诞生于清朝最为鼎盛的时期，经过康熙朝、雍正朝和乾隆朝百年来的治理，政治稳定，经济富足，国泰民安，建造业和手工业高度发达，为艺术与技术的高速发展提供了前提条件。符望阁建筑及内檐装修在布局、形制、材料及工艺技术等方面所反映出的时代特征，是乾隆中期皇家建筑和室内装修的典型代表。多种材料和工艺技术的完美融合，装修风格与式样的创新与变革，给传统封闭的皇家建筑注入了新的活力，代表了乾隆中期皇家建筑的特有形式，蕴含着巨大的历史价值、艺术价值和科学价值。

一　时代的辉煌——工艺与材料

符望阁及乾隆花园的品位，代表着乾隆皇帝的审美取向。在这里，热衷于追随汉文化的乾隆皇帝刻意观照并着力表现了古代文人士大夫的儒雅隐逸之风，不啻为皇宫中的文人园。出于这样的整体立意和构成，花园的众多建筑及室内装修无论援名用典，还是布局造型，都蕴涵着隽永而微妙的意向。

与大多数中国传统的装饰主题一样，符望阁室内装修采用了大量象征语汇表达装饰主题。例如，以松、竹、梅为主题的漆地描金木雕松竹梅百宝嵌迎风板、以博古为主题的黑漆百宝嵌迎风板（图 1-3-1），均以象征手法传达出主人的意趣和追求。松、竹、梅是中国传统的装饰图案，也是贯穿乾隆花园装饰题材的主旨。三种植物因其在生物特性上所反映出的不同性格，在文人的传统观念中，象征着刚直、坚毅的气节。松凌寒不枯落，“岁寒，然后知松之后凋”，它四季常青，为长寿不老之树；竹经年常绿，有节中空，象征虚怀若谷、顽强不屈的品格；梅玉骨冰肌，引领群芳，体现了不畏凌寒、傲霜斗雪的高风亮节。三者均在万木凋零之时，傲视冰雪，卓然屹立，象征君子节操高行。

朴素隐喻的装饰风格千百年来为汉族传统文化所推崇，尤其在文人阶层最为流行。与其他宫廷建筑室内装修不同，在符望阁内檐装修材料的选择上极少用金，主要采用古木、绿玉、珐琅、铜、螺钿、雕漆、琉璃、宝石等装饰材料，仅在个别罩隔的局部采用铜镏金纹饰，这些材料的选择表现出乾隆皇帝在象征气质与财富之间的取舍。

材料的多元还要赖以技艺的高超和娴熟，方能体现设计者的品位和材料的华美。珍稀木材、美玉、象牙、珐琅、铜、螺钿、雕漆、琉璃、宝石的组合，既要庄重沉稳而又不失华丽奇彩，匠师们采用平嵌、凹嵌、浮雕、透雕等多种技艺，巧妙地利用材料的质地特性和自然纹理，将多种材料合理地组合在各个空间中。薄如蝉翼的螺钿在阳光的照射下七彩斑斓，厚重朴素的紫檀木雕刻成遒劲有力的苍松，纹理细腻的象牙经过染色被雕刻成片片嫩叶，紫色水晶代表着繁茂的紫藤花，个个迎面而来……室内各个朝向又有各自的代表材料，东侧的珐琅装饰，南侧的竹丝嵌玉，西侧的乌木镶嵌，北侧的沉香透雕，在统一中力求变化，让真正的欣赏者在“迷楼”中迷而不失，近距离地领略材料与技艺的独特魅力。

有趣的是，当我们进一步探究符望阁及乾隆花园内檐装修所反映出的材料和工艺的应用，我们不难发现乾隆皇帝已经将他对新奇风格探求的心理逐渐展开，正在一步步背弃从未亲身感受过江南装饰格调的祖辈和父辈的“谆谆教导”，这里有雍正皇帝的一段谕旨可资参考：“朕看从前造办处所造的活计好的虽少，还是内廷恭造式样，近来虽其巧妙，大有外造之气。尔等再造时不要失去内廷恭造之势。”正是由于乾隆皇帝降旨于李质颖的协办，使一些重要殿宇的内檐装修和家具配饰得以在南方完成，南方工匠所偏爱的材料，包括了竹、玉、珐琅、瓷器、玳瑁、铜器、漆器及各种硬木镶嵌，在当时的宫中尚属稀有，它们的引进极大地丰富了皇家的装饰风格，拓展了造办处“旗匠”们的设计思想，使皇家装修风格带有了江南装修细腻华美的典型地方特征。

二　技术的融汇——南方与北方、宫廷与地方

符望阁及乾隆花园以其精美的内檐装修令人折服，其蕴涵的独特风格是中国南北方手工艺相互融合的产物。

然而，同一时期，除景福宫、符望阁、萃赏楼、延趣楼、倦勤斋等五处装修[18]及遂初堂内檐装修[19]之外，宁寿宫其他建筑的内檐装修仍然是内务府造办处承办的，表现出相对朴实简约的风格。可以通过将同样存在于宁寿宫中的两种风格进行比较而得出他们的相对特点。第一，两淮盐政承办的内檐装修多采用珍稀木材实做或包镶，如紫檀、黄花梨、乌木、鸡翅木，甚至极为名贵的沉香木也被用作内檐装修；宫中内务府造办处所用多系楠、柏木，少量使用紫檀木雕刻花结作为点缀。第二，两淮盐政承办的内檐装修采用多种镶嵌手法，涉及玉器、珐琅、瓷器、料器、敲铜等多种工艺，并大量使用竹丝、竹黄、斑竹攒拼等不甚适合北方气候的做法；宫中造办处所做除绦环、裙板云盘纹路之外，较少使用镶嵌做法。第三，两淮盐政承办的内檐装修多用夹纱绣片纹饰，其工艺技法均高于内务府所出。

江南造作除了直接承办内檐装修工程之外，还派送大量匠人供役内务府造办处，不仅承接内檐装修工程，还要制作宫廷家具，是为“南匠”。其时，造办处中“南匠”比“旗匠”具有更高的地位，报酬也丰厚得多。在清宫造办处档案中，亦可查阅到大批卓越的设计师、工艺师和各地的能工巧匠。这些优秀的匠师从地方征选到

图 1 3 1　符望阁室内黑漆百宝镶嵌博古迎风板局部

造办处来设计和制造各种活计，自然要充分施展自己的才艺，把他们从民间带来的最好的样式和花纹展现出来，其作品必然会受民间流行风尚的影响；造办处不时会将一些装修和家具的设计图样和工料交给各地督抚、织造、官差来承办，在这些民间作坊的制作过程中，皇家的艺术风格无疑会引导民间风尚的流行。

不管是“南匠”北作，还是“南材”北用，这种地方与宫廷间的技术融合极大地促进了清中期传统手工业技术的发展和交流，地方丰富的工艺技术与装饰材料运用到宫廷装饰中，对皇家建筑内檐装修工艺技术的丰富与发展起到了促进作用，这种创新与变革给清中期的内廷装修带来了清新亮丽、自然唯美的艺术风格；与此同时，皇家传统建筑庄重简约、端庄大气的装饰风格也随之传播到地方，影响了民间建筑装饰风格。这种交融与传播，在不断吸收、借鉴和革新的过程中，对宫廷与地方装饰技术的发展产生了极为深远的影响。

三　未曾扰动的历史信息

对于乾隆花园的历史演变，距今引以为据的清宫历史档案为数众多，内容繁杂。我们循着时间的顺序对花园的兴修做一个简单的疏理。

花园主体建筑从筹建至完工历时三年（1770 ～ 1773 年），从拆除旧有房屋，到筹备工料；从假山的堆叠，再到主体工程的完竣，自北而南，大小二十余座房屋逐次建成。之后的六年，门窗制作，硬木隔扇加工安装，贴落、匾额装裱，以及园林设施、室外陈设的安置，其间还不乏建筑物及园林设施的添加和改建，工程进展似乎紧张有序。

档案可见，对符望阁建筑本体的修缮最早于嘉庆七年（1802 年）：“宁寿宫符望阁琉璃顶珠破坏被风刮落半块，着交营造司将未坠落之破顶珠摘下”，“照式烧得”[20]。此后的二百余年，规模较大的修缮活动共有四次：嘉庆二十一至二十二年间，对衍祺门、撷芳亭、古华轩、延趣楼、碧螺亭、养和精舍、符望阁、倦勤斋、玉粹轩等均进行了保养性修缮；光绪十三年（1887 年），保养性修缮几乎涉及花园中所有建筑；光绪十六年，是年夏间“大雨连旬，昼夜浸灌，殿廷大多渗漏，处所繁多，情形甚重”。三友轩、抑斋、撷芳亭、禊赏亭、旭辉庭、古华轩、遂初堂东西游廊、延趣楼游廊、耸秀亭、碧螺亭、养和精舍、符望阁、净尘心室、竹香馆等建筑，均出现瓦顶渗漏、木构糟朽、瓦片脱落等现象[21]。1950 年，中华人民共和国成立之初，在“文整会”的参与下对乾隆花园进行了分期、分段整修，其中对符望阁进行了重点加固。以上的几次修缮仅涉及瓦面、檐头和大木加固，建筑形制、格局、装饰风格均未受到改变。

内檐装修方面，除了乾隆五十八年（1793 年）对倦勤斋藤萝顶棚脱落[22]状况的零星记载，《活计档》中未见对该区其他建筑内檐装修的修缮记录。但是，从符望阁现存贴落和隔扇心绘画及法书作品的款识分析可知，除部分贴落为乾隆朝原物，其余贴落及隔扇心均出自光绪皇帝及光绪朝如意馆画师之手。经档案比对，贴落和隔扇心的更换应来自于“光绪十九年筹备慈禧万寿，修饰宁寿宫”之时。现场勘察，除墙纸有多次裱糊痕迹，其他内檐装修和陈设均为始建时原状，从未受到人为干预。更为可喜的是，经故宫博物院库房文物核查，找到一大批清室善后委员会点查文物，包括符望阁室内为数众多的挂屏、挂对、插屏、家具等[23]，其形制、材料、工艺做法均完整地保留了清中期的典型特征，为文物的复原研究和保护提供了详实的实物依据，具有珍贵的历史原真性。

建于乾隆三十七年（1772 年）的符望阁，仿自建福宫花园的延春阁，从建筑形式到体量几乎如出一辙。1923 年的一场大火，延春阁及其所在的建福宫花园顷刻间夷为废墟，这座瑰丽的皇家花园连同无数珍宝化为灰烬，仅留下残缺的柱础和阶条让人凭吊。76 年后，当我们试图复建延春阁时，发现其平面尺寸与符望阁几乎毫厘不差[24]。这次，符望阁戏剧性地成了复建延春阁的“母本”。故宫博物院于 2000 年起历时五年，以乾隆花园为原型，对建福宫花园所有建筑进行全面复建，完整地再现了花园的历史原貌。但由于缺乏档案支持等诸多原因，建筑内檐装修难以再现辉煌，为这些华美的宫殿留下了终生的遗憾。正因如此，今天的符望阁及乾隆花园建筑内檐装修所反映出的历史原貌就显得尤为珍贵。特别是符望阁现存内檐装修的布局及样式的原真性，其空间分隔的复杂与多样，装修材料的珍稀与丰富，工艺技术的繁复与细腻，集中反映出乾隆时期内檐装修的典型特征，是具有极大历史研究价值的实物遗迹。

四　技艺与科技的留存

虽然已数次巡游江南，并将江南园林及装饰艺术带回皇家苑囿和宫廷建筑，但是，乾隆皇帝那颗充满猎奇的心从未平息，“万物皆备于我、移天缩地在君怀”的情愫驱使着他一次次面临创新与变革的挑战。

对汉文化的强烈偏爱，对汉民族室内风格的推崇，让乾隆皇帝早早地将祖父的教诲当作了耳旁风，而祖父对乾隆皇帝的影响恰恰又是非常深的，从童年时代开始，弘历便得到了康熙皇帝的特殊宠爱。正是康熙皇帝将大清帝国带领上了稳定和繁荣的道路，也正是康熙皇帝给予了儿孙们一段“断不可做套房”（指汉式曲折隔断的室内布局）的训诫。不过从乾隆皇帝的父亲雍正皇帝开始，尽管后代清帝均恭表孝敬，但当下已经没有人在装饰他们宫室的时候真正想到这段祖宗的教诲了。亲身经历过康熙皇帝教导的乾隆皇帝，在这个故事里极大地起到了为汉族式样室内设计推波助澜，甚至是领导潮流的作用。以符望阁为例，空间划分不再拘泥于柱网，功能需求被当做室内设计的第一原则，借助封闭和半封闭的隔断与罩隔营造空间的疏朗与幽暗、封闭与流通；室内格局不再拘泥于空间的对称性，空间组合更加强调功能与审美的需求；仙楼的出现打破了竖向空间平均分配的呆板，空间组织更为灵活丰富，空间的开合更富戏剧化、情趣化。所有这些设计手法在乾隆时期得到了完美的升华。

不仅如此，为了避免建筑中有限的室内空间所带来的压抑感，乾隆皇帝还大规模地引进了来自于西洋的通景画（图 1-3-2）。尽管乾隆花园不是唯一存在通景画的地方，但是这里通景画的使用密度确实非比寻常。正是由于继郎士宁以后的这代画师的工作方法和成果没有在其他地方得到重复，乾隆花园的通景画显得尤为珍贵。如果将宫廷绘制通景画的频率绘制成图表，郎士宁时期无疑是一个创作高峰，而他的学生王幼学在乾隆花园中的创作实践无疑是又一个高峰。乾隆四十年十一月初九日，乾隆皇帝曾下旨：“宁寿宫转角楼、符望阁用线法画四张，着王幼学等画。”不无遗憾的是，今天，上述四张线法画除了乾隆花园养和精舍（宁寿宫转角楼）有两幅留存外，符望阁通景画原物及殿内遗迹已难觅踪影，我们难以想见当时的画意和布局，为今天符望阁的保护和研究带来些许遗憾。

当然，时代留给我们的不仅仅是华美的建筑和器物，实物背后的技艺与传承更令我们珍视。符望阁所代表的官式建筑传统营造技艺集中体现在传统设计、传统材料、传统工具及传统工艺技术上。建筑和装修设计的比例尺度为我们揭开了古代匠师的设计方法和发展规律，装饰构件榫卯连接的复杂与多样、镶嵌工艺的巧妙应用体现了一代匠师的聪明才智。这些技艺历经一代代匠师们的口传身授，伴随着鲜活的建筑与装修一直沿用到今天，成为符望阁保护工作的重要技术保障。

图 1-3-2　倦勤斋室内天顶画、通景画

注　释

1　《清高宗实录》卷一〇六七。
2　侯仁之主编：《北京历史地图集》，北京出版社，1988 年。
3　《清圣祖实录》卷一四三，第 1929 页。
4　章乃炜、王蔼人：《清宫述闻》，第 849 页，紫禁城出版社，1990 年。
5　章乃炜、王蔼人：《清宫述闻》，第 843 页，紫禁城出版社，1990 年。
6　计成：《园冶》卷一。
7　章乃炜、王蔼人：《清宫述闻》，第 849 页，紫禁城出版社，1990 年。
8　“大屋中施小屋，小屋上架小楼，谓之仙楼。江园工匠，有做小房子绝艺。”（清）李斗：《扬州画舫录》卷一七，第 421 页，中华书局，1997 年。
9　张淑娴：《建福宫花园建筑历史沿革考》，《故宫博物院院刊》2005 年第 5 期。
10　章乃炜、王蔼人：《清宫述闻》，第 892 页，紫禁城出版社，1990 年。
11　《钦定四库全书·集部·别集类》，《御制诗集四集》卷三三《新葺宁寿宫落成新正恭侍皇太后宴因召廷臣即事联句》，台北商务印书馆影印，1986 年。
12　“内府宝笈王羲之《快雪时晴贴》、王献之《中秋贴》，近又得王珣《伯远贴》，皆稀世之珍，因就养心殿温室易其名曰三希堂以藏之。”章乃炜、王蔼人：《清宫述闻》，第 821 页，紫禁城出版社，1990 年。
13　《养心殿造办处各作成做活计清档》（以下简称《活计档》）乾隆三十九年正月二十三日，做钟处：“催长福明持来押帖，内开本月二十一日太监胡世杰传旨：着延春阁现设大墙表样式成做大墙表一分（份），得时在宁寿宫符望阁陈设。钦此。”
14　章乃炜、王蔼人：《清宫述闻》，第 855 页，紫禁城出版社，1990 年。
15　“光绪十九年筹备慈禧万寿，修饰宁寿宫，提银六十余万。”章乃炜、王蔼人：《清宫述闻》，第 846 页，紫禁城出版社，1990 年。
16　中国第一历史档案馆藏：《乾隆朝汉文录副奏折》。
17　《内务府奏销档》，胶片 111，乾隆四十五年四月十三日，“总管内务府奏赏赐宁寿宫修建工程大臣事”。
18　中国第一历史档案馆藏：《乾隆朝汉文录副奏折》，《李质颖奏请陛见并交卸盐政印务事》。
19　《宫中档乾隆朝奏折》第三十六辑，台北故宫博物院印行。
20　长编 67301 号（内部资料）。
21　档案中虽未对花园中各建筑修缮状况进行描述，参见宫中其他建筑档案可知，当年内务府曾挪借银两对宫中众多建筑进行了抢救性修缮，乾隆花园因“渗漏脱落情形严重，室内御用陈设甚多，修缮工程如不及早兴修，诚恐日久情形愈重”，故理应在修缮范围之内。
22　中国第一历史档案馆藏：《活计档》，胶片 152。
23　详见本书第五章“原状陈设研究”。
24　据测：延春阁遗址明间柱顶石间距 3.84m，符望阁明间 3.85m。

第二章
建筑空间结构与保存状况
Chapter II: Spatial Structure and Status Quo of the Architecture

【提要】符望阁，之所以被故宫人形象地称为“迷楼”，是因为其复杂的内檐装修将楼阁分隔空间之多，往往让人步入其中不辨方向。但在仔细品味后，不但能够逐渐理清交通脉络，还会发现其空间组织上的精巧绝妙之处。五方位和九方位的平面空间图式以及所谓的“明堂”之制，揭示了这座迷楼的空间奥妙。历经乾隆朝、嘉庆朝、光绪朝、民国至今不断的修缮，符望阁依旧保持着最初的意蕴，然风采稍失。最近的勘察表明，符望阁整体结构尚属稳定，在瓦顶、台基、油饰、装修等方面则有待进一步修缮。修缮后的符望阁将再现 240 多年前始建时期的原貌。

Abstract: Fuwangge (The Belvedere of Viewing Achievements) is called “labyrinth” because the inside is divided into many tiny spaces, and one will get lost when wandering in it. But one may get clear of its ingenious spatial division and layout when carefully studying and pondering. The pentagon and nine-gon plane space and so-call “palace” system illustrate the mystery of the“labyrinth”. Fuwangge remains the original implication and style though series repairs occurred in the reigns of Qianlong, Jiaqing, Guangxu, and the Republic till the present time. Fuwangge is structurally stable after reconnaissance, the tiles, platform, plaster, decorations are to be conserved and repaired. Fuwangge will re-appear its original magnificent scene 240 years ago when the conservation is accomplished.

第一节
“迷楼”的空间艺术

1 Spatial Art of the “Labyrinth”

符望阁，是乾隆花园中体量最大的建筑。其复杂的内檐装修将楼阁分隔空间之多，往往让人步入其中不辨方向，只知入口，不知出口，被故宫人形象地称为“迷楼”。符望阁平面呈正方形，东西南北四个方向装修均不同，围合出的空间效果也有所不同。

南向是主入口，也是坐北朝南的“正室”，以坐落于须弥座之上的明间宝座为中心，整个南面通敞疏朗，若打开正面外檐隔扇，则视野更加开阔。宝座两侧各有通道通往东、西两面空间，其中东面的开关罩略显隐蔽，开关罩北侧一扇是通往东面的门，而相似的南侧一扇则封闭不开。

西面入口外可与玉粹轩相连，明间为宝座床，但它并不是整个西侧平面的正中。西面的空间关系整体偏北，北向透过一个小门可见北梢间的两扇精美炕罩。西面通过明间宝座床南侧通道与中间楼梯间相连。

北面的空间划分最为丰富。在明间宝座床之上多分出一个仙楼层，平添了空间的灰度和层次，明间宝座空间显得更加私密而幽深。站在北面空间的中心点可看见仙楼层和东梢间的门洞，透过东侧的这道门洞，可见墙上的挂钟，挂钟两侧是北面和东面相通的门口，这两道门形成的视觉通道延展了北面的空间序列。西侧有两道门洞，一实一虚，实门仅连接西梢间的夹道，虚门则以券洞门帘与东侧遥相呼应。

东面的空间感觉和西面如出一辙，交通流线也几近相同，只是在北梢间略作调整，其北向视野因一对券门而略显通透。明间正中也有一个宝座床。明间南北两缝均为栏杆罩，栏杆罩的存在将空间分隔得更加明确，东面与南面是中心对称感觉特别明显的两处。（图 2-1-1 ~ 4）

四个方向的空间关系体现了我国传统建筑的空间布局。传统建筑空间组合基本上是借有限类型的空间形式作为基本单元，一再重复使用，从而获得统一变化的效果。它既可以按对称的形式来组合为整体，又可以按不对称的形式来组合成为整体。符望阁中四个方向的中心点均对应一处宝座，是空间的中心，以此基本类型模式为轴向两侧伸展，每个空间都略有变化，但又万变不离其宗，可以说是在相同中设计了不同，又在不同中融合了相同。同时，四个方向的连接方式是转折变化的，所以，人们行走其间往往感到迷失了方向，“迷楼”之称由此而来。

除了四个方向的基本空间各具特色以外，整个建筑的交通分区也很有特色，或者说是很有规矩。整体建筑平面的中间是符望阁的垂直交通枢纽，围绕中间的四角为符望阁的水平交通枢纽，分区明确，一目了然。类似于传统的九宫格图式。九宫格的正中和四角为交通空间，在正南、正北、正西、正东分别设有面向外围的宝座。这种平面布局似乎是将中国人传统文化中河图和洛书的图式物化了。有学者认为河图是一个五方位的平面空间图式，其基本的形式为一个四方形的数字阵列；洛书则为一个九方位的平面空间图式，也是一个数字阵列。河图和洛书是大地五方与天界九野的象征，是两个分别表征大地与天宇的宇宙模式图解。再看符望阁的平面，似乎就是两种空间模式的重叠，中间九间是洛书九宫格布局，东南西北四个方向外展到河图的四方布局，河图以九宫格的正方形为中心，环环相套，仿佛大地围绕天界。（图 2-1-5 ~ 9）

对于符望阁的平面格局，刘畅先生认为：曾经有学者称符望阁独特的集中式的空间格局是遵照“明堂”制度而建。所谓“明堂”，在春秋战国之前，是天子召见诸侯颁布政令，并兼顾祭祀祖先的场所；后成为最为重要的礼制建筑。

明堂到底是什么样的？这是一个儒家权威也争讼无定的问题。不过明堂的大体样子还是可以推断的：明堂是一座多层建筑；建筑形式则是十字对称的，集中布置了五室，分列于四方和中央；明堂的空间分布和数字含义可以表达四向、四庙、四堂、四学、五方、五帝、五神、五德、五材、五色、五音、五味、五臭、五虫、五脏、五谷、五肉，以及十二月、十二律、十二居等名目。明堂之所以得到名为“明”，主要在于它四方通达，上下连通，明朗开敞，同时比喻明政教、明尊卑、明方位、明时序，带有伦理意义和时空内涵。

对照明堂的大致格局，还是可以把符望阁的主要空

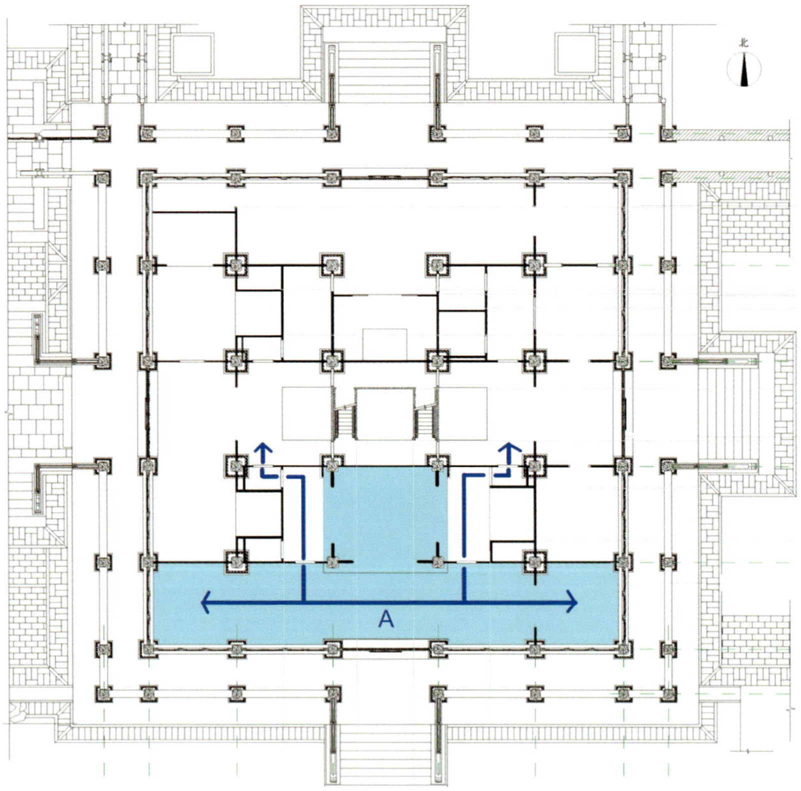

图 2-1-1　符望阁一层平面图（南）

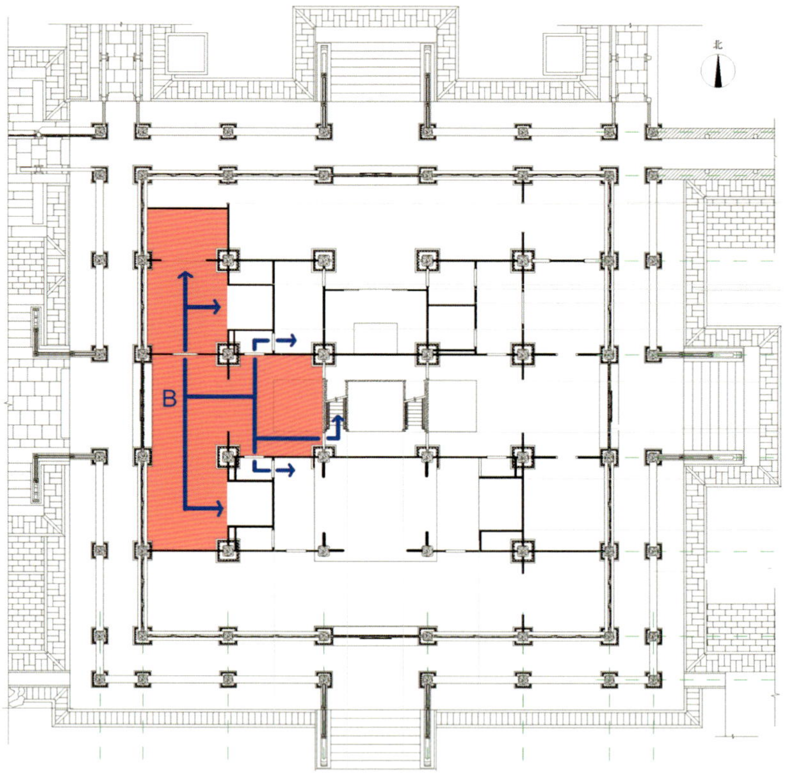

图 2-1-2　符望阁一层平面图（西）

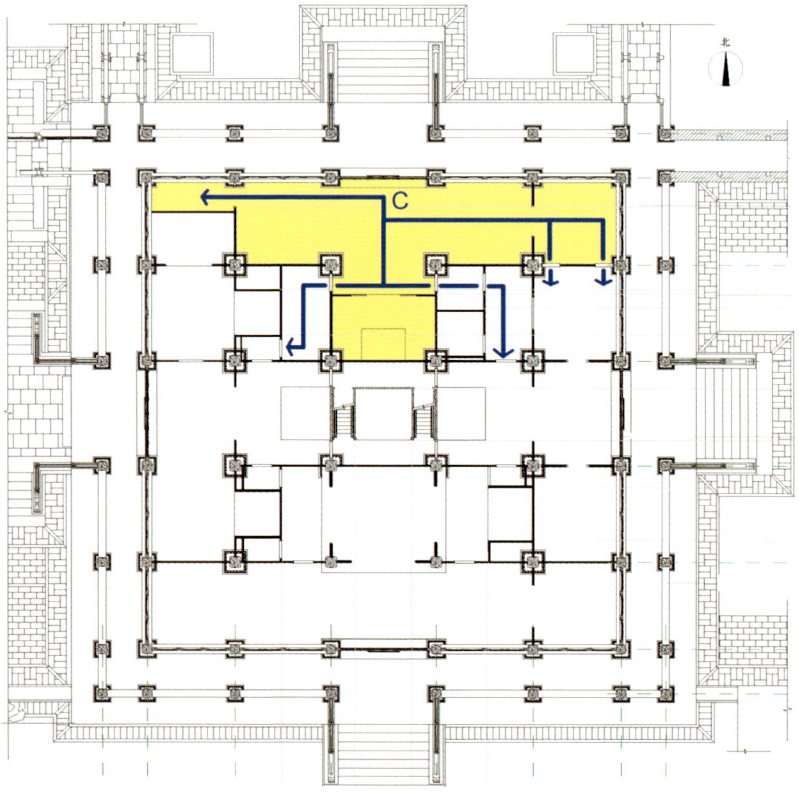

图 2-1-3　符望阁一层平面图（北）

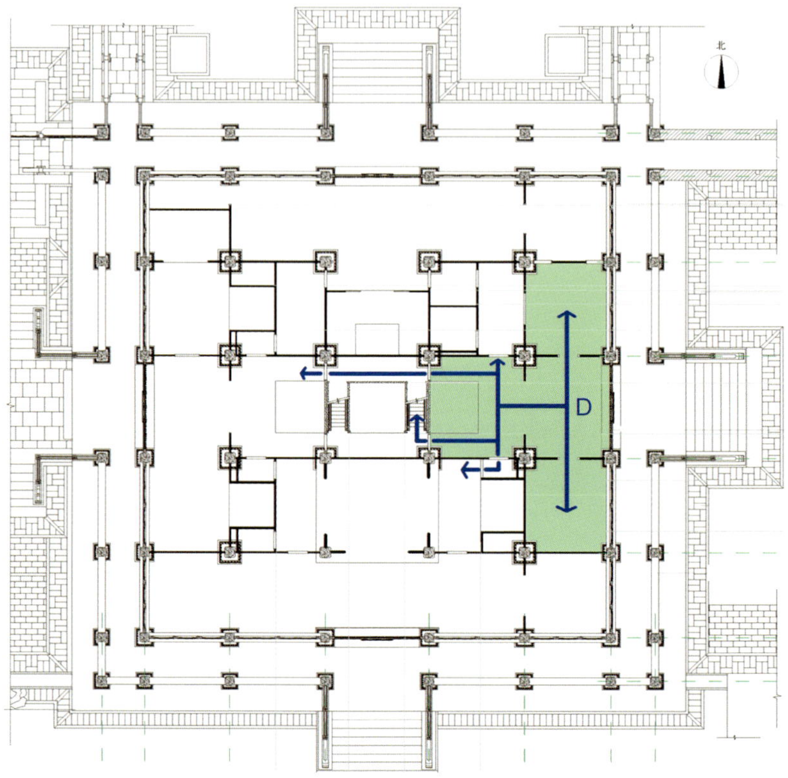

图 2-1-4　符望阁一层平面图（东）

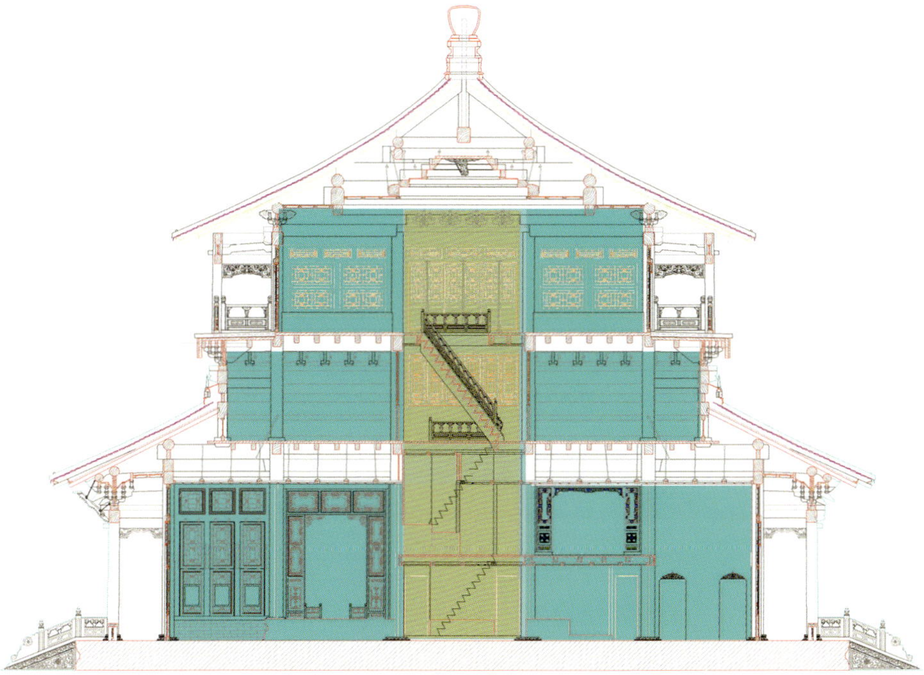

图 2-1-5　符望阁剖面图

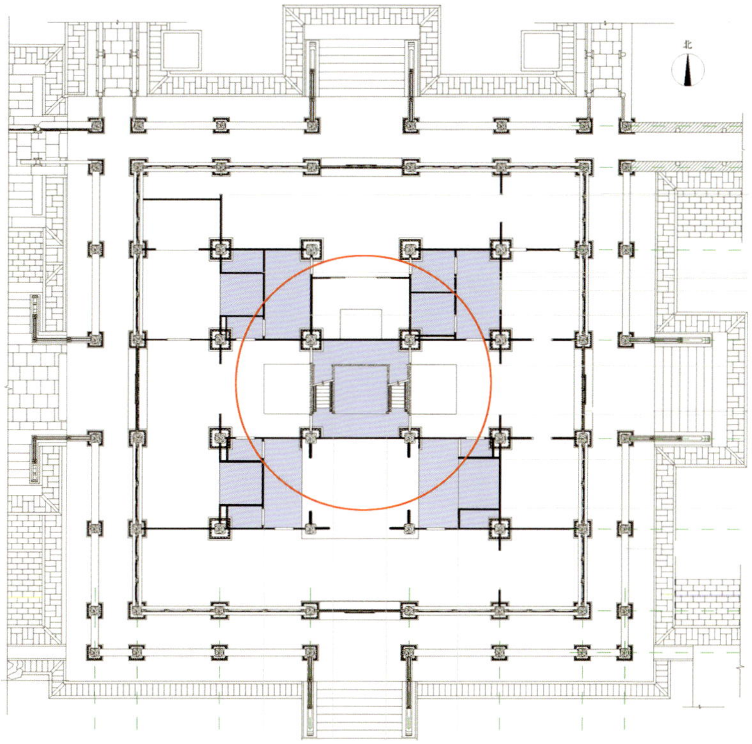

图 2-1-6　符望阁一层中心交通区

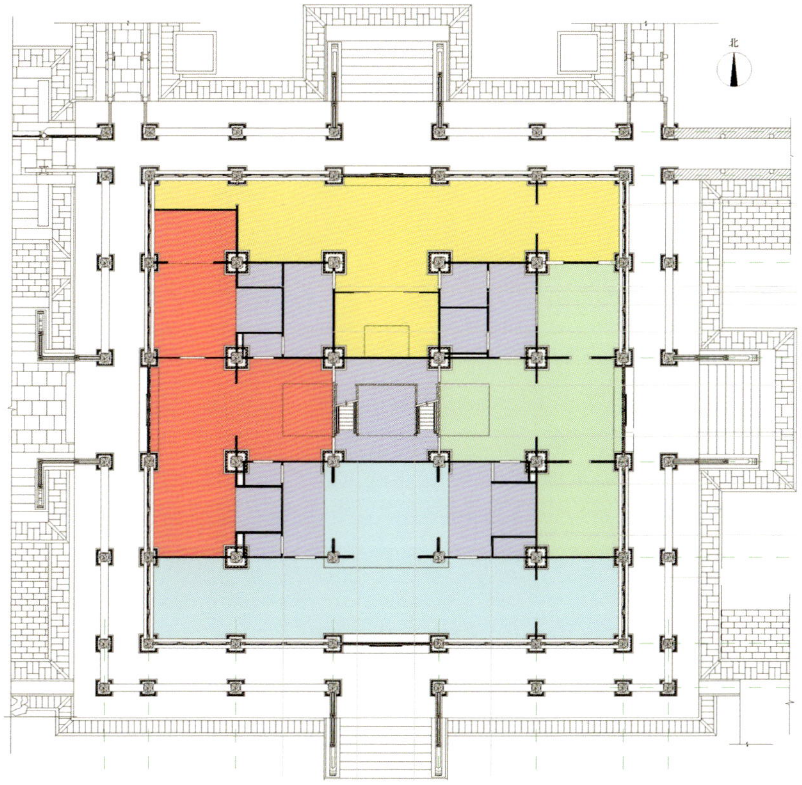

图 2-1-7　符望阁一层分区布局

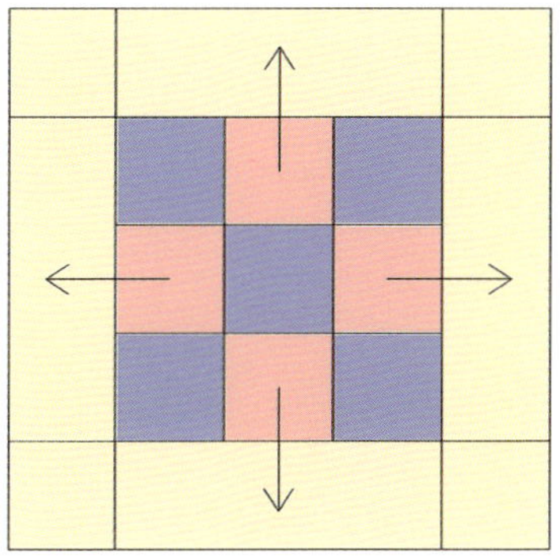

图 2-1-8　九宫格与四方形

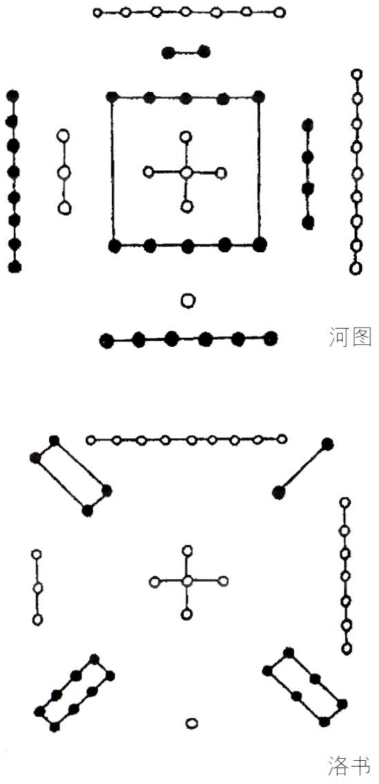

图 2-1-9　河图与洛书

间对号入座的。不过，符望阁除了建筑体型略有此意之外，所处的园林环境、变化多端的室内布局，都与整肃的礼制存在差距，与其说它是明堂，毋宁说它实质上是园林中点景的楼阁建筑，而多少搞了一点明堂的名堂[1]。

哪一种解释更符合古人的始建思想，似乎并不重要。这样的一种井然有序的空间模式反映出受传统文化影响下的中国人丰富的创造性。在一个规规矩矩的正方形空间里，在符合礼制约束的情况下，竟玩出了迷楼的效果。同时，这种迷楼效果几乎完全反映在一层的平面中，如王贵祥先生所言："古代中国人并没有立体中空的'六合'空间，作为自己的观念，宇宙模式在中国人心目中，更倾向于水平分布的空间结构。"[2] 于是乎，在符望阁的二层（或称之为夹层），只是一个在正中间有隔扇合围的楼梯井。在三层，坐北朝南有一个屏风和宝座，再无其它遮挡，倒也符合御制诗里所言："久道成淳化，太和播海隅；泽孚兆民望，念协八征符；励志肯堂构，传心守典谟；登临仰宸翰，奎耀焕皇都。"[3] 这是一种登临远眺、回顾先祖圣明英迹后下定决心时的心境，需要的正是开阔明朗的空间效果。一层繁复的空间组合和三层简单的"统一空间"，形成了鲜明的对比，令人玩味无穷。（图2-1-10 ~ 11）

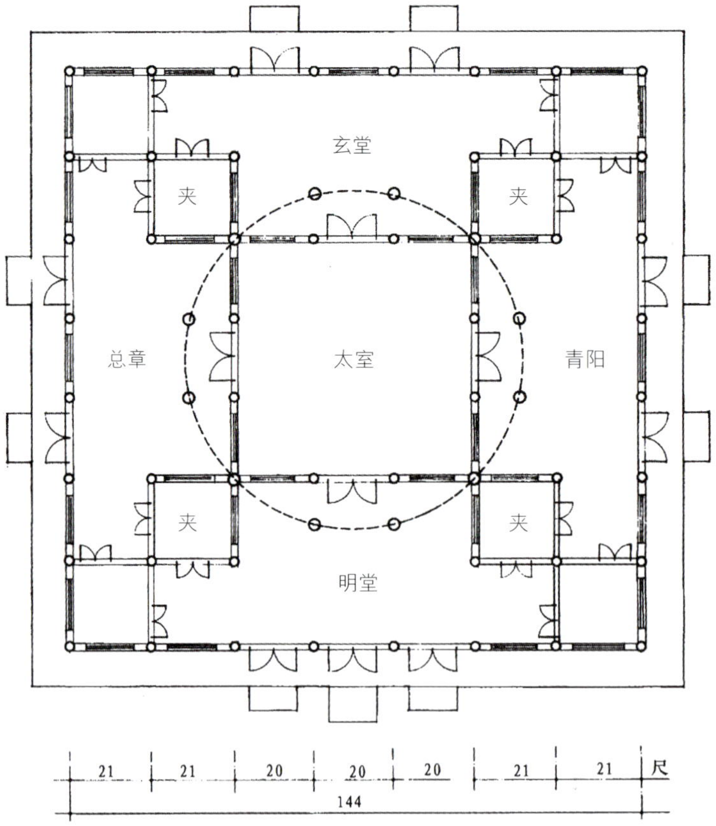

图 2-1-10　中国古代明堂平面示意图

图 2-1-11　符望阁三层平面示意

第二节
二百年间的修缮

2 Restoration in the Past 200 Years

从乾隆三十七年（1772 年）大规模始建宁寿宫区建筑起，至乾隆四十四年陆续修建及添建，就符望阁一区建筑的完工时间可以参考乾隆丙申年御制诗记载："新葺宁寿宫落成，于新正二日，恭侍皇太后宴敬纪八韵"[4]和"落成层阁十年斯"[5]。丙申年为乾隆四十一年，所以，可认为乾隆花园始建时间为乾隆三十七年至四十一年。符望阁一区建筑亦在此期间落成。

建成后，乾隆朝该建筑未有重要修葺活动。乾隆朝以后，主要修缮活动见于嘉庆、光绪两朝和民国时期，新中国成立后亦有重要修缮。

一　嘉庆朝

嘉庆七年（1802 年）六月二十二日辛酉，为拆安宁寿宫符望阁琉璃顶珠等项支领银两事[6]："宁寿宫符望阁琉璃顶珠破坏，被风刮落半块，着交营造司将未坠落之破顶珠摘下，抹饰妥协，暂安木顶，俟琉璃顶珠烧得时再行安换，等谕特交奉此移咨工部琉璃窑烧造黄色顶珠一件，通高三尺，上径三尺，下径一尺八寸，照式烧得时送至应用。于七年二月二十八日据琉璃窑遣人将烧得顶珠一件送到，复于三月十三日前往宁寿宫符望阁安砌琉璃顶珠一件，围口抹饰油灰，上安顶珠，搭拆架子一座。"

嘉庆二十一年十二月十六日庚寅，为修理宁寿宫西路殿座房间等项找领银两事[7]："宁寿宫西路衍祺门、撷芳亭、遂初堂、养和精舍、符望阁、保泰门等处殿座添安瓦料，归安台帮阶条，仙台栏板俱钩抿油灰，仙洞内里提刷黄浆，各殿座院内随门院墙卡墙凑长九十四丈，上身二面提刷红浆，下肩剁磨见新，符望阁换做五踩踏跺三座，玉粹轩炉炕二座内添换盖板六块。"

此时期主要修缮项目是琉璃宝顶和一层的连办踏跺。

二　光绪朝

光绪十三年（1887 年）二月二十八日，奏报遵旨查勘宁寿宫殿宇应修情形折[8]："谨将查明宁寿宫殿宇房间等项应修情形既酌拟做法缮单呈览……符望阁一座，现查上层东面前檐椽望糟朽，西廊压面伤折，台帮走错，谨拟拆修，上层檐头换安，压面归安，台帮錾斧扁光，其余头停夹垄。后东面游廊，现查台帮走错，槛垫伤折，谨拟归安，台帮槛垫换新，錾斧扁光，头停夹垄，前海墁石一块，后廊地面一块，现查砖石疏碱，谨拟海墁石挑墁，地面拆墁，砖块换新。"

光绪十三年四月初十日，奏呈遵旨修理宁寿宫需用钱粮数目清单折[9]："谨将勘估宁寿宫殿宇房间游廊亭座墙垣海墁甬路等工钱粮数目清单呈览……符望阁一座五间，头停夹垄，上层东南角檐头椽望换安，下西面台帮拆砌，其余归安，石料錾斧扁光；后东面游廊一座三间，头停夹垄，台帮归安，槛垫石拆换，石料錾斧扁光；前山石海墁一块挑墁，山洞内甬路山石挑墁，东山院砖海墁一块拆墁。"

此时期修缮项目是台帮归安、瓦顶夹垄、上檐檐部椽望更换、地面拆墁。

三　民国时期

1929 年，畅音阁、延辉阁、英华殿、符望阁等处修缮情况[10]："符望阁修葺各活技做法，符望阁歇山大殿五间，进深七间，周围带廊子，上层檐头停拔除茅草，查补渗漏，夹垄捉节，找补勾头，整理檐头成做。下层后檐明间檐头坍塌，桁条糟朽，拟揭瓦檐头，钉补桁条，添换飞头、檐椽，补钉望板、连檐、瓦口，其余拔除茅草，查补渗漏，夹垄捉节，整理檐头，添安勾滴成做……以上木料琉璃筒板瓦均由院旧料内挑选使用，所有灰筋麻刀琉璃勾滴兽头仙人等由包工人自备。"

此时期修缮项目主要是瓦顶的夹垄捉节、更换飞头、添安勾滴。

四　新中国成立后

1950 年，乾隆花园南北部修缮工程情况[11]："1950

年5月8日，中央人民政府文化部文物局通知：查你院乾隆花园四九年度修缮工程原系由宝恒营造厂承做，其未完部分……限期完成……5月10日会议记录：该处工程甚为重要，并且瓦顶均已拆卸，雨期前如不抢修完竣，损失甚巨……符望阁大木闪甚巨……6月1日北京市文物整理委员会文件：准予六月三日三工程全部复工……乾隆花园北部四十工作日完工……8月18日，乾隆花园第一步续加工程做法说明书。”[12]

此次维修主要针对的是符望阁平座层楼板下承重梁长高工程。

1992～1993年，符望阁维修工程情况[13]：“工程范围，一、二层查补，局部揭瓦檐头，添配瓦兽件，制作玻璃屉，安装玻璃，制安隔扇博缝……”此次维修主要针对的是屋顶瓦件。

综上所述，历史上符望阁一区建筑的修缮主要包括嘉庆朝的捉节夹垄、添安瓦料工程，光绪朝的瓦石修整及地砖拆墁工程，民国时期揭瓦大木修整工程，新中国成立后1950年符望阁平座层楼板下承重梁长高工程。其中，1950年的承重梁长高工程涉及结构整体安全性，修缮活动对后期影响较大。

第三节 如今的健康状况

3 Present Condition

符望阁目前健康状况尚好，主体结构稳定。考虑到乾隆花园整体保护项目的要求，仍需在“最小干预”原则下对其进行整体性维修，主要扰动对象是瓦顶、油饰、室外地面和与灰直接接触的木构件。现就现状勘察情况和主要维修方案概述如下。（表2-3-1）

表2-3-1 符望阁建筑现状勘察及修复方案

名称	现状形制[14]	残损状况	原因分析	修复方案	照片
瓦顶	重檐四角攒尖顶，六样黄琉璃瓦，蓝剪边（三块）。焦渣灰苫背，焦渣灰瓦瓦。 上下檐滴水坐中，下檐四面筒瓦各92垄；上檐东西两面筒瓦68垄，北面筒瓦67垄，南面筒瓦66垄。	现瓦顶杂草滋生。下檐瓦顶脱釉约60%，其中脱釉70%以上的瓦件占40%；北面钉帽缺失9个，东面缺失7个，南面缺失8个；南面勾头缺失1个；西南角南合角吻兽剑把缺失。 上檐瓦顶脱釉约50%，其中脱釉70%以上的瓦件占20%；东、北、南三面各缺失钉帽1个。	琉璃瓦脱釉、捉节夹垄灰局部脱落、钉帽缺失是长期受自然风雨侵蚀的结果，属自然原因。	上下檐瓦顶揭至望板，重新苫背、瓦瓦，更换胎体破损的瓦件；按指定样式添配合角吻兽剑把、钉帽、勾头。上檐南北两坡按照东西坡垄数68垄调整，要求垄数一致。	
	黄琉璃宝顶，宝顶须弥座上枋和束腰孔雀蓝琉璃地八宝纹饰，上下枭巴达码纹饰。	宝顶及须弥座有杂草生长，脱釉约40%。	自然原因。	清污后，涂刷防风化涂料。	

大木构架	五开间，周围廊，重檐，四角攒尖。上檐通面阔 14490mm，擎檐柱径 270mm，柱高 3010mm。下檐通开间和通进深都是 20580mm；檐柱径 345mm，高 3705mm；外金柱径 350mm，高 5220mm；内金柱径 410mm，高 8995mm。	大木构件多有裂缝、断续开裂和贯通开裂现象。开裂程度较大构件有上檐东下金檩西侧面南部贯通开裂 1600mm 长，40mm ～ 50mm 宽，600mm ～ 1100mm 深。	木材自身材性以及干燥收缩引起开裂。		
		西北由戗糟朽开裂，残损范围为 1600mm 长，50mm 宽，150mm 深。	表皮糟朽，推测早期渗水对裂缝内侧表皮的侵蚀。开裂部位集中在底面西侧，与木材自身材性纹理特点有关。		
		太平梁两侧有老水迹。	攒尖顶顶部是雨水渗漏的薄弱点，经雨后观察，未发现渗水现象，判断为历史上修缮瓦顶前遗留的老水迹，属于自然原因。		
	平坐层通面阔 12510mm，平坐层童柱径 290mm，柱高 1995mm，金柱径 350mm，柱高（柱础上皮至上檐斗栱平板枋下皮）6130mm。	1950 年用铁筋儿攀对下檐暗层四周承重双步梁加固长高，尤其是南北面双步梁尾部用榆木支顶。	受到平座层童柱和下檐瓦顶的偏心受压，导致承重梁前端下沉。		
	藻井平面四方形，边长 3850mm。	藻井井口趴梁下天花贴梁南北两根长 3790mm，西端头均拔榫 30mm，北贴梁东端头下沉 15mm；东西两根长 6850mm，西贴梁南端头拔榫 20mm，东贴梁北端头拔榫 40mm。	推测为藻井四周的天花贴梁跨度过大，上檐整体结构受到自然外力的影响，榫卯节点必然会发生相对调整变化，贴梁只有两个节点随之调整，跨度越长拔榫现象相对越明显；同时，较大的跨度，构件中部又受到藻井斗栱的压力，挠度的产生也会让两端产生拔榫现象。	拔榫长度并未危及藻井和天花整体的稳定，但不应让拔榫和下沉现象延续，需采取必要的加固措施。	
椽望、连檐、瓦口	圆椽径 120mm，方飞 110mm×110mm，顺望板，闸挡板。	现场上下檐四面局部揭露检查表明，下檐北面望板现状较好，其余上下檐望板表层均已糟朽，一层南面望板糟朽深度已过半。	主要由于瓦顶瓦件拔节、生长杂草，导致雨水下渗，使木基层发生糟朽，属于自然原因。	望板表面的糟朽会随着时间的推移进一步加深，影响其承托瓦面及灰背荷载的强度，有必要在修缮工程中揭瓦全面检查并给予必要的更换。	
		下檐南面东数第 40、41、42，东数第 20、27 等五处飞子前端下沉。	椽子后尾糟朽，前端受压从而下沉。	归安修整。	

斗栱	斗口 75mm。 下檐重昂五踩斗栱；平坐层重翘五踩斗栱，后尾撒头；上檐单栱交麻叶斗栱。	上下檐及平坐层斗栱现状较好。	1950 年下檐暗层承重梁长高加固后，平坐层斗栱随之抬平钉补。下檐斗栱与上檐斗栱未动。	维修施工过程中进一步全面检查。	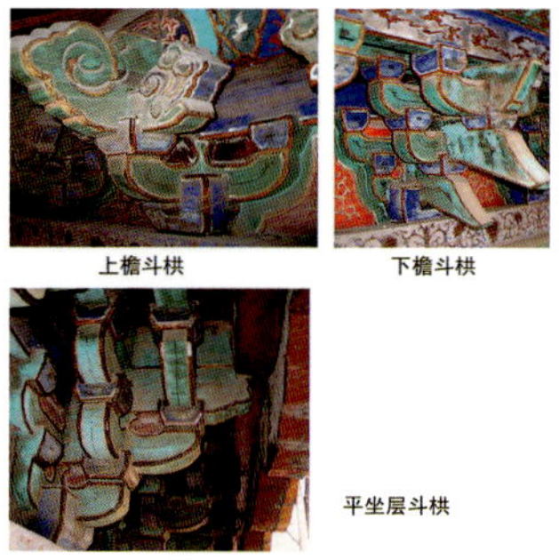
外檐装修	下檐：四面金部明间步步锦实屉内嵌磨砂玻璃隔扇门，带帘架，无绦环板、裙板，上下两层隔扇心，下用木板封护。隔扇门上横披为步步锦实屉内嵌白玻璃。隔扇心屉中部棂条被玻璃取代。四面金部一次间、二次间步步锦实屉内嵌磨砂玻璃支摘窗，横披为步步锦实屉内嵌白玻璃。摘窗心屉中部棂条被玻璃取代。四周檐部安装步步锦倒挂楣子和花牙子，下为步步锦坐凳栏杆。				
	上檐：四面金部明间五抹步步锦实屉内嵌磨砂玻璃隔扇门，带帘架，隔扇门上横披为步步锦实屉内嵌磨砂玻璃。次间为步步锦实屉内嵌磨砂玻璃支摘窗，横披为步步锦实屉内嵌磨砂玻璃。				
	上檐擎檐柱间安设寻杖栏杆，荷叶净瓶，透雕绦环板，花雕牙子。	上檐擎檐柱绦环板龙头缺失 8 个，雀替龙头缺失 1 个。	存在自然原因造成木材节点处糟朽以致折断的可能，也不能排除历史上修缮过程中人为破坏的因素。	以干燥红松按原式补配、修整。	
墙体	下檐金部一次间和二次间槛墙外侧干摆十字缝砌筑六层（上檐次间五层）城砖（长 395mm，宽 100mm）；槛墙内侧木板墙封护。	槛墙外侧与金柱间相交处抹灰酥松，缝隙明显。	槛墙灰缝酥松属自然原因。	挖补残损较重的砖体，清除抹灰，重新勾缝。	
台基	青白石须弥座，束腰雕椀花结带。如意石、阶条石、槛垫石为青白石。踏跺为两组联办三步做法。四面踏跺垂带上汉白玉勾栏栏板，踏跺抱鼓尽端为角背头做法，鼓镜内作雕刻。	须弥座、踏跺表层局部风化酥碱；栏板与望柱有不同程度的脱榫分离，最大缝隙达 40mm；西面栏杆象眼石最大歪闪达 50mm；三面踏跺上基石与阶条石分离，缝隙宽 20mm，下沉达 50mm。	须弥座的风化酥碱、象眼石歪闪均属自然原因。 踏跺下沉由杂草根系造成。	归安修整歪闪的构件。更换粉化严重的构件。 现场勘察水泥结合强度，确定是否剔除，剔除后的缝隙用油灰勾缝。	
地面	下檐：廊下地面为二尺四花斑石（755mm×755mm），室内地面二尺方砖（640mm×640mm）为主，也有 610mm×610mm 和 640mm×590mm、640mm×610mm 等规格。	廊下地砖之间及其与阶条石缝隙较大，总体现状较好，表层不同程度残损的有 9 块。室内柱础现状较好，外围金柱和檐柱表层局部风化酥碱的有 7 处。	地砖的风化酥碱属自然原因和人为踩踏所致。	现状保存。	

	上檐：廊内地面为尺七方砖（525mm×525mm）。	上檐廊内地面铺砖表层风化酥碱 19 块，其中 5 块破损较为严重。	地砖的风化酥碱属自然原因和人为踩踏所致。	按原规格尺寸 4:6 掺灰泥挖补。	
外檐彩画	大木：夔龙、真龙方心，蝠鹤锦、宋锦找头，金线方心式苏画。 飞头：绿地片金万字纹。 椽头：青地片金圆寿字纹。	彩画保存较为完整，纹饰图案清晰，颜色稍有褪色，局部龟裂、开裂、起翘，金箔普遍失光、氧化。三层檐部外侧大木构件上端（擎檐枋、花板、折柱、柱头）画活表面罩清油，现在颜色的质感、色相都起了很大的变化，颜色变深，明度、纯度降低。	因 1958 年重新绘制，至今 50 多年，时间较短，彩画因此还较完好。 颜色褪色，局部龟裂、开裂，起翘，属自然原因，受外界气候及日照紫外线影响。 金箔失光、氧化属自然原因和材料问题。因贴的是大赤金箔，含金量较低，容易被大气污染氧化。 三层彩画颜色质感、色相变化，属自然原因和材料问题，颜色是水胶质颜料，粉状，而清油是油性物质，刷到颜料表面并浸入到水胶质颜料中，颜料就会起质感变化。	外檐彩画全部保留、除尘，残损部分修整加固，按原式、原样、原色补绘整齐。 椽飞头彩画按现状重新绘制。	 
内檐彩画	夔龙、真龙方心，片金西番莲、窝金地花卉盒子金线苏画。	室内彩画地仗大部分剥离脱落，木骨外露、彩画缺失。目前只有四面明间檐部内侧檩枋构件彩画残留，残留部分的彩画也已开裂、离骨、翘起、下垂。颜色普遍褪色、粉化，金箔脱金，彩画纹饰晦暗不清。	属自然原因，因年久失修，室内空气不流通，潮湿，容易造成地仗、彩画的腐朽、空鼓、开裂，颜料层自然老化并脱落。	须通过维修保护工程，对大面积建筑本体的地仗彩画进行复原。原有的老彩画“原状保留”进一步做彩画除尘、回贴、加固、封护等保护措施。	
油饰	连檐、瓦口：银朱油。 椽子、望板：二朱油。 椽肚：红帮绿地。 上层扶手栏杆：边框、望柱、扶手、下部牙子。 地：二朱油。 外檐下架大木（柱、槛框、榻板）：二朱油。 外檐装修：边抹、绦环板、裙板、帘架大边，刷二朱油，横披窗、支摘窗、槛窗棂条，刷绿色颜料光油。 坐凳楣子：坐凳，刷二朱油；楣子，刷绿色颜料光油。 陡匾：匾心扫青地，背面三道银朱油饰。 室内内金柱、中金柱：刷二朱油。 一层三层楼梯间踏步：刷黑色颜料光油。	上架：望板局部油皮开裂，椽帮绿底色油普遍氧化、变色，局部地仗脱落，油皮普遍粉化失光。 下架：下层檐柱油皮向阳面普遍龟裂，个别处开裂、起翘。上层外檐下架大木油皮局部剥落露灰层，油皮粉化失光。上层扶手栏杆：栏板、望柱，油饰、地仗普遍开裂、翘起，局部脱落。油皮粉化失光。颜色褪色、脏污。金箔失光、氧化。外檐装修个别处油皮有龟裂现象。	属自然原因，因受紫外线的照射，阳面地仗油皮外缩内胀，形成开裂。	连檐、瓦口、椽望及檐部柱、坐凳，三层寻杖栏杆重做地仗、重做油饰。金步柱框装修找补地仗，重做油饰、贴金。匾额重做地仗，重做油饰。室内柱框、装修、墙面重做地仗，下架柱重做油饰。	

注 释

1 赵雯雯、刘畅、蒋张：《符望阁》，《紫禁城》2009 年第 6 期。
2 参见王贵祥：《东西方的建筑空间——文化空间图示及历史建筑空间论》，第 126 页，中国建筑工业出版社，1998 年。
3 《清仁宗御制诗二集》卷四二。
4 《清高宗御制诗四集》卷三三。
5 《清高宗御制诗五集》卷四三。
6 内务府呈稿嘉营 89，长编 67301（内部资料）。
7 内务府呈稿嘉营 325，长编 67460（内部资料）。
8 《内务府奏销档》，812-091。
9 《内务府奏销档》，812-163。
10 《故宫博物院档案》，修建工程类，1929 年第 17 号。
11 《故宫博物院档案》，修建工程类，1950 年第 75 号。
12 详见附录三。
13 《故宫博物院档案》，修建工程类，1993 年第 8 号。
14 大木构件材种检测参见附录一。

第三章
内檐装修各工艺保存状况

Chapter III: Status Quo of the Techniques of the Interior Decorations

【提要】乾隆花园是个地地道道的帝王花园，符望阁从形态到空间都是花园的重中之重，这里充斥着乾隆皇帝所钟爱的无数“情结”。他是将他 60 年的人生阅历，30 年的风霜雪雨，和对未来生活无限的期待融入其间，让今天的我们依然能够品鉴到一代帝王的风情雅趣。经济和文化的繁荣让这一时期的作品更加奢华和精巧，紫檀、沉香、象牙、玉石等名贵材料，竹丝、螺钿、珐琅、双面绣等繁复工艺充斥着内檐装修的方方面面；西洋文化的广泛接纳，让通景画等西洋绘画和西洋装饰铺陈于皇帝所钟爱的每一个空间。今天，当我们亲临其中，拂去尘土，怀着崇敬的心情记录下这曾经的辉煌，为了永不磨灭的历史，也为了让后来者更真实更深入地品味。

Abstract: Qianlong Garden is an imperial garden, in which, Fuwangge plays the role of essence, from the form to the space. Fuwangge is filled with Qianlong Emperor's beloved complex. His sixty years of reign and thirty years of rich life experience, mixing up with his great expectation to future are reflected in the garden. We can still feel the emperor's life style and interests. Prosperous economy and culture endowed the works of this period with luxury and delicacy—precious materials such as zitan (a type of sandal wood)wood, agalloch eaglewood, ivory and jade and exquisite craftsmanship such as bamboo thread marquetry, mother-of-pearl inaly, Cloisonné and double-sided embroidery. And western culture of trompe-l'oeil mural and decorations could be seen everywhere. Today, when we throw ourselves in this scene, document all the magnificence with our eyes and respect, we record the immortal and splendid history for our descendants.

第一节
总述
1 General Description

一 类型及分布

中国传统古建筑中的内檐装修是指所有属于小木作的室内装饰，如罩隔、门、窗、炕、地平、宝座、屏风、天花、藻井等。内檐木装修常与室内家具陈设的风格相结合，具有较高的艺术价值，因而在用料、做工方面十分讲究，发展到清中期，多以硬木工艺为主体或骨架，涉及多种工艺的组合与叠加。

内檐木装修除具装饰性外，还有两个显著特点：一是灵活性，中国传统古建筑多为木结构体系，其荷载沿着屋面、檩、梁、柱，最终传力于基础，建筑四周的墙体只起到分隔室内外空间、防寒保暖的作用，大多起不到承重作用。这样的结构体系为内檐装修的设置提供了极大的灵活性，可以根据建筑的使用功能进行合理设置，亦添亦舍，灵活多变。二是可拆卸与可移动性，木质装修的榫卯构造决定了它们更利于拆合，因而可以变幻出更为灵活生动的空间意趣。

符望阁内檐木装修的形式极其丰富，涵盖了上述所有形式，每槽装修在风格、样式上都各具性格，色彩纷呈。为了便于对每种类别的内檐装修进行空间定位和数据化信息系统建立，我们对符望阁内檐装修进行了标准化的编号。每组编号包括类别、平面位置、所在楼层、轴线偏离方向、构件朝向等五项信息。其中类别一项界定了内檐装修的基本属性，以其汉语拼音首字母命名，如落地罩为 LZ，栏杆罩为 LG，几腿罩为 JZ，炕罩为 KZ，隔扇为 GS，花窗为 HC，槛窗为 KC，炕台为 KT，隔墙为 GQ，楼梯为 LT，吊顶为 DD；平面位置以横竖两个方向的轴线定位，例如 3*CD 说明此装修位于 3 轴上，C、D 轴之间；所在楼层用 1—首层、X—仙楼层、J—夹层、2—二层表示；轴线偏离方向以位于轴线上还是偏离轴线进行描述，位于轴线上为轴中，用 CC 表示，偏离轴线以偏离轴线的方向进行描述，轴线北侧用 CN 表示，轴线南侧用 CS 表示，轴线东侧用 CE 表示，轴线西侧用 CW 表示；构件朝向用北（N）、南（S）、东（E）、西（W）表示。依此创建的编号系统加之对应的中文描述可以比较准确地对构件进行空间定位和属性归类，既便于现场指认、伤况记录，也便于符望阁信息系统的录入与检索。如“LZ_3*DE_1_CC_W”表示首层西次间中进间西缝落地罩西侧，“KC_F*34_X_CC_N”表示仙楼层西次间后一进间南缝槛窗北侧。

符望阁首层用罩隔和木板墙分隔成若干空间，以中心区为核心，采用了“集中式”的室内空间布局，东、西、南、北四个方向的木装修通过巧妙的组合呈现出不同的特点及功能。（图 3-1-1）

仙楼层明间在北面设栏杆罩，用于俯瞰楼下空间，东、南、西三面设落地罩分隔仙楼空间；东、西次间设万字锦槛墙与六扇槛窗；在明间与东、西次间设挂檐板分隔首层与仙楼层的竖向空间。在仙楼层通往符望阁夹层的楼梯口设几腿罩和对称的两个栏杆。（图 3-1-2）

夹层为结构过渡层，在中心区用槛窗与木槛墙围合成楼梯间。（图 3-1-3）

顶层空间不设罩隔，是一个开阔连通的室内空间。中间面北设宝座、书案、地平、屏风，中心区以硬木雕花栏杆围合成楼梯井。室内吊顶以藻井为核心，浑金蟠龙，呼之欲出。（图 3-1-4）

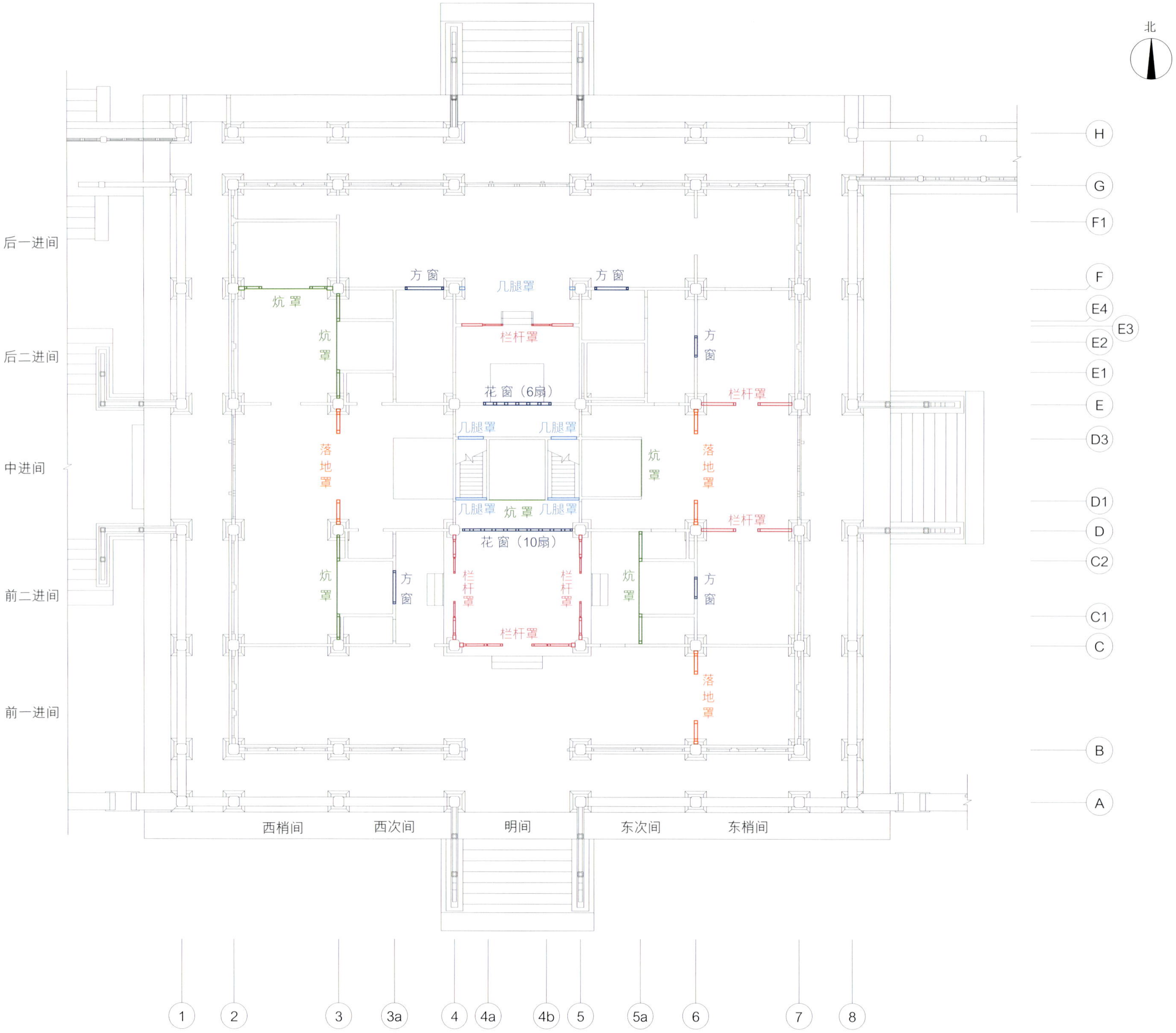

图 3-1-1　符望阁首层内檐装修分布图

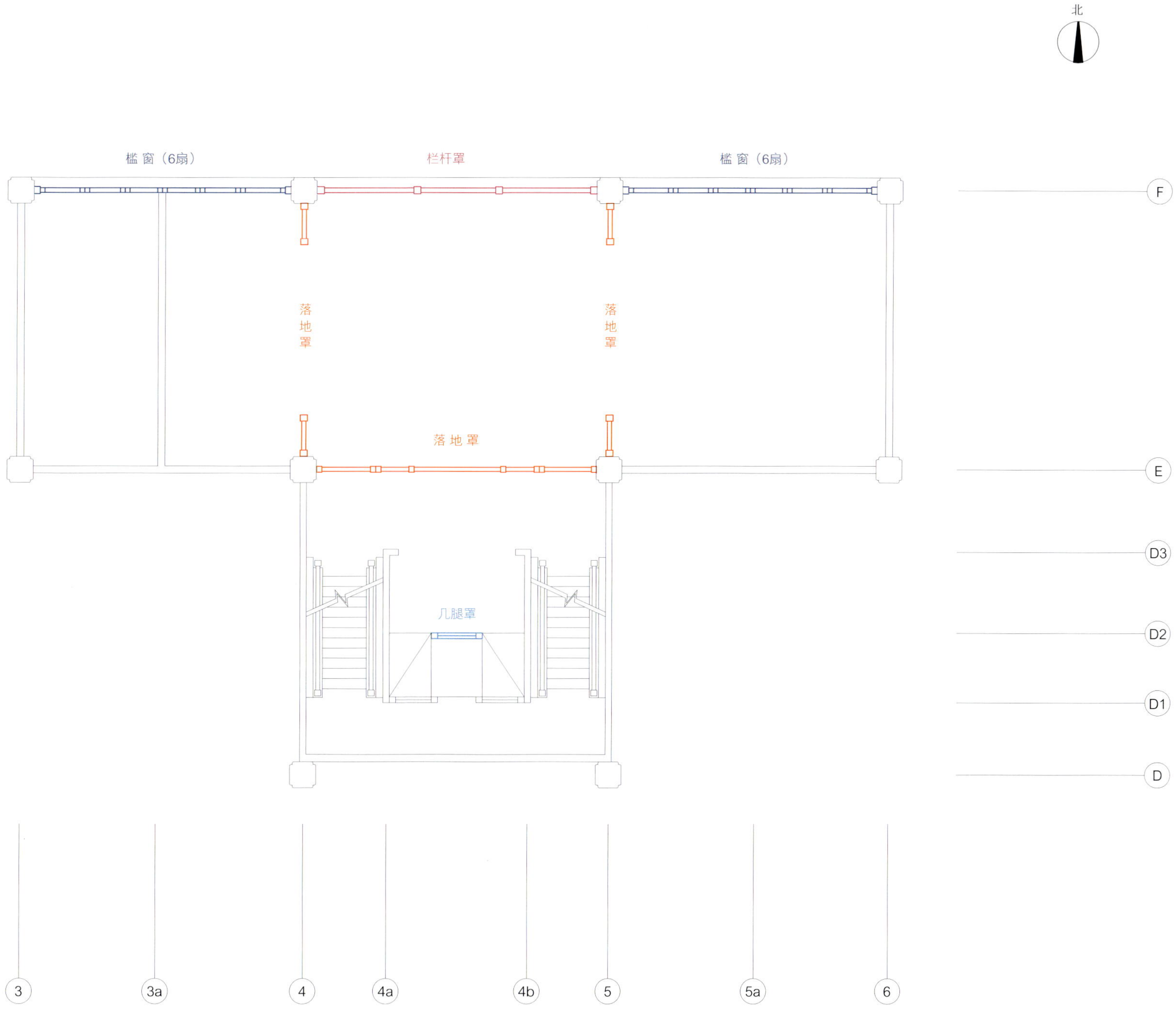

图 3-1-2　符望阁仙楼层内檐装修分布图

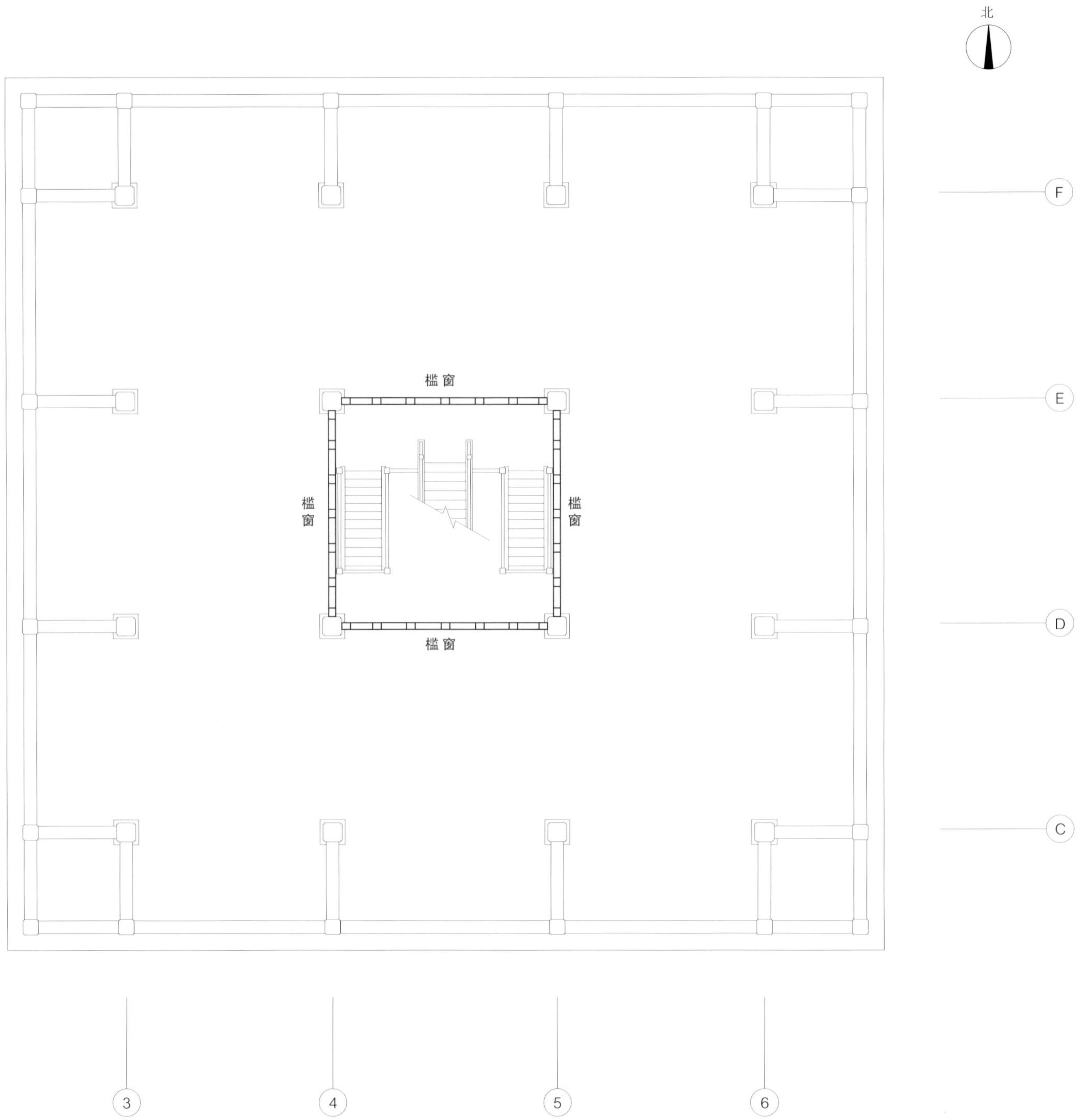

图 3-1-3　符望阁夹层内檐装修分布图

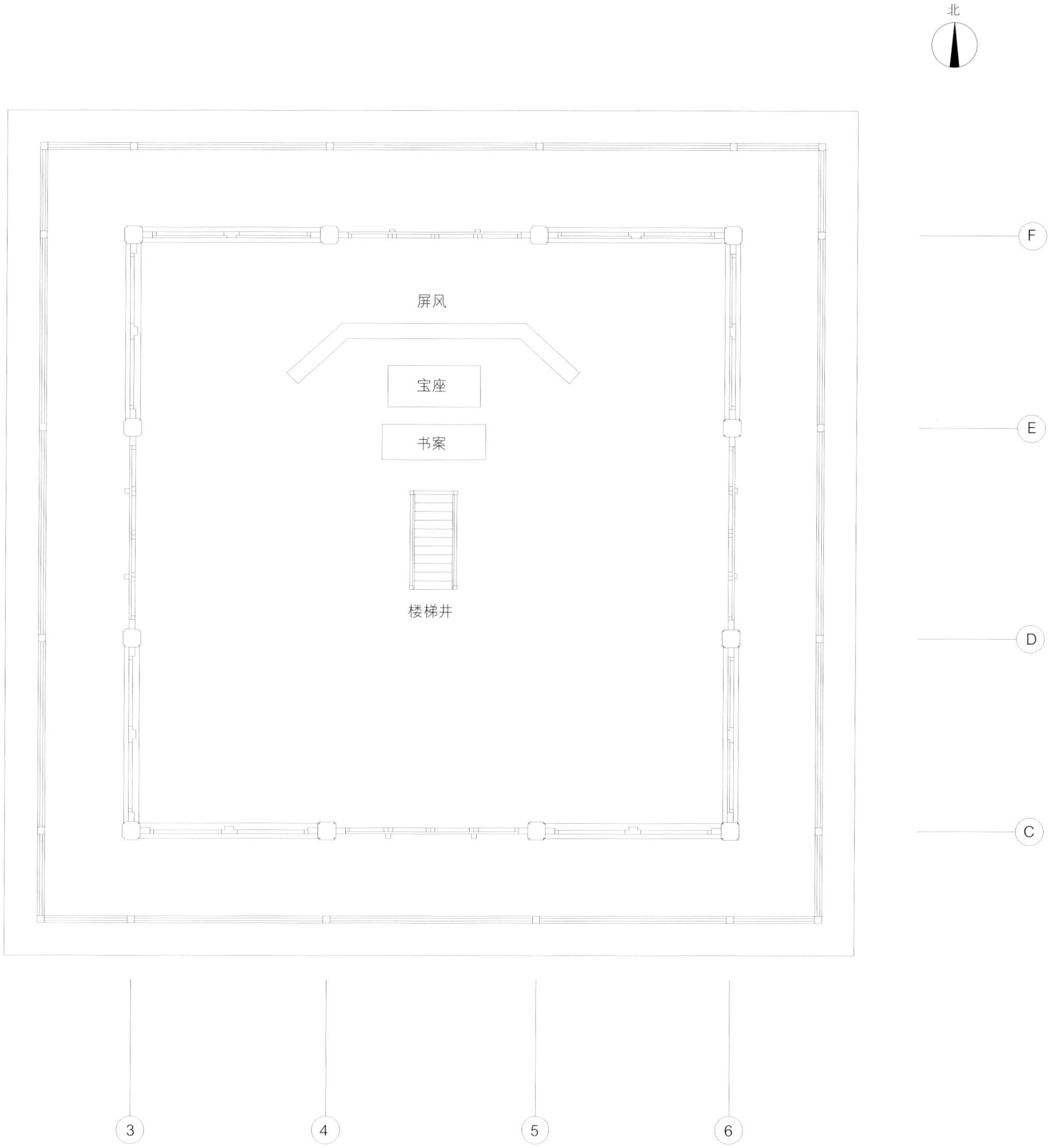

图 3-1-4　符望阁顶层内檐装修分布图

（一）罩隔

“罩”是对相邻室内空间进行分隔的一种装修形式，通常依附于梁柱之间，根据其组成形式的变化，可分为落地罩、栏杆罩、几腿罩、炕罩、飞罩、天然罩、几何形罩、毗卢罩等。“隔”即隔扇，亦称碧纱橱。

符望阁内檐罩的形式多样，主要有落地罩、栏杆罩、几腿罩、炕罩四类，在落地罩、栏杆罩及炕罩中，隔扇常常作为罩的一个构件出现，形成了“罩隔”的组合形式。

1．落地罩

由槛框、迎风板、横披、隔扇、花牙构成的一种罩的形式。符望阁首层从室内地平到顶棚白樘篦子高度较大，因此在落地罩上槛与中槛之间普遍设迎风板。（图 3-1-5）

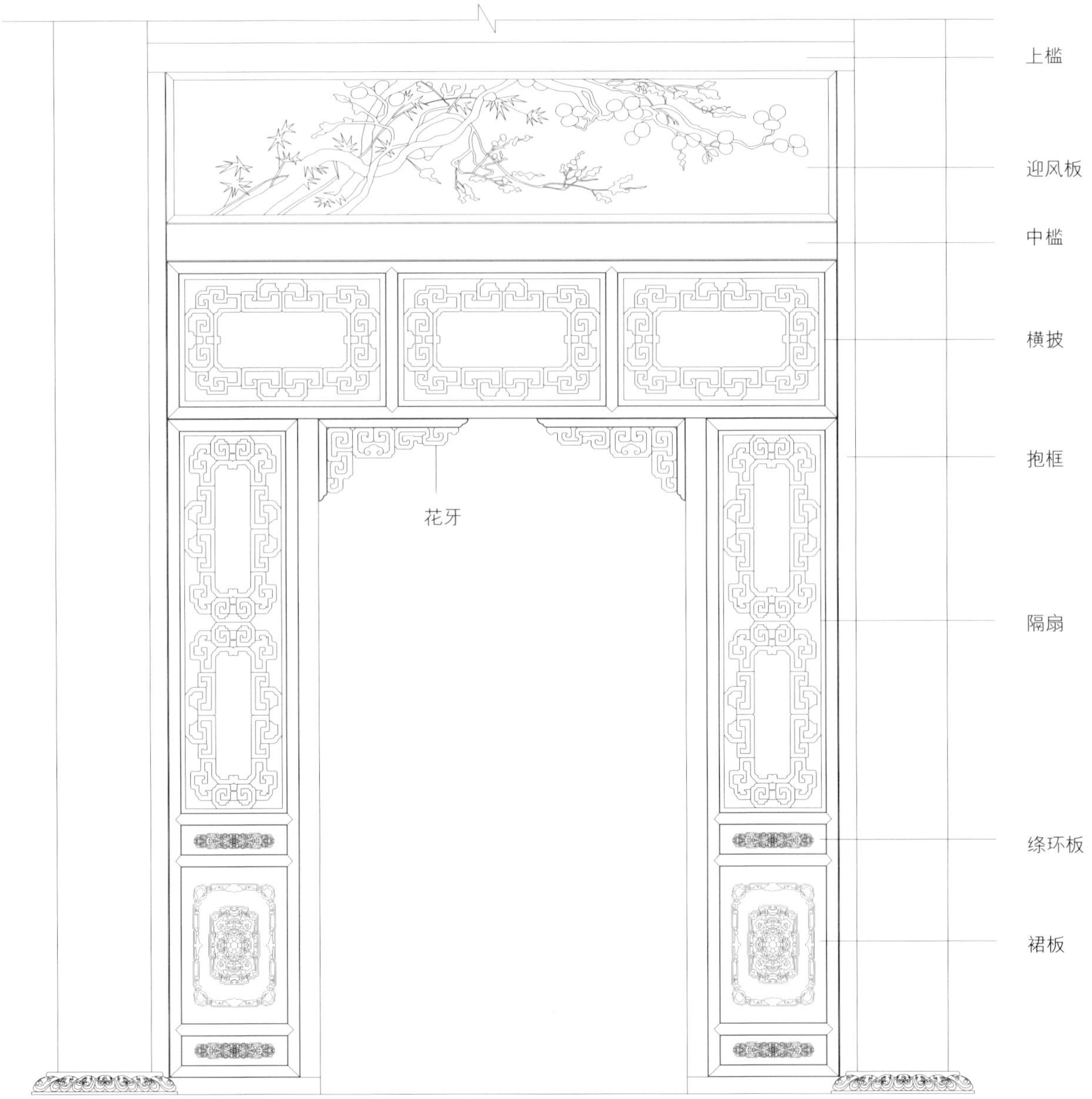

图 3-1-5　符望阁落地罩的构造形式

表 3-1-1　符望阁内檐落地罩分布与细部特征描述

序号	平面轴线定位	名称、位置描述	构件细部特征描述	照片
1	6*DE	首层东次间中进间东缝落地罩	点螺锦纹地剔红开光嵌坐龙、降龙迎风板，楞子纹嵌珐琅灯笼框夹纱臣工书画帖落横披心、隔心，贴雕勾连楞子纹、如意纹绦环板、裙板，楞子纹花牙子。	
2	6*BC	首层东梢间前一进间西缝落地罩	漆地木雕紫藤花嵌玉迎风板，楞子纹嵌玉灯笼框夹纱臣工书画帖落横披心、隔心，竹丝嵌万字锦地、楞子纹贴雕海棠纹嵌玉绦环板、裙板，楞子纹花牙子。	
3	3*DE	首层西次间中进间西缝落地罩	漆地木雕松竹梅嵌玉迎风板，楞子纹嵌珐琅灯笼框夹纱臣工书画帖落横披心、隔心，嵌铜镏金勾连楞子纹、如意纹花草绦环板、裙板，嵌珐琅楞子纹花牙子。	
4	E*45	仙楼层明间中进间北缝落地罩	如意纹嵌玉、楞子纹灯笼框夹纱双面绣隔心，木海棠纹嵌玉、楞子纹贴雕绦环板、裙板，如意纹嵌玉、楞子纹通牙子。	
5	4*EF	仙楼层明间后二进间西缝落地罩	隔扇下垫须弥座，如意纹嵌玉、楞子纹灯笼框夹纱双面绣隔心，木海棠纹嵌玉、楞子纹贴雕绦环板、裙板，如意纹嵌玉、楞子纹通牙子。	
	5*EF	仙楼层明间后二进间东缝落地罩		

2. 栏杆罩

由槛框、迎风板、横披、隔扇、花牙、栏杆构成的一种罩的形式。（图 3-1-6）

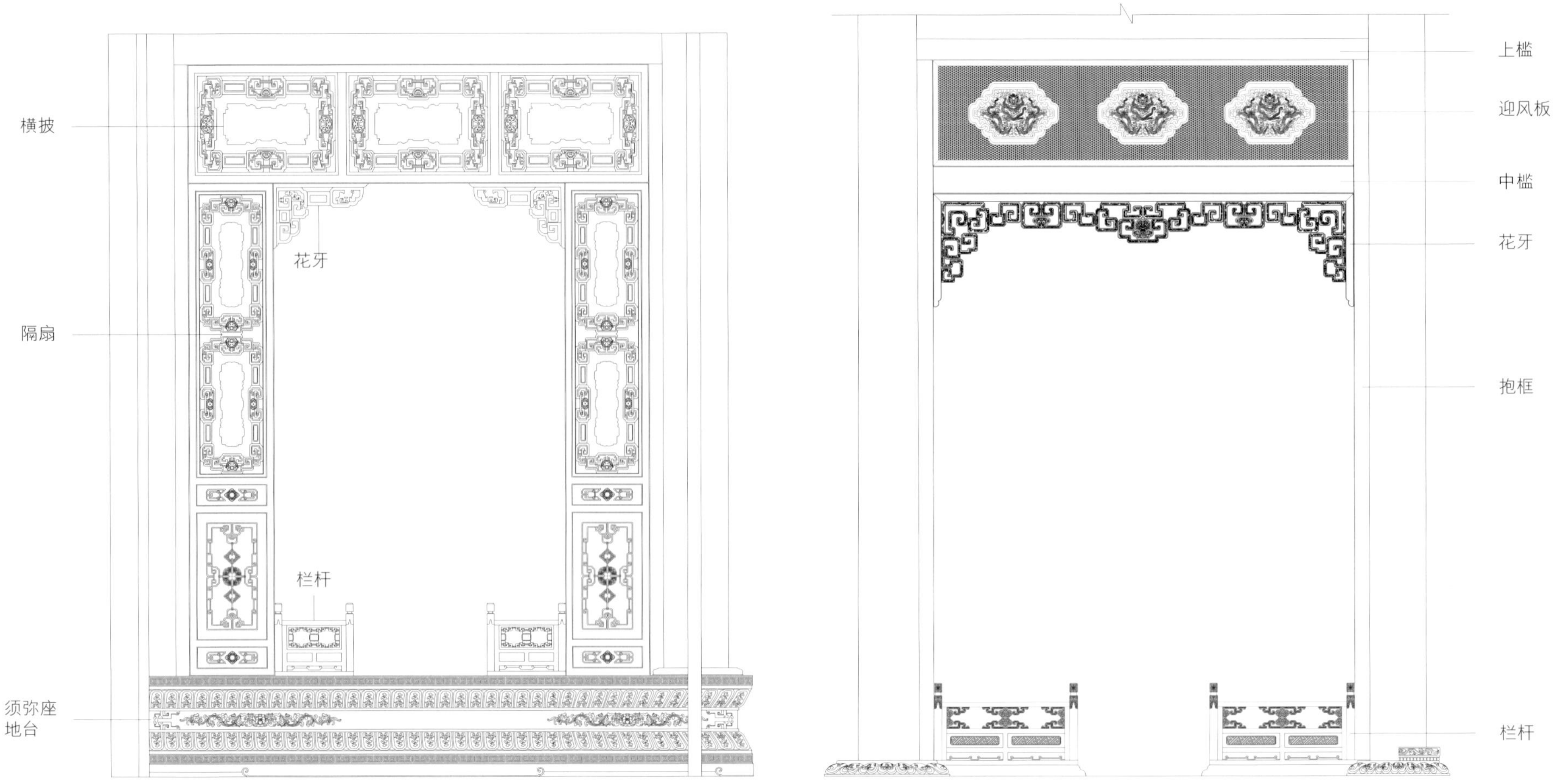

图 3-1-6　符望阁栏杆罩的构造形式

表 3-1-2 符望阁内檐栏杆罩分布与细部特征描述

序号	平面轴线定位	名称、位置描述	构件细部特征描述	照片
1	E3*45	首层明间后二进间栏杆罩	须弥座上置栏杆罩。嵌玉寿桃、灵芝、佛手、水仙透雕夹纱横披心、隔心，贴雕如意回纹嵌玉绦环板、裙板，雕寿桃花牙子。栏杆望柱头嵌珐琅，夔纹嵌玉净瓶，楞子纹绦环板，如意云头牙子。	
2	D*67	首层东梢间前二进间北缝栏杆罩	点螺锦纹地剔红开光嵌坐龙、降龙迎风板，楞子纹嵌珐琅通牙子。栏杆望柱头嵌珐琅，夔纹嵌珐琅净瓶，万字锦绦环板，如意云头牙子。	
	E*67	首层东梢间中进间北缝栏杆罩		
3	C*45	首层明间前一进间北缝栏杆罩	须弥座上置栏杆罩。楞子纹嵌玉灯笼框夹纱双面绣横披心、隔心，竹丝嵌万字锦地、楞子纹贴雕海棠纹嵌玉绦环板、裙板，楞子纹花牙子。栏杆望柱头嵌珐琅，夔纹嵌珐琅净瓶，竹丝嵌龟背锦绦环板，如意云头牙子。	
	4*CD	首层明间前二进间西缝栏杆罩		
	5*CD	首层明间前二进间东缝栏杆罩		
4	F*45	仙楼层明间后一进间南缝栏杆罩	如意纹嵌玉、楞子纹通牙子。栏杆望柱头嵌珐琅，勾连如意透雕盒子心，如意回纹绦环板，如意云头牙子。	

3. 几腿罩[1]

由槛框、横披、花牙构成的一种罩的形式。符望阁内几腿罩分布于首层北面、楼梯上下口及仙楼层，其中仅楼梯下口几腿罩设横披，其余几腿罩均未设横披，整组罩由抱框和横槛作为结构骨架，在横槛以下、两侧抱框之间设通长的花牙，或在横槛以下及两侧抱框边缘设花牙。（图 3-1-7a ~ 7b）

图 3-1-7a　符望阁几腿罩的构造形式

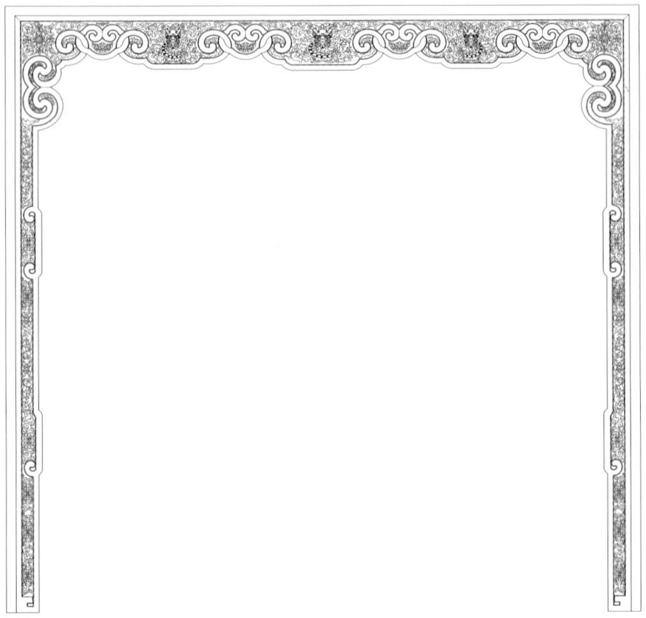

图 3-1-7b　符望阁几腿罩的构造形式

表 3-1-3　符望阁内檐几腿罩分布与细部特征描述

序号	平面轴线定位	名称、位置描述	构件细部特征描述	照片
1	F*45	首层明间后一进间南缝几腿罩	如意纹嵌玉、楞子纹通牙子。	
2	D1*4b5	首层明间中进间楼梯下口东几腿罩	楞子纹夹纱双面绣横披心，楞子纹花牙子。	
	D1*44a	首层明间中进间楼梯下口西几腿罩		
3	D3*4b5	首层明间中进间楼梯上口东几腿罩	楞子纹通牙子。	
	D3*44a	首层明间中进间楼梯上口西几腿罩		
4	D2*4a4b	仙楼层明间中进间几腿罩	如意纹嵌铜镏金龙草纹饰。	

4. 炕罩

又称床罩，是专门安置在床榻前面的一种罩的形式，与落地罩形式基本相同，区别在于隔扇内侧各增加了一根间柱，两根间柱之间增加了炕台。（图 3-1-8）

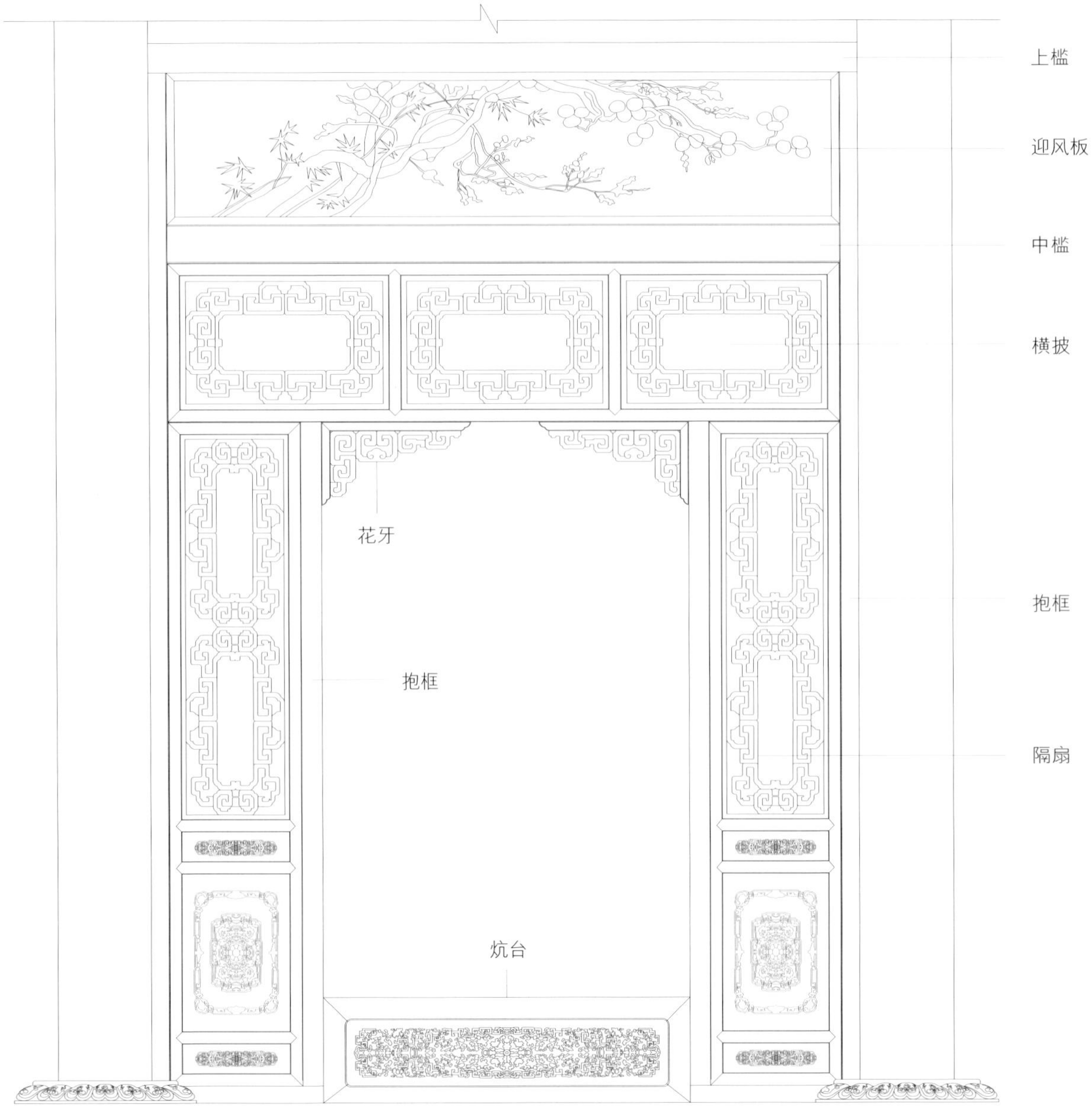

图 3-1-8　符望阁炕罩的构造形式

表 3-1-4　符望阁内檐炕罩分布与细部特征描述

序号	平面轴线定位	名称、位置描述	构件细部特征描述	照片
1	5a*CD	首层东次间前二进间炕罩（北侧隔扇为开关扇）	点螺锦地博古百宝嵌玉迎风板，楞子纹嵌玉灯笼框夹纱双面绣横披心、隔心，竹丝嵌万字锦地、楞子纹贴雕海棠纹嵌玉绦环板、裙板、床榻前脸，夔纹花牙子。	
2	3*CD	首层西次间前二进间西缝炕罩	漆地木雕松竹梅嵌玉迎风板，楞子纹嵌珐琅灯笼框夹纱臣工书画帖落横披心、隔心，嵌铜镏金勾连楞子纹、如意纹花草绦环板、裙板，嵌珐琅楞子纹花牙子，漆地百宝嵌（各色玉片、螺钿）花草楞子纹床榻前脸。	
	3*EF	首层西次间后二进间西缝炕罩		
3	F*23	首层西梢间后二进间北缝炕罩	漆地木雕紫藤花嵌玉迎风板，楞子纹嵌玉灯笼框夹纱臣工书画帖落横披心、隔心，竹丝嵌万字锦地、楞子纹贴雕海棠纹嵌玉绦环板、裙板，楞子纹花牙子，漆地百宝嵌（各色玉片、螺钿）花草楞子纹床榻前脸。	
4	5a*D1D3	首层东次间中进间炕罩	铜镏金坐龙、升降龙云纹迎风板，楞子纹嵌如意纹珐琅灯笼框臣工书画帖落横披心，夔纹花牙子，铜镏金夔龙花草床榻前脸。	
5	D1*4a4b	首层明间中进间炕罩	楞子纹夹纱双面绣横披心，楞子纹花牙子，竹丝嵌万字锦地、如意纹贴雕床榻前脸。	

（二）门（门口）

符望阁室内通过罩隔和隔墙分隔室内空间，每个独立空间通过隔墙上的门口相互连通。所有门口仅保留筒子口，无门扇。为了丰富门口的装饰形式，有些门口在上部设门头花，雕刻双夔龙纹饰。（图 3-1-9）

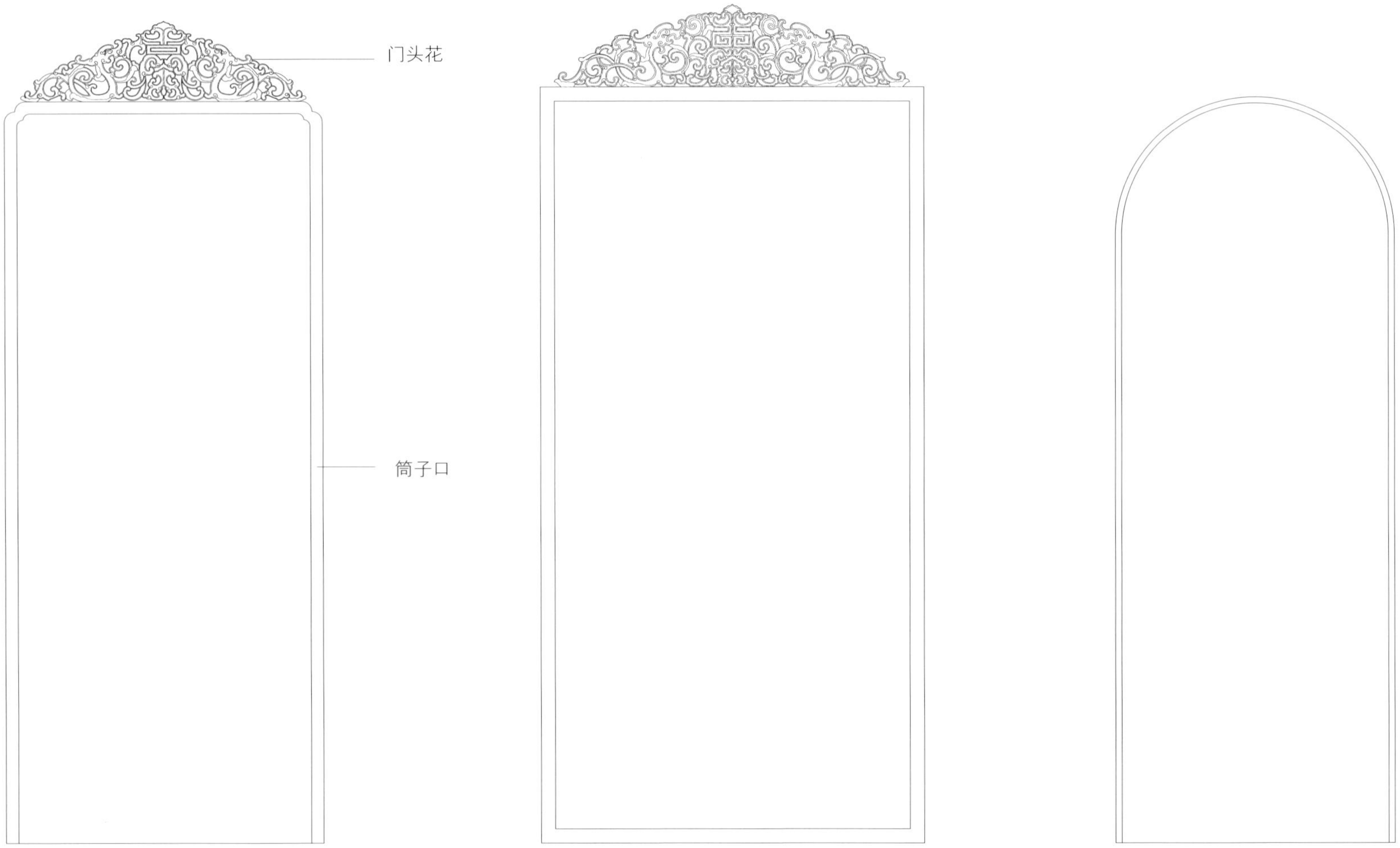

图 3-1-9　符望阁门口的构造形式

表 3-1-5　符望阁内檐门头花分布与细部特征描述

序号	平面轴线定位	名称、位置描述	构件细部特征描述	照片
1	3*FG	首层西次间后一进间西缝隔墙东侧门头花（2 槽）	双夔龙纹门头花	
2	6*FG	首层东次间后一进间东缝隔墙东侧门头花	双夔龙纹门头花	
3	F*67	首层东梢间后一进间南缝隔墙北侧门头花	双夔龙纹门头花	
4	E*23	首层西梢间中进间北缝隔墙南、北两侧门头花（2 槽）	双夔龙纹门头花	

（三）窗

1. 方窗（花窗）

符望阁内檐花窗都是在室内隔墙上开的窗口，窗口形状为矩形，由筒子口、边框和仔屉组成。（图 3-1-10）

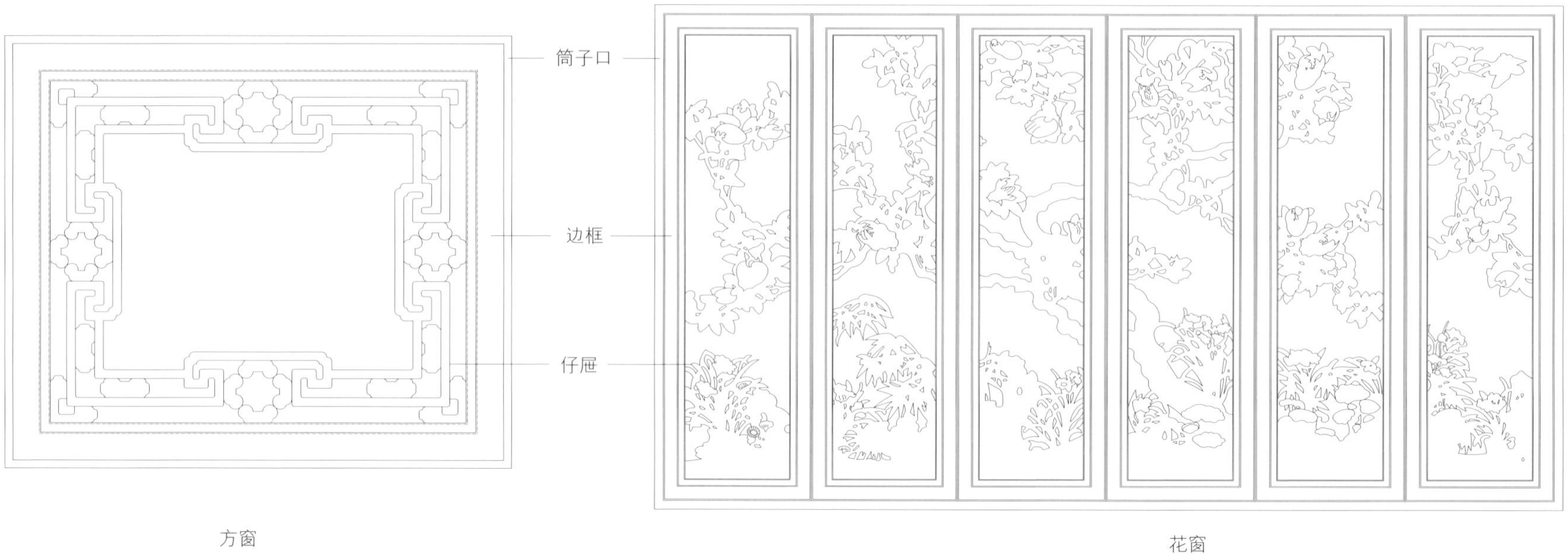

图 3-1-10 符望阁方窗（花窗）的构造形式

表 3-1-6　符望阁内檐方窗（花窗）分布与细部特征描述

序号	平面轴线定位	名称、位置描述	构件细部特征描述	照片
1	F*34	首层西次间后一进间南缝隔墙方窗	海棠纹、如意纹嵌玉、柺子纹棂条夹纱仔屉	
	F*56	首层东次间后一进间南缝隔墙方窗		
2	E*45	首层明间中进间北缝隔墙花窗	嵌玉灵芝、佛手、水仙透雕夹纱仔屉	
3	6*CD	首层东次间前二进间东缝隔墙方窗	回纹边框，如意回纹嵌珐琅棂条夹纱仔屉	
	6*EF	首层东次间后二进间东缝隔墙方窗		
4	3a*C1C2	首层西次间前二进间隔墙方窗	如意纹嵌玉、嵌琉璃棂条夹纱仔屉	
5	D*45	首层明间前二进间北缝隔墙花窗	柺子纹嵌玉棂条夹纱仔屉	

2. 槛窗

安装于槛墙之上的窗。符望阁内檐槛窗均安装于木槛墙之上，木槛墙有素面和万字锦两类。（图 3-1-11）

图 3-1-11　符望阁槛窗的构造形式

表 3-1-7 符望阁内檐槛窗分布与细部特征描述

序号	平面轴线定位	名称、位置描述	构件细部特征描述	照片
1	F*34	仙楼层西次间后一进间南缝槛窗	如意纹嵌玉、楞子纹灯笼框夹纱双面绣隔心，楞子纹团花心绦环板。万字锦槛墙。	
	F*56	仙楼层东次间后一进间南缝槛窗		
2	D*45	夹层明间中进间南缝槛窗	三抹步步锦槛窗（六扇固定），楞子纹贴雕绦环板。木板壁槛墙。	
	E*45	夹层明间中进间北缝槛窗		
3	4*DE	夹层明间中进间西缝槛窗	三抹步步锦槛窗（四扇固定，两扇开启），楞子纹贴雕绦环板。木板壁槛墙。	
	5*DE	夹层明间中进间东缝槛窗		

图 3-1-12a　符望阁内檐挂檐板（整体）

图 3-1-12b　符望阁内檐挂檐板（细部）

（四）其他装饰构件

除上述内檐木装修类型外，符望阁内檐还装饰有挂檐板、栏杆、须弥座地平等构件。

1. 挂檐板

挂檐板位于符望阁北面首层与仙楼层之间，用以分隔首层与仙楼层的竖向空间。挂檐板分为三块，明间与东、西两次间各设一块，以点螺锦地剔红开光嵌福寿夔龙缠枝宝相花装饰。（图 3-1-12a ~ 12b）

2. 栏杆

（1）嵌珐琅栏杆：位于仙楼层楼梯口，起分隔和引导交通之用。（图 3-1-13a ~ 13b）

（2）硬木楼梯栏杆：维护攀爬之用，构造与仙楼层栏杆基本相似，区别在于上枋与腰枋之间设夔纹净瓶、绦环板透雕柺子纹、牙子雕刻夔纹。（图 3-1-14a ~ 14b）

图 3-1-13a　符望阁内檐仙楼层栏杆

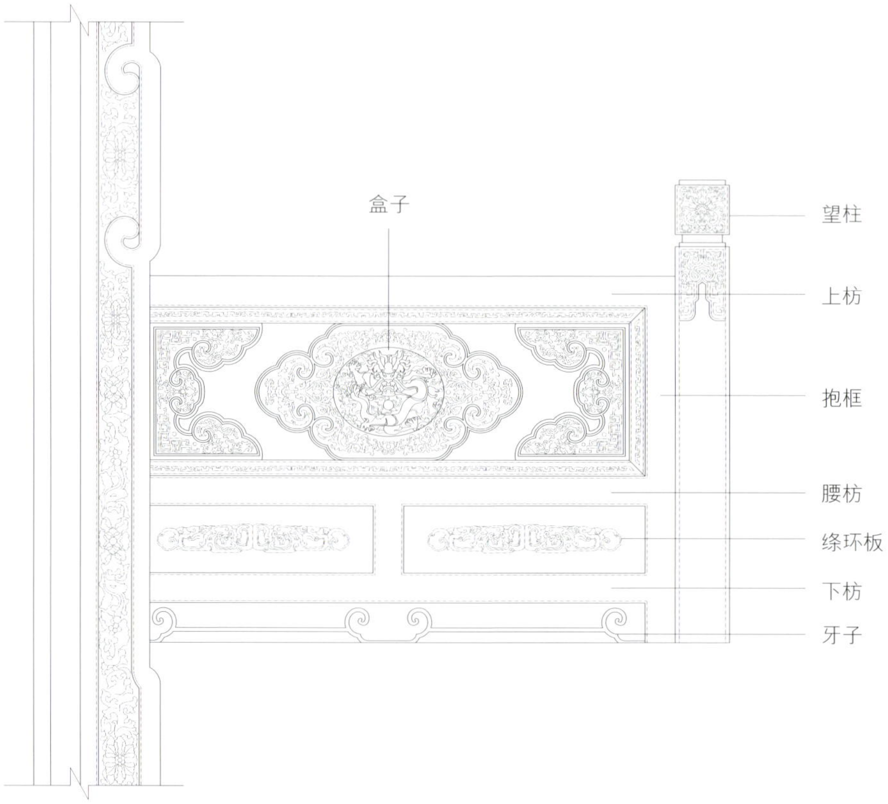

图 3-1-13b　符望阁内檐仙楼层栏杆

图 3-1-14a　符望阁内檐楼梯栏杆

图 3-1-14b　符望阁内檐楼梯栏杆

图 3-1-15a　符望阁首层明间前二进间须弥座地平

图 3-1-15b　符望阁首层明间后二进间须弥座地平

3. 须弥座地平

须弥座地平位于符望阁首层明间前二进间及后二进间，前者地平较高，背依隔墙，南、东、西侧分设栏杆罩，并设蹬踏以便登临；后者仅北侧设台阶并设栏杆罩一槽。

须弥座地平自上而下的各层构件为上枋、上枭、束腰、下枭、下枋、圭角，每层构件均雕刻纹饰，上枋、下枋雕刻回纹，上枭、下枭雕刻巴达码纹，束腰中部雕刻花卉卷草纹或椤子纹，端部雕刻如意纹、椤子纹，圭角雕刻素线卷云纹。（图 3-1-15a ~ 15b）

二　符望阁内檐装修的修缮历史

查阅历史档案可知，符望阁历史上的修缮主要有：嘉庆朝的捉节夹垄、添安瓦料工程；光绪朝的瓦石修整及地砖拆墁工程；民国时期的揭瓦及大木修整工程；1950 年平座层楼板下承重梁长高工程。

历史档案中未见涉及符望阁内檐装修大规模修整或更换的档案记录，现场踏勘可判定，符望阁现存内檐装修均为清乾隆三十七年（1772 年）至三十九年设计制作而成的。它们留存至今，真实、完整地展现了清朝鼎盛时期内檐装修精美绝伦的艺术风格。

第二节
木装修
2 Wooden Decorations

符望阁内檐装修体现出传统皇家建筑装饰风格与扬州特色装饰式样的完美融合，是宫廷技术与地方技术相互结合的产物。乾隆皇帝向往文人气质的美学品位决定了符望阁内檐装修的整体氛围，内务府大臣与样式房画师高超的艺术造诣决定了其能设计出如此雅致的装修样式，地方工匠精湛的工艺技术决定了其能制作出如此精美的装修构件。

符望阁内檐装修的典型工艺特征是多种工艺技术的完美融合，利用不同材质及工艺技术表现出内檐装修的多样性与丰富性。它综合了手工业加工制作的产物，以小木作工艺技术为主体，辅助竹丝镶嵌工艺、漆雕工艺、百宝嵌工艺、软硬螺钿工艺、玉雕工艺、珐琅工艺、双面绣工艺及錾铜工艺，反映了清代中期工艺技术的最高水平。以往的漆雕、百宝嵌及软硬螺钿工艺多用于宫廷器物的装饰上，将如此繁复的多种工艺技术结合起来用于建筑内檐装修实属罕见，可以说是区别于传统建筑装修式样的一种创新与发展。

本节重点介绍以竹木为原材料进行加工制作的工艺技术。

一　木作装修的工艺特征

（一）包镶工艺

包镶工艺是指用一种木材加工制作成木构件的内芯，用另一种木材在内芯之外拼接包镶并与内芯一起构成独立构件的工艺手法，它是我国传统古建筑中节省木材、增加美观的一种常见工艺技术。

符望阁内檐木装修普遍采用包镶工艺，包镶构件涉及槛框、隔扇边框、裙板、绦环板等。因其首层层高达4.67m，明间柱间距达3.88m，罩隔内抱框、上槛、中槛、隔扇边框等木构件用材较大，且设计者为彰显室内雍容华贵之气，所用之材均为紫檀、鸡翅木等名贵木材。清中期名贵木材资源已大幅减少，为了节约用材，并满足视觉上美观、稀有的需求，因此只能选用当时还十分易得的楠木作为内芯，以紫檀、鸡翅木等木板拼接包镶，以满足力学和美学的双重功能。可以说，包镶工艺是清代木作工艺的一种进步。

仔细观察符望阁内檐木装修可以看到，抱框、上槛、中槛、隔扇边框等木构件在侧面都有贯通的接缝，这便是包镶板的拼接缝。（图 3-2-1a ~ 1b）

（二）木雕工艺

中国传统古建筑中的木雕工艺历史发展悠久，《周礼·考工记》中已有雕刻工艺的记载。宋《营造法式》也对当时的雕刻制度和工艺技术进行了详细的记载，雕刻被称为“雕作”，按照雕刻形式分为混作、雕插写生华、起突卷叶华、剔地洼叶华四类，按照雕刻技术分为混雕（圆雕）、线雕、隐雕、剔雕、透雕五类。明清时期木雕工艺得到进一步发展，在内檐装修木构件上广泛地应用木雕装饰，其工艺细致复杂。内檐装修所用紫檀、花梨、鸡翅木、白木香（沉香木）等木材，材质细密坚韧、不易变形，是制作木雕的优质材料。材质的珍稀与致密更加考验雕工的技术。与宋元时期木雕相比，明清时期的木雕更注重立体感，“雕刻形式分为采地雕、透雕、贴雕、嵌雕、线刻五类，其中贴雕、嵌雕是在此时期创造出来的一种新型雕刻技术，进一步发展了木雕工艺，使这种传统工艺发展到一个新阶段。”[2]

符望阁内檐木装修普遍采用木雕工艺，有透雕、贴雕、浮雕、线刻四类雕刻形式。

1. 透雕

透雕是明清时期常见的一种木雕做法。在符望阁内檐木装修中，图案规整的装饰性纹饰多采用断面垂直的透雕手法，而灵活自由的写实纹饰则采用断面圆滑的透雕手法，以不同的雕刻厚度体现图案的立体感和写实性。

符望阁首层明间后二进间嵌玉寿桃、灵芝、佛手、水仙纹栏杆罩和明间中进间北缝嵌玉灵芝、佛手、水仙纹花窗就是两件极为精美的艺术佳作。值得注意的是，这两处透雕纹饰均由两层木材组成，在透雕纹饰的侧面清晰可见两种材质的交界线。据检测[3]，面层木材为白

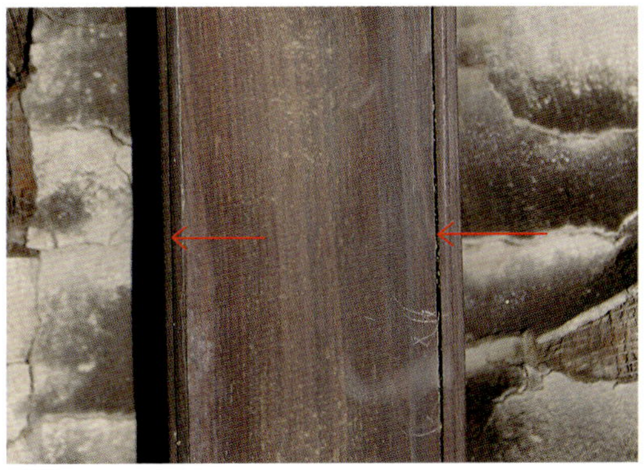

图 3-2-1a　符望阁内檐木装修包镶层与内芯层的拼接缝

图 3-2-1b　符望阁内檐木装修包镶层与内芯层的拼接缝

图 3-2-2　符望阁内檐落地罩的透雕纹样

图 3-2-3a　符望阁内檐白木香透雕花窗

木香[4]（沉香木），底层木材为楠木。按照图案立体效果的需要，树干的雕刻厚度与水仙花的雕刻厚度相差达1cm，但即使是极薄的水仙花也是分层雕刻的，面层与底层贴合牢固，完全吻合。分层透雕的原因当然还是为了节约珍稀木材。白木香（沉香木）较为稀有，因其能够散发出悠悠的香气，多用于把玩件上，如此大规模地应用于室内装修实属罕见，在紫禁城中尚属孤例。（图 3-2-2、图 3-2-3a ~ 3b）

图 3-2-3b　符望阁内檐花窗白木香与楠木的贴合雕刻

图 3-2-4　符望阁内檐隔扇裙板、绦环板上的贴雕纹饰

图 3-2-5　符望阁内檐须弥座地平上的浮雕纹饰

2. 贴雕

“贴雕是明清时期创造出来的一种新型木雕做法”[5]，首先把所要雕刻的花纹用薄木板锼制出来，完成细致雕刻后，按图案要求在需要贴雕的木构件上剔出凹槽，将雕刻好的花纹用鱼鳔胶黏在凹槽内，在平整度极佳的底面突出贴饰花纹的立体效果，并可利用底面与贴饰花纹不同的木材材质进行分色处理，使贴饰花纹获得平整而立体的艺术效果。

符望阁内檐木装修中隔扇裙板、绦环板及槛窗绦环板上的纹饰均采用贴雕工艺，纹饰有勾连楞子纹、如意纹、海棠纹、回纹等，纹饰与底面采用不同材质的木材，例如乌木贴饰花纹与紫檀裙板、绦环板的组合，乌木贴饰花纹与鸡翅木（或红豆木）裙板、绦环板的组合。（图 3-2-4）

3. 浮雕

浮雕是在平面上雕刻出凹凸起伏形象的一种木雕做法，首先把所要雕刻的花纹在木构件上用笔勾勒出来，然后借助雕刻线形的凹凸、曲直、疏密变化勾勒花纹轮廓。符望阁内檐木装修中方窗边框雕刻的回纹，须弥座地平雕刻的回纹、花卉卷草纹、如意纹、楞子纹，楼梯栏杆牙子雕刻的夔龙纹都采用了浮雕工艺。（图 3-2-5）

4. 线刻

线刻亦称“线雕”，以线条为主要造型手段，在木料上刻画出纹饰图案，流传时间久远，是一种古老的雕刻工艺，分为阴线刻和阳线刻两类。

符望阁内檐木装修仅在栏杆牙子上采用阳线刻工艺雕刻如意云头纹饰，以线条为主要造型手段勾勒出如意云头纹饰，具有流畅自如、清晰明快的特点，视觉效果犹如中国传统绘画中的“白描”，突出表现线条的力量感和整体造型。但由于线刻这种雕刻手法比较简单，无法展现复杂纹饰图案的立体感与整体造型，因此在符望阁内檐装修中并不常见，只是偶尔为之，主要用于装点细小构件的局部。（图 3-2-6）

（三）竹丝镶嵌工艺

竹丝镶嵌工艺是将细如针锥的竹丝染色，再用若干根竹丝黏结成竹丝片，最后将竹丝片按照图案规律牢固黏贴到木质表面的一种镶嵌工艺。竹丝镶嵌所用竹丝直径约 0.8mm，竹丝颜色有三种：一是黑色，这是经染色后呈现的竹丝颜色，拼接图案时可用做轮廓线或分界线；二是深黄色，这是竹丝向青面朝上呈现的竹丝颜色；三是浅黄色，这是竹丝肉面朝上呈现的竹丝颜色。

符望阁内檐木装修采用竹丝镶嵌工艺的木构件集中于落地罩、栏杆罩、炕罩隔扇的裙板、绦环板，栏杆罩栏杆的绦环板及炕罩床榻前脸。其中隔扇裙板、绦环板为竹丝嵌万字锦图案，如首层东梢间前一进间西缝落地罩；栏杆绦环板为竹丝嵌龟背锦图案，如首层明间前二进间东缝栏杆罩；炕罩床榻前脸为竹丝嵌万字锦图案，如首层明间中进间炕罩。在竹丝镶嵌的裙板、绦环板上贴雕乌木枴子纹、海棠纹嵌玉纹饰，在竹丝镶嵌的床榻前脸上贴雕乌木如意纹。（图 3-2-7）

竹丝镶嵌工艺利用竹子不同部位的天然颜色和人工染色的色彩搭配，达到丰富的图案色彩效果；利用深浅不同的色调组合，达到图案立体感与空间感的视觉效果。黏结工艺极其细致，是浙江东阳地区传承至今的高超手工艺技术。这种竹丝镶嵌工艺多用于器物装饰上，大面积地应用于建筑内檐装修十分罕见，充分体现出符望阁内檐装修高超的工艺水平。

图 3-2-6　符望阁内檐栏杆牙子上的线刻纹饰

图 3-2-7　符望阁内檐隔扇裙板、绦环板上的竹丝镶嵌纹饰

二　木作装修的榫卯形式

（一）溜销

罩隔的抱框与柱子之间、隔扇与上下构件之间、花牙与边框之间、挂檐板与木基层之间均采用传统的溜销安装方法。

以抱框与柱子的榫卯形式为例，先将溜销以燕尾榫的形式栽做于柱上，并于抱框对应位置凿做销子眼，销子眼上端做燕尾卯眼，下端做溜销口子，溜销口子宽度与燕尾榫榫头长边宽度一致，安装时采用溜销法。根据抱框高度，每根抱框一般要设两至三个溜销。（图 3-2-8a ~ 10b）

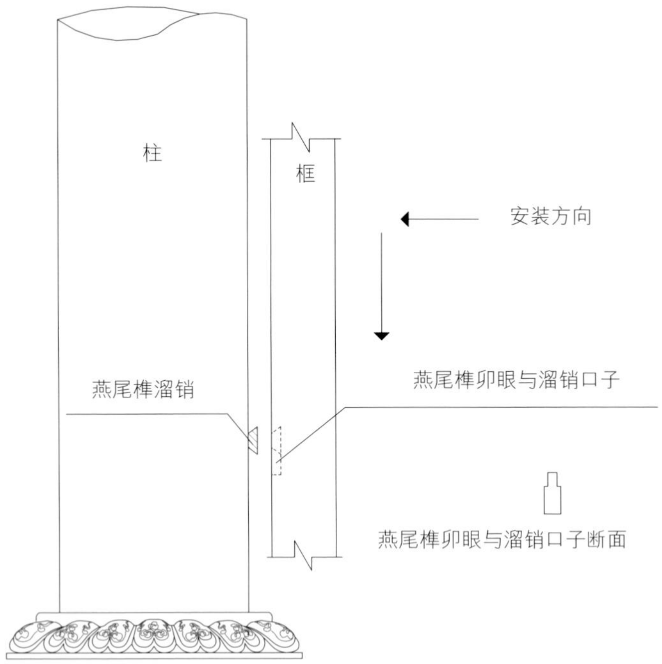

图 3-2-8a　符望阁内檐木装修溜销做法构造图

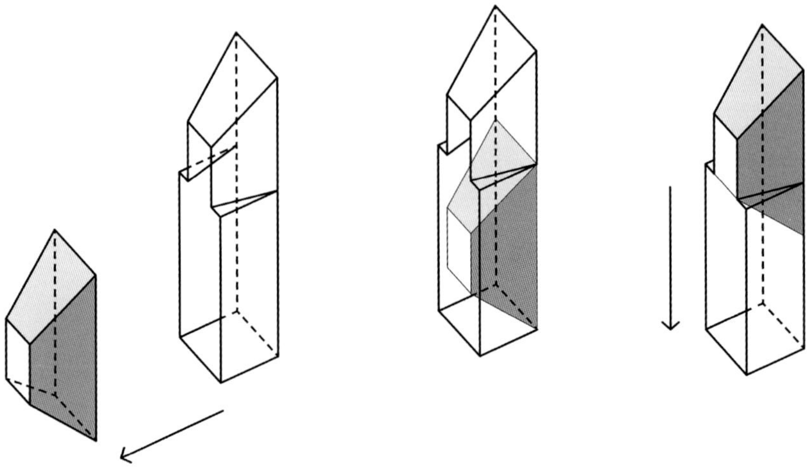

图 3-2-8b　符望阁内檐木装修溜销做法构造图

图 3-2-9　符望阁内檐罩隔上的溜销

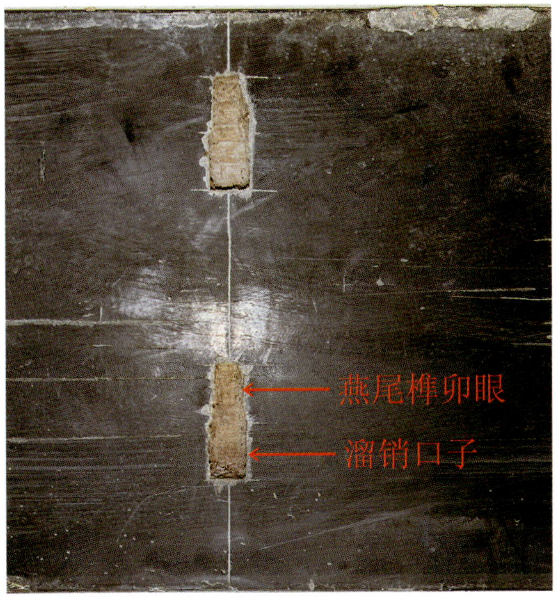

图 3-2-10a　符望阁内檐挂檐板的榫卯构造

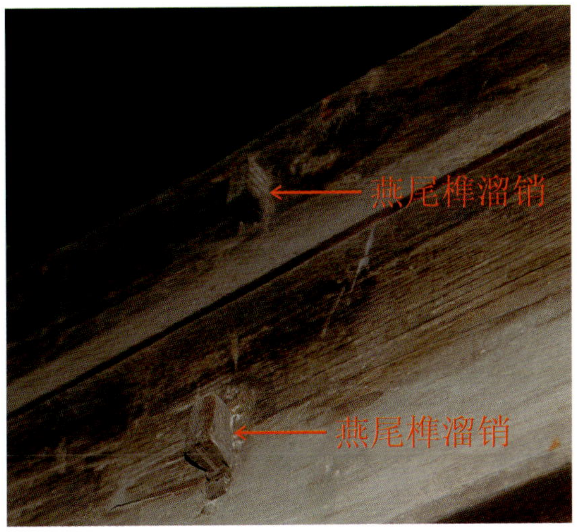

图 3-2-10b　符望阁内檐挂檐板的榫卯构造

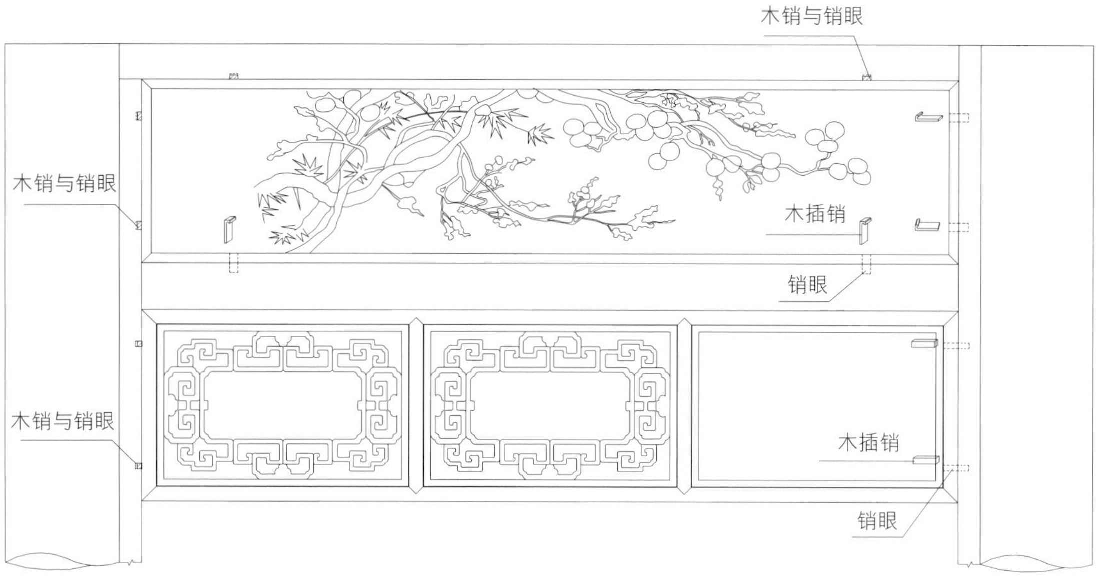

图 3-2-11　符望阁内檐迎风板和横披的栽销构造

（二）栽销

1. 罩隔迎风板与槛框之间、横披与抱框之间不做复杂榫卯，采用栽销的传统做法，在构件一端钉凿销眼、栽安木销，而另一端预留销眼，以木插销的形式将两个构件栽销稳固。（图 3-2-11）

2. 花窗窗扇与筒子板之间采用栽销做法，安装时采用装卸自如的“上起下落”的安装方法。（图 3-2-12）

3. 方窗的固定更为简单，仅在边框与筒子板上预留销眼，以木插销的形式将其固定。（图 3-2-13）

图 3-2-12　符望阁内檐花窗的栽销构造

图 3-2-13　符望阁内檐方窗的栽销构造

（三）倒退榫

罩隔上槛与两侧柱子、中槛与两侧抱框之间均采用传统的倒退榫（俗称“倒拔舌”）结合方式。倒退榫有两个特点：一是横槛一端做半榫，另一端做双榫，双榫中间剔夹子，夹子的剔凿深度要超过两柱或两抱框之间的净距离，超过的尺寸（图 3-2-14a）要略大于另一端榫的长度（图 3-2-14b）；二是为了给倒退法安装留有空间，半榫与双榫不能等长，一般来说，双榫要比半榫长一倍以上。安装时采用倒退法。（图 3-2-14a ~ 14b）

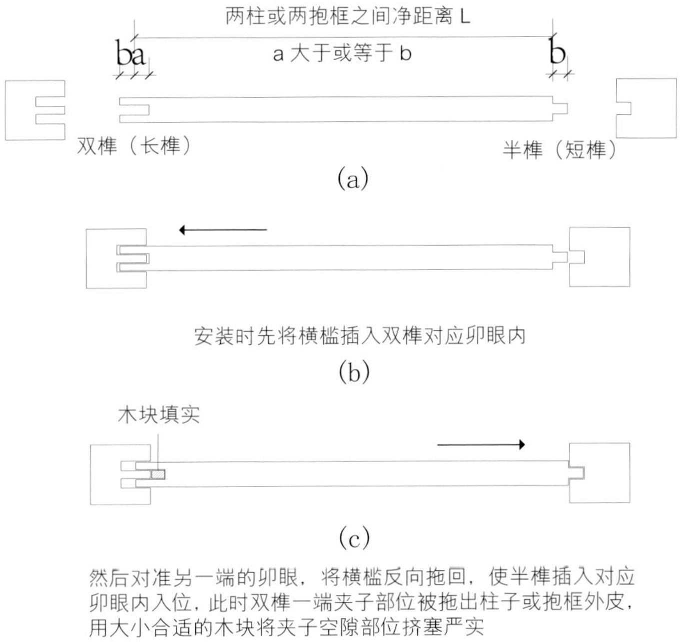

图 3-2-14a　符望阁内檐上槛、中槛的倒退榫构造

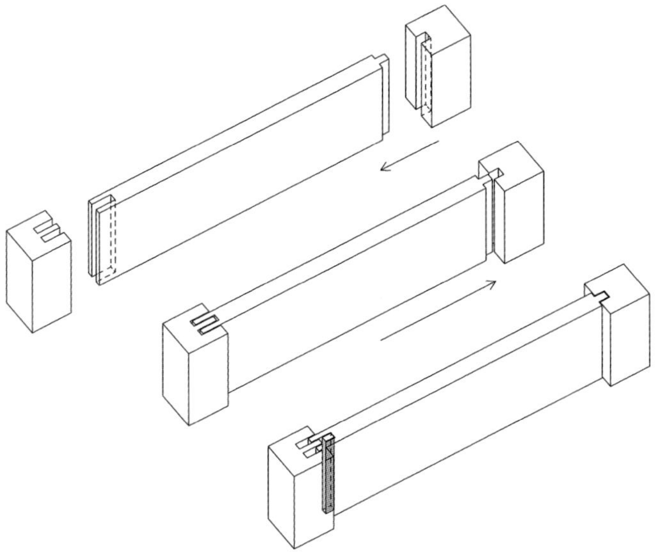

图 3-2-14b　符望阁内檐上槛、中槛的倒退榫构造

三　木作装修的题材类别

符望阁内檐木装修的装饰题材主要有吉祥图案、动物纹饰、植物纹饰三种类别。

（一）吉祥图案

表 3-2-1　吉祥图案题材释义及应用范围

题材名称	题材释义	应用范围	图片
万字	万字最初是佛教符号卍，中国佛教对卍字的翻译在不同朝代有所区别，北魏的一部经书把它译为“万”，唐代玄奘把它译为“德”。一般来说，卍字被视为吉祥喜旋，表达佛的功德。	1．隔扇裙板、绦环板竹丝镶嵌万字锦地； 2．炕罩床榻前脸竹丝镶嵌万字锦地； 3．栏杆万字锦绦环板； 4．槛窗万字锦槛墙。	
如意	如意原本是一种宫廷器物的名称。由于“如意”二字寓意“吉祥如意”，因此如意头的纹饰常用于内檐装修中，寓意“吉祥如意”。	1．隔扇隔心如意纹嵌玉、嵌珐琅棂条纹饰；裙板、绦环板贴雕如意纹饰； 2．罩隔通牙子如意纹嵌玉纹饰； 3．栏杆如意云头牙子； 4．方窗如意纹嵌玉、嵌珐琅棂条纹饰； 5．槛窗隔心如意纹嵌玉棂条纹饰。	
回纹	回纹是由古代陶器和青铜器上的雷纹演变而来的一种几何纹样，其纹饰连续不断，寓意“富贵不断”。	1．隔扇裙板、绦环板贴雕如意回纹嵌玉纹饰； 2．方窗回纹边框，如意回纹嵌玉、嵌珐琅棂条纹饰； 3．须弥座地平上枋、下枋雕刻回纹。	

（二）动物纹饰

表 3-2-2　动物纹饰题材释义及应用范围

题材名称	题材释义	应用范围	图片
龙纹、 夔龙纹	龙纹以真龙为纹饰内容，是清代内檐装修最主要的图案之一，用来象征皇权，代表最高的祥瑞、尊贵与神圣。 夔龙纹又称“草龙”，是用卷草纹表现出龙纹造型的一种图案化纹饰，等级低于龙纹。	1．罩隔迎风板坐龙、升龙、降龙纹饰； 2．几腿罩铜镏金龙草纹饰； 3．炕罩铜镏金夔龙花草床榻前脸； 4．双夔龙纹门头花； 5．挂檐板开光内夔龙纹饰； 6．栏杆盒子心中部铜镏金坐龙纹饰，绦环板铜镏金夔龙纹饰。	 
龟背纹	中国古代将龟视为一种神灵的动物，由于其寿命长，因此有“千年之龟为灵，万年之龟为神”之说。龟甲坚硬，是不朽的象征，寓意“千秋万载”。	栏杆绦环板竹丝镶嵌龟背锦地。	

（三）植物纹饰

表 3-2-3　植物纹饰题材释义及应用范围

题材名称	题材释义	应用范围	图片
桃	桃树的果实，寓意“长寿”。	1．首层明间后二进间栏杆罩嵌玉寿桃、灵芝、佛手、水仙透雕夹纱横披心、隔心，雕寿桃花牙子。 2．首层明间中进间北缝隔墙花窗（6 扇）嵌玉灵芝、佛手、水仙透雕夹纱仔屉。	
灵芝	灵芝为瑞芝、瑞草，乃仙品，传说食灵芝可长生不老，甚至入仙，寓意“长寿”。		
佛手	佛手原为植物的果实，因形状似手而得名。佛手中的“佛”谐音同“福”，寓意“多福”。		
水仙	水仙为多年生草本植物，寓意“仙寿”。		

四　木作装修的材料鉴定

（一）取样鉴定类别

符望阁内檐木装修木材树种鉴定委托中国林业科学研究院木材工业研究所进行，通过专业鉴定人员对木材树种的宏观鉴别，符望阁内檐木装修使用的木材树种主要有六类[6]。

1. 罩隔槛框及横披、隔扇、栏杆、炕沿板、方窗、花窗、槛窗外边框的包镶层，罩隔迎风板边框、横披仔屉、隔扇隔心、花牙、栏杆盒子心、门头花、门筒子板、窗筒子板及方窗、花窗、槛窗仔屉的木材类别。

2. 罩隔槛框及横披、隔扇、栏杆、炕沿板、方窗、花窗、槛窗外边框的内芯层的木材类别。

3. 隔扇绦环板、裙板的木材类别。

4. 隔扇绦环板、裙板上贴雕纹饰的木材类别。

5. 首层明间后二进间栏杆罩横披仔屉、隔扇隔心雕刻纹饰以及首层明间中进间北缝隔墙花窗仔屉雕刻纹饰的雕刻面层的木材类别。

6. 首层明间后二进间栏杆罩横披仔屉、隔扇隔心雕刻纹饰以及首层明间中进间北缝隔墙花窗仔屉雕刻纹饰的雕刻底层的木材类别。

对上述六类木材分别取样，进行更进一步的微观鉴别以确定树种类别。取样时不允许在木装修保存完好的部位取样，应在局部已脱落的木装修残损构件上取小块样品。由于隔扇绦环板、裙板现状完好，未见空鼓脱落部位，因此未进行取样，从宏观鉴别上看，初步判断所用木材有两种，一是紫檀，二是鸡翅木或红豆木。由于鸡翅木和红豆木这两种木材宏观鉴别要点非常相似，只能通过微观鉴别才能确定是哪种木材，待今后发现残损部位再取样进行微观鉴别。其余五类均取样品送检。

（二）鉴定结论

表 3-2-4　符望阁内檐木装修木材树种鉴定结论[7]

样品序号	样品名称	鉴定结论	木材主要性质	检测报告编号
样品一	隔扇边框包镶层	中文名：紫檀 拉丁名：*Pterocarpus* sp. 科名：蝶形花科 Fabaceae	结构细，均匀；木材甚重（气干密度 1.02g/cm^3），强度高（顺纹抗压强度 98MPa，抗弯弹性模量 12.47GPa）。木材干燥时间宜长，干燥性质良好；天然耐腐性强，未见白蚁和其他虫害。由于木材重、硬，加工略困难，但精加工后木材表面光滑。	木编 2011-157（1）
样品二	罩隔抱框内芯层	中文名：桢楠 拉丁名：*Phoebe* sp. 科名：樟科 Lauraceae	结构细，均匀，气干密度 0.61g/cm^3。强度中或低，干缩小，尺寸稳定性优良。性耐腐。切削容易，切面光滑；油漆后光亮性好，胶黏性能优良。握钉力颇佳。	木编 2011-157（2）
样品三	隔扇裙板贴雕纹饰	中文名：乌木 拉丁名：*Diospyros* sp. 科名：柿树科 Ebenaceae	结构细而匀，气干密度 1.09g/cm^3。强度高，耐腐。干燥慢，易开裂。加工困难，消耗动力大。车旋、刨切、胶黏性能良好。	木编 2011-157（3）
样品四	首层明间中进间北缝隔墙花窗仔屉雕刻纹饰的雕刻面层	中文名：白木香（沉香木） 拉丁名：*Aquilaria* sp. 科名：瑞香科 Thymelaeaceae	纹理直，结构细而匀，气干密度 0.4g/cm^3。强度甚低。干燥容易，不耐腐，易蓝变。切削很容易，因有内含韧皮部存在不易刨光。容易胶黏，握钉力弱。	木编 2011-157（4）
样品五	首层明间中进间北缝隔墙花窗仔屉雕刻纹饰的雕刻底层	中文名：桢楠 拉丁名：*Phoebe* sp. 科名：樟科 Lauraceae	结构细，均匀，气干密度 0.61g/cm^3。强度中或低，干缩小，尺寸稳定性优良。性耐腐。切削容易，切面光滑；油漆后光亮性好，胶黏性能优良。握钉力颇佳。	木编 2011-157（5）

五　木作装修的保存现状

（一）勘察记录方法及图例说明

1. 勘察记录方法

对符望阁内檐木装修的勘察采用病害图与保存状况调查表相结合的记录方法。病害图是以符望阁内檐木装修各个构件的 Autodesk 图纸为底图，根据木装修构件的保存现状，将不同种类的病害及病害存在范围在图纸上按照病害统一图例绘制出来的勘察记录图纸。保存状况调查表是以符望阁内檐木装修的保存现状为依据，通过勘察人员的现场判断，记录内檐装修采用的工艺和材料，对结构木构件、装饰木构件、木材表面、竹丝镶嵌出现的每种病害进行轻微、一般、严重三种程度的判断，记录以往修复痕迹采用的方法和材料，最后在上述判断基础上对内檐装修木构件的保存现状做总结描述。

病害图与保存状况调查表以每槽罩隔或每扇门窗为一单元进行记录，要求标示出罩隔、门窗所在的建筑名称、记录时间、构件名称、构件编号、构件位置、记录人、位置索引等信息，以便整理、研究勘察资料。

2. 病害图例

根据初步勘察，符望阁内檐木装修的病害种类分为四类。[8]

（1）结构木构件存在的病害：构件缺失、榫卯连接破坏、构件开裂、构件弯曲变形、构件歪闪下沉、构件松动、构件变形引起构件间缝隙、木材自然收缩引起缝隙、腐朽、霉菌十类。

（2）装饰木构件存在的病害：包镶缺失、包镶起翘、木镶嵌缺失、木镶嵌起翘、木镶嵌开裂五类。

（3）木材表面存在的病害：角部磨损缺失、尘土堆积、表面水渍、油漆、蜡油渍及深层黏附污垢、表面褪色六类。

（4）竹丝镶嵌存在的病害：竹丝缺失、竹丝起翘、尘土堆积、表面水渍四类。

制定病害图例时，按照上述病害对符望阁内檐木装修的损坏程度，由严重至轻微依次用红色（或橙色、玫红色）、绿色、蓝色表示，以便区分。病害记录时使用统一图例，对每种病害进行详细定义，既规范又准确，可以最大限度地摆脱主观描述带来的概念混淆。在今后的保护工作中，即使保护工作人员未参加勘察工作，看到病害图例、病害图、保存状况调查表，结合内檐装修的保存现状，仍可以快速、准确地开展下一步工作。（图 3-2-15）

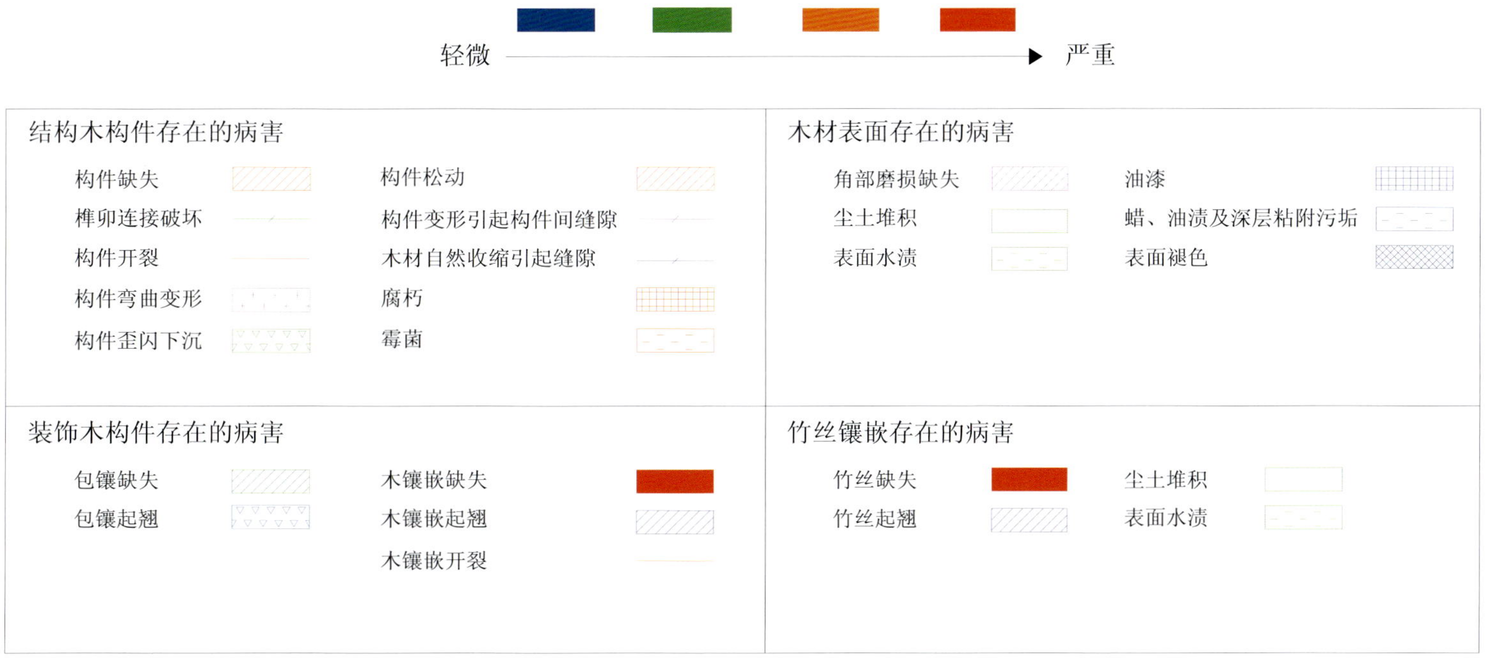

图 3-2-15　符望阁内檐装修木构件勘察记录病害图例

（二）勘察记录

1. 罩隔的勘察记录

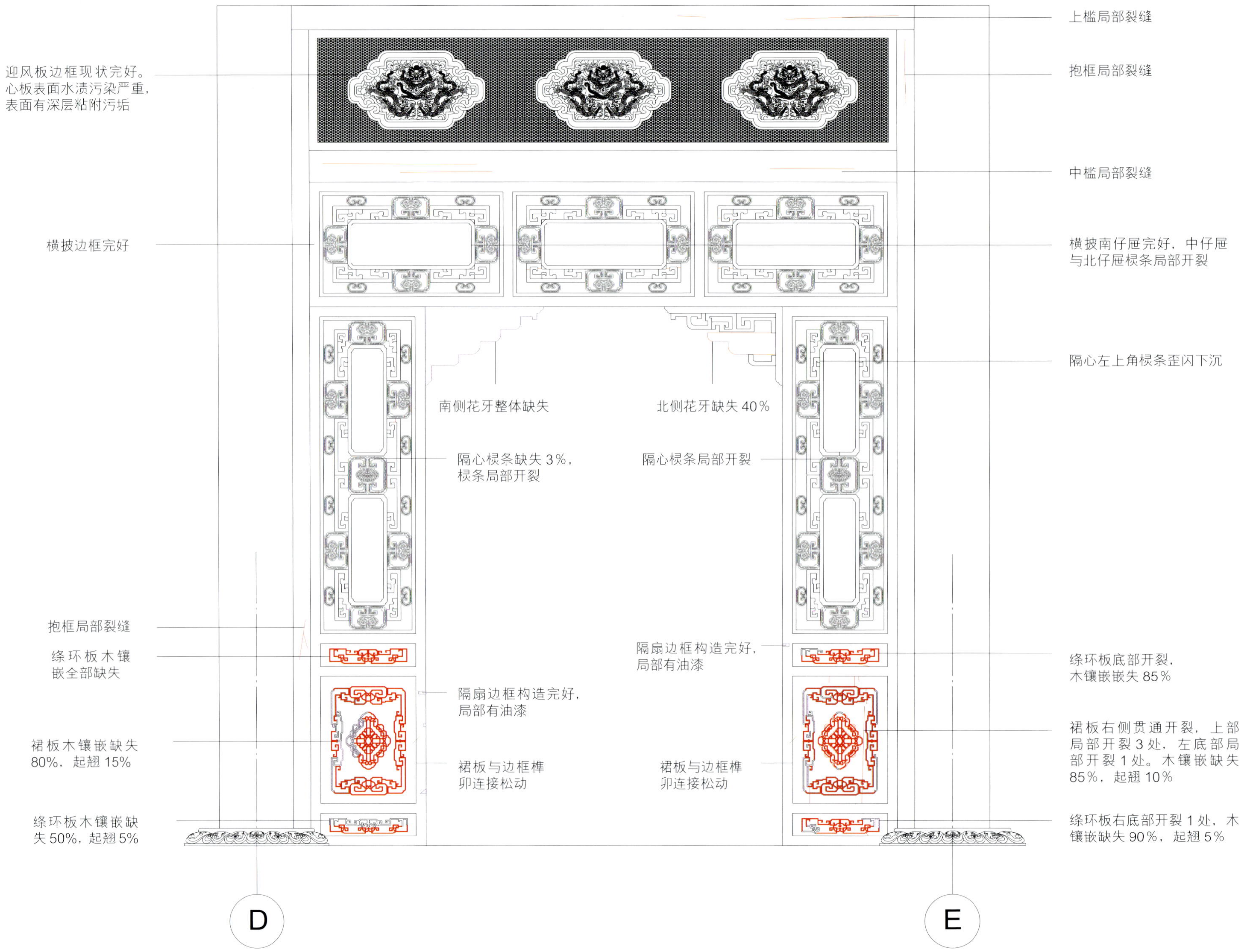

图 3-2-16a　符望阁首层东次间中进间东缝落地罩（6-D、E）东侧病害记录图

表 3-2-5 符望阁首层东次间中进间东缝落地罩主要病害表

病害种类	主要病害
结构木构件存在的病害	构件缺失，榫卯连接破坏，构件开裂，构件弯曲变形，构件歪闪下沉
装饰木构件存在的病害	木镶嵌缺失，木镶嵌起翘，木镶嵌开裂
木材表面存在的病害	尘土堆积，表面水渍，油漆，深层粘附污垢，表面褪色

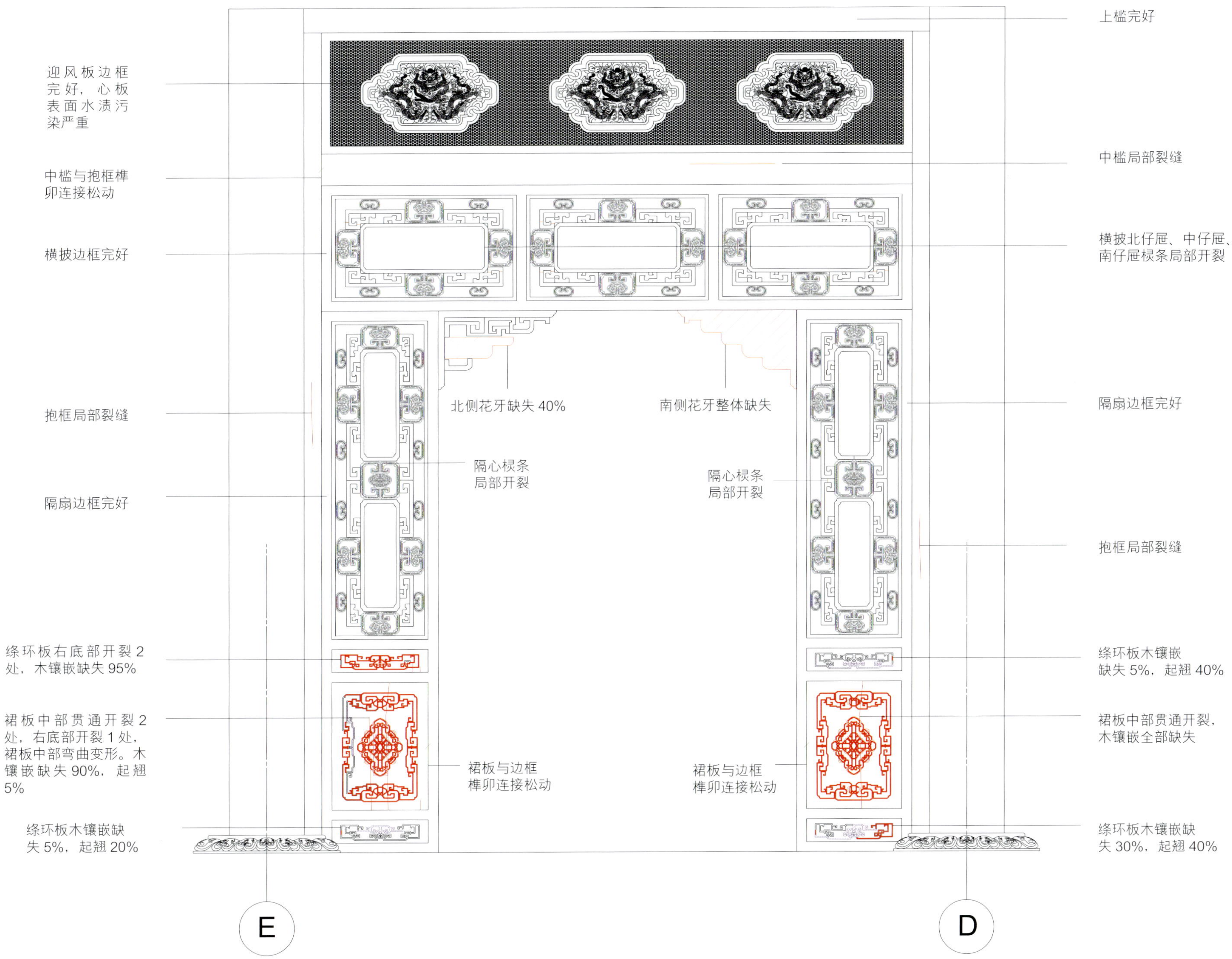

图 3-2-16b 符望阁首层东次间中进间东缝落地罩（6-D、E）西侧病害记录图

（1）落地罩勘察记录举例（图 3-2-16）

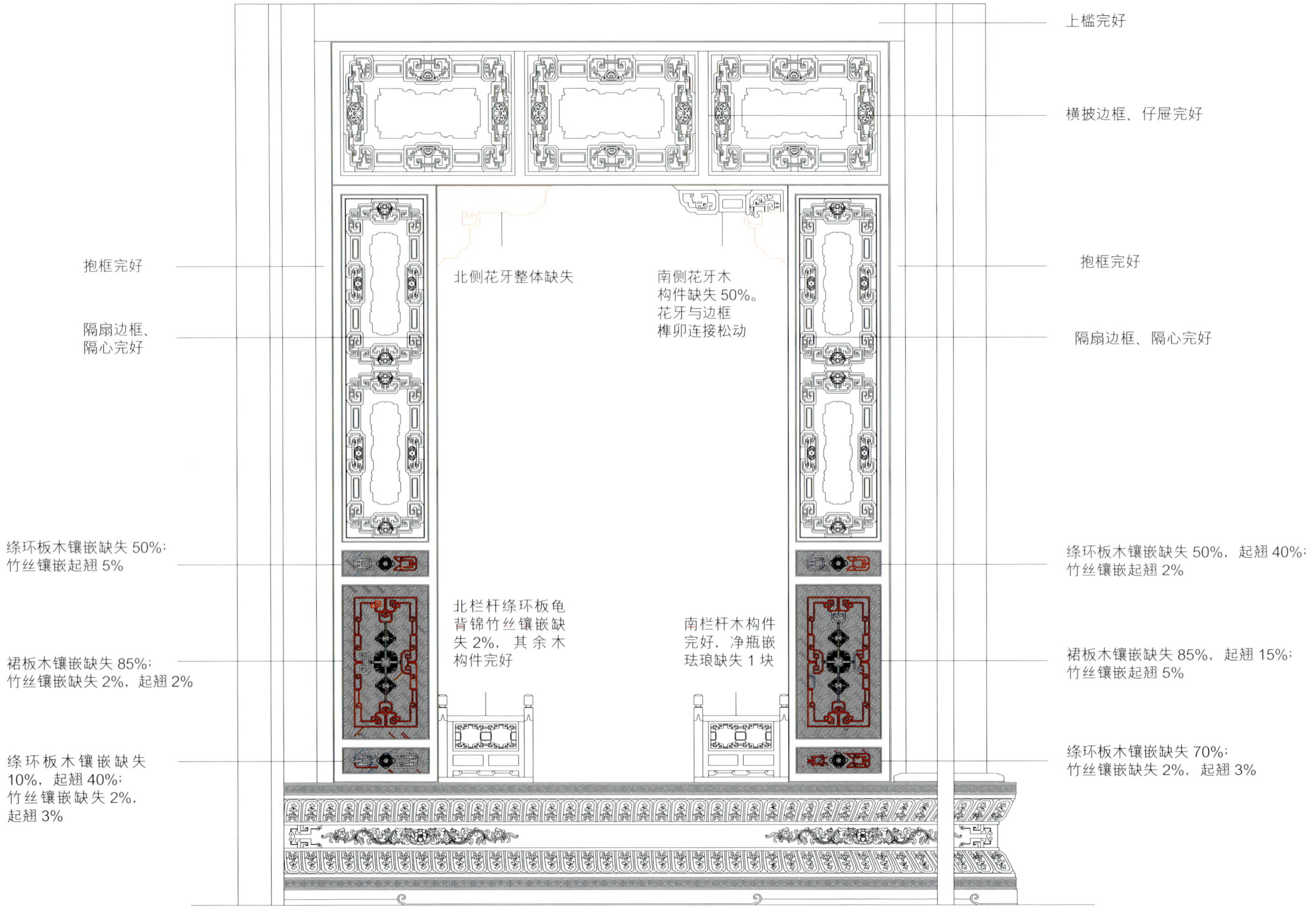

图 3-2-17a　符望阁首层明间前二进间西缝栏杆罩（4-C、D）西侧病害记录图

表 3-2-6　符望阁首层明间前二进西缝栏杆罩主要病害表

病害种类	主要病害
结构木构件存在的病害	构件缺失，榫卯连接破坏
装饰木构件存在的病害	木镶嵌缺失，木镶嵌起翘
木材表面存在的病害	尘土堆积
竹丝镶嵌存在的病害	竹丝缺失，竹丝起翘，尘土堆积

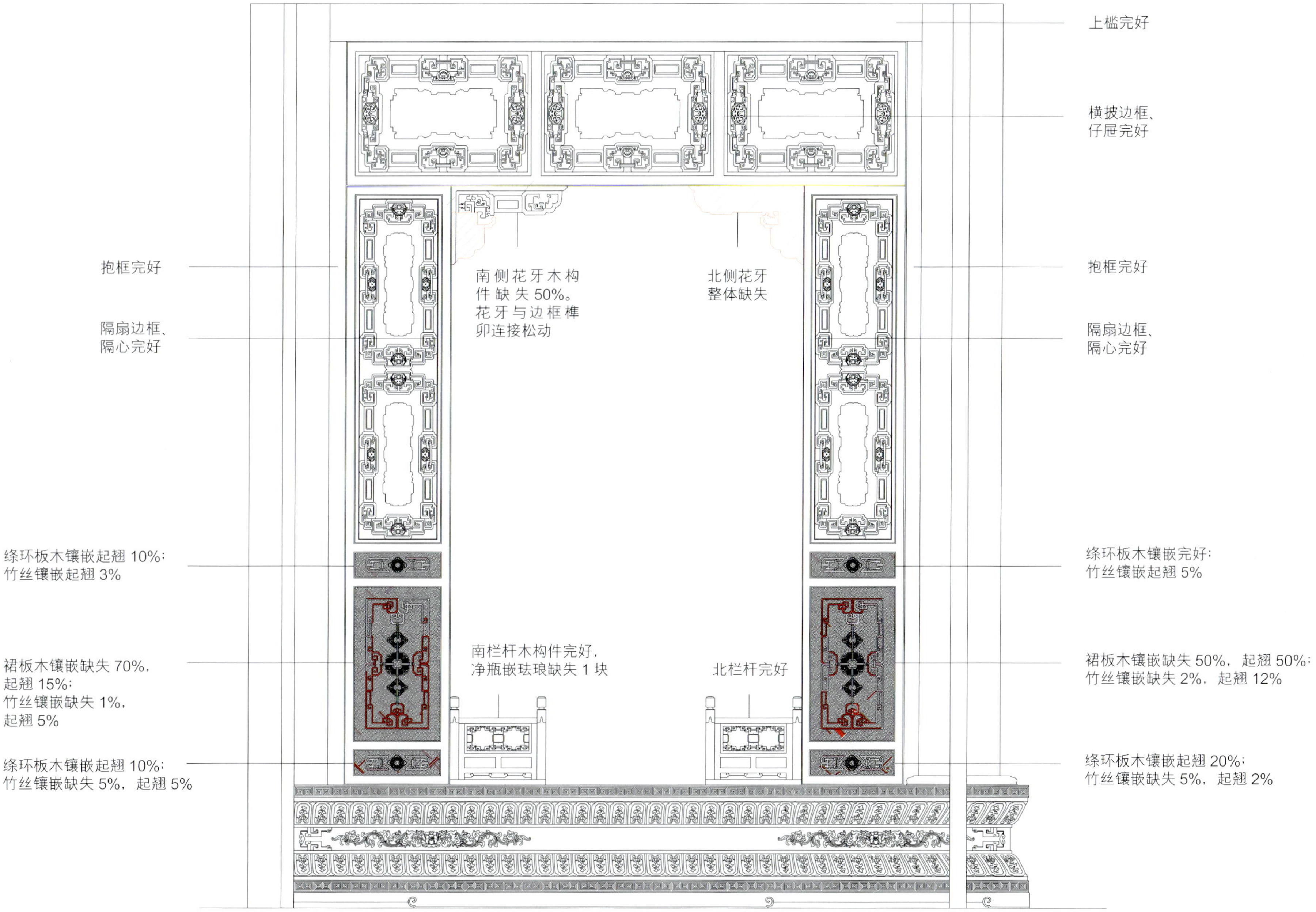

图 3-2-17b　符望阁首层明间前二进间西缝栏杆罩（4-C、D）东侧病害记录图

（2）栏杆罩勘察记录举例（图 3-2-17）

表 3-2-7　符望阁首层明间后一进间南缝几腿罩主要病害表

病害种类	主要病害
结构木构件存在的病害	构件缺失，构件变形引起构件间缝隙
木材表面存在的病害	尘土堆积

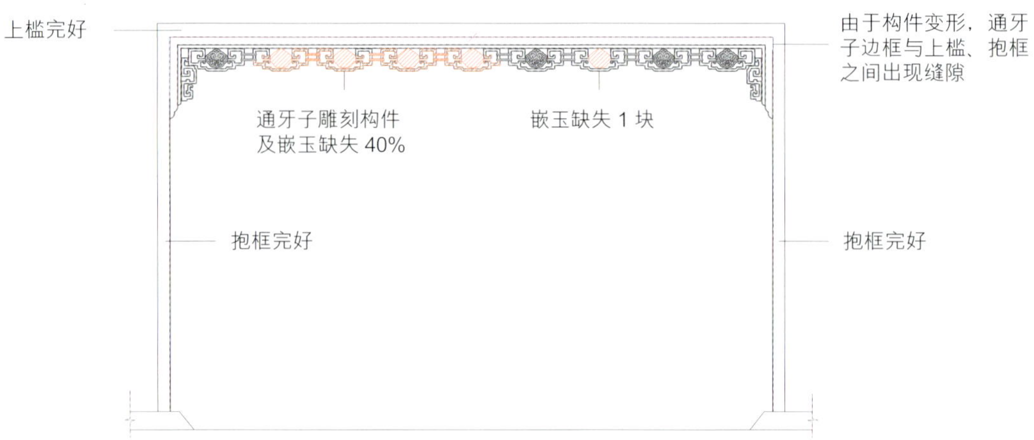

图 3-2-18a　符望阁首层明间后一进间南缝几腿罩（F-4、5）北侧病害记录图

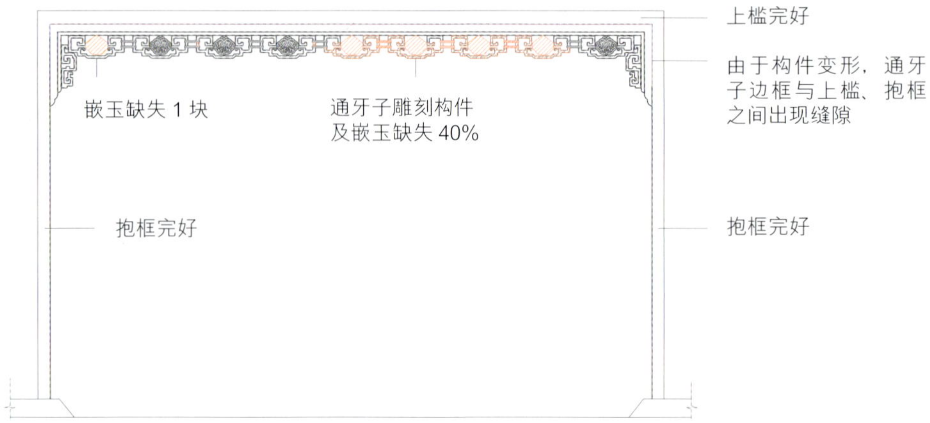

图 3-2-18b　符望阁首层明间后一进间南缝几腿罩（F-4、5）南侧病害记录图

(3) 几腿罩勘察记录举例（图 3-2-18）

表 3-2-8　符望阁首层西次间前二进间西缝坑罩主要病害表

病害种类	主要病害
结构木构件存在的病害	构件缺失，榫卯连接破坏，构件开裂，构件歪闪下沉
装饰木构件存在的病害	包镶缺失
木材表面存在的病害	尘土堆积

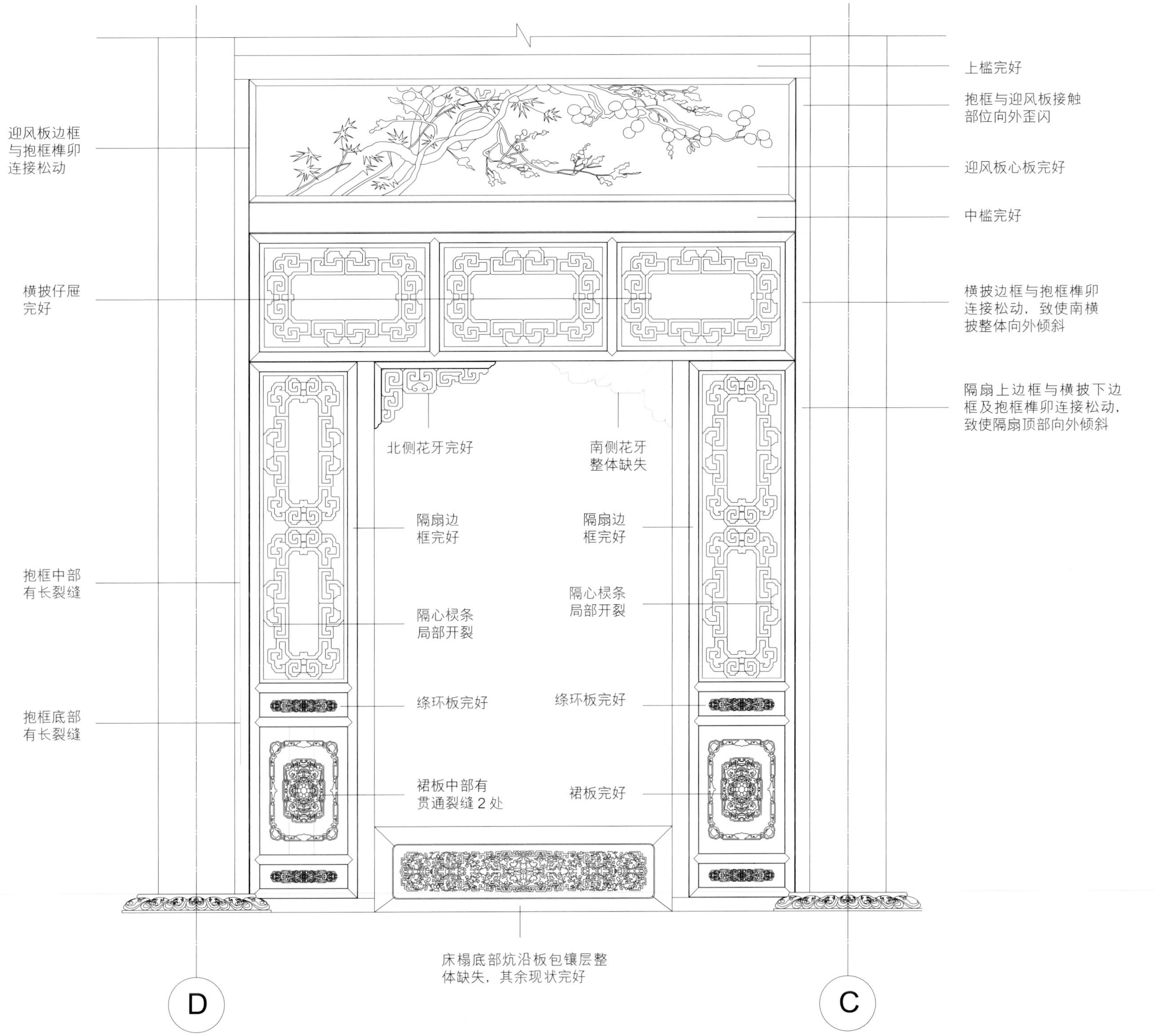

图 3-2-19　符望阁首层西次间前二进间西缝坑罩（3-C、D）病害记录图

（4）炕罩勘察记录举例（图 3-2-19）

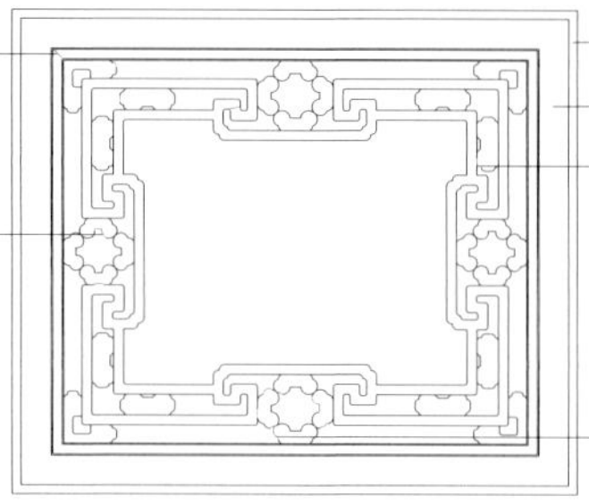

符望阁首层西次间后一进间南缝隔墙方窗（F-3、4）北侧病害记录图

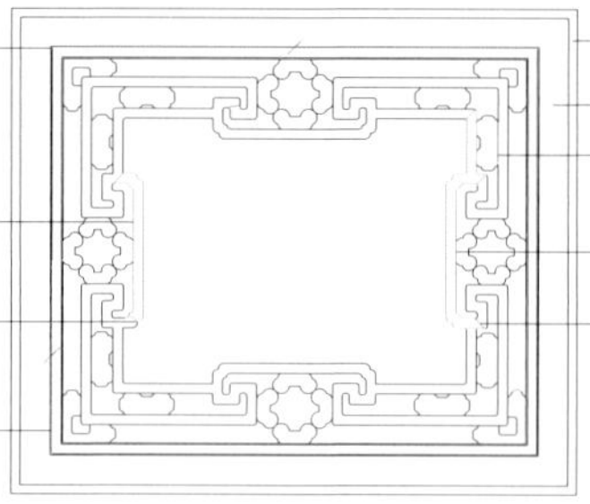

图 3-2-20　符望阁首层西次间后一进间南缝隔墙方窗（F-3、4）病害记录图

表 3-2-9　符望阁首层西次间后一进间南缝隔墙方窗主要病害表

病害种类	主要病害
结构木构件存在的病害	构件缺失，构件歪闪下沉，构件变形引起构件间缝隙
木材表面存在的病害	尘土堆积

2. 门窗的勘察记录（图 3-2-20）

3. 保存状况调查表（图 3-2-21a ~ 21c）

内檐装修木构件保存状况调查表

所在建筑：故宫符望阁	构件编号：LZ-6-DE-1-CC-W
构件位置/名称：首层东次间中进间东缝落地罩（6-D、E）西侧	
记录人：郭泓、赵鹏	记录时间：2011年1月10日
对应病害记录图图号：6-D、E西侧 病害特征概述： 结构木构件主要病害：①构件缺失，②榫卯连接破坏，③构件开裂；④构件弯曲变形。 装饰木构件主要病害：①木镶嵌缺失，②木镶嵌起翘，③木镶嵌开裂。 木材表面主要病害：①尘土堆积，②表面水渍，③深层粘附污垢，④表面褪色。	位置索引图：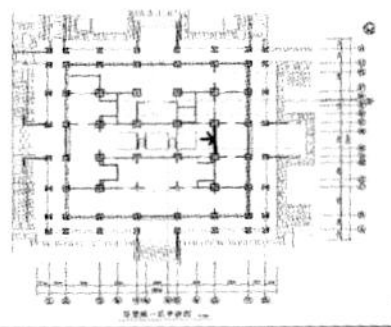

使用工艺：
木结构☑ 包镶☑ 凹嵌□ 木雕□ 百纳包镶□ 油饰□ 竹丝镶嵌□ 竹簧镶嵌□
使用材料：
紫檀☑ 花梨木□ 鸡翅木□ 乌木☑ 楠木□ 黄杨木□ 竹丝□ 竹簧□ 竹隔□
其它______

现存状况与主要病害：

构件综合评价：
[好□　　一般☑　　差□　]

1）结构木构件保存状况
- 构件缺失 ☑
  缺失构件是否已异地留存　是□ 否☑ 位置______
- 榫卯连接破坏
  [无□　　榫卯脱胶松动☑　　断榫、脱榫□　]
- 构件开裂
  [轻微□　　一般☑　　严重□　]
- 构件扭曲
  [轻微□　　一般□　　严重□　]
- 构件弯曲变形
  [轻微□　　一般☑　　严重□　]
- 构件歪闪下沉
  [轻微□　　一般□　　严重□　]
- 构件松动
  [轻微□　　一般□　　严重□　]
- 构件变形引起构件间缝隙
  [轻微□　　一般□　　严重□　]

1

图 3-2-21a　符望阁内檐装修木构件保存状况调查表

- 木材自然收缩引起缝隙
  [轻微□　　一般□　　严重□　]
- 腐朽
  [轻微□　　一般□　　严重□　]
- 蛀洞
  [轻微□　　一般□　　严重□　]
- 霉菌
  [轻微□　　一般□　　严重□　]

其它______

2）装饰木构件保存状况
- 包镶缺失
  [微小□　　局部□　　整体□　]
- 包镶起翘
  [轻微□　　一般□　　严重□　]
- 木镶嵌缺失
  [微小□　　局部□　　整体☑　]
- 木镶嵌起翘
  [轻微□　　一般☑　　严重□　]
- 木镶嵌开裂
  [轻微☑　　一般□　　严重□　]
- 腐朽
  [轻微□　　一般□　　严重□　]
- 蛀洞
  [轻微□　　一般□　　严重□　]
- 霉菌
  [轻微□　　一般□　　严重□　]

其它______

3）木材表面状况
- 角部磨损缺失
  [轻微□　　一般□　　严重□　]
- 表面沉积物（尘土堆积）
  [轻微□　　一般□　　严重☑　]
- 表面水渍
  [轻微□　　一般☑　　严重□　]
- 油漆
  [轻微□　　一般□　　严重□　]
- 蜡、油渍与深层粘附污垢
  [轻微□　　一般☑　　严重□　]
- 鸟粪
  [轻微□　　一般□　　严重□　]

2

图 3-2-21b　符望阁内檐装修木构件保存状况调查表

- 表面褪色
  [轻微☑　　一般□　　严重□　]

其它______

4）以往的修复痕迹 □
使用的新材料：______；
粘合材料或手法：______；
不当安装：______
- 与原构件性状契合程度
  [好□　　一般□　　差□　]

1、构件病害状况分级标准：

1、轻微	2、一般	3、差
• 出现破坏 • 病害稳定 • 不需要立即修理	• 出现破坏 • 病害不稳定 • 需要尽快修理	• 构件严重破坏 • 病害极为不稳定，特征正在扩大 • 急需修理

3

图 3-2-21c　符望阁内檐装修木构件保存状况调查表

六　木作装修的现状评估

（一）主要病害及存在概率

1. 结构木构件存在的主要病害及概率

符望阁内檐木装修结构木构件存在的主要病害有构件缺失、榫卯连接破坏、构件开裂、构件弯曲变形、构件歪闪下沉、构件松动、构件变形引起构件间缝隙、木材自然收缩引起缝隙、腐朽、霉菌十类病害。其中60%的结构木构件局部出现构件缺失、榫卯连接破坏、构件开裂三类病害，病害类型为普遍病害；30%的结构木构件局部出现构件歪闪下沉、构件松动、构件变形引起构件间缝隙、木材自然收缩引起缝隙四类病害，病害类型为局部病害；5%的结构木构件局部出现腐朽、霉菌两类病害，仅在首层东次间中进间东缝落地罩西侧隔扇裙板上出现构件弯曲变形病害，病害类型为罕见病害。

2. 装饰木构件存在的主要病害及概率

符望阁内檐木装修装饰木构件存在的主要病害有包镶缺失、包镶起翘、木镶嵌缺失、木镶嵌起翘、木镶嵌开裂五类病害。其中80%的装饰木构件出现不同程度的木镶嵌缺失、木镶嵌起翘、木镶嵌开裂三类病害，病害类型为普遍病害；仅有3%的装饰木构件局部出现包镶缺失、包镶起翘两类病害，病害类型为罕见病害。

3. 木材表面存在的主要病害及概率

符望阁内檐木装修木材表面存在的主要病害有角部磨损缺失、尘土堆积、表面水渍、油漆、深层黏附污垢、表面褪色六类病害。其中100%的木材表面覆盖尘土，有不同程度的尘土堆积，病害类型为普遍病害；5%的木材表面局部有角部磨损缺失、水渍、油漆、深层黏附污垢、表面褪色五类病害，病害类型为罕见病害，其中深层黏附污垢集中于木构件与地面接触的底部，特别是仙楼层内檐木装修与木地板地仗、油饰层接触的底部均有深层黏附污垢。

4. 竹丝镶嵌存在的主要病害及概率

符望阁内檐木装修竹丝镶嵌存在的主要病害有竹丝缺失、竹丝起翘、尘土堆积、表面水渍四类病害。其中100%的竹丝镶嵌表面覆盖尘土，有不同程度的尘土堆积，病害类型为普遍病害；80%的竹丝镶嵌出现不同程度的竹丝缺失、竹丝起翘两类病害，病害类型为普遍病害；5%的竹丝镶嵌表面局部有水渍，病害类型为罕见病害。

（二）病害严重程度的状况分级

符望阁内檐木装修存在的每类病害的严重程度各不相同，按照破坏程度和病害稳定情况分为轻微、一般、严重三个等级。

1. 轻微病害

轻微病害是指木构件局部出现破坏，病害状况稳定，对结构稳定性未产生威胁，不影响内檐装修的美观，不需要立即进行修缮的病害。

2. 一般病害

一般病害是指木构件局部出现破坏，病害状况不稳定，对结构稳定性产生一定威胁或即将产生威胁，影响内檐装修的美观，需要尽快修缮的病害。

3. 严重病害

严重病害是指构件局部或整体出现严重破坏，病害状况极其不稳定，病害范围不断扩大，对结构稳定性产生威胁，严重影响内檐装修的美观，急需修缮的病害。

表 3-2-10 符望阁内檐木装修病害状况分级

病害类别	病害名称	以存在概率划分的病害分级	以严重程度划分的病害分级
结构木构件存在的病害	构件缺失	普遍	严重
	榫卯连接破坏	普遍	严重
	构件开裂	普遍	表面裂缝为轻微病害，整体断裂为严重病害
	构件弯曲变形	罕见	一般
	构件歪闪下沉	局部	严重
	构件松动	局部	一般
	构件变形引起构件间缝隙	局部	一般
	木材自然收缩引起缝隙	局部	一般
	腐朽	罕见	严重
	霉菌	罕见	一般
装饰木构件存在的病害	包镶缺失	罕见	严重
	包镶起翘	罕见	一般
	木镶嵌缺失	普遍	严重
	木镶嵌起翘	普遍	一般
	木镶嵌开裂	普遍	表面裂缝为轻微病害，整体断裂为一般病害
木材表面存在的病害	角部磨损缺失	罕见	一般
	尘土堆积	普遍	一般
	表面水渍	罕见	一般
	油漆	罕见	一般
	深层黏附污垢	罕见	一般
	表面褪色	罕见	轻微
竹丝镶嵌存在的病害	竹丝缺失	普遍	严重
	竹丝起翘	普遍	一般
	尘土堆积	普遍	一般
	表面水渍	罕见	一般

七　木作装修的修复建议

对符望阁内檐木装修的保护按照木材表面、结构木构件、竹丝镶嵌、装饰木构件、木材表面烫蜡的保护顺序进行。

（一）木材表面的保护方法与技术措施

对木材表面存在的病害，首先应对内檐装修进行整体除尘，去除表面尘土、水渍、油漆及深层黏附污垢，宜用软毛刷和高效吸尘器清除表面尘土。先用软毛刷将木构件上的尘土扫净，对于局部起翘的部位要格外小心，避免除尘过程中起翘病害进一步扩大范围，清扫尘土的同时用高效吸尘器及时吸尘，避免飞尘对木构件造成二次污染。除尘后进行水渍、油漆及深层黏附污垢的去除，轻微污染处用棉签蘸蒸馏水擦洗；严重污染处先用棉签蘸表面活性剂或螯合剂擦洗，然后更换棉签蘸蒸馏水擦拭。除尘过程要谨慎小心，避免木装修上各类镶嵌物的脱落，如若发生脱落，要做好位置记录并采取急救措施，如编号收存或原位固定，待细部修复时再做处理。最后对角部磨损缺失的部位进行修复，轻微磨损处可维持现状；严重磨损处宜选用原材质的干燥木材（符合含水率要求）按照原样式补配。

（二）结构木构件的保护方法与技术措施

对结构木构件存在的病害，按照严重病害、一般病害、轻微病害的顺序进行修复。

1. 严重病害的修缮方法

（1）脱落构件应原位安装，榫卯连接入位或用鱼鳔胶黏贴；缺失构件应选用原材质的干燥木材（符合含水率要求）按照原样式补配。为了保证安装牢固，应在补配、回装的木构件外侧衬垫胶合板，使用可调铁杆持续支顶不少于五天。

（2）榫卯连接处破坏的构件应分析病害原因，对拔榫的木构件进行归安，对榫头或木销断裂的部位补配新榫头或木销。

（3）整体断裂的构件用鱼鳔胶黏固断裂面。

（4）木构件的歪闪下沉，应分析病因采取相应的修复措施。对于榫卯连接失稳造成歪闪下沉的木构件，按照榫卯破坏的修缮方法进行处理；对于受相关构件不均匀载荷而引起歪闪下沉的构件，必须采取有效的补救措施，避免事态的进一步发展，造成不可挽回的破坏。

（5）构件局部腐朽的应将腐朽部位剔除干净，然后用原材质的干燥木材按照原样式补配。

2. 一般病害的修缮方法

（1）构件弯曲变形部位首先进行软化处理，然后对表面凹凸不平的部位均匀施压，通过压力调节使表面恢复平整。

（2）由于榫卯连接破坏引起的构件松动，按照榫卯破坏的修缮方法进行处理；由于黏合剂失效引起的构件松动，用鱼鳔胶将松动木构件黏贴牢固。

（3）由于木材含水率变化引起的木材收缩变形产生的缝隙，在缝隙处用原材质的干燥木材按照原样式进行楦缝处理；由于构件跨中出现挠度引起的构件局部变形产生的缝隙，应对出现挠度的木构件进行软化处理，并均匀施压，在跨中施用调压铁杆，使跨中挠度尽可能减少，若挠度能够得到一定恢复，原位归安木构件；若挠度无法恢复，需进行跨中支顶。

（4）木材自然收缩引起构件间缝隙，按照原样式进行楦缝处理。

（5）构件表面出现霉菌，用棉花蘸霉菌清除剂将表面擦拭干净，并采取室内控温、控湿措施，避免霉菌再次滋生。

3. 轻微病害的修缮方法

构件表面出现的裂缝多为局部细小裂缝，对结构稳定性不会造成威胁，可不进行干预，除尘、烫蜡见新即可。

（三）竹丝镶嵌的保护方法与技术措施

对竹丝镶嵌存在的病害，按照除尘、加固残留竹丝及起翘竹丝、补配缺失竹丝的顺序进行修复。

1. 除尘

用软毛刷或吸尘器直接清除表面尘土，与木材表面除尘方法相同。尘土清扫干净后开始去除水渍，用棉签蘸蒸馏水轻轻擦洗，不得使用任何有机溶剂，以防竹丝变色。对除尘过程中脱落的竹丝及时记录位置、妥善保存，待修缮时原位归安。

2. 加固残留竹丝及起翘竹丝

对残留竹丝及起翘竹丝进行渗透加固，将稀释的鱼鳔胶用注射器注入竹丝背面，在竹丝表面均匀加压使其黏贴牢固，用棉签蘸蒸馏水去除渗出的残留鱼鳔胶。

3. 补配缺失竹丝

将脱落的竹丝按原位置用鱼鳔胶黏贴牢固；缺失部位按照竹丝原样式补配新竹丝，根据缺失位置残留的竹丝色调选配竹丝颜色，根据竹丝镶嵌图案确定竹丝割角、长度，用鱼鳔胶黏贴，在竹丝表面均匀加压使其黏贴牢固。待整块竹丝镶嵌板完成加固、补配后，为保证整体黏贴效果，采取整板支顶加固措施。

（四）装饰木构件的保护方法与技术措施

对装饰木构件存在的病害，按照包镶层与木镶嵌不同部位进行修复。

1. 包镶层

（1）包镶缺失部位用原材质的干燥木材按照原样式补配。

（2）包镶起翘部位用鱼鳔胶黏贴牢固。

2. 木镶嵌

（1）木镶嵌缺失部位用原材质的干燥木材按照原样式补配乌木嵌条。

（2）木镶嵌起翘部位用鱼鳔胶黏贴牢固。

（3）木镶嵌开裂宽度超过 1mm，用原材质的干燥木材在缝隙处按照原样式进行楦缝处理；开裂宽度小于 1mm，维持现状。

（五）烫蜡

上述保护工作完成后，分别对竹丝镶嵌表面和硬木装修表面进行烫蜡。

1. 竹丝镶嵌表面烫蜡

竹丝镶嵌表面不能使用高温烫蜡，应使用纯天然软蜡，用毛巾蘸蜡后全面上蜡，再用猪鬃毛刷打光，使竹丝镶嵌表面既保持古色古香的古朴风格，又能闪现出绸缎样的光泽。

2. 硬木装修表面烫蜡

选用白蜂蜡、黄蜂蜡、川虫白蜡按一定比例配置，用恒温调控的红外线专用风枪，保持风力温度 120℃，对紫檀、乌木等内檐装修构件表面进行上蜡处理。冷却一天后剔蜡，压孔，磨光布上光。由于紫檀溢出的油脂和紫红色的色素很容易被溶解，因此不得使用含有石蜡、有机合成蜡的化工制品，不得使用含有化学溶剂的商品配合蜡，否则会使紫檀木材表面纹理模糊不清，木材发干变白。鸡翅木（或红豆木）材质的内檐装修构件不能使用高温烫蜡方法，否则会产生深色的油渍现象，应采用低温的干抖蜡方法，保留鸡翅木或红豆木的天然纹理。[9]

最后需要说明的是，在实际保护过程中，所有对内檐木装修的保护都要详细记录保护全过程，包括使用何种材料、采取何种保护方法和保护工艺、对新补配的木构件的辨识和记录等等。这些记录作为工程档案留存，以备将来再次保护和供其他保护工作者参考应用。

第三节
漆艺
3 Lacquerwork

一　符望阁漆艺装修的工艺特征

宁寿宫建筑群是乾隆时期建筑的代表性作品，其中的乾隆花园在宁寿宫区甚至是整个紫禁城中都属于精品工程，其建筑内檐装修极尽奢华，使用了漆器、珐琅、料器、织绣、彩绘等多种装饰工艺，髹漆工艺在这些建筑内部得到了广泛的应用，其中又以符望阁的综合应用水平最高。从实地考察来看，符望阁内檐装修髹饰的部位集中在罩隔、藻井和室内陈设上，使用的材料有漆、金、玉、象牙、珊瑚、玛瑙、螺钿、绿松石、青金石、珐琅等，涉及的髹饰工艺有雕漆、描金、镶嵌、素髹、金箔罩漆五类。

符望阁罩隔中使用漆工艺装饰的建筑构件有迎风板、挂檐板和炕沿板。迎风板有两种制作工艺，一种是金片与螺钿片平脱作为背景并且镶嵌剔彩云龙图形，另一种是彩绘描金作为背景并且镶嵌百宝图形；炕沿板是素髹镶嵌百宝图形；挂檐板是金片与螺钿片平脱背景并且镶嵌剔红龙纹及花卉图形；三层顶部的藻井使用的是金箔罩漆工艺。符望阁内部的家具陈设经过历史的变迁，情况比较复杂，所涉及的器物及其装饰工艺需要做进一步的研究。现存的这些内檐装修中的漆饰工艺材料考究，工艺水平高，给建筑的室内披上了华丽的衣装，其中百宝嵌工艺和螺钿平脱工艺最负盛名，这种工艺常见于小件器物的装饰，因为制作工艺复杂，所用材料价格昂贵，在建筑内檐装修中大量应用的实例极为少见，因此符望阁内部的漆饰工艺弥足珍贵，具有很高的研究价值。以下为符望阁现存的建筑内檐装修髹漆构件工艺与分布列表（表 3-3-1）。

表 3-3-1　符望阁内檐装修髹漆构件工艺与分布

构件名称	工艺名称	工艺说明
迎风板	剔红	作为嵌件镶嵌在迎风板中
	剔彩	作为嵌件镶嵌在迎风板中
	螺钿与金片平脱	作为雕漆嵌件的背景
	百宝嵌	背景为素髹描金
	素髹描金	作为百宝嵌背景
藻井	金箔罩漆	彩金象与金箔罩漆结合
挂檐板	螺钿与金片平脱	作为剔红雕漆嵌件的背景
	剔红	镶嵌在挂檐板中
炕沿板	素髹百宝嵌	百宝嵌背景为素髹

（一）挂檐板、迎风板的螺钿平脱与雕漆工艺分析

符望阁髹漆挂檐板位于符望阁后一进间首层与仙楼层之间（图 3-3-1），外框为紫檀包镶，楠木框芯，板芯以楠木拼合。挂檐板背面素髹黑漆，正面是螺钿片与金片的平脱工艺，然后镶嵌海棠状剔红寿字牡丹图案。整个挂檐板分为三段，以榫卯相互连接，衔接部位饰以雕漆嵌板，看似整体如一块，设计天衣无缝。从两块拆卸下来的挂檐板连接处能清楚地看到板体的内部结构关系：板芯的木胎层被挖出一浅凹槽，将剔红雕漆板埋嵌其中。剔红嵌板的胎体是由薄木片拼合而成的，然后在木片上施地仗层，再髹漆、雕刻。螺钿片与金片平脱的漆面与雕漆嵌件接触部位很整齐，螺钿片上有明显的切割痕迹，表明是在平脱工艺完成以后再将雕漆板嵌入其中，嵌入后再做局部的修补，并将雕漆嵌板的边缘髹朱漆。

符望阁螺钿平脱工艺迎风板共四块，首层东次间中进间有三块，每块迎风板正反两面的工艺和图案完全一样，其中螺钿平脱制作工艺与挂檐板基本相同，不同的是镶嵌的雕漆是剔彩工艺，其中开光部位是剔红，龙纹和水纹是剔绿，两种色彩的雕漆称为剔彩（图 3-3-2）。首层东次间前二进间炕罩是螺钿片与金片平脱工艺作为背景镶嵌百宝博古图案（图 3-3-3），背面是黑漆背景的螺钿平脱工艺团花图案（图 3-3-4）。

图 3-3-1　符望阁一层挂檐板

图 3-3-2　符望阁一层迎风板

图 3-3-3　符望阁一层迎风板博古图

图 3-3-4　符望阁一层迎风板团花图案

图 3-3-5　符望阁迎风板螺钿片正交偏光

图 3-3-6　云母片正交偏光

1. 螺钿平脱工艺

螺钿平脱工艺是螺钿镶嵌工艺的一种，是将螺钿片剪切成形后黏贴在漆面上，然后整体髹漆将螺钿片完全覆盖，待漆面干燥以后，将螺钿片上的漆层磨去，使螺钿片与周围的漆面保持齐平，因此得名“平脱”。为了增加材料种类，追求色彩变化，金片和银片常常与螺钿片同时使用，符望阁的迎风板和挂檐板使用的是螺钿片与金片的平脱工艺，以此作为背景再镶嵌雕漆和百宝图形。

出土的汉代漆器上镶嵌的金片厚度能够控制在0.1mm 左右，金片与漆面基本保持齐平，但是图案比较简单，到唐代金银平脱的工艺水平已经成熟，图案设计更加复杂，这一时期的金银平纹镜和金银平纹琴就是其中的代表。符望阁的漆艺装修继承了这种工艺传统，并且与螺钿平脱工艺相结合，大量应用于内檐装修，其使用的螺钿片非常薄，图案形体也很小，制作过程中用手直接将其拿起非常困难，需要用毛笔或者刀尖将其点黏在漆面上，因此在扬州地区形象地得名“点螺”。

螺钿平脱工艺中所用的螺钿片的厚度只相当于一根发丝的二分之一，如此闪闪发光的薄片，最初曾推测是云母片，因为螺钿片要加工成如此之薄是相当困难的，而云母的厚度与自然光色泽均与之相似。根据螺钿平脱工艺的制作经验判断，这些嵌片在黏贴、髹漆后要经过磨显，因此必须具备一定的强度；而云母片很薄，质地很酥软，平黏在漆面后髹漆覆盖再研磨的过程很容易出现破损，所以不适宜做平脱工艺。借助偏光显微镜来观察脱落的螺钿片，在正交偏光状态下，螺钿片没有消光现象，没有明显的明暗变化，但是云母有消光现象，会产生明显的明暗变化；螺钿片的颗粒感很强，蓝紫色调下的微晶颗粒会产生细小的明暗与冷暖变化（图 3-3-5），而云母只有一种光性，不会产生颗粒感，是由比较平滑的面组成的，并且晶体的干涉色比螺钿片的高级，色彩更丰富（图 3-3-6）。通过两者的对比与分析，可以准确地判断出，符望阁内迎风板所用的嵌片是螺钿片。

2 . 雕漆工艺

雕漆工艺在元代、明代已经臻于成熟，其雕刻风格古朴敦厚，刻完后多有细致的打磨，将刀锋隐藏起来。乾隆朝的雕漆工艺在继承传统的基础上发展到近乎完备的程度，雕刻水平远高于前朝，造型种类繁多，图案设计复杂，刀工细腻精准，雕刻后大多不加磨工，轮廓线显得较为硬朗，并且与其它髹饰工艺同时使用，创作出瑰丽奢华的视觉效果。符望阁的髹漆迎风板和挂檐板就是将雕漆工艺与螺钿平脱工艺巧妙结合在一起，虽然图案繁缛，但是没有艳俗感觉，华丽而又端庄，堪称室内装修设计中的典范。

符望阁内迎风板和挂檐板的雕漆部分是单独制作的，这些嵌件有独立的木胎、地仗层和髹饰层，在完成雕刻后作为独立的嵌件镶嵌进螺钿平脱的漆面。雕漆嵌件的制作工艺有三个主要部分：第一步是制作胎体，使用片状楠木拼合，木质胎体做完后髹漆、裱布、施漆灰完成地仗层。第二步是髹涂雕刻层，挂檐板的剔红工艺使用矿物质银朱颜料调制红色漆液髹涂约 25 遍作为雕刻层，红漆下面用黄色漆液作为底衬；首层东次间中进间东缝、东梢间中进间南缝和东梢间中进间北缝迎风板的剔彩工艺是先髹涂绿色漆液，达到一定厚度再髹涂红色漆液至一定厚度，所雕刻的就是由这些漆液堆积起的漆层。第三步是设计纹样并且进行雕刻，其刀工极其精准，雕刻完后不再打磨，造型轮廓线挺拔、硬朗。

用肉眼直接观察挂檐板和迎风板雕漆的破损部位，便能看出基本的制作工艺，借助仪器设备能够从微观角度对雕漆工艺有更加清析地认识。用 100 倍的可视光显微镜观察挂檐板的雕漆层，能够清楚地看到红色髹漆和黄色髹漆的结构关系[10]：整个雕漆部分共有 37 个层次，其中上部是 25 层朱色漆，下部是 12 层黄色漆（图 3-3-7）。红漆中含有的颜料是种常用的银朱（图 3-3-8），黄漆中含有的颜料是雄黄和雌黄（图 3-3-9）。红漆层是雕刻层，黄漆层是背景底衬没有雕刻。

图 3-3-7　符望阁挂檐板雕漆层

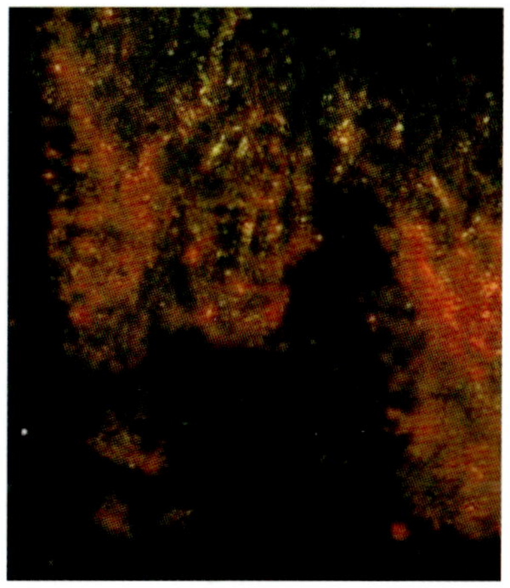

图 3-3-8　符望阁挂檐板红色雕漆层颜料

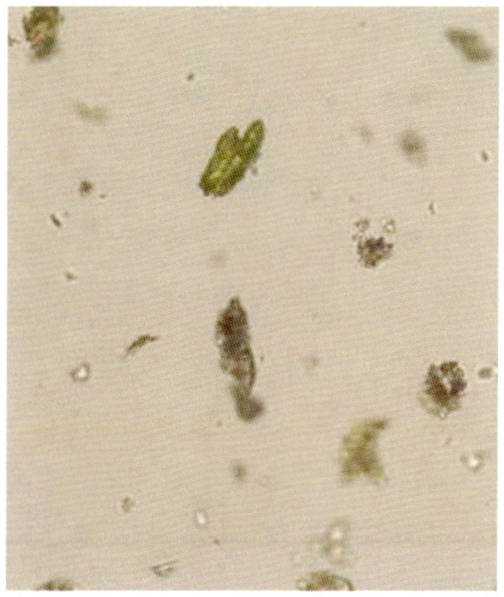
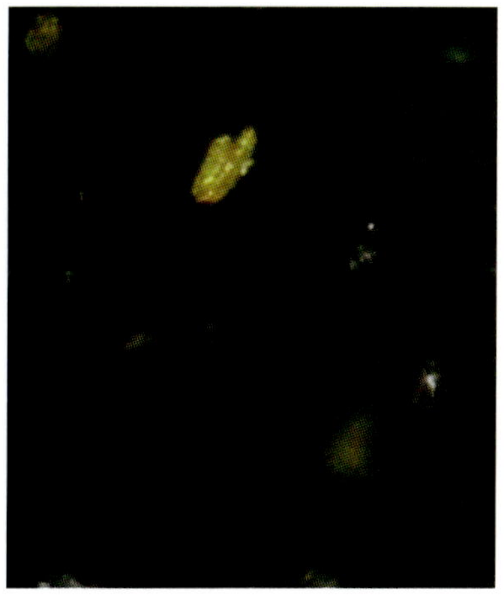

图 3-3-9　符望阁挂檐板黄色漆层颜料

（二）百宝嵌迎风板漆层工艺分析

符望阁内的百宝嵌迎风板共有六块，装饰主题有博古图、紫藤花卉、岁寒三友等，使用的材料有绿松石、孔雀石、玛瑙、珊瑚、象牙、夜光螺、蚌壳、玻璃、和田玉、鸡翅木、青铜、陶瓷、蜜蜡、水晶等，可谓极尽奢华。这些百宝嵌工艺的迎风板是木结构拼合胎体，楠木边框外包镶紫檀片，板芯为木板拼合，并有穿带将板芯与边框相互连接。木胎外有一层厚厚的地仗，是血料工艺制作，有一定强度，适合挖补镶嵌。地仗层上是米色漆地，漆地上阳识堆起梅花图案，梅花上绘有浅色花蕊线条，梅花之间用描金工艺绘制的冰片纹将其相互连接，整体视觉显得静谧而亮丽。在描金冰片连接的梅花纹背景上用百宝嵌工艺制成的岁寒三友图浅浮雕造型，松竹梅的枝干遒劲有力，松球蓬松葱郁，竹叶飘逸轻灵，梅花俊秀晶莹，与米色的背景搭配在一起给人以清新淡雅的感受（图 3-3-10）。

符望阁百宝嵌迎风板米色漆地的工艺情况比较复杂。目前所能看到的米色漆地上有乳白色的梅花图案，梅花之间有描金冰片纹相互连接，但此图案可能不是迎风板最初的面貌。梅花是用阳识堆起的，由于堆起的表层部分质地疏松，所以一些梅花的漆皮出现开裂、起翘，并且有脱落和缺失现象，露出深棕色的底子。仔细观察发现，深棕色底子是一层质地坚实的漆层，属于精炼的透明漆，在漆下还能看到有梅花的花蕊纹样，呈现暖金色。由此推断这层漆下含金的工艺为描金粉罩漆，与金箔罩漆不同，这里使用的金是金粉不是金箔，是描金工艺与罩明工艺的结合。

为什么会在完整的描金漆层上再用彩绘的梅花将其覆盖呢？推测有两种可能性。第一种是在迎风板制作刚刚结束的时候，发现描金罩漆的梅花使迎风板整体色调显得太暗，百宝嵌制作的紫藤的枝干与叶片的色调也比较接近，并且紫藤叶片、花朵的大小与梅花同样缺少对比，整体视觉效果显得过于琐碎，紫藤图案的主题不突出。出现这种情况的原因可能是两淮盐政史李质颖在承办此项工程时，拿到的设计图稿只是线描稿，没有色彩稿，无法预料最终的色彩效果，制作完成以后发现上述问题，在制作地就及时做出了调整，将梅花图案用乳白色漆层覆盖，并重新勾描花蕊。还有一种可能是在迎风板运送到京城以后，乾隆皇帝看到视觉效果不理想，在清宫造办处做了上述的修整。总之，梅花表层与底层两层装饰工艺的重叠一定是因为对原有的描金罩漆效果不满意而重髹的。（图 3-3-11）

借助仪器设备来分析这两个装饰层的结构关系。提取符望阁一层东南角的一块迎风板样品后，在 200 倍的可见光显微镜下观察，能够清楚地看到，梅花图形横切面所呈现的地仗灰层与油漆装饰涂层的结构关系。在最底层的黑色物质是地仗层，因为提取样品时不可能将所有地仗层都取到，而传统的地仗工艺制作有许多麻与灰的叠加层，图片显示的地仗层不是最完整的。地仗层之上有三层不透明的黄色涂层，三个涂层的厚度基本相同，最底层的黄色涂料（尚不确定是纯桐油还是桐油与漆的混合物）与地仗层的表层凹凸颗粒咬合十分牢固，相互渗透。黄漆之上是一层半透明的暖棕色漆层，这层漆是梅花突起的阳识部分，在这层凸起之上有一层很薄的红色漆层，这层红漆便是描金所用的金胶漆，在金胶漆上是用肉眼就能看到的金粉，金粉的上面又履盖了透明漆。（图 3-3-12）

在对颜料的分析鉴别中，基本确认三层不透明的黄色涂层中含有的颜料是雌黄和雄黄，并且有少量的铅白；红色涂层中含有银朱颜料。下表清楚地显示了漆层中有机物含量以及各个层次之间的叠加关系。（表 3-3-2）

在可视光下能够清楚地看到漆层之间的叠压关系，紫外光下的荧光部分表明漆层中有机质或者蛋白质的含量很高，而紫外光与 TTC（用于鉴别碳水化合物的荧光染色试剂）连用观察能够判断漆层中油脂类物质的存在，紫外光与 Alexafluor488（用于鉴别蛋白质的荧光染色试剂）连用观察也能判断出漆层中含有油脂和蛋白质。这些分析表明黄色漆层中桐油的含量很高，但是否含有天然漆还需要进一步的分析。

表 3-3-2　百宝嵌迎风板米色漆地横切面漆层关系表

层次	物质描述	紫外光加 TTC	紫外光加 Alexafluor	紫外光加 DCF
9	描金罩明	可见	不可见	不可见
8	金粉	不可见	不可见	不可见
7	朱漆	可见	不可见	不可见
6	阳识堆起	可见	不可见	不可见
5	半透明黄色漆	可见	不可见	不可见
4	半透明黄色漆	可见	不可见	不可见
3	半透明黄色漆	可见	不可见	不可见
2	地仗灰料	可见	可见	可见
1	地仗灰料	可见	可见	可见

图 3-3-10　符望阁一层米色描金百宝嵌迎风板

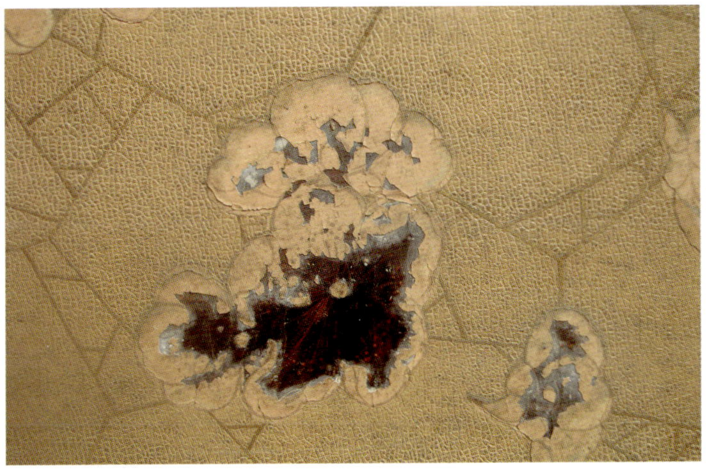

图 3-3-11　符望阁米色描金百宝嵌迎风板重髹层

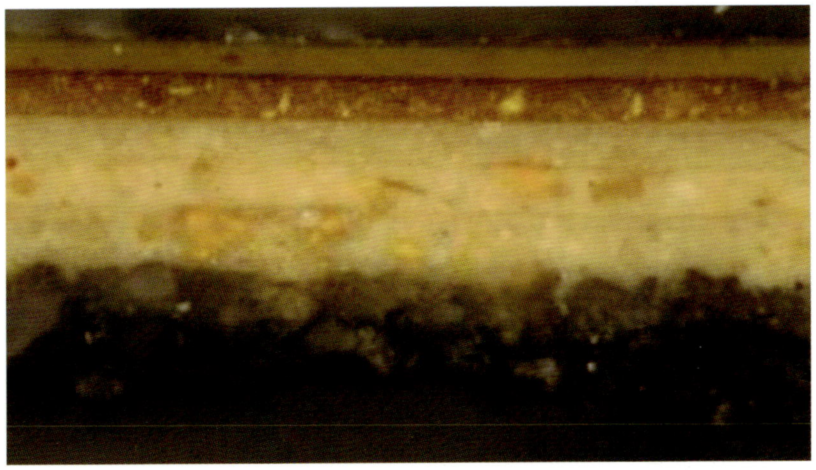

图 3-3-12　符望阁百宝嵌迎风板梅花样品地仗层与髹饰层叠加关系

二　符望阁漆艺装修材料及产地

经过漆器镶嵌工艺历代的发展，明代扬州人周翥将这一工艺提升到了很高的水平。清代钱泳《履园丛话》中记载，明代有周制工艺，使用金、银、珍珠、青金石、绿松石、螺钿、象牙、蜜蜡等材料，雕刻成山水、人物、花鸟、楼台等形象，然后镶嵌在硬木或者漆面上，涉及屏风、书柜、画案等生活用具，其创始人周翥是扬州人，所制的镶嵌器物名盛一时，因此依照他的姓氏命名，并且有众人效仿，使得这一技艺在扬州地区广为流传。清代扬州人卢映之成为漆器镶嵌工艺最高水平的代表，并且整个扬州的镶嵌工艺水平在全国范围都处于领先。乾隆年间扬州的百宝嵌工艺如此兴旺发达的原因有二：一是扬州有髹漆与琢玉的传统，出土的汉代漆器表明，两千年前的扬州就是漆器制作的中心，并且长期保持着较高的工艺水准；二是因为乾隆时期的扬州是一个物产丰富、交通发达的地方，各种宝石镶嵌材料都比较容易获得，为漆器加工提供了充足的原材料。

符望阁建筑内檐装修的设计风格需要使用大量的螺钿、竹丝等材料，一方面这些材料在南方很常见，所以相对廉价，而在北方除了运输成本以外，制作的人工成本也很高；另一方面，很多材料吸湿性比较强，当遭遇强烈的相对湿度变化时容易出现变形、开裂等现象，北方干燥的气候环境不适宜加工制作。虽然内务府造办处中也有从南方选调的匠师，但是无法满足大规模的建筑内檐装修需要，清宫内务府限于人力、材料和环境等因素的掣肘，除了制作一些小件的器物以外，将大量的宫廷活计发往扬州、苏州等地制作。

清宫档案中两淮盐政李质颖在乾隆三十八年（1773年）十月六日的奏折显示："奴才李质颖谨奏……伏查六七等月接奉内务府大臣寄信，奉旨交办景福宫、符望阁、萃赏楼、延趣楼、倦勤斋等五处装修……今已办有六七成，约计明岁三四月可以告竣。至监务一切应办事件，奴才俱已办理全完……为此恭折奏恳伏乞皇上恩允谨奏。"[11]

从档案记录中能看出乾隆花园内符望阁、萃赏楼、延趣楼、倦勤斋四座建筑内檐装修的承办人员、制作的地点和时间等信息，并了解到这些装修工程制作的过程，为进一步分析其工艺特点提供了翔实的背景信息。李质颖在乾隆三十八年六月接到承办乾隆花园建筑内檐装修工程的通知，十月六日就已经完成六七分，并且预计第二年三四月便可以完工。对于螺钿平脱、雕漆镶嵌、百宝嵌等复杂的工艺来说，在不到一年时间里就完成大量的定制任务在今天仍然是难以想象的，由此说明：这一时期南方的漆器制作工艺水平非常高，从事漆器工艺制作的人员数量有一定的规模，各种原材料十分充裕，行业内部分工细致，产业化程度和生产效率都很高。此外，李质颖将监造这项工程视为回报皇恩的机会，不遗余力地按照内务府的要求去督办行事。

清宫内务府常将大量生产制作任务交由织造和盐政来完成，但是当定制任务下放到地方以后，在当地的制作情况却没有记载到档案中，清宫的内务府官员只管到期照单验收。这些定制项目中的设计是由内务府来完成的，通常情况下重要的工程或器物的设计稿样会呈报皇帝审阅，皇帝根据自己的审美趣味提出修改意见，然后再交由内务府实施制作。李质颖按照给定的设计图纸，将各种原材料准备就绪，然后将具体要求告知负责制作的加工商，并且亲自监造严格把关。工程完成交内务府验收以后，再由内务府转呈乾隆皇帝审阅，如果存在不妥还会要求再次进行修改。由此，地方官员与手工艺人在乾隆皇帝与内务府的指挥下，共同成就出乾隆花园这些瑰丽的漆饰装修工程。

三　符望阁漆艺装修的保存现状

（一）勘察记录方法及图例说明

符望阁漆饰构件的伤况种类概括起来有漆面磨损，漆面褪色失去光泽，漆面细小断纹，表面灰尘，表面水渍与污渍，漆皮开裂，漆皮连同地仗层开裂，漆皮起翘，漆皮缺失，漆皮连同地仗层缺失，漆皮空鼓，漆面龟裂等。伤况调查之初，应对这些伤况种类设计相应的图例（图 3-3-13），然后现场拍摄照片并实地勘察，再在打印的照片上标注各种伤况图示。由于漆面的灰尘和褪色失去光泽面积较大，为避免与其它图标混淆，单独在注释中说明。[12]

（二）现状伤况

1. 雕漆与螺钿平脱工艺伤况

迎风板和挂檐板的制作工艺和伤况类别基本相同，主要伤况是雕漆层开裂并缺失，螺钿片和金片脱黏并大量缺失，雕漆的开光部位有很多细小的裂纹（表 3-3-3）。因螺钿片和金片是平脱工艺，缺失现象使用与漆层缺失相同的标识，在记录图上显示为绿色点状。单纯的漆皮开裂部位用较细的红色线条标识，漆皮与地仗层同时开裂的部位用较粗的线条标识（图 3-3-14 ~ 23）。

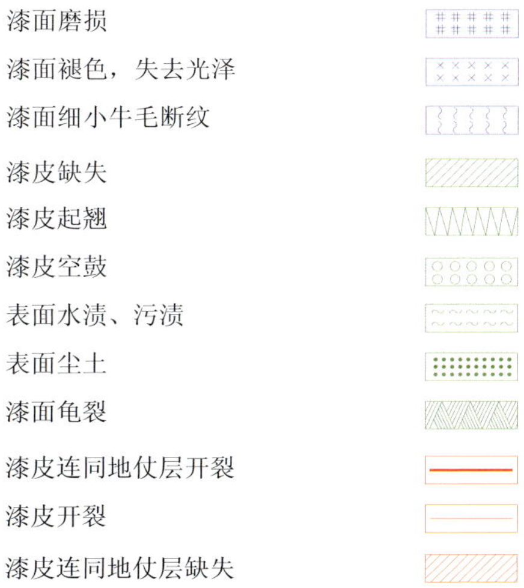

图 3-3-13　漆器构件病害图例

图 3-3-14　首层东梢间中进间北缝迎风板伤况记录图（局部）

图 3-3-15　首层后一进间挂檐板伤况记录图（局部）

图 3-3-16　雕漆层连同地仗层开裂

图 3-3-17　雕漆层起翘

图 3-3-18　雕漆层大面积缺失

图 3-3-19　漆面表层尘污

图 3-3-20　螺钿片离骨、松动并且老化

图 3-3-21　嵌片缺失露出底漆

图 3-3-22　钿片表面污垢

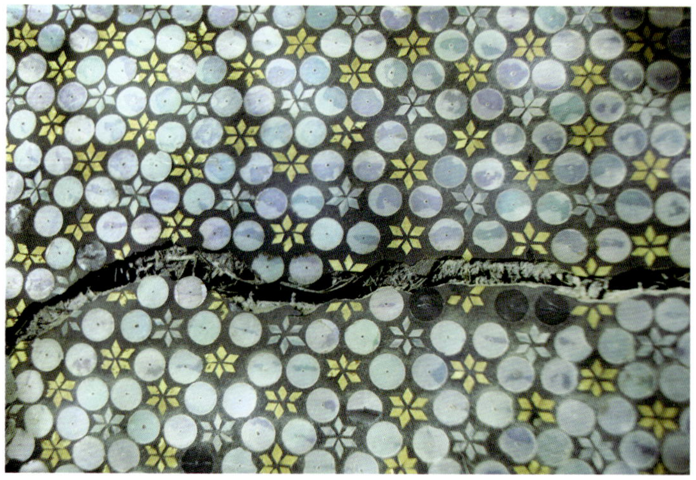

图 3-3-23　漆皮连同地仗层开裂

表 3-3-3　符望阁内檐漆饰构件雕漆与螺钿平脱工艺伤况表

序号	平面轴线定位	名称、位置描述	构件伤况特征描述	构件尺寸
1	GQ_F*34_1_CC_N	首层西次间后一进间南缝隔墙挂檐板	板体变形；有雕漆嵌件整体脱落、缺失；雕漆的漆面开裂，并且有细小的裂纹，局部漆层起翘与地仗层分离，并且有小块漆层脱落缺失现象；螺钿与金片平脱背景局部连同地仗层与胎体同时开裂；螺钿片有松动、褪色和缺失，金片有少量缺失；漆层表面尘垢严重，局部有水渍。	三块总长 1083cm，高 32cm。雕漆嵌件大片尺寸高 25cm，长 36cm；小片高 18cm，长 22cm。
	HZ_F*45_1_CC_N	首层明间后一进间南缝花罩挂檐板		
	GQ_F*56_1_CC_N	首层东次间后一进间南缝隔墙挂檐板		
2	LZ_6*DE_1_CC_W/E	首层东次间中进间东缝落地罩迎风板	雕漆嵌件的漆面开裂，并且有细小的裂纹，局部漆层起翘并且有少量缺失；局部螺钿与金片平脱漆面连同地仗层与胎体同时开裂，并延伸至雕漆部分；螺钿片有松动、褪色，螺钿片和金片缺失较多；漆层表面有水渍、污垢。东侧一面的螺钿片与金片缺失较西侧多，西侧的整体保存状况略好。	长 323cm，高 67cm，雕漆嵌板高 45cm，宽 77cm。
3	LG_D*67_1_CC_N/S	首层东梢间中进间南缝栏杆罩迎风板	雕漆嵌件的漆面有细小的裂纹，局部漆层起翘并且有少量缺失；局部螺钿与金片平脱漆面连同地仗层与胎体同时开裂；螺钿片有松动、褪色，螺钿片和金片缺失现象严重；漆层表面有污垢。北侧一面的螺钿片与金片缺失较南侧多。	长 261cm，高 67cm，雕漆嵌板高 45cm，宽 61cm。
4	LG_E*67_1_CC_N/S	首层东梢间中进间北缝栏杆罩迎风板	东侧雕漆嵌件连同地仗层开裂，漆面有细小的裂纹，局部漆层起翘；局部螺钿与金片平脱漆面连同地仗层与胎体同时开裂；螺钿片有松动、褪色，螺钿片和金片缺失现象严重；漆层表面有污垢。南侧一面的螺钿片与金片缺失较北侧多。	长 261cm，高 67cm，雕漆嵌板高 45cm，宽 61cm。
5	KZ_5a*CD_1_CC_W	首层东次间前二进间炕罩迎风板	局部螺钿与金片平脱漆面连同地仗层与胎体同时开裂；螺钿片有松动、褪色和缺失现象；博古图一侧漆表面有污垢，背面团花图案漆面有严重的油污。	长 320 cm，高 67cm。

2. 彩绘、描金及百宝嵌工艺伤况

以彩绘、描金工艺作为背景的百宝嵌迎风板共有五块，主要病害是梅花图案的漆皮开裂、空鼓、起翘和缺失，另有漆皮连同地仗层、胎体同时开裂（图 3-3-24）。以漆地作为背景的百宝嵌炕沿板共有三块，主要病害是漆面裂纹。（表 3-3-4，图 3-3-25 ~ 27）

图 3-3-24　首层西梢间南缝炕罩伤况记录图（左侧）

图 3-3-25　漆面污垢、磨损

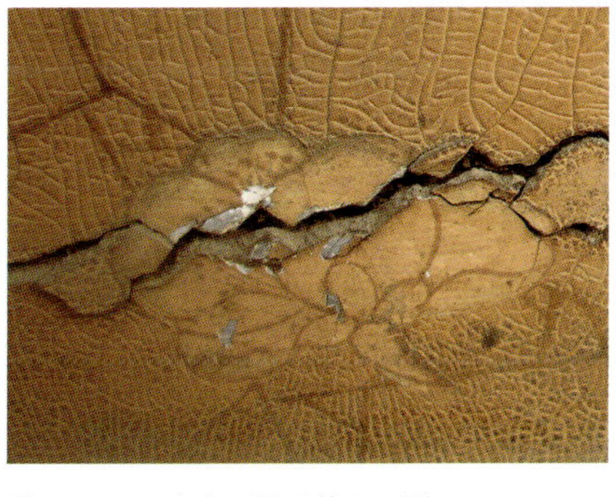
图 3-3-26　漆皮连同地仗层开裂

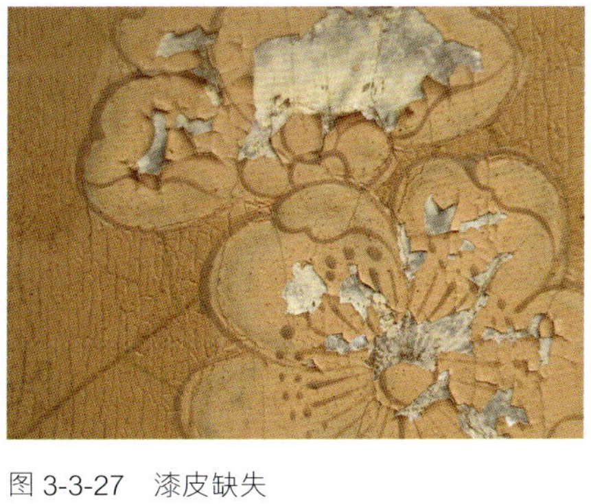
图 3-3-27　漆皮缺失

表 3-3-4　符望阁内檐漆饰构件描金与百宝嵌工艺伤况表

序号	平面轴线定位	名称、位置描述	构件伤况特征描述	构件尺寸
1	KZ_3*CD_1_CC_W	首层西梢间前二进间东缝炕罩迎风板	漆面有多处开裂，局部开裂处有起翘现象；局部描金漆面连同地仗层与胎体同时开裂；梅花图案的漆皮有少量开裂、起翘、空鼓，并有漆皮缺失，但较首层东次间前一进间东缝迎风板状况要少很多；漆面有尘污。	长 290 cm，高 67cm。
2	KZ_3*CD_1_CC_W	首层西梢间前二进间东缝炕罩炕沿板	漆面有细密的断纹，漆面收缩与边框出现缝隙，嵌件周围有漆皮开裂并有小块缺失。	长 242cm，高 46cm。
3	LZ_3*DE_1_CC_W/E/	首层西次间中进间西缝落地罩迎风板	漆面连同地仗层开裂比较严重，局部漆面连同地仗层有起翘和空鼓现象；漆面有磨损，梅花与冰片纹突起部位尘污较重；梅花图案的漆皮有少量开裂、起翘、空鼓，并有漆皮缺失。漆面有尘污，梅花与描金冰片纹上较严重。	长 320 cm，高 67cm。
4	KZ_3*EF_1_CC_W	首层西梢间后二进间东缝炕罩迎风板	漆面污渍和磨损情况较重；漆面连同地仗层与胎体同时开裂；梅花图案的漆皮有少量开裂、起翘、空鼓，并有漆皮缺失，但较首层东次间中进间西缝迎风板要少；漆面有尘污，梅花与描金冰片纹上较严重。	长 290cm，高 67 cm。
5	KZ_3*EF_1_CC_W	首层西梢间后二进间东缝炕罩炕沿板	漆面有边缘断纹较多，漆面收缩与边框出现缝隙，嵌件周围有漆皮开裂，局部有小缺失。	长 160cm，高 46cm。
6	KZ_F*23_1_CC_S	首层西梢间后二进间北缝炕罩迎风板	漆面保存状况较好，局部漆皮连同地仗层开裂，局部梅花图案的漆皮有开裂、起翘并有漆皮缺失；漆面有尘污，梅花与描金冰片纹上较严重。	长 250 cm，高 67 cm。
7	KZ_F*23_1_CC_S	首层西梢间后二进间北缝炕罩炕沿板	漆面质地较强，局部有断纹，漆面收缩与边框出现缝隙；嵌件周围有漆皮开裂，局部有小缺失。	长 160cm，高 46cm。

（三）现状评估

符望阁漆饰构件工艺种类不同，并且因所处位置不同，各构件的小环境导致这些构件的保存状况也不相同。导致这些伤况的部分原因有：年久导致黏结剂老化，致使钿片、金片脱落与缺失；光照和空气流动致使漆面及表层镶嵌物老化；尘土堆积和局部水侵蚀；温度和相对湿度变化引起胎体的膨胀与收缩导致漆层开裂。

首层后一进间挂檐板因为正对门厅，目前的保存状况不好，板体已经弯曲变形，向外侧隆起，进而脱离墙体，中部和东侧两块已被放置地面，表面尘土满布，还有污垢与水渍，表明曾经遭受过水侵蚀。部分螺钿片和金片有缺失现象，缺失的原因是部分螺钿片与板体黑漆之间的黏合力减退，还有部分螺钿片由于同板体黏合力不够即将脱落，并由彩色变成了灰白色，这些钿片需要得到优先保护处理。剔红雕漆嵌板由于板体变化产生整块缺失现象，有的部分缺失，还有漆层开裂、起翘的现象，这些起翘的漆层在整个保护工程中很容易脱落下来。

三块迎风板的螺钿、金片平脱工艺同样存在螺钿片老化和黏结剂老化现象，螺钿片的松动、脱落和缺失程度比挂檐板更严重，表面广布尘土，在浮土下还有一层顽固的尘垢，局部有水渍和污渍，整体的视觉效果比较灰暗，完全失去了昔日的光彩；金属片因黏结剂老化导致起翘、松动，并且有缺失，这些松动的钿片和金属片很容易脱落。雕漆工艺的主要伤况是漆层开裂，并有很多细小的裂纹，局部漆层连同地仗层与胎体同时开裂；局部漆层起翘并且有小块脱落缺失现象，起翘部位容易脱落。首层东次间中进间东缝迎风板东侧、首层东梢间中进间南缝迎风板南侧和首层东梢间中进间北缝迎风板北侧的螺钿和金属片缺失数量很大，主要原因是这三面处于门厅通风位置，而其背面的状况相对较好。平脱工艺的局部漆面连同地仗层以及木胎存在不同程度的开裂，这些开裂部位的螺钿片和金片有很多起翘和空鼓现象，还有螺钿片在裂缝处悬空的情况。雕漆工艺的主要伤况是漆层开裂，并有很多细小的裂纹，局部漆层连同地仗层与胎体同时开裂；局部漆层起翘并且有小块脱落缺失现象，因为漆层质地较硬且脆，起翘部位很容易脱落。

迎风板和挂檐板存在局部基层木胎结构的开裂现象，这些开裂部位比较深，木质胎体失去表面漆层的保护，裸露出来与空气接触，容易吸收空气中的水分，也容易在干燥气候下迅速失去自身含有的水分，在自身含水率变化的同时出现微小的膨胀与收缩，这种伸缩程度与表层的地仗层以及髹饰层水平不统一，最终导致表层的开裂和起翘现象。

四　符望阁漆艺装修修复建议

由于工艺种类不同，各构件的伤况程度也不相同，所以保护与修复的方法需要根据各装饰构件的具体情况分别制定，各种工艺保护与修复的基本步骤可以参考如下。

螺钿、金属片平脱工艺保护修复基本步骤：进一步检查伤况，对松动、起翘和空鼓的螺钿片、漆层进行加固回帖处理，防止在后续操作过程中出现新的脱落；表面除尘与清洗；裂缝填充地仗，并做好底漆；补全缺失的漆皮、雕漆层、描金层、螺钿及金片。

建议在修复前对雕漆、螺钿平脱和描金工艺进行详细的工艺研究，按照原有工艺制作样板，以确保工艺水平和工艺风格与原件相匹配。

由于螺钿片极薄并且有起翘和酥粉现象，十分脆弱，在保护操作过程中需要非常谨慎，在除尘之前必须先对其进行加固回帖处理。漆面除尘后做清洗除尘时应做好前期的试验工作，先从局部处理并观察效果，待方法成熟后再扩大操作范围；描金和螺钿片部位不能使用腐蚀性的溶剂，手法一定要轻柔，以防止褪色和金层脱落。梅花图案表层的空鼓、起翘、脱落现象和螺钿片的情况类似，稍有不慎就会有漆皮脱落，同样是要在除尘、清洗之前先做好加固回帖工作。每一项的保护和修复工作开展之前有必要做出工作计划，对将会出现的各种情况做好预案。

修复前要准备好各种材料和工具，目前修复与保护中遇到的一个问题就是材料匮乏，雕漆工艺中的矿物银朱、螺钿平脱工艺中的薄螺钿片和描金工艺中的金粉等材料在北京市场上都很难买到，使用替代产品很难达到原件工艺艺术水平，视觉效果上也会相差很远，比如替代纯金粉的假金粉日久容易变色，替代矿物银朱的上银朱色彩不纯正，而薄螺钿片在北京的市场上目前还没有销售。所以，修复补全之前的重要任务是解决材料问题。

文物中涉及的描金、螺钿平脱和雕漆三种主要工艺的技术难度都很高，在进行补全时需要具有具备雕刻和髹饰能力的高素质修复与保护人员。由于螺钿片和金片缺失的量非常大，加工和补全工作耗时耗力，清洗和加固也需要投入大量的人力，没有相关修复经验的人员接触文物时需要做好培训工作。在进行正式的保护和修复之前，应对各个工艺步骤做前期试验，并保证材料和工艺的稳定与安全。此外，目前迎风板和挂檐板的螺钿平脱工艺部分的质地比较脆弱，对温度和湿度比较敏感，因此保护、修复的空间环境温湿度要求保持在合理的水平，防止有风吹的干燥环境，避免阳光照射。

第四节
百宝镶嵌
4 Inlays of Various Materials

百宝镶嵌技术出现于明代，到清代乾隆时期发展到顶峰，在宫廷摆件、家具陈设、日常用品中被广泛应用，而把镶嵌工艺应用于建筑内部的装修中则是乾隆花园建筑的独特之处。各类镶嵌涉及的材料种类之丰富、制作工艺之巧妙在紫禁城的建筑群中独树一帜，不仅反映了清代宫廷装饰的奢华，更加反映了镶嵌工艺的精妙。随着乾隆花园维修的全面启动，深藏在阴暗角落的精美画面逐渐呈现到世人面前。我们于 2009 年 9 月开始对乾隆花园内檐装修的各个构件分别进行了伤况调查与记录，本调查报告在记录镶嵌类文物前期伤况的同时，也对镶嵌工艺的发展历史、工艺特征等进行了概述。

一　百宝镶嵌工艺发展历史概述

中国传统镶嵌工艺早在 4000 多年前就以装饰的形式出现：河南二里头文化遗址出土的一件夏代嵌绿松石铜牌饰，工艺精湛，开启了镶嵌工艺的先河。在后来的发展进程中，镶嵌门类逐渐增多，产生了各具特色的镶嵌制品。根据镶嵌材料可以分为百宝镶嵌、牙骨镶嵌、花丝镶嵌、玉石镶嵌、竹木镶嵌等工艺门类，涉及的材料种类繁多，不胜枚举。镶嵌工艺发展到清代达到了顶峰，具有代表性的是宫廷百宝镶嵌工艺，其原则是：只要是光怪陆离、世上稀有的珍贵材料，根据设计图案的需要都可以拿来使用，以达到彰显皇家富贵、皇权至上的目的。镶嵌工艺在清代最终形成一门独立的工艺形式，成为中国传统工艺中的一枝奇葩。

清宫造办处的《清宫内务府造办处档案总汇》（即《活计档》）中记载，雍正元年（1723 年）就有独立的镶嵌作，镶嵌作的任务就是承担清代宫廷使用的镶嵌饰品、器皿、家具等的制作，并对损坏、破旧、样式不美观的制品进行改做、修缮。其中有这样的描述：雍正元年，镶嵌作，正月初九，怡亲王交镶嵌珊瑚葵花蜜蜡兽面蓝玻璃鼻烟壶一件。王谕：此鼻烟壶收拾，照此样做各色玻璃鼻烟壶，仍用镶嵌，遵此。于正月十五日收拾完，镶嵌珊瑚葵花蜜蜡兽面蓝玻璃鼻烟壶一件，怡亲王呈进。二月十六日做得嵌寿比南山玳瑁面墙油篓式鼻烟壶一件，怡亲王呈进。二月十六日做得嵌万年吉庆象牙面玳瑁墙油篓式鼻烟壶一件，怡亲王呈进。二月二十日做得嵌福如东海玳瑁面墙油篓式鼻烟壶一件，怡亲王呈进。三月初四日做得嵌节节双喜油篓式鼻烟壶一件，怡亲王呈进。七月二十七日做得嵌百福百安鼻烟壶一件，怡亲王呈进。[13] 使得镶嵌工艺在清代不断发展完善，并在清代中期达到鼎盛。百宝镶嵌技术水平及镶嵌种类也在清代宫廷得以全面成熟和完善，工艺之精细达到后人无法超越的水平。

符望阁内檐装修所涉及的镶嵌类陈设，是在两淮地区制作完成并运抵京城的，而制作者应为两淮地区苏州或扬州地区的工匠。从《髹饰录》的记述中可以看出，清朝时期扬州、苏州镶嵌工艺最为发达，嵌螺钿、嵌百宝工艺出现了非常有名的工匠，技艺达到了相当高的水平。

二　符望阁内檐装修百宝镶嵌构件类型及图案题材

镶嵌工艺多应用于家具器皿、陈设用具、文玩包装上，而应用于建筑装修，唯独见于乾隆花园的建筑，并且使镶嵌工艺的精美得到了淋漓尽致的发挥。乾隆花园中的符望阁室内装修汇集了百宝镶嵌、玉石镶嵌、竹木镶嵌、点螺等几种工艺的精美之作，使得建筑更加富有奢华之美。

符望阁镶嵌工艺代表了乾隆时期镶嵌工艺的典型特点，把各种镶嵌工艺广泛地应用于建筑内檐装修，也是其他建筑所没有的。嵌玉石的落地罩、槛窗、花窗，嵌百宝的炕沿板、炕罩等使得内部装修别具一格、富有变化，整体风格协调高雅（图 3-4-1 ~ 5）。符望阁内檐装修主要突出多子多孙、福寿如意、江山万代三个主题：镶嵌类装饰中以紫藤花为主题的装饰图案应用较多，紫藤花除了漂亮的颜色和扭转的枝干在雕琢构图上比较美观之外，还象征多子，即多子多孙的寓意，表达了乾隆皇帝期望政权永固，天下百姓生活安康，子子孙孙万代不息、繁荣昌盛的愿望；桃、蝙蝠、如意等元素象征福寿如意，几种元素相结合，取其谐音就是福寿双全、万事如意的吉祥语；“卍”字纹与龙纹、水波纹图案相结合寓意江山万年长，江山永固；另外还有松竹梅象征高风亮节等等。这也与乾隆花园内的三友轩等其他建筑风格相呼应。所有这些都符合乾隆花园整体的设计意图与风格特点，使建筑风格和内部设计浑然一体。

图 3-4-1a　落地罩

图 3-4-1b　落地罩

图 3-4-2　槛窗

图 3-4-3　花窗

图 3-4-5　炕罩

图 3-4-4　炕沿板

三　符望阁内檐装修百宝镶嵌材料分析

由于镶嵌材料的颜色丰富多彩，使得建筑选材不再仅仅局限于素雅庄重的木材、漆材，也使得花园的建筑风格轻松而富有变化，在雕梁画栋之间点缀一些自然风景装饰图案，不仅可以增添一些自然雅趣，也会让疲于朝政的心情更好地得到放松。这也是乾隆花园作为修身养性之所的主要功能。乾隆花园内檐装修巧妙地利用百宝镶嵌工艺的特点，把镶嵌工艺的装饰性发挥到了极致。

符望阁内檐装修中百宝镶嵌工艺涉及材料有软玉、岫玉、玛瑙、象牙、象骨、琥珀、贝壳、绿松石、孔雀石、青金石、珊瑚、玻璃、牛角、金银、金星石、鸡翅木、椰壳、陶瓷、竹木等。（表 3-4-1）

例如，符望阁中一块迎风板整体底子为黑漆螺钿金片平脱，上面除了嵌有笔墨书卷、文玩陈设，还有三个形状各异的花瓶，内插有牡丹、梅花、玉兰、紫藤等，均以浮雕的形式表现，材料使用达 15 种之多（图 3-4-6）。花朵用和田白玉、粉红色螺钿、芙蓉石、红色玛瑙、玻璃等嵌成，色艳质润（图 3-4-7 ~ 11）；树叶用染色象牙、骨、青玉、孔雀石等雕刻而成（图 3-4-12 ~ 15）；树干用鸡翅木、椰子壳刻成，利用天然的纹理和节眼来表现树木的鳞皴（图 3-4-16 ~ 17）；其他部位也别具匠心，“扇子”用湘妃竹（图 3-4-18），“山子”用孔雀石，各件底座用紫檀木，并且木上嵌银丝图案（图 3-4-19）。真可谓物尽其华美、工尽其巧妙。

符望阁镶嵌工艺造型生动，颜色丰富。使用材料多种多样，不论是贵重材料，如象牙、蜜蜡、孔雀石、青金石及昆仑山脉的和田美玉，还是一般材料，如椰壳、贝壳等都得到合理充分的使用，这些对材料使用的理念对于当今的我们也是很有启发。古代交通不发达，材料来之不易，挖掘采集、辗转运输都需要很长的时间，投入极大的人力物力，因此，古人对材料的使用都是“物尽其用”，为了不造成浪费，许多镶嵌材料会选用制作其他器物时所剩的边角料。

表 3-4-1　几种镶嵌材料的典型特征

品种	颜色	光泽	透明度	摩氏硬度	密度（g/cm^3）	折射率	结构
软玉	白、灰、浅至深绿色、黄至褐色、黑色等	玻璃～油脂	半透明	6 ～ 6.5	2.95	1.62	毡状纤维交织结构。
岫玉	白色、绿至绿黄、棕色、黑色	蜡状～玻璃	透明～半透明	2.5 ～ 6	2.57	1.56	鳞片粒状变晶结构。
玛瑙	各种颜色及花纹	玻璃	透明～半透明	6.5 ～ 7	2.60	1.54	隐晶质结构。
象牙	白、瓷白、淡黄、浅褐；史前呈蓝、绿色	油脂～蜡状	透明～不透明	2 ～ 3	1.70 ～ 2.00	1.535 ～ 1.540	纵截面波状结构纹，横截面引擎纹。
琥珀	黄、棕黄、金黄、褐黄色、红色	树脂	透明～半透明	2 ～ 2.5	1.00 ～ 1.10	1.539 ～ 1.545	气泡、流动线、昆虫或动植物碎片，其他有机或无机包裹体，呈静状。
珍珠	白色、浅黄、金黄、粉红、紫红、黑色等	珍珠	半透明～不透明	2.5 ～ 4	2.61 ～ 2.85	1.530 ～ 1.685	珍珠质层呈薄层同心圆状结构，表面微细层纹，珠核呈平行层状。
绿松石	浅至中等蓝色、绿蓝色至绿色	蜡状～玻璃	不透明	5 ～ 6	2.40 ～ 2.90	1.61 ～ 1.65	常有斑点、网脉或暗色矿物杂质。
孔雀石	鲜艳的微蓝绿至绿色，常有杂色条纹	丝绢～玻璃	不透明	3.5 ～ 4	3.25 ～ 4.10	1.65 ～ 1.90	放射状条纹结构和条纹状、同心环带状构造，条纹为深浅不同的绿色交替出现。
青金石	深蓝、天蓝、紫蓝色	蜡状～玻璃	不透明	5 ～ 6	2.50 ～ 3.00	1.50 ～ 1.67	粒状结构。含有星点状或浸染状的黄铁矿以及白色斑点或者条带状方解石；滤色镜下褚红色。
珊瑚	白、粉红、红、金黄、黑色，罕见蓝和紫色	蜡状～玻璃	半透明～不透明	3 ～ 4	1.35 ～ 2.65	1.48 ～ 1.65	具颜色和透明度稍有不同的平行条纹、同心圈层及白心结构，颜色不均匀，有虫穴凹坑。
玻璃	多种颜色	玻璃～强玻璃	透明～不透明	5 ～ 6	2.3 ～ 4.5	1.47 ～ 1.80	气泡，表面有凹痕、洞穴、流线旋转纹，桔皮效应，浑圆状刻面棱线。
石英岩	白、灰、黄、黄绿、绿、蓝、橙红、褐色等	油脂～玻璃	半透明～不透明	7	2.64 ～ 2.71	1.544 ～ 1.553	粒状结构，可含云母或其他矿物包裹体。

图 3-4-6　黑漆螺钿金片平脱百宝嵌迎风板

图 3-4-7　嵌和田白玉

图 3-4-8　嵌粉红色的螺钿

图 3-4-9　芙蓉石

图 3-4-10　红色玛瑙

图 3-4-11　玻璃

图 3-4-12　嵌染色象牙

图 3-4-13　嵌骨

图 3-4-14　嵌青玉

图 3-4-15　孔雀石

图 3-4-16　嵌鸡翅木

图 3-4-17　椰子壳

图 3-4-18　嵌湘妃竹

图 3-4-19　紫檀嵌银丝

四　符望阁内檐装修百宝镶嵌工艺做法及工艺复原

（一）镶嵌做法

根据镶嵌构件与地子的关系分为两种做法：有隐起如浮雕的，有表面齐平不见起伏的，即现在通常说的“挖槽镶嵌”和“平嵌”。

挖槽镶嵌的嵌件高出地子，有起位，对嵌件起到突出的效果。做法是：先在地子上刻出凹槽，凹槽有深有浅，再把嵌件填进去（图 3-4-20 ~ 21）。有时也直接黏在地子上，如迎风板上绿色象牙材料的松枝就是直接黏结在地子上（图 3-4-22），除此之外的其他构件均有凹槽。故宫博物院藏品中用镶嵌手法进行装饰的器物多数采用挖槽镶嵌的做法。平嵌就是所嵌构件与地子在同一平面上，外观表面平整。符望阁的镶嵌工艺主要是挖槽镶嵌，嵌件突出地子，并与地子有一定的起位关系，这也符合故宫博物院藏镶嵌类文物的主要镶嵌手法。

镶嵌工艺基底的制作形式有两种，一种是漆地镶嵌，一种是硬木镶嵌。漆地制作步骤如图 3-4-23 ～ 24 所示，其中灰绿色木纹层是挂屏、插屏的芯层，往上依次是漆层、布层、灰层、漆层、装饰层；往下依次是灰层、漆层。另外，还有直接在硬木上刻槽镶嵌的形式。

（二）特色工艺

符望阁内檐装修中镶嵌构件制作最具特色的是玉石花片雕琢及镂空工艺、螺钿衬色及染牙工艺等。

1. 玉石花片雕琢及镂空

镶嵌工艺中使用的玉石有白玉、青白玉、青玉等，是产自新疆和田的玉料，其密度、硬度都较高，玉石表面光洁、色泽浓郁温润。一般采用浅浮雕减地雕刻的手法以及镂刻工艺，即先用锼弓沿图案边缘进行锼刻，然后对图案进行琢磨。镂空工艺是传统玉雕技艺的一项专业技术，与现代雕琢方法存在明显的不同，现代工艺已经不再使用传统锼弓、线锯，而是采用金刚砂钻头钻磨的办法，所以，雕琢的玉石花片在花纹的扭转、连接的细微处存在明显的不同。符望阁落地罩上镶嵌的镂刻玉石花片就是使用锼弓镂刻而成。

2. 螺钿衬色

《琴经》中写道：“蚌徽须先用胶粉为底，庶得徽不黑。”螺钿底部垫色最早在古琴琴徽的镶嵌中使用，为了使琴徽黏结之后仍然光彩不变，就在底面先刷上胶粉，胶粉可以任意设色，以增加贝壳的色泽，因为胶粉的颜色可以透过壳面（图 3-4-25 ~ 26）。后来“胶粉为底”推广到各种螺钿镶嵌工艺中，在符望阁嵌螺钿、玉石及其他材料时均根据需要在背后先刷上设色胶粉底，然后黏结。人工在嵌件底部设色一般适用于透明和微透明的材料，象牙、木材、孔雀石等材料通常不在背面设色。

3. 染牙

染牙真正成为一种专门技术，应是从明代开始。明代的牙雕，是先雕刻后用矿物颜料染色。到了清代中前期，染色技术虽然有所提高，但所用颜料并没有什么改进，仍是以水调矿物进行染色，或是涂漆着色。矿物颜料染色虽然能够渗透到象牙的表层里面，使色彩不能退除，以显示出花纹的阴暗或层次，但缺点是染色较重，且会出现染色沉淀的斑块状物质。象牙染色是为了使所刻的象牙面改变其本色，但是颜料的使用不当和染色技术的不完善，反而使象牙失去了本色的质感。清代中后期和民国时期，染牙技术有了很大的提高，出现了油彩和化学药水浸泡等方法。象牙经油彩染色，花色鲜艳，清晰有光泽，没有沉淀不均的斑片，也没有无法去除的堆累感；化学药水浸泡着色，使色彩慢慢地浸融到牙质里，这种染色，基本是通体染色，既不失去象牙的纹路和质感，又着色均匀，如自天成，如迎风板上桃花叶子使用染牙工艺达到仿真的效果（图 3-4-27）。这个时期的象牙染色工艺与其他雕刻技艺一样，其品种的多样和题材的丰富，在我国的雕刻工艺史上，均达到了鼎盛的阶段。

图 3-4-20　挖槽镶嵌

图 3-4-21　挖槽镶嵌

图 3-4-22　迎风板上的平粘式镶嵌法

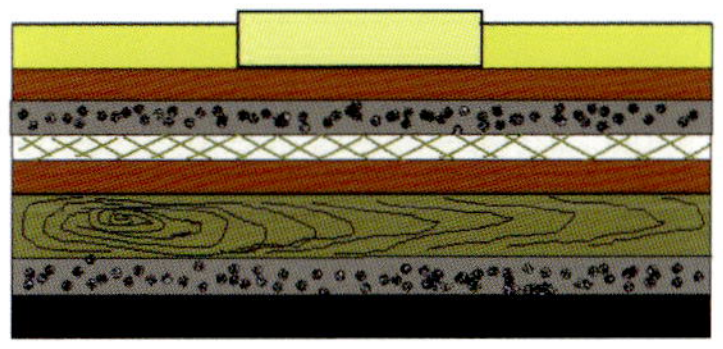

图 3-4-23　挖槽镶嵌法剖面图

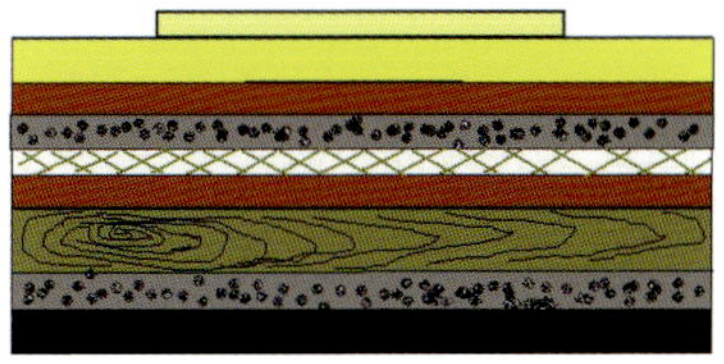

图 3-4-24　平粘式镶嵌剖面图

图 3-4-25　贝雕花心，材料为贝壳，花瓣的花纹是由贝壳剖面透出底下的胶粉红色与自身的白色相互交错形成的

图 3-4-26　花心背面红色部分为胶粉，黄色部分为残留的旧用胶

图 3-4-27　运用了染牙工艺的桃花叶子

4. 镂雕

玉石镂雕是玉石雕琢的一种技术，是在平面或立体玉石上通过打钻、锼刻、镂空而产生透空的图案和多层次的空间位置及形象，是空间表现的一种技法和手段，以产生玲珑剔透的效果。符望阁内檐装修中镂刻技术主要表现在花片雕琢上，其线条流畅、虚实有致、设计巧妙。镂雕工艺虽然不如立体圆雕层次复杂，但仍然不失为花片雕刻的经典之作。我们虽不能以现代的机械化技术衡量古法，但是，实事求是地说，许多古人的技术是任何精密仪器所无法企及的。在坚硬的石头上雕琢出自然界的千姿百态、珍异鸟兽，那些形象表达所追求的精益求精、活灵活现和惟妙惟肖，是需要高深的艺术素养和沉静平和的心态方能达到的。

（三）工艺复原

百宝镶嵌类文物通常都是在木胎或漆地上刻槽后，把用宝玉石材做好的花卉、人物、鸟兽、文字等元素组成景物、场面、图案、文章等，用来装饰器物、屏风、用具等，也用来记录名人轶事、历史事件。百宝镶嵌工艺制作的基本程序如下。

步骤一：根据表达的主题设计图案，根据器物形状描绘样稿；也可以先制作器物，根据器物的形状、风格设计镶嵌图案，详细描绘样稿，以及确定镶嵌使用的材料、颜色等。

步骤二：挑选镶嵌材料，并对材料进行切割、粗磨。

步骤三：对镶嵌材料进行锼样雕琢、精细修饰、上色抛光。

步骤四：根据镶嵌构件的轮廓在漆地或木胎上刻槽，并嵌入。

步骤五：把构件逐个黏结进凹槽内（或用胶黏剂结合金属丝连接），并整体修饰。

五　符望阁内檐装修百宝镶嵌构件现状调查

（一）病害调查

前期调研的目标是对建筑内部所有镶嵌类文物的伤损状况进行详细记录，对镶嵌材料的现状进行精确的统计，包括材料的种类、缺失与脱落的情况、胶黏剂的老化程度等等。对每一件文物伤损情况都要做详细的记录，并对其伤损情况进行评价，为下一步修复方案的制定提供依据。

针对符望阁镶嵌类文物的工作内容包括对其镶嵌构件的保护和修复两部分，即对残留部分进行保护及缺失部分进行修复。为了方便记录伤损情况，首先绘制伤况记录图（图 3-4-28），便于镶嵌文物伤损情况的统一描述。为了更明确地表示每种伤损情况的特点，配以文物照片相对应，本报告所选照片为该建筑内檐装修镶嵌文物典型伤况。（图 3-4-29 ~ 37）

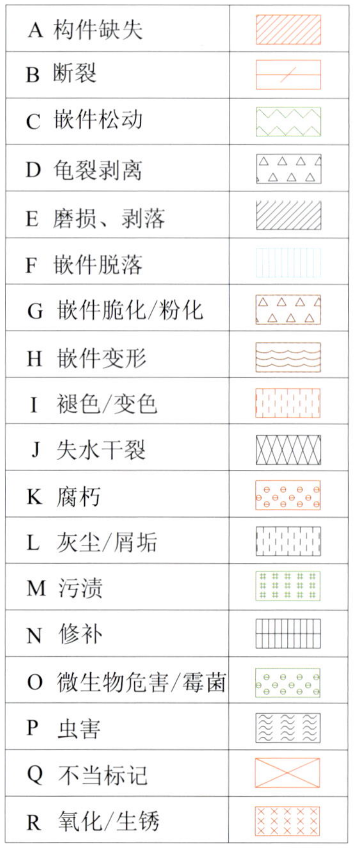

图 3-4-28　百宝镶嵌勘察记录病害图例

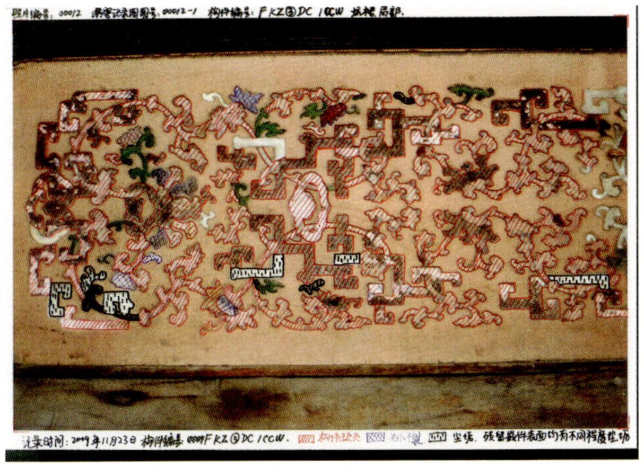

图 3-4-29　病害记录图 1

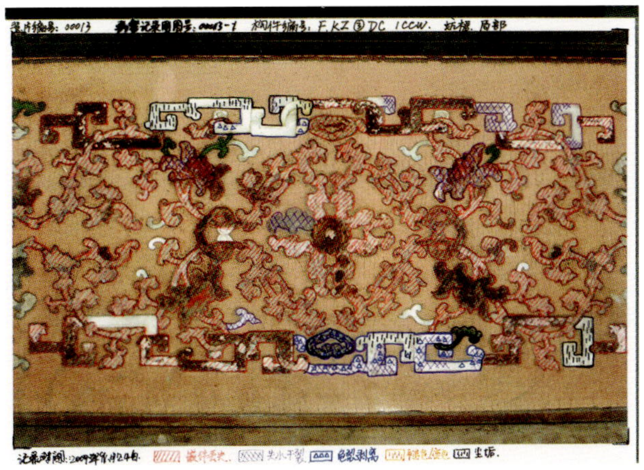

图 3-4-30　病害记录图 2

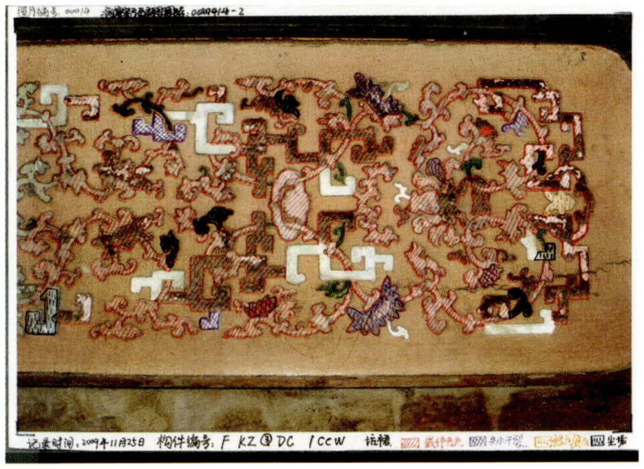

图 3-4-31　病害记录图 3

图 3-4-32　病害记录图 4

图 3-4-33　病害记录图 5

图 3-4-34　病害记录图 6

图 3-4-35　病害记录图 7

图 3-4-36　病害记录图 8

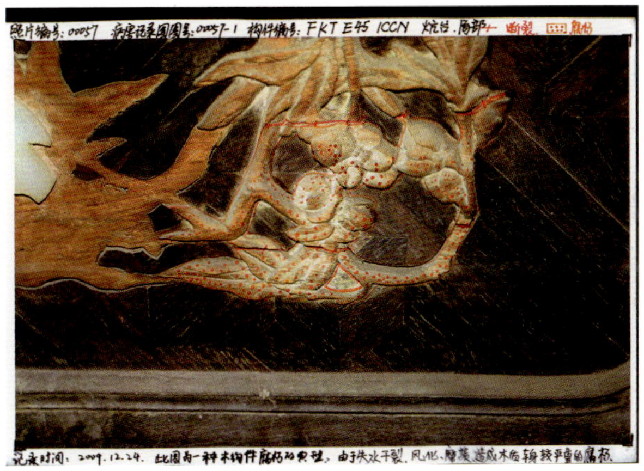

图 3-4-37　病害记录图 9

1. 病害构成及分布

纵观符望阁内檐装修百宝镶嵌装饰构件保存状况，最为普遍的病害为灰尘覆盖。另有主要病害为构件缺失、松动和脱落，就木质嵌件而言，其构件变形、失水干裂较为普遍。另有污渍、腐朽等，为一般病害。大部分病害残损情况较为严重，有扩大蔓延的趋势，危害装饰物的整体美观。

主要病害分布广泛，灰尘覆盖分布在所有构件表面及缝隙中，镶嵌构件普遍存在由于胶黏剂失效而导致的松动问题，构件脱落分布在仅用胶黏剂黏合的构件上，而嵌件丢失多发生在炕沿板及迎风板等百宝镶嵌的构件上，失水干裂分布在木嵌件及有机宝石嵌件上，如蜜蜡、螺钿贝壳等。

经观察，符望阁内檐装修镶嵌构件上使用的胶黏剂有三种之多，黏结强度亦有不同的表现：一是传统黏蜡，二是鱼鳔胶，三推测为建筑胶黏剂（类似腻子或三合土的固态黏结剂，经检测含有一些石英和铅白的成分，但是具体成分仍然未知）。这种黏结情况在原清宫藏文物中并不常见。

2. 病害致因

构件本身及构件基层的形变、胶黏剂的老化失效，导致嵌件的松动和缺失，室内温湿度的不均匀变化是造成形变和黏结剂失效的推手；未经密封和干燥的保存环境导致所有构件灰尘堆积，灰尘协同大气中的酸性物质，形成构件表面的污染和结痂。故而，改善室内保存环境，进一步研究和考量黏结剂的功效，让精美的文物得以长久的生存，是摆在我们面前的工作任务。

此次，有关胶黏剂的前期调查与分析做了大量的工作，并进行了专业地分析与检测，证明了传统胶黏剂具有现代胶黏剂所不具备的优点。但是，由于传统胶黏剂的配方已经失传，我们在实验与考证的基础上研制出了多种配方，并通过了相关检测，其黏结强度能够满足镶嵌材料黏结的需要，为修复工作提供了可以利用的修复措施。

3. 百宝镶嵌构件保存状况整体评价

根据调查情况，对符望阁镶嵌类文物各构件的基本情况有了详细的了解，现就材料类型、伤况程度总结归纳如下。

（1）整体损伤较为严重，病害情况复杂多样；

（2）染色象牙类丢失、脱落严重，表面尘垢及变色严重；

（3）玉构件多处丢失，表面颜色普遍暗淡、变黄；

（4）镶嵌木构件普遍失水干裂；

（5）几乎所有构件受损状况可能加剧，需尽速处理，特别是迎风板百宝镶嵌的构件，因胶黏剂失效严重，大面积松动脱落，急需保护修复。

（二）有关迎风板上花卉图案旧有痕迹的调查

从符望阁文物伤况调查中发现，迎风板上镶嵌材料存在疑点，同一棵树上的树叶竟然用到骨头、象牙、孔雀石、玻璃等多种材料，图 3-4-38 中，黑色标注为骨头，红色标注为孔雀石，黄色标注的是象牙，蓝色、紫色、绿色标注为玻璃。且叶片薄厚、雕刻风格皆有不同。据档案记载[14]，符望阁室内隔扇运抵京师并整装完毕以后，由于南北气候环境的差异造成了嵌件脱落、丢失，后由京师造办处补做，其补做部分与原材料存有差异，其颜色接近但是质感不同。迎风板上骨头叶片应为原始材料，孔雀石、象牙、青玉等应为后补材料。

实验室分析显示，骨头叶片下面的胶黏剂与孔雀石、象牙叶片下面的胶黏剂稍有不同：后者所用的胶黏剂中有大颗粒的砂粒，而骨头下面的胶黏剂中颗粒较细，并含有一定的铅白。笔者则以雕刻风格不同进行区分：象牙、孔雀石材质的树叶雕刻风格接近而骨头材质的雕刻风格与前两者迥然不同，前者雕刻起伏转折较大，后者雕刻较为平直。据分析，同在一根树枝上的叶子选用不同的材料进行制作，一种原因可能是，最初的制作镶嵌构件在搬运途中丢失，后期进行修复，采用不同材料与前者进行区分；另外一种原因可能是，为了追求装饰效果而故意使用的，目的就是模仿自然界色彩不同的自然规律以达到色彩斑斓的效果。

六 符望阁内檐装修百宝镶嵌修复建议

（一）因大量构件需从现场移至工作室中进行修复，在拆卸及搬运过程中应该十分小心，对松动的部分进行现场加固，并及时标记。

（二）对所有构件表面进行清洁处理，去除污垢及油垢层。

（三）对氧化变色、失水干裂的构件进行封蜡处理。

（四）对松动构件进行加固，并补配缺失构件。

（五）现存诸多构件使用胶黏剂与金属钩结合的加固方式，为嵌件的镶嵌牢固提供了双重保障，在大体量嵌件的修复中值得借鉴。

因胶黏剂的老化和历史原因，大部分构件不同程度地存在缺失现象，需要进行补配。根据前期伤况调研与材料分析，现对有相似风格及镶嵌形式的文物进行归纳、汇总，包括八块迎风板，三块炕沿板。（表 3-4-2）

嵌件补配修复步骤如下：

第一，按雕刻风格、使用材料和装饰图案进行分组。1、2、4、8 号迎风板为第一组，3、5、6、7 号迎风板为第二组，1、2、3 号炕沿板为第三组，博古图案的迎风板 9 单独进行修复。

第二，补全图案，确定材料。

第三，以材料种类进行分类修复。将相近材料进行归纳、分类。出大形、精细刻雕、表面处理、镶嵌，分工流水进行工作。

上述文物涉及的修复材料包括白玉、青玉、贝壳、金星石、玻璃、象牙、骨、玛瑙、木、青金石、椰壳、陶瓷等等。由于每一种材料都有其特殊的加工工艺，上述 11 块文物的修复将涉及玉雕、牙雕、贝雕、木雕、玻璃制造等工艺种类。并且，每种工艺都需要特殊的工艺手法和处理办法，其中玉石雕琢、象牙染色、贝壳加工、嵌件表面处理、镶嵌工艺等是上述文物修复中必须解决的工艺问题。

图 3-4-38 多种材料的应用反映出不同时期的修复

表 3-4-2 符望阁内檐装修迎风板、炕沿板调查表

构件名称	构件编号	题材内容	构件镶嵌形式
迎风板 1	LZ_6*BC_1_CC_E	紫藤花图画	嵌百宝（图 3-4-39）
迎风板 2	LZ_6*BC_1_CC_W	紫藤花图画	嵌百宝
迎风板 3	LZ_3*EF_1_CC_W	松竹梅图画	嵌百宝（图 3-4-40）
迎风板 4	LZ_23*F_1_CC_S	紫藤花图画	嵌百宝
迎风板 5	LZ_3*ED_1_CC_W	松竹梅图画	嵌百宝
迎风板 6	LZ_3*ED_1_CC_E	松竹梅图画	嵌百宝
迎风板 7	LZ_3*CD_1_CC_W	松竹梅图画	嵌百宝
迎风板 8	LZ_23*F_1_CC_W	紫藤花图画	嵌百宝
迎风板 9	LZ_5a*CD_1_CC_W	博古图	嵌百宝
炕沿板 1（炕罩）	KZ_3*FE_1_CC_W	枴子龙传统花纹	嵌百宝（图 3-4-41）
炕沿板 2（炕罩）	KZ_3*DC_1_CC_W	枴子龙传统花纹	嵌百宝
炕沿板 3（炕裙）	LZ_F*23_1_CC_W	枴子龙缠枝莲图案	嵌百宝（图 3-4-42）

图 3-4-39　紫藤花图案百宝嵌迎风板

图 3-4-40　松竹梅图案百宝嵌迎风板

图 3-4-41　拐子龙纹饰百宝嵌迎风板

图 3-4-42　拐子龙缠枝莲纹饰百宝嵌迎风板

第五节
金属镶嵌
5 Metal Inlays

一　掐丝珐琅

（一）掐丝珐琅的工艺渊源与制作方法

关于掐丝珐琅起源的讨论，至今没有统一的答案。一种观点认为其诞生于唐代；另一种观点认为是元代忽必烈西征时，从西亚、阿拉伯一带传进中国，先在云南一带流行，后得到京城人士喜爱，才传入中原的。

掐丝珐琅见于实物，以明宣德年间（1426 ～ 1435 年）为最多。这个时期，工艺的风格特点已经形成，技艺精湛，臻于成熟。品种有瓶、盘、碗、炉、圆盒、香熏等。景泰年间的掐丝珐琅制品，从故宫等地陈列过的实物来看，工艺得到了更大的发展。掐丝珐琅工艺成熟于明朝，以其绚丽多彩、富有民族气息的艺术风格而闻名于世。

清代是掐丝珐琅工艺发展的又一高峰期。由于社会的安定与经济的繁荣，皇宫养心殿设立御用工厂，称内务府造办处。康熙三十年（1691 年），造办处的御用工匠多至几百人。康熙三十二年，设作来制造各种御用器物，珐琅作也是其中之一，但这个时期的制作水平较之明朝无大发展。到了乾隆时期（1736 ～ 1796 年），掐丝珐琅与雕漆、金漆镶嵌等行业得到了空前的发展。乾隆四年（1739 年），招来广州艺人梁绍文、扬州艺人王世雄进宫制作珐琅器。这一时期，掐丝珐琅制品在皇宫内处处可见。小到床上使用的帐钩，大到屏风，甚至高与楼齐的佛塔（故宫乾隆花园、承德外八庙小布拉宫内的大殿都有陈设），以及日用品，桌椅、床榻、酒具、砚、匣、笔架、建筑装饰、宗教用品等等，无所不备。可以说，乾隆时期是清代掐丝珐琅的鼎盛时期。掐丝珐琅与漆器、木器等其他工艺的结合，也是始于乾隆年间。多种工艺的有机结合，创造出丰富多彩、意趣横生的艺术作品。

嘉庆初期，掐丝珐琅基本上保持了乾隆时期的风貌，但已开始衰落，一直到道光时期（1821 ～ 1851 年），遗存的作品数量都很少。1840 年鸦片战争爆发后，具有鲜明民族风格的铜胎掐丝珐琅制品曾一度受到西方人的青睐，珐琅工艺有了稍许的恢复和发展。咸丰年间（1851 ～ 1861 年），有德兴成、全兴成、天瑞堂等数家作坊精心研究珐琅一业，始又渐盛。光绪二十六年（1900 年），八国联军攻进北京，海禁大开，掐丝珐琅向国外出口。在这种对外贸易经济的刺激下，除了官营珐琅作坊外，民间也纷纷开商号和店堂，诸如老天利、宝华生、静远堂、志远堂等。1904 年，老天利生产的宝鼎炉在美国芝加哥世界博览会上获得一等奖，在国际上声誉大振，各国纷纷前往争购，出现一派繁荣景象。内销方面，在咸丰中叶之后的一段时间，掐丝珐琅只有北京一地可以买到。由于当时交通不便，又多是外埠商人来京购买，所以销量很少。清朝晚期，珐琅（掐丝珐琅）制品虽一度呈现出较为繁荣之景象，但这种形势只是昙花一现，很快又进入了不景气的困境之中。

明代和清代的宫廷珐琅制品，基本是在官方的直接控制下生产的。著名的掐丝珐琅产地有北京、广州、扬州、九江等，尤以扬州、广州的制作更显精美，名誉宫廷内外。为达到工艺上的精益求精，乾隆朝时清宫造办处从南方广招具有掐丝珐琅技艺的精工巧匠。在中国第一历史档案馆和故宫博物院所收藏的有关清代金属胎珐琅器制作的档案材料中，涉及掐丝珐琅制作的工匠有几十位之多。而扬州的著名工匠王世雄，则更以“珐琅王”而名扬乾隆时代。

掐丝珐琅是金属胎珐琅工艺的一个品种。据现存清宫造办处档案材料记载，这一名称的使用，在清代已经开始。掐丝珐琅器的制作方法是：首先在已制成的金属胎上，按照图案设计要求描绘图案纹样轮廓线；然后用细而薄的金属丝或金属片 （金属主要是铜，也有用金或银的）焊着或者是黏合在纹样轮廓线上，再于金属丝或金属片纹样的空白处，填施各种颜色的珐琅釉料。珐琅是用铅粉、硼酸盐、玻璃粉等原料化合熔制而成的，熔制成的珐琅冷却后，变成固体，在填用之前，再磨成细粉，掺水调和，就变成不同颜色的珐琅，珐琅色彩深沉而逼真，为不透明、半透明的光泽物质，红像宝石红，绿像松石绿。掐丝珐琅制作工序分为：制胎、掐丝、点蓝、烧蓝、磨光、镀金等。细铜丝或金丝焊接或黏结成各种图案，在铜丝、金丝图案里面涂满了珐琅后加温。加温一次，珐琅釉便收缩一次而致凹凸不平，需要用同样颜色的珐琅多次填充。经过多次填烧，直到每一小部分都已充满并毫无凹坑，加温的程序才算完成。烧成的珐琅器，必须把表面磨平，使铜丝焊接的图案和珐琅釉浑然一体。最后，把显出铜丝的断面花纹和没有涂珐琅的器口、器底镀上一层金，这样一件铜胎掐丝珐琅器才算完成。

（二）掐丝珐琅在符望阁内檐装修的应用

儒雅好古的乾隆皇帝，在其经常光顾的居室、书房和殿宇中，如养心殿、怡和轩等处，大量使用产自扬州的掐丝珐琅器物作陈设和装饰。符望阁也不例外，其装修之精美，工艺之细腻，用材之丰富，是乾隆时期江南最高工艺水平的体现，集中反映在木雕、双面绣、竹丝镶嵌、錾铜、漆雕、软硬螺钿、玉雕等方面，代表着清代工艺的顶尖水平。其中，掐丝珐琅工艺更是首次从器物装饰拓展到内檐装修中，显示出乾隆皇帝不俗的审美取向。

1. 构件类型

掐丝珐琅工艺在符望阁主要应用于落地罩、炕罩、栏杆罩和方窗上（图 3-5-1 ~ 4）。珐琅嵌件以木胎为底，以长不过半寸的铜钉固定于木胎之上，钉头嵌入珐琅，且略低于珐琅表面，钉眼处用蜡或腻子混合矿物质颜料，调出与珐琅表面颜色相近的混合物质以覆盖孔洞，表面细腻均匀，难辨真伪。（图 3-5-5）

2. 纹饰应用

从珐琅嵌件的装饰纹样上看，多以福兆祥瑞的吉祥图案为主，勾莲纹、如意纹、蝠纹、宝相花纹、夔纹等在符望阁掐丝珐琅装饰中被广泛应用。这些装饰纹样从某一个侧面表现出这一时期特有的民族特性，它们既是美学的，也是精神的具体体现。这些应用于掐丝珐琅嵌件上的装饰纹饰，除了具有装饰和祈福之意，更重要的是其特殊的工艺需求——掐丝珐琅器制作一般以红铜作胎，手工将轧扁的细铜丝制成各种图案，焊在胎体上，再在铜丝构成的造型中加上各色釉料，经过烧制、磨光、镀金等工序制作而成，构成纹饰的掐丝从珐琅釉表面到铜胎表面起到了固定珐琅釉料的作用。

勾莲纹：源自西方，在佛教文化中运用颇多，后来逐渐演变为寓意美满幸福的吉祥纹饰，是清代乾隆朝的典型纹样之一。上文提到掐丝珐琅的图案纹样，还具有辅助固定珐琅釉料的工艺性作用。而勾莲纹正是基于以上两点，非常适合掐丝珐琅的装饰之用。（图 3-5-6）

如意蝠纹：如意是一种中国传统的吉祥器物，是佛教八宝之一，柄端作手指形，用以挠痒，可如人意，因而得名。蝠纹是中国传统的吉祥纹样，在清代各种器物和建筑构件上更为常见。蝙蝠在人们心目中的印象原本是其貌不扬，但因“蝠”与“福”谐音，契合人们追求幸福的心愿，遂将其艺术地改造和加工，组成惹人喜爱的装饰图案。（图 3-5-7）

宝相花纹：本为佛教中的一种代表性装饰纹样，佛教中用“宝相庄严”一词指代佛相，因此得名宝相花。虽然宝相花的纹样源自莲花，但它在吸收了牡丹、茶花等特色后，变成了一种全新的装饰纹样，成为中国佛教植物装饰纹样中的代表。（图 3-5-8 ~ 9）

夔纹：夔纹表现传说中的一种近似龙的动物——夔，主要形态近似蛇，多为一角、一足、口张开、尾上卷。有的夔纹已发展为几何图形或几何图形化的装饰，变化很大。（图 3-5-10）

图 3-5-1　落地罩上珐琅嵌件

图 3-5-2　炕罩上珐琅嵌件

图 3-5-3　栏杆罩上珐琅嵌件

图 3-5-4　方窗

图 3-5-5　经过修饰的敲铜钉处

图 3-5-6　勾莲纹

图 3-5-7　如意蝠纹

图 3-5-8　宝相花纹 1

图 3-5-9　宝相花纹 2

图 3-5-10　变形夔纹

图 3-5-11　样品照片

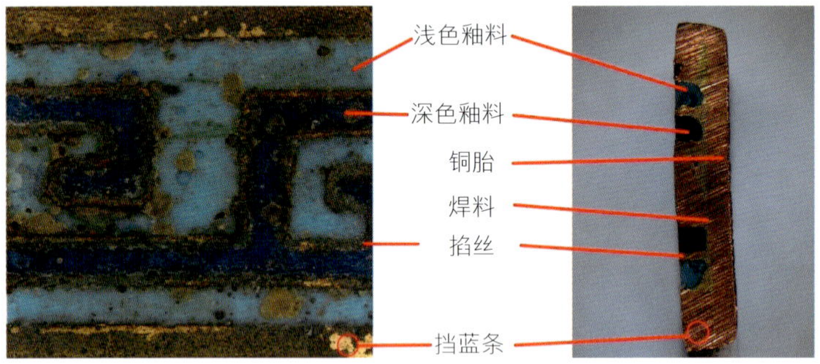

图 3-5-12　珐琅样品各部位示意图

（三）符望阁掐丝珐琅工艺特色及实验室分析

1. 样品采集与分析方法

样品为符望阁东侧落地罩上的掐丝珐琅残件（图 3-5-11），呈长条平板状，铜胎掐丝，珐琅釉有深蓝、浅蓝两种掐丝珐琅最基本的颜色。图 3-5-12 为本件样品的正面与断面对比，以便明确珐琅装饰件各部位的名称，其中断面图中掐丝、挡蓝条与铜胎中间颜色稍浅的金属便是焊料。

按照样品的构造及工艺特点，将整个分析工作分为四个部分，分别为珐琅釉的分析、金属部分的分析、填补釉料的蜡质有机物及颜料的分析和表面污染物的分析，所采用的分析方法与目的如下表（表 3-5-1）。

2. 分析与讨论

（1）珐琅釉的分析

由于目前关于中国产珐琅釉的研究成果相对较少，因此选择合适的分析方法，得到珐琅釉准确、全面的分析结果是本次分析的主要目的。分析方法如下：将珐琅釉从样品中剥离，研磨成粉，采用 ICP-MS（电感耦合等离子体质谱）分析方法得到大多数元素的定量分析结果；采用湿化学法得到 B（硼）元素的定量分析结果；采

表 3-5-1　分析方法与目的

分析类型	分析方法	分析目的
釉料分析	ICP-MS（电感耦合等离子体质谱）湿化学分析法 WDXRF（波长色散 X 射线荧光光谱仪）	定量分析珐琅釉的元素成分
	TG（热重分析）	分析珐琅釉的烧失量
金属分析	金相分析	观察金属部分内部组织结构
	SEM-EDS（扫描电镜 - 能谱仪）	观察金属部分内部组织结构，分析金属组织、夹杂物等的半定量元素成分
填补釉料的蜡质有机物及颜料分析	FTIR（傅立叶变换 X 红外光谱仪）	分析表面蜡质有机物的结构
	X 射线探伤	观察珐琅样品的结构、釉料空洞及蜡质有机物的元素成分
	偏光显微镜分析	鉴别有机物中颜料的种类
表面污染物分析	EDXRF（能量色散 X 射线荧光光谱仪）	分析表面污染物的半定量元素组成
	粉晶 XRD（X 射线衍射仪）	分析表面污染物的物相组成

用 WDXRF（波长色散 X 射线荧光光谱仪）分析方法对珐琅釉进行分析，获得 F 元素的近似定量分析结果，并对珐琅釉进行全元素扫描分析；采用热分析方法对粉末釉中混有的有机物（蜡）及烧失量进行测试，通过上述分析，得到深蓝色和浅蓝色珐琅釉的元素分析结果（表 3-5-2）。

以上分析可见，深蓝与浅蓝色珐琅釉的元素组成大体相似，但又不完全一样。在两种颜色的珐琅釉中，含量均超过 1% 的元素有 Si、K、Ca、Pb、B、F 和 Na，这些元素含量的总和在深蓝和浅蓝珐琅釉中分别为 95.36% 和 94.99%，说明这些元素是珐琅釉的主要成分。其中 K、Ca、Si 元素的含量加起来达到 70%，为珐琅釉的基体组成。结合相关文献研究成果[15、16]，我们认为该件珐琅样品两种珐琅釉属于含有一定 Pb、B、F 的 K-Ca-Si 体系玻璃，其乳浊剂主要为 CaF_2，还有少量含 Sn 物质。此外，对于其着色元素，尽管两种珐琅釉中 Fe、Co、Ni、Cu、Mn 的含量不一致，但依据可能着色元素含量的差异，不难推测深蓝珐琅釉的主要着色元素为 Co 和 Cu，浅蓝珐琅釉的着色元素主要为 Cu。

表 3-5-2　不同颜色珐琅釉料的元素分析结果（wt%）

组分	深蓝釉料	浅蓝釉料
SiO_2	44.21	41.81
Al_2O_3	0.73	0.28
Fe_2O_3	0.88	0.28
TiO_2	0.03	0.02
K_2O	20.04	18.02
CaO	12.21	9.06
MgO	0.13	0.07
P_2O_5	0.05	0.03
MnO	0.03	0
PbO	3.03	15.16
Cu	0.97	1.6
Co	0.41	0.01
Ni	0.16	0
Zn	0.38	0.35
Sr	0.04	0.02
Ba	0.07	0
Bi	0.22	0.01
B_2O_3	5.25	3.86
F *	7.72	5.21
Na_2O *	2.9	1.87
SO_3 *	0.091	0.055
SnO_2 *	0.05	0.08
Cl *	0.33	0.1
Rb_2O *	—	0.014
ZrO *	—	0.03
I *	—	0.74
烧失量（其中蜡的含量）	2.10（1.72）	1.30（0.85）
加和值	102.03	99.98

注：表格中 * 表示该结果为 XRF 近似定量分析结果

（2）金属部分的分析

掐丝珐琅的金属部分可分为铜胎、挡蓝条、掐丝与焊料四部分（图 3-5-12），分别从横断面和纵断面对不同部位取样（因掐丝较细未取其横截面），用于比较横、纵断面铜板的变形程度，并按照金相试验标准规程进行镶样、磨光、抛光后，使用三氯化铁盐酸乙醇溶液浸蚀，在金相显微镜下进行组织观察，并结合 SEM-EDS（扫描电镜能谱仪）进行了成分半定量分析，其金相观察结果见下表（表 3-5-3）。

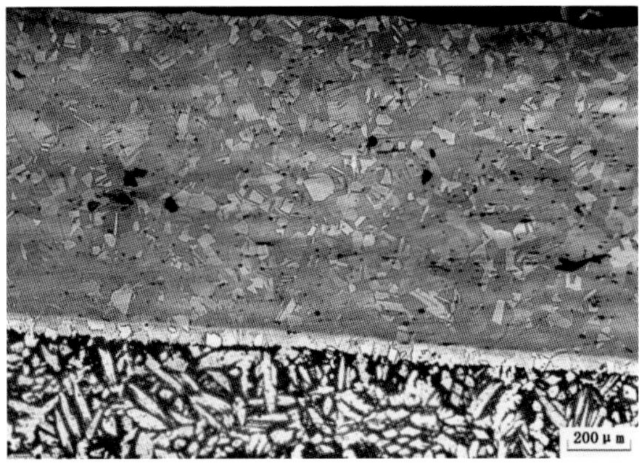

图 3-5-13　铜胎及焊料纵截面

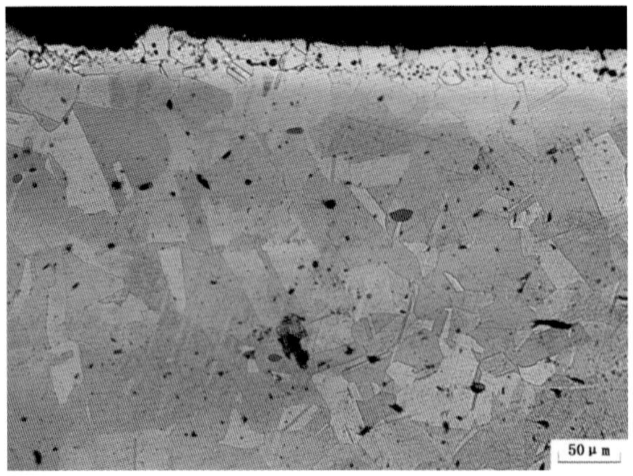

图 3-5-14　挡蓝条纵截面

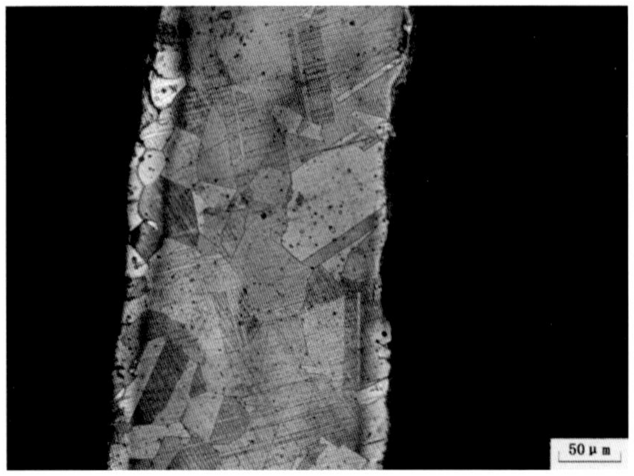

图 3-5-15　掐丝截面

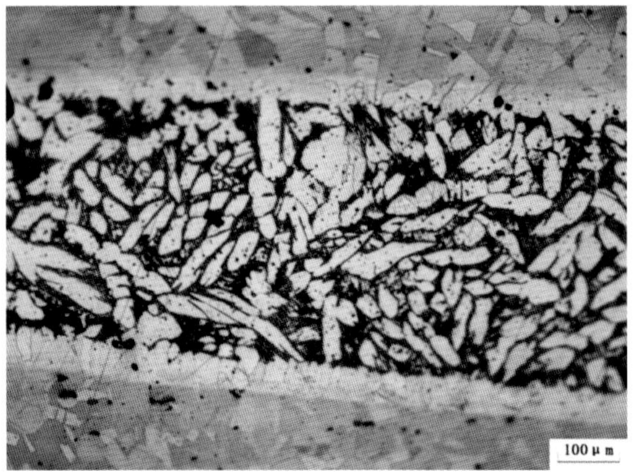

图 3-5-16　挡蓝条与铜胎的焊料

表 3-5-3　各部位金相观察结果

取样部位	金相组织	材质
铜胎	铜胎及焊料纵截面显示铜胎的单相 α 等轴晶与孪晶，晶粒大小均匀，有少量细小铅颗粒存在，为热加工组织。(图 3-5-13)	含少量铅的纯铜
挡蓝条	挡蓝条纵截面中铜的单相 α 等轴晶与孪晶，晶粒大小均匀，有少量细小铅颗粒存在，为热加工组织。（图 3-5-14）	含少量铅的纯铜
掐丝	掐丝截面中铜的单相 α 等轴晶与孪晶，晶粒大小均匀，有少量细小铅颗粒存在，为热加工组织。（图 3-5-15）	含少量铅的纯铜
挡蓝条与铜胎焊料	挡蓝条与铜胎的焊料中部 Cu-Zn-Sn 的金相组织，浅色为富铜的 α 相，深色为富锌的 β 相，焊料两侧为过渡层。（图 3-5-16）	Cu-Zn-Sn 合金
掐丝与铜胎焊料	掐丝与铜胎焊料中含有锡、锌的 α 固溶体和 δ 共析体。（图 3-5-17）	Cu-Zn-Sn 合金

①铜胎、挡蓝条、掐丝

从金相观察看，样品的铜胎、挡蓝条与掐丝为铜的单相 α 等轴晶与孪晶，晶粒大小均匀，有少量细小铅颗粒存在，为热加工组织。另外，没有看出横、纵截面因变形量不同所造成的组织差异，这与铜板轧制时一般要经过几次退火处理有关，多次退火消除了因变形产生的应力，同时使组织和成分得到均匀化，这说明当时铜料加工的技术是稳定的，得到材质的组织一致。SEM-EDS 的成分分析显示，铜胎、挡蓝条与掐丝为含有少量铅的纯铜，印证了金相分析的结论。掐丝珐琅一般以纯铜做胎体，是因为纯铜具有较好的延展性和焊接性，便于对其进行捶打、成型、焊接等处理。

②焊料

按照掐丝珐琅的制作工艺，挡蓝条及掐丝先后焊接在加工好的铜板上，从图 3-5-16 中观察可见，挡蓝条焊料为 Cu-Zn-Sn 的金相组织，浅色为富铜的 α 相，深色为富锌的 β 相，焊料两侧为过渡层；从图 3-5-17 中可见，掐丝焊料金相组织应为含有锡、锌的 α 固溶体和 δ 共析体。

同时，为了验证不同位置的焊料在金相观察中的差异，利用 SEM-EDS（扫描电镜能谱仪）分别对挡蓝条与铜胎焊料和掐丝与铜胎焊料进行了成分分析，分析位置与结果见图 3-5-18、表 3-5-4。

表 3-5-4　样品不同位置焊料的 SEM-EDS（扫描电镜能谱仪）的成分半定量结果（wt%）

焊料位置	Cu	Zn	Sn	Pb
1. 挡蓝条与铜胎的焊料	61.6	34.8	3.0	0.6
2. 掐丝与铜胎的焊料	71.8	11.8	15.2	1.2

由表 3-5-4 可以看出，两个不同位置的焊料虽然都为 Cu-Zn-Sn 三元合金，但三种元素的含量比例有明显的差别。挡蓝条焊料的锌含量很高，达到了 34.8%，而锡含量较低，呈现出黄铜的特征；而掐丝的焊料中锡的含量大幅增加，甚至高于锌的含量。按照苗建民先生在《运用科学技术方法对清代珐琅的研究》[17] 一文中的解释，利用黄铜作为焊接材料是因为黄铜的熔点低于作为铜胎和挡蓝条的纯铜材料，这样可以避免过高的焊接温度使铜材变形，而焊接掐丝是在焊接挡蓝条之后进行的，使用含锡高的焊接材料可以进一步降低焊料的熔点，避免在焊接过程中影响已经完成的挡蓝条的焊接效果。

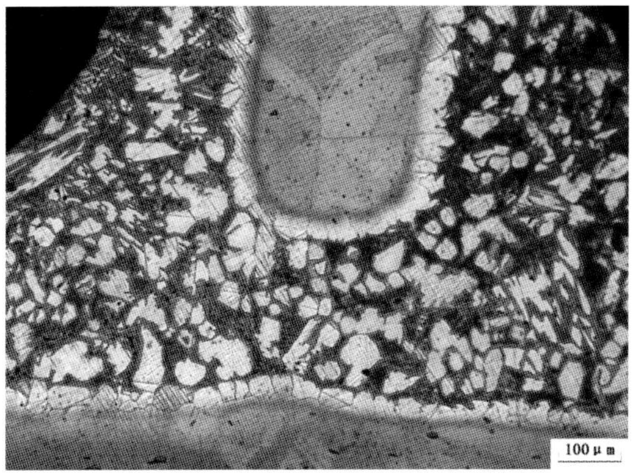

图 3-5-17　掐丝与铜胎焊料

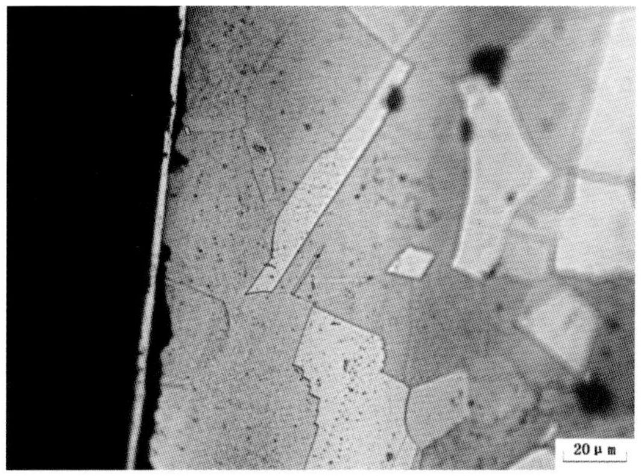

图 3-5-19　样品铜胎表面的金层（左侧为金层）

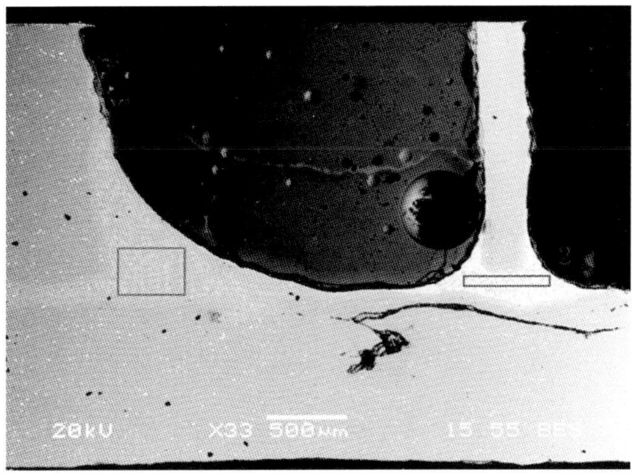

图 3-5-18　扫描电镜下不同位置焊料分析位置

图 3-5-20　样品挡蓝条的金层（下方为金层）

③镏金工艺

掐丝珐琅制作的最后一道工艺是镏金，使用炭火烤涂敷好金汞齐的器物，使其中的汞以蒸汽的形式散出，反复多次操作，使器物表面达到金光灿灿的外观。图 3-5-19～20 分别为珐琅样品铜胎、挡蓝条上金层的金相照片，可见图 3-5-19 中铜胎金层厚度比较均匀，约为 2 μ m，而图 3-5-20 中挡蓝条金层厚度不均匀，推测与取样位置表面腐蚀有关。

由于汞在加热过程中不可能完全散出，有研究表明[18]，将镏金的铜片加热到 500℃后恒温 24 小时，仍可以测到汞残留，因此人们将是否可以在金层中测到汞元素作为判断是否为镏金工艺的依据。使用 SEM-EDS（扫描电镜能谱仪）对样品金层进行成分半定量分析，结果显示样品表面金层内分布了较高含量的汞元素（约为 17%），证明了此件珐琅样品表面使用的是传统的金汞齐镏金工艺。

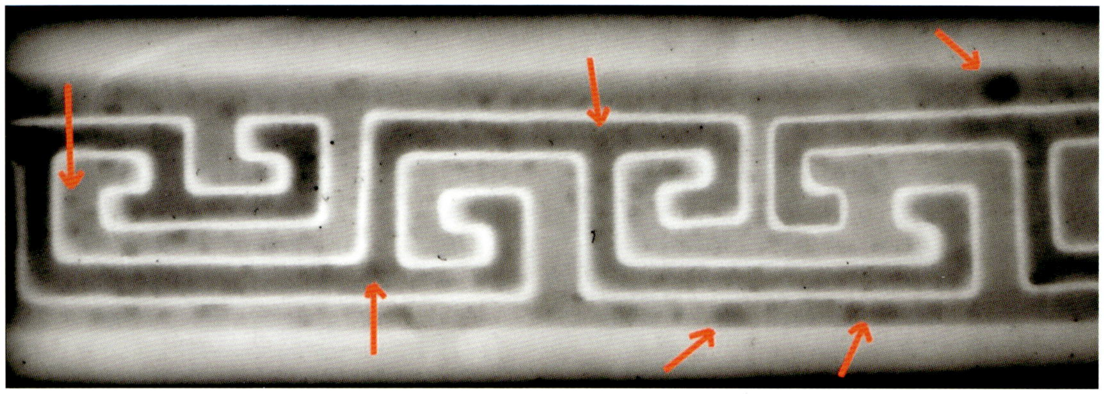

图 3-5-21　珐琅样品的 X 射线探伤照片

图 3-5-22　珐琅样品表面气孔的有机填充物

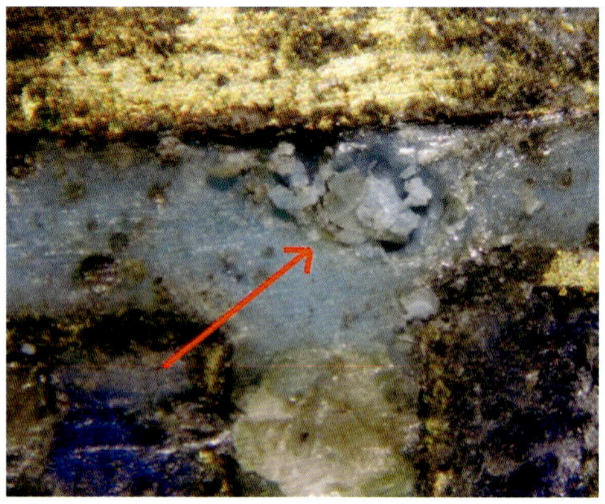

图 3-5-23　浅蓝釉料气孔中掺有颜料的有机填充物

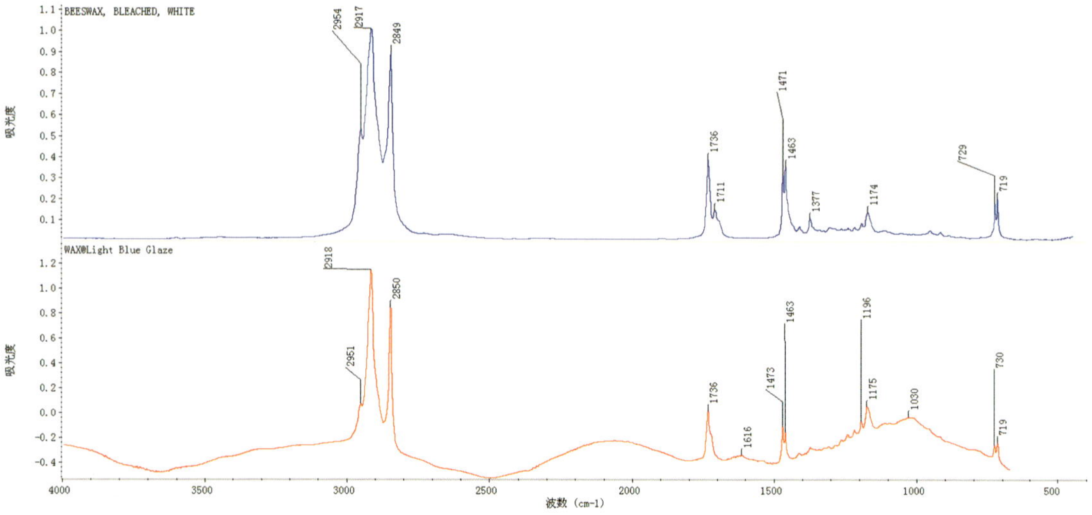

图 3-5-24　在浅蓝色釉料上刮取蜡状有机物显微红外分析谱图

（3）填补釉料的蜡质有机物及颜料的分析

通过对珐琅样品进行 X 射线探伤观察，发现由于珐琅料烧制工艺的问题，釉料表面出现了许多大小不一的气孔缺陷（图 3-5-21），在显微镜下观察这些气孔均填充了蜡质有机物，而且由于填充厚度较深，累年积月，这些有机物已经发黄、发黑（图 3-5-22）。同时，还发现在浅蓝色釉料上较大的气孔中，其填充物中掺有蓝色的颜料（图 3-5-23），而深蓝色釉料上未发现此种现象。

在浅蓝色釉料上刮取蜡状有机物，进行了显微红外分析，得到的谱图如图 3-5-24。从图中可以看出，珐琅样品浅蓝色釉料上的蜡的主要吸收峰归属为：2951cm^{-1} 是 CH_3 的伸缩振动吸收峰；2918 cm^{-1}、2850cm^{-1} 是 CH_2 烷烃的伸缩振动吸收峰；1736cm^{-1} 是羧酸和饱和脂肪酸酯的 C=O 伸缩振动吸收峰；1473 cm^{-1}、1463cm^{-1} 是 CH_2 烷烃的变角振动和 CH3 的不对称变角振动的吸收峰；1196 cm^{-1}、1175cm^{-1} 是脂肪酸酯 C — O — C 反对称伸缩振动吸收峰；1030cm^{-1} 是醇类 — OH 伸缩振动吸收峰；719 cm^{-1} 是 CH_2 面内摇摆吸收峰。这些主要吸收峰的归属与谱库内白蜂蜡 [19] 的标准谱图的吸收峰归属十分相似，而且由上述基团的吸收峰归属可以看出，此蜡状物质含有饱和脂、羧酸、醇类和烷烃，符合关于蜂蜡主要成分可分为四大类，即酯类、游离酸类、游离醇类和烃类的描述 [20]。

图 3-5-24 珐琅样品浅蓝色釉料上蜡与红外谱库内白蜂蜡红外谱图进行对比，上方蓝色为谱库中白蜂蜡，下方红色为珐琅样品浅蓝色釉料上的蜡。

同时，为了确定浅蓝色釉料气孔中蜂蜡掺有蓝色颜料的种类，将带有颜料的蜡状有机物颗粒置于载玻片上，使用折射率为 1.66 的 Meltmount™ 树脂固结在盖玻片下，使用偏光显微镜进行观察，鉴定蓝色颜料的矿物种类为石青，可能混有铅白作为调色之用，还需进一步分析确认。

通过对样品珐琅釉孔洞中填充的蜡状有机物及颜料的初步分析，可以看出，在清乾隆时期存在一种使用蜂蜡填充珐琅釉气孔缺陷的工艺，并且掺入了石青的矿物颜料以便与珐琅釉色相协调，至于这种工艺的使用范围、使用方法、使用时间及所用原料的具体信息，还需要后续的分析工作加以佐证。

（4）表面污染物的分析

①污染物的分类与显微观察

对于珐琅样品表面污染物的分析，可以掌握污染物的成分与结构，以便选择更加适宜的清洗与保护方法。此件珐琅样品一直处于室内的环境中，由于建筑室内灰尘较大且长时间无人打扫，珐琅表面蒙尘，挡蓝条和掐丝的镏金表面有深色的污染物（图 3-5-25 ~ 26），部分釉料表面，尤其是深蓝色釉料表面有白色物质（图 3-5-27）。

同时，在显微镜下观察珐琅样品表面发现，不论是金属部分表面还是釉料表面，都覆盖着一层有机物，当我们使用机械方法分离以上各类污染物时，发现所有污染物内都混有这种有机物，推测应该是构件制成后，工匠们使用蜡等材料进行整体封护时遗留的，对于混在污染物中有机物种类的分析，有待后续工作来完成。

②污染物的分析

为了探明污染物的类型，分别对样品表面挡蓝条、掐丝的深色污染物和深蓝色釉料上的白色污染物进行 EDXRF（能量色散 X 射线荧光光谱仪）的半定量成分分析，由于釉料成分比较复杂，特别选择了比较洁净（肉眼观察）的深蓝色釉料进行对比，结果见表 3-5-5。同时我们在样品挡蓝条、掐丝和深蓝色釉料上刮取了少量的污染物，进行了 XRD（X 射线衍射仪）分析，初步分析结果见表 3-5-6。

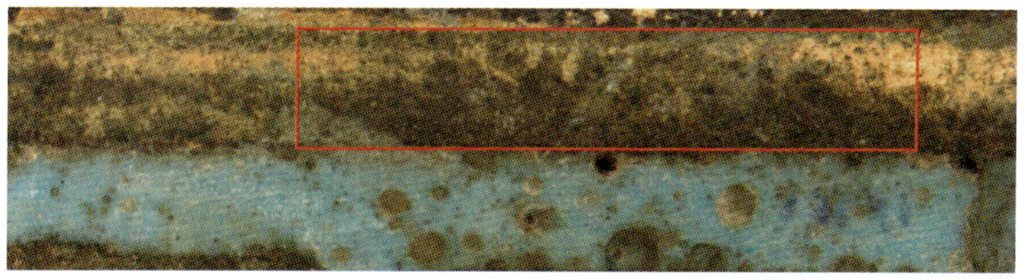

图 3-5-25　挡蓝条上的深色污染物

图 3-5-26　掐丝上的深色污染物

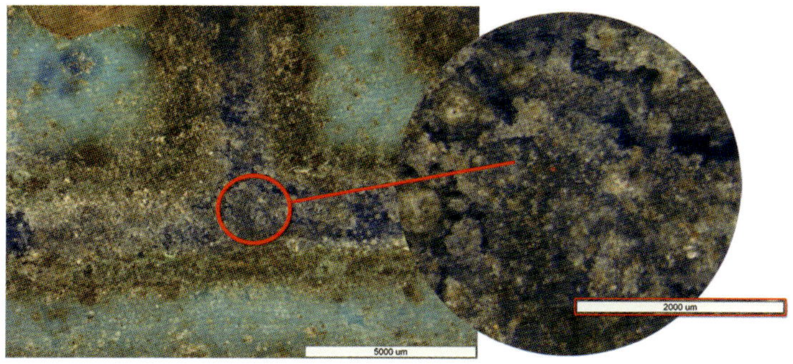

图 3-5-27　深蓝色釉料上的白色污染物

表 3-5-5　污染物的主要成分半定量组成（wt%）

取样点	Na	Mg	Al	Si	S	K	Ca	Fe	Co	Ni	Cu	Zn	Au	Hg	Pb	Sn
1. 挡蓝条上污染物	—	0.5	2.1	5.3	16.0	5.3	3.4	0.6	—	—	32.7	—	26.2	7.1	0.4	—
2. 掐丝上污染物	—	—	2.7	8.0	12.6	5.3	2.6	0.7	—	—	56.7	1.6	3.9	0.7	3.2	2.2
3. 深蓝色釉料上的白色污染物	2.2	0.4	1.8	10.2	21.0	21.0	11.9	1.2	0.6	0.3	5.9	—	—	—	21.7	0.6
4. 比较洁净的深蓝色釉料的对比点	0.3	1.7	1.3	38.9	—	18.4	13.9	0.8	0.7	0.3	0.4	—	—	—	22.6	0.8

表 3-5-6　污染物组成的初步分析结果

序号	样品描述	XRD（X 射线衍射仪）分析结果
1	挡蓝条上污染物	石英（Quartz，SiO_2）、石膏（Gypsum，$CaSO_4(H_2O)_2$）、氯化亚铜
2	掐丝上污染物	石英（Quartz，SiO_2）、水锌矿（Hydrozincite，$Zn_5(OH)_6(CO_3)_2$）
3	深蓝色釉料上污染物	钾石膏（Syngenite，$K_2Ca(SO_4)_2(H_2O)$）

由表 3-5-5 可以看出，不论作为金属材质的挡蓝条、掐丝还是釉料上的污染物，其 S 元素的含量都达到了很高的比例，结合表 3-5-6 的物相分析结果，推测可能来源于酸性气体与尘土中钙质反应生成的石膏污染。石膏是一种多孔的矿物，很容易吸附煤灰等细小颗粒，造成污染物呈现黑色。表 3-5-5 中，1、2 的分析结果 Al、K、Ca、Fe、Si 这些元素是典型的黏土元素，应该来自积尘，而 Cu、Au、Hg、Pb 来自金属材质与镏金工艺，值得注意的是取样点 2 也就是掐丝上污染物测出了一定量的 Zn 与 Sn，而挡蓝条上未测出，可能是检测到了源于焊料过渡层在表面生成的含 Zn 与 Sn 的腐蚀产物。从表 3-5-5 中 3、4 的分析结果对比可以看出，深蓝色釉料上的白色污染物较之洁净的釉料，其 S、Cu 元素大幅升高，Si 元素大幅降低。S 元素升高的原因前文已进行了推测，Si 作为釉料的主要元素在污染物处大幅降低也易理解，Cu 元素升高的原因还需要进一步探讨，有可能是由于分析点过于靠近上方的掐丝而带来的错误。

参看表 3-5-6 中 XRD（X 射线衍射仪）物相组成的结果，挡蓝条和掐丝上均检出来自尘土的石英，而对应元素分析中 S 元素很高的结论，只在样品挡蓝条和深蓝色釉料上污染物中检出了石膏与钾石膏，而在掐丝污染物中没有检出对应的物相，推测应该是取样点的问题；在掐丝污染物中测出水锌矿，可以与相应元素分析中 Zn 含量偏高的现象呼应，应为焊料过渡层在掐丝附近生成的腐蚀产物。

在挡蓝条污染物中测出氯化亚铜是一个值得注意的现象，就铜器的稳定性而言，最令人头疼的矿物就是氯化亚铜，它通常无法直接看到，而是常常作为一种靠近金属表面的腐蚀产物出现，“青铜病（青铜器缓慢、渐进的腐蚀过程）”的发生通常归因于氯化亚铜[21]。挡蓝条污染物中检出氯化亚铜，说明挡蓝条取样点正在发生腐蚀，由于镏金文物表面覆盖着化学稳定的金层，一般的腐蚀过程都产生在镏金层缺陷的位置[22]，因此样品表面镏金层有细小裂缝或孔洞的位置，正发生着由氯离子引发的“青铜病”。显微镜下使用机械方法，对样品掐丝表面的污染物进行分离后，观察锈蚀病害，说明完全覆盖在其上的污染物，为金层缺陷处的腐蚀提供了外部条件，导致铜基材的腐蚀。（图 3-5-28）

综上分析，样品的表面覆盖了较多的尘土与反应生成的石膏，尤其是金属部分的镏金层表面，通体覆盖着这些污染物，使得其下镏金层的缺陷部位发生了腐蚀。同时，由于构件曾经通体使用有机质保护，夏季较高的温度，会使得这些有机质容易返黏，造成了尘土等污染物富集得更为牢固，不但使得构件表面晦涩难看，也为金属部分的腐蚀创造了条件。

3. 结论

通过对此件珐琅装饰件的分析，初步得到如下几点结论。

（1）此件珐琅装饰件珐琅釉属于含有一定 Pb、B、F 的 K-Ca-Si 体系玻璃，乳浊剂主要为 CaF_2，还有少量含 Sn 物质，深蓝珐琅釉的主要着色元素为 Co 和 Cu，浅蓝珐琅釉的着色元素主要为 Cu。

（2）铜胎、挡蓝条、掐丝均为纯铜材质，其金相组织均匀一致，铜料加工技术稳定。铜胎与挡蓝条、掐丝的焊料为 Cu-Zn-Sn 合金，符合掐丝珐琅焊接的材料工艺。铜材表面采用了金汞齐的镏金技术，镏金层平直。

（3）此件珐琅装饰件的制作工艺和材料与清代掐丝珐琅的传统制造工艺和材料基本一致。

（4）此件样品珐琅釉表面布满气孔缺陷，其中填充了蜂蜡作为修补材料，为了使填补部分与蓝色的珐琅釉色协调，其间混入了石青矿物进行调色。

（5）此件珐琅样品长时间保存在室内环境中，铜镏金表面与珐琅釉表面均覆盖污染物，主要是混有有机物的尘土与石膏，部分镏金有缺陷的部位已经发生了铜的腐蚀过程，形成了相应的腐蚀产物。

图 3-5-28　掐丝金层表面的腐蚀病害

图 3-5-29　表面顽固性尘垢

图 3-5-30　连接构件缺失

图 3-5-31　珐琅釉脱落

图 3-5-32　珐琅嵌片起翘

图 3-5-33　珐琅嵌件缺失

图 3-5-34　嵌件松动

图 3-5-35　珐琅表面附着物

图 3-5-36　珐琅嵌件脱落

（四）符望阁掐丝珐琅构件现状勘察

1. 勘察记录方法及图例说明

符望阁内檐装修的掐丝珐琅装饰主要存在表面顽固性尘垢、连接构件缺失、珐琅釉脱落、珐琅嵌片起翘、珐琅嵌件缺失、嵌件松动、珐琅表面存有附着物、珐琅嵌件脱落等几种病害。[23]

在全方位对珐琅构件进行调查的基础上，按照各类伤况分布在构件照片中具体标注。（图 3-5-37 ~ 40）

图 3-5-37　明间西面南向隔扇勘察记录

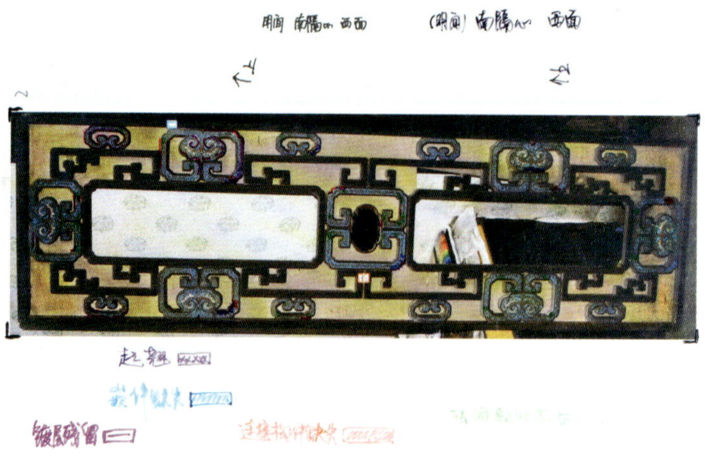

图 3-5-38　明间南隔心西面勘察记录

图 3-5-39　明间东面南向隔扇勘察记录

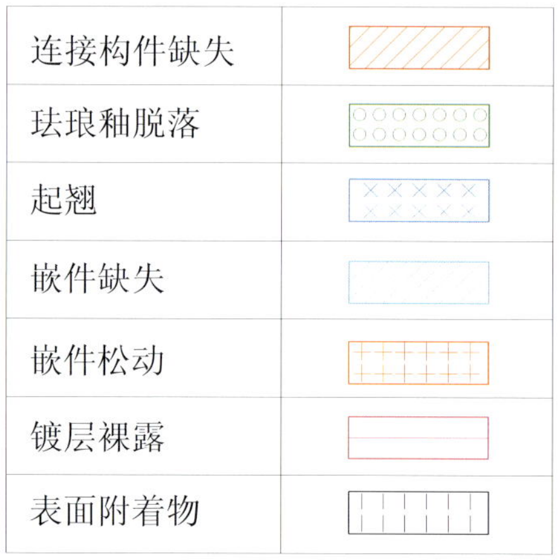

图 3-5-40　符望阁珐琅构件伤损状况标识图例

2. 病害分布

如图 3-5-41 ～ 42 分析可知[24]，连接构件的缺失约占全部同类型统计情况的 30% 左右，占所有伤损状况的 40% 左右，是符望阁内珐琅嵌件最为严重的病害，如不及时修复会继续造成其他次生病害；嵌件脱落约占全部同类型统计情况的 10% 左右，占所有伤损状况的 5% 左右，虽然所占比例不大，但却为符望阁内珐琅嵌件最急需修复的病害，如不及时修复会造成嵌件的继续缺失。

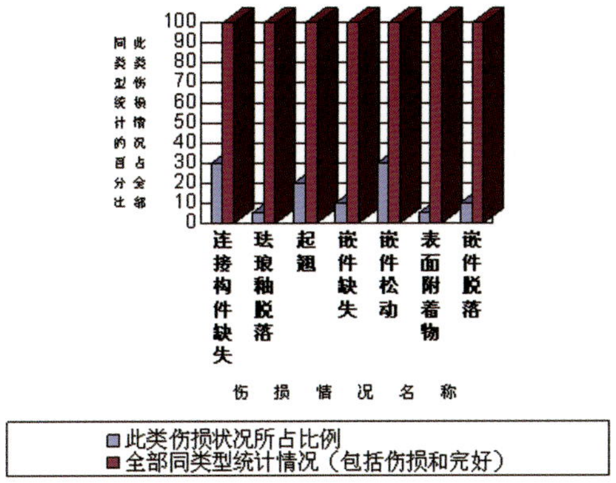

图 3-5-41　符望阁内檐装修珐琅嵌件伤损状况分布图示

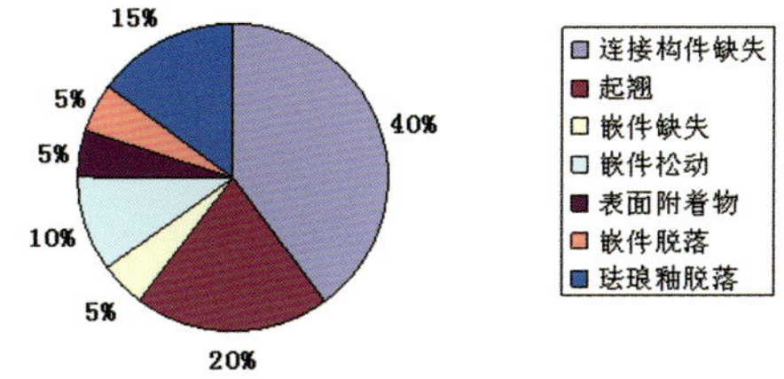

图 3-5-42　符望阁内檐装修珐琅嵌件伤损状况百分比图示

3. 病害成因（表 3–5–7）

表 3-5-7　病害成因

病害名称	危害	致因
表面顽固性尘垢 图 3-5-29	使珐琅表面失去光泽，纹饰模糊不清；尘垢中的酸性物质易使珐琅釉及金属成分氧化、腐蚀。	颗粒极细的尘土大量堆积和附着在珐琅表面，随着温湿度的变化，尘土层逐渐牢固和增厚，形成顽固性尘垢层。
连接构件缺失 图 3-5-30	导致珐琅嵌件的起翘、脱落、缺失。	铜钉表面填充物脱落，木胎与珐琅体因干燥与缩胀表现出不同的膨胀性，导致铜钉松动、失落，致使构件缺失。
珐琅釉脱落 图 3-5-31	导致珐琅表面纹饰不再完整。	珐琅烧制过程中的工艺缺陷——气泡及温湿度等物理原因。
起翘 图 3-5-32	造成珐琅胎体变形，嵌件脱落、缺失。	连接构件缺失。
嵌件缺失 图 3-5-33	破坏了文物的完整性。	连接构件缺失。
嵌件松动 图 3-5-34	易造成嵌件的脱落。	连接构件的缺失或起翘。
表面附着物 图 3-5-35	长期附着造成珐琅表面釉和金属氧化、腐蚀。	动物粪便或不同时期施工材料的遗洒。
嵌件脱落 图 3-5-36	破坏了文物的完整性。	连接构件缺失。

4. 修缮建议

遵循文物修复“最小干预”的原则，如果修复的条件和手段不成熟，可暂时不进行修复；所用的修复材料和修复措施不能对文物本身造成新的损伤；修复或补配材料的颜色应与周围色调统一协调；修复措施要保证文物结构的稳定性。

（1）珐琅构件的清洗、去锈和保护

处于非密闭环境中的室内装饰构件，受大气中污染物和漂浮颗粒物的影响，形成表面尘积层。尘积层的组成十分复杂，除了吸附空气中的有害气体，还可能带有金属和非金属颗粒、硫酸盐及各种氧化物，它们的存在可以使珐琅构件的镏金层表面变得粗糙不平，为水分的凝聚创造条件。因此，清除珐琅器表面顽固的积尘和污染物是必需的。

清洗珐琅构件优先选用蒸馏水或去离子水刷洗，尽量减少化学物质尤其是氯化物对文物造成的再次伤害。如果污染物与镏金层结合得较为牢固，则要利用化学试剂进行清洗，首先采用无水乙醇擦拭；如果还不能达到去除尘垢的目的，建议采用弱酸、弱碱处理，避免使用强酸，以免损伤镏金层。此外，在用弱酸、弱碱溶液处理过表面后，需要用蒸馏水或去离子水刷洗，去除表面酸碱的残留。刷洗后的珐琅构件充分地干燥后方能进行回装，以免引起金属的锈蚀。

经过上述处理的珐琅构件还应进行封护处理，传统的方法是在珐琅器表面施蜡以形成保护层。

（2）连接构件的补配

连接珐琅与木装修的小铜钉多处缺失，造成珐琅嵌件的起翘甚至脱落、缺失，所以必须进行补配。小铜钉的制作可以采用传统方法，即用粗细合适的铜丝敲打而成，这项工作实现起来并不困难，但对于整体修复意义却十分重大。

（3）珐琅嵌件起翘变形的修复

对于轻微变形的珐琅嵌件可以用木锤、橡皮锤或铅锤敲击凹陷部分的反面或采用其他工具在其反面顶压，也可以制作内外型的模具，通过模具施压使变形部位恢复原状。操作时用力要适当，垫支物也要软硬适度，以防止周围珐琅釉的再次损坏。

（4）珐琅釉脱落的修复

传统上修复剥落的珐琅釉一般是将添加矿物颜料的软蜡按压在缺损处的铜胎上，它的缺点是颜色相对比较暗淡，附着力不强；优点是对珐琅釉表面的干预非常小，并可实现可逆性的再修复。另一种方法是使用添加矿物颜料的树脂，将缺损处补平，待固化后用砂纸打磨平整，并使铜丝露出，最后在露出的铜丝上刷镀金或采用描绘金粉的方法进行修复。这种方法的优点是颜色相对比较明亮，附着力也比较强；缺点是对珐琅釉表面的干预比较大，在打磨时易对边缘珐琅釉造成伤害，不易于实现可逆性的再修复。本着文物保护的原则，更应倾向于采用第一种方法。

（5） 珐琅嵌件的补配

珐琅嵌件补配必须有据可依，在对原有珐琅构件进行科学研究和分析的基础上，充分掌握其形制、颜色、纹饰，以及物质成分、配比等全面的信息，最大限度地按照原有构件的相关信息和检测数据进行补配。

二　铜镏金

（一）铜镏金工艺渊源与制作方法

1. 工艺渊源

镏金工艺是我国古老而传统的工艺之一，战国时期就已经发明了在青铜上镏金的技术，至今已有两千多年历史。

镏金工艺流传至今，几易其名，技术手段也日臻完善。战国至秦汉时期称其为“金黄涂”或“黄金涂”，简称“金涂”；唐代称其为“金涂”或“镀金”；宋元时期则称“金涂”或“涂金”；明代称“镀金”、“黄金涂”或“流金”；清代称为“镀金”或“涂金”，也有称作“镤金”的。中华人民共和国成立前，在文物修复行业中，又把这种工艺称为“火镀金”，一则由于这种工艺的全过程都是在火焰的高温下进行的，二则以区别现代的电加工。

镏金工艺发展到清代已然成熟和细化，在乾隆二十三年（1758 年）以前，造办处设有画院、做钟处、玻璃处、炮枪处、舆图处、铜镏金嵌件作、镀金作、玉作等四十二个作坊。[25] 故宫博物院保存的清代镏金器也比较多，包括建筑装饰、宫内陈设、生活用具等。

2. 制作方法

首先将要镏的器物磨细抛光，以求平整光洁。铜器、银器都可以镏金，但生杂铜不易镀上金。

加工金泥，俗称“杀金”。镏金需要用成色最好的金子。金延展性较好，不溶于酸和碱，易溶于王水（硝酸与盐酸的混合液）、氰化钠或氰化钾的溶液中。首先，把金子锤打成极薄的金叶，再将金叶剪成细丝，放入石墨坩锅中加热，然后倒入汞。金与汞的重量比约为 1 ∶ 7，加热温度 700℃～ 800℃。金化开后立即倒入清水中，就成了金泥。

涂抹金泥。用金棍蘸上硝酸（古代用盐、矾等混合物液体）剜金、银泥均匀地涂抹在打磨抛光后的铜器表面，反复多次涂抹，使器物发出白色光泽。再用棕刷轻轻擦磨、刷扫，使金泥均匀地附着在器物表面。最后用开水冲洗器物，去除硝酸，并浸于清水 24 小时。

烘烤金泥。浸泡的器物从水中取出后应尽快烘烤，烘烤需要用优质木材烧制的木炭。将器物置于炭火上，不停地转动，让金泥中的汞在火中蒸发掉。当温度高于 300℃时，汞就会不断蒸发，器物由银白色变成金黄色，全部均匀变色后停火，让器物自然降温。

刷洗压光。镏金器物降温后浸泡刷洗，用细黄铜刷子，蘸皂角水，刷洗器物表面的浮黄，刷出金色光泽。最后，还需使用硬度较高的玛瑙压子蘸着皂角水蹭压，至压出细微的光亮。

一件理想的镏金器往往需要重复涂抹金泥、烘烤，如果金子丰厚，就要进行三至五次或更多遍的镏。镏金工艺历代相传不绝，至今在故宫博物院里还可以看到许多明清时的大型镏金器物陈列，虽经几百年的风雨浸蚀，至今仍金光闪闪，耀眼夺目。

（二）铜镏金构件在符望阁内檐装修的应用

1. 构件类型

符望阁内铜镏金装饰建筑构件类型主要有：迎风板、裙板、绦环板、炕裙。（图 3-5-43 ~ 45）

图 3-5-43　迎风板

图 3-5-45　炕裙

图 3-5-44　裙板（中部），绦环板（上、下部）

2. 纹饰应用

（图 3-5-46 ~ 48）

图 3-5-46　迎风板：勾莲纹、云龙纹

图 3-5-47　绦环板：勾莲纹、宝相花纹

图 3-5-48　裙板：勾莲纹、如意纹、宝相花纹

（三）符望阁铜鎏金构件工艺特色及实验室分析

1. 样品采集与分析方法

样品取自符望阁西面北次间北隔扇东面裙板，为铜胎镀金装饰品（图 3-5-49），样品呈矩形，铜胎正面镀金，背面外露铜胎，这种构件在符望阁内木质装修上多有应用，例如迎风板、隔扇与裙板等（图 3-5-50）。

按照样品的构造及工艺特点，将整个分析工作分为四个部分，分别为构件材质与制作工艺的分析、构件表面镀金方法的分析、构件连接用铜钉的分析和表面污染物的分析，所采用的分析方法与目的如下表（表 3-5-8）。

表 3-5-8　分析方法与目的

分析方法	分析目的
金相分析	观察金属组织结构
SEM-EDS（扫描电镜 - 能谱仪）	观察金属组织结构、分析金属组织、夹杂物等的半定量元素成分
EDXRF（能量色散 X 射线荧光光谱仪）	分析表面污染物的半定量元素组成

2. 分析与讨论

（1）构件材质与制作工艺的分析

取样品边缘一角，经热镶、磨抛、浸蚀（三氯化铁盐酸酒精溶液）后，在 Leica DM4000 型金相显微镜下观察（图 3-5-51 ~ 52），并重新抛光、喷碳后，使用扫描电镜配合能谱仪（SEM-EDS），分析其材质与夹杂物成分（图 3-5-53），分析结果见表 3-5-9。

表 3-5-9　样品 SEM-EDS（扫描电镜能谱仪）成分半定量组成（wt%）

编号	0	Cu	Zn	Pb	描述
1	—	66.9	33.1	—	黄铜组织的 α 相
2	—	56.7	43.3	—	黄铜组织的 β 相
3	6.1	—	—	93.9	独立相的铅

结合成分分析结果可知，图 3-5-52 中显著的 Cu-Zn-

图 3-5-49　样品照片

图 3-5-50　西面北次间北隔扇东面裙板

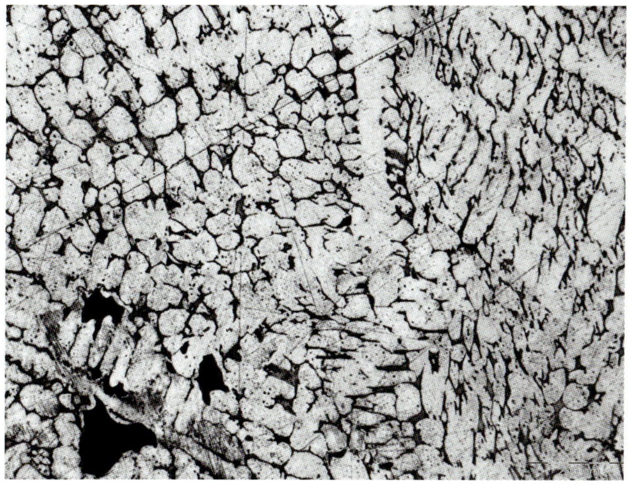

图 3-5-51　样品金相照片 100X

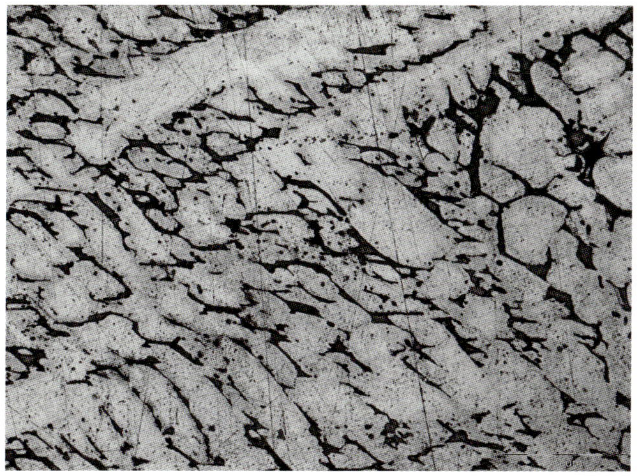

图 3-5-52　样品金相照片 500X

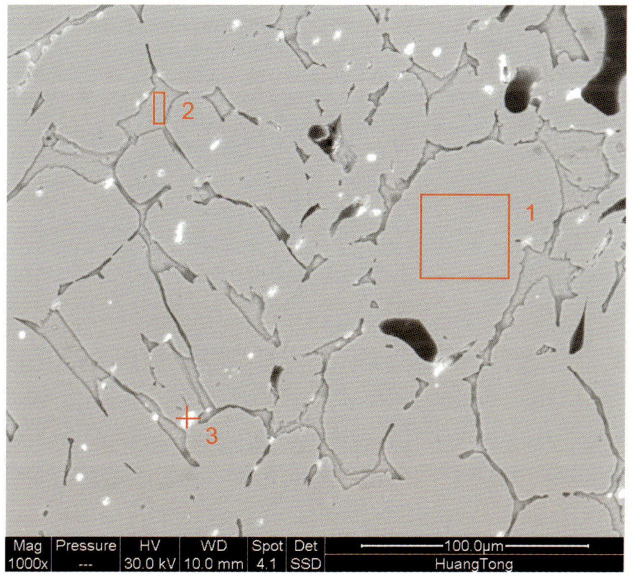

图 3-5-53　样品扫描电镜背散射像及能谱分析点 1000X'

图 3-5-54　疑似未打磨的铸造痕迹

图 3-5-55　样品表面的细痕

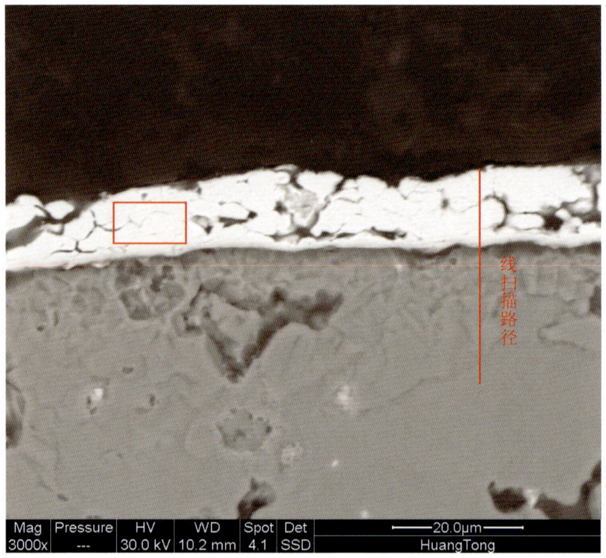

图 3-5-56　金层的扫描电背散射像、能谱取样点以及元素线扫描路径 3000X

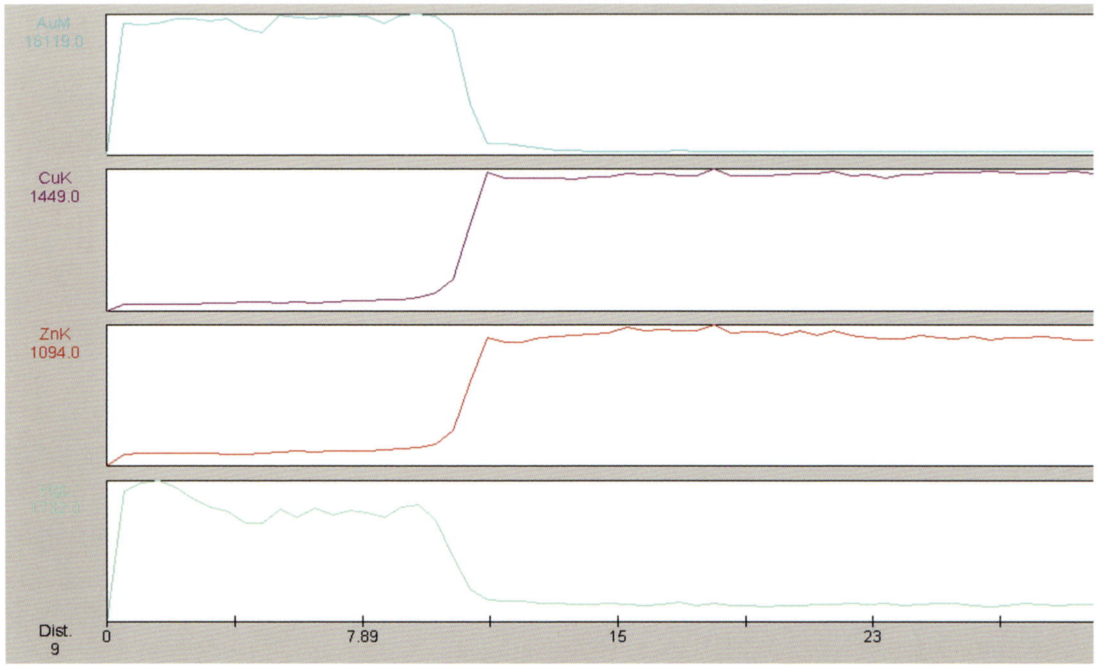

图 3-5-57　金层的元素含量线扫描趋势

Pb 铸造组织，没有热加工处理的痕迹，其中浅色部分为铜锌 α 固溶体，黑色为较小形态的 β 相，黑色的点状颗粒为游离于组织中独立相的铅，并存在图 3-5-51 中所示铸造缺陷造成的孔洞。样品黄铜具有较好的力学性能，铅的加入可以提高合金流动性，使充型能力增强，并且可以有效地降低黄铜的硬度，改善其切削能力，有利于后续的錾刻等加工处理。同时，在样品的细部还发现了疑似铸造留下的痕迹（图 3-5-54），也从另一方面佐证了样品是铸造成型的。

仔细观察样品细部，我们可以发现很多装饰性细痕，例如一些作为花叶细脉的细痕，通过使用实体显微镜观察（图 3-5-55），虽然样品表面镀金而且打磨的工序，使得我们无法观察细部加工的磨痕，但仍然发现这些痕迹的边缘不是连续、平滑的，有一些使用工具加工的痕迹，因此推测该件样品是在铸造成型的基础上，再使用工具进行细部加工而成的。

（2）构件表面镀金方法的分析

为了探明样品表面镀金的方法，我们对样品的金层进行了扫描电镜的观察、金层元素的半定量分析以及金层至黄铜基体主要元素的线扫描分析，样品的背散射像、能谱分析点以及线扫描路径见图 3-5-56，能谱分析结果见表 3-5-10，线扫描结果见图 3-5-57。

表 3-5-10　金层的成分半定量组成（wt%）

项目	Ag	Au	Hg
样品金层	5.5	78.1	16.4
去除 Hg 元素后归一	6.5	93.5	-

通过金层的能谱分析结果及主要元素含量的线扫描趋势可知，样品的金层中分布有比较均匀的汞元素，由于汞在加热过程中不可能完全散出，有研究表明[26]，人们将是否可以在金层中测到汞元素作为判断鎏金工艺的依据，由此证明样品表面采用的是传统的鎏金方法。另外，金层中还有一定量的银元素，证明鎏金采用的不是纯度最高的金料。

（3）连接用铜钉的分析

另外，我们还将一根固定镀金铜构件用的铜钉（图 3-5-58）从横截面进行了镶样，经磨抛、浸蚀后，在显微镜下观察金相组织如图 3-5-59 ～ 60，重新抛光、喷碳后在带有能谱仪的扫描电镜下进行成分与夹杂物的分析，取样点如图 3-5-61，组织成分半定量结果见表 3-5-11。

表 3-5-11　样品 SEM-EDS 成分半定量组成（wt%）

序号	0	Cu	Zn	Pb	描述
1	—	64.2	35.8	—	黄铜组织的 α 相
2	—	55.0	45.0	—	黄铜组织的 β 相
3	6.8	7.7	5.9	76.6	独立相的铅

由图 3-5-60 可以看出，铜钉亦为黄铜的 $\alpha+\beta$ 铸造组织，黑色的点状颗粒为游离于组织中独立相的铅颗粒（图 3-5-60）。使用黄铜作为连接镀金构件与木质装修之间的连接件，是因为黄铜较之纯铜具有良好的机械性能，而从铜钉横截面的金相照片中观察，组织中铜的 α 相、β 相沿水平方向变形，说明铜钉在铸造后，经过了冷加工处理，未发现镀金痕迹。

（4）构件表面污染物的分析

使用 ED-XRF 对样品表面两种宏观表现不同的污染物，进行元素半定量分析，取样点见图 3-5-62，分析结果见表 3-5-12。

表 3-5-12　表面污染物的成分半定量组成（wt%）

序号	Al	Si	S	K	Ca	Fe	Cu	Zn	Au	Hg
1	—	5.82	12.56	—	4.03	0.98	19.69	15.85	35.49	5.58
2	2.61	6.19	16.13	0.46	2.03	0.96	23.06	23.24	22.52	2.79

从上表中可以看出，两种不同的污染物成分组成基本相似，其中 Cu、Zn、Au 及 Hg 是构件黄铜材质与鎏金工艺带来的，Si、Al、K、Ca、Fe 是黏土中的常见元素，可能是蒙尘造成的，值得注意的是表面污染物中 S 含量很高，一般认为铜器表面的 S 元素来自于酸性环境造成

图 3-5-58　铜钉样品

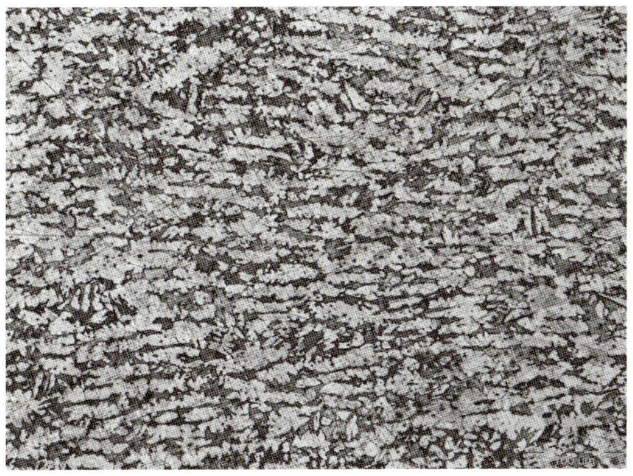

图 3-5-59　铜钉横截面的金相照片 200X

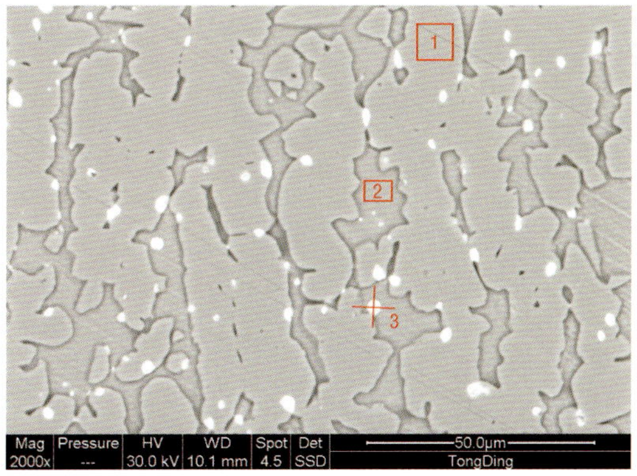

图 3-5-61　铜钉扫描电镜背散射像及能谱分析点 2000X

图 3-5-60　铜钉横截面的金相照片 500X

图 3-5-62a　浅色污染物

图 3-5-62b　深色污染物

图 3-5-63　表面顽固性尘垢

图 3-5-64　连接构件缺失

图 3-5-65　镀层脱落

图 3-5-66　起翘

图 3-5-67　嵌件缺失

的 $CaSO_4$（石膏）污染或者基体锈蚀产生铜的硫酸盐，镏金构件由于有相对稳定的金层包裹，产生的腐蚀现象一般只发生在金层缺陷的部位，而致密稳定的金层上发生锈蚀并转化为铜的硫酸盐较难。通过显微镜观察，构件表面镏金层有较多的孔洞缺陷，这也是导致构件表面黄铜基材腐蚀的主要原因。

3. 结论

通过对此件铜胎镀金装饰件的分析，得到如下几点初步结论。

（1）镀金构件为黄铜材质，为铅黄铜的铸造组织，其中含有一定量的铅可以改善其充型能力和切削性能。构件上细部装饰刻痕为铸造成型后，使用工具錾刻加工而成。

（2）镀金构件外表面采用传统镏金方法镀金，采用的不是纯度最高的金料。

（3）作为连接件的铜钉为黄铜材质，为铅黄铜的铸造组织，有冷加工的痕迹。

（4）构件表面的污染物推测主要为尘土、石膏和铜的腐蚀产物。

（四）铜镏金构件现状勘察

1. 勘察记录方法及图例说明

符望阁内檐装修的铜镏金嵌件装饰主要存在表面顽固性尘垢、连接构件缺失、镀层脱落、起翘、嵌件缺失、嵌件松动等几种病害。（图 3-5-63 ~ 67）

在全方位对铜镏金构件调查的基础上，按照各类伤况分布在构件照片中具体标注。（图 3-5-68 ~ 70）

2. 病害分布

由图表分析可知：表面顽固性尘垢约占全部同类型统计情况的 80% 左右，占所有伤损状况的 60% 左右，是符望阁内铜镏金嵌件最为普遍的病害；连接构件的缺失约占全部同类型统计情况的 20% 左右，占所有伤损状况

图 3-5-68　西面北次间南隔扇东面勘察记录

图 3-5-69　西面北次间北隔扇东面勘察记录

图 3-5-70　西面北次间南隔扇西面勘察记录

的 10% 左右，是符望阁内铜镏金嵌件最为严重的病害，如不及时修复会继续造成其它次生病害。（图 3-5-71 ~ 72）

3. 修缮建议

参考“掐丝珐瑯”修复方法。需要注意的是关于铜镏金构件的补配，由于传统镏金工艺操作的复杂性以及对人体、环境的毒害和污染，也可以考虑用现代的镀金工艺进行构件的补配。

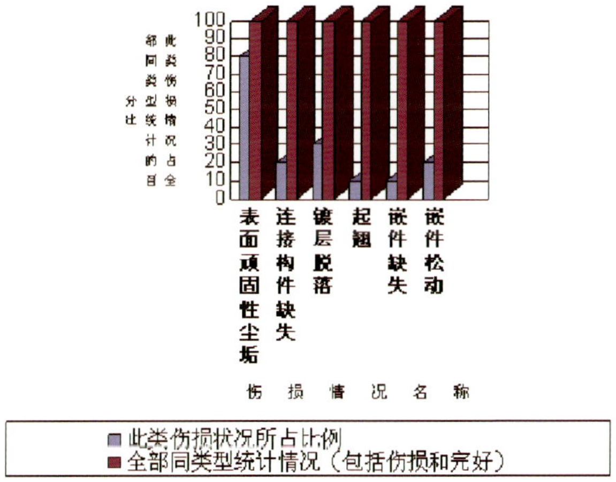

图 3-5-71　符望阁内檐装修铜镏金嵌件伤损状况图示

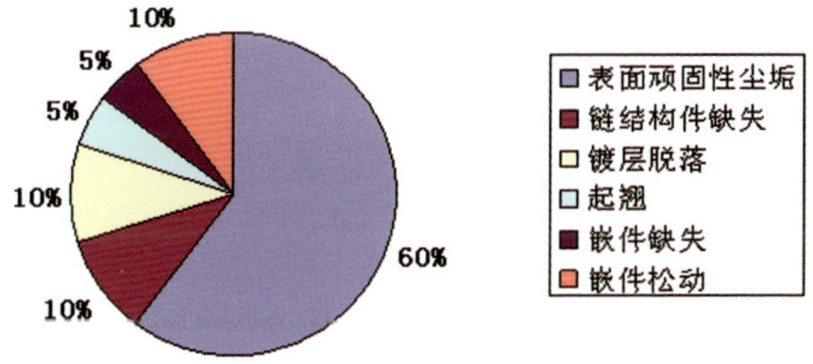

图 3-5-72　符望阁内檐装修铜镏金嵌件伤损状况百分比示意图

第六节

丝织品

6 Silk

一　符望阁内檐装修丝织品工艺简述

内檐装修丝织品主要分布于室内隔罩和窗上。在前后两层仔屉间夹以绢绸，或绣或绘，成为“夹纱”的专门形式。在符望阁夹纱使用的有双面绣、漆纱彩绘、花纱等，既达到透光透气的效果，又成为极具意义的装饰元素。（图 3-6-1 ~ 5）

符望阁隔夹纱应用最多的当属双面绣了。双面绣是我国刺绣传统针法之一，在北宋时期，就已达到相当高的水平。双面绣是“变体绣”的一种，亦名“两面光”。是在一块底料上，一针同时绣出正反相同色彩图案的一种绣法，要求绣片正反两面一样整齐匀密。清宫档案有载，符望阁所有装修隔扇均由两淮盐政史李质颖承办[27]，可见符望阁双面绣均产自江南，应为“苏绣”的一种。“苏绣”在清代的发展盛况空前，针法之多，应用之广，莫不超过前朝，山水、亭台、花鸟、人物，无所不能，无所不工。加上宫廷的大量需要，豪华富丽的绣品层出不穷。从宫中留存至今的绣品可以看出，产自江南的“苏绣”其技法均高于内务府所出，尤以其中的双面绣精美细腻，极富审美情趣，在充斥着满洲传统风格的皇宫，显得格外清新雅致，体现了乾隆帝对江南格调的分外推崇。（图 3-6-6）

在符望阁南侧的须弥座上，我们发现了三槽非常罕见的“漆纱沥粉贴金彩绘”夹纱隔扇（图 3-6-7）。从直观分析，它是以漆纱为地，将装饰图案采用沥粉贴金的方法修饰于上，制成通透且装饰效果极强的隔扇夹纱。漆纱，是一种纬线粗于经线，两经纠绞交织并满饰中国传统大漆的织物，其外观呈均匀而稀疏的方孔状。“漆纱沥粉贴金彩绘”夹纱正是利用了漆纱疏朗而周正的纱孔，达到隔扇通透而分隔的使用要求。为了使织物更加挺括和平整，匠师于纱面上满饰大漆贴金涂层。直到今天，虽已脆化，用手触摸依然能够感受到它的挺固。在双层仔屉的底部和夹纱的背面，我们还发现了大量金铂，可以想见当年纱面的光彩与辉煌。在图案制作上，先使用沥粉在纱面上勾绘出图案线条，经过填色等工艺处理，最后用金粉描画线条，使图案呈现出类似浅浮雕的效果。在符望阁，在乾隆花园，甚至在故宫，“漆纱沥粉贴金彩绘”夹纱工艺仅此一处，且其制作工艺和材料尚未见于清宫档案。带有金铂的大漆涂层如何施绘于织物表面？沥粉图案绘制工艺的材料组成到底是什么？……很多“谜团”还有待揭开。当然，也正是由于它的唯一性和未知性，给我们的保护修复带来了更多的挑战和开创空间。

符望阁和乾隆花园一起，建于清乾隆三十七年（1772年），嘉庆七年（1802 年）修，光绪十七年（1891 年）重修。对于乾隆花园的营造历史，可引以为据的清宫历史档案为数众多，内容繁杂。但是关于内檐装修丝织品方面，档案中未见记录。经过现场勘察，发现除符望阁内部分槛窗的蓝色亮地纱于上 20 世纪 70 年代替换之外，其余内檐装修用丝织品均为始建时原状，未曾受到人为干预，具有难得的历史价值。（图 3-6-8）

正如前文所述，乾隆花园是个地地道道的帝王花园，从园林建筑到内檐装修，从设计到施工的每一环节，无不得到皇帝的深切关注。今天，我们依然能够品鉴到帝王的审美和情趣。这座花园兴建之时，乾隆皇帝已经是位 60 岁的老者，早已不再踌躇满志、英姿飒爽、意气风发，他将他那 60 年的人生阅历，30 多年的风霜雪雨，和对未来生活无限的期待融入到他亲手设计的花园中来。中年以后的乾隆皇帝，慢慢开始摒弃祖父对于西洋奇巧的排斥，开始大量接受西洋文化，从西洋器物、西洋绘画，到西洋装饰，创造了更开放、更包容的思想氛围。符望阁隔扇双面绣中大量西番莲纹饰的应用恰好从一个侧面反映了这一时期的艺术思潮。（图 3-6-9）

乾隆花园自建成已 230 余年，经历种种变迁，精美的内檐装修丝织品从未受到过全面保护和日常保养，如今已是尘土满面，脆化、老化、霉斑、破裂，比比皆是，濒临损毁，亟待采取恰当的保护措施。同时，随着时间的流逝，内檐装修丝织品中所反映的多种匠作工艺已经失传或正在消亡，结合保护工作，对之进行有效延续、抢救和发掘，让传统技术和艺术更加精美、精致、精彩地呈现给后人，是我们迫在眉睫的工作。在符望阁内檐装修丝织品中，有两种重要的匠作工艺，一是双面绣，

图 3-6-1　蓝色亮地纱用于落地罩

图 3-6-2　黄绢地缠枝花卉双面彩绣用于炕罩

图 3-6-3　漆纱彩绘用于落地罩

图 3-6-4　蓝色梅竹纹亮地纱用于花窗

图 3-6-5　蓝色平纹纱用于槛窗

图 3-6-6　黄绢地缠枝花卉双面彩绣横披

图 3-6-7　漆纱彩绘

图 3-6-8　替换花纱的槛窗

图 3-6-9　双面绣片

另一是漆纱沥粉贴金彩绘。这些匠作工艺属于非物质文化遗产范畴，需要通过现代研究对之进行价值挖掘和复原研究，从这种意义上讲，幸存至今的内檐装修丝织品已成为见证当年历史的“标本”，科学价值毋庸赘言。

二　符望阁内檐装修丝织品保存现状

（一）病害类型与图示

病害是指在长期使用、流传、保存过程中，因物理、化学、生物损害而造成的一系列不利于藏品安全或有损于藏品外貌的变化。图示是以图形为主要特征记录表示丝织品病害类型的符号，主要用于病害图的绘制。

在对符望阁内檐装修丝织品病害调查的基础上，对现存的典型病害进行记录、归纳。参考中华人民共和国文物保护行业标准《馆藏丝织品病害图示》（WW/T0013-2008），结合内檐装修丝织品的特点，提出了乾隆花园内檐装修丝织品的病害类型，确定了病害标识符号。

在进行病害现状调查时，应按照病害类型及图示标识要求，对内檐装修丝织品的病害或现状作记录（表 3-6-1，病害详述见本报告第六章第五节“符望阁内檐装修各工艺残损图解词汇表”）。

（二）病害分级

乾隆花园内檐装修丝织品自建成之初，大多保留在原位，未曾替换，历经 200 余年风雨，均存在不同程度的残损。实施保护之前，有必要对丝织品劣化程度进行量化的分析与评价，为下一步制定保护措施提供科学依据。

符望阁内檐装修丝织品的残损等级确定为 A 到 D 四级，以反映 1% 至 100% 的残损程度（图 3-6-10）。级别的判定不仅综合了视觉和触觉等多重因素，而且综合了丝织品完整性变化、色彩变化、平整性变化、污染、糟朽和生物破坏等多种病害因子。

表 3-6-1　病害类型与图示

类别	子类别	标识符号
1. 与构件连接变化	1.1 松动	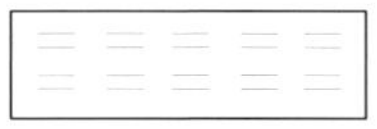
	1.2 脱离	
2. 完整性变化	2.1 残缺	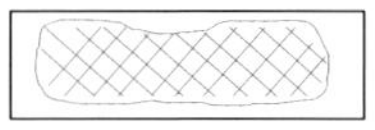
	2.2 破裂	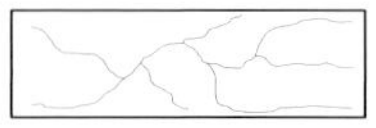
	2.3 印绘脱落	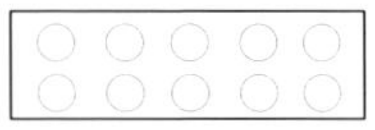
3. 色彩变化	3.1 褪色	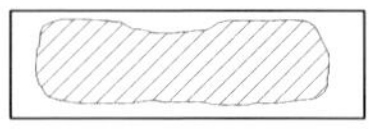
	3.2 泛黄	
	3.3 晕色	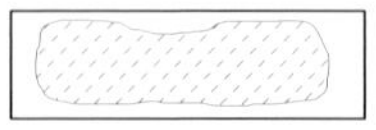
4. 平整性变化	4.1 黏连	
	4.2 皱褶	
5. 污染	5.1 尘土	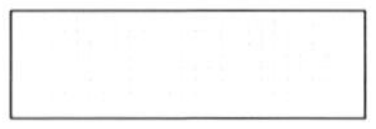
	5.2 水渍	
	5.3 油渍	
	5.4 沾污	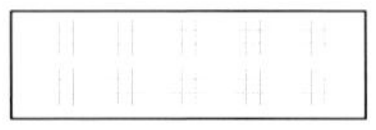
6. 生物破坏	6.1 蜘蛛	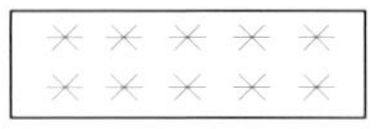
	6.2 蛀虫	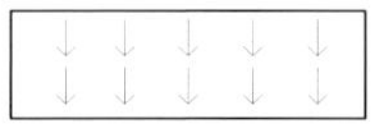
	6.3 霉菌	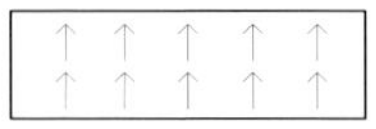
7. 糟朽	——	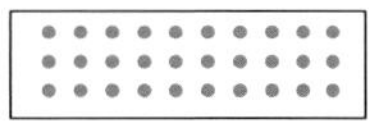
8. 历史干预	——	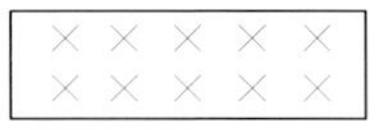

（三）现状调查

1. 内檐装修丝织品的分布调查

符望阁内檐装修丝织品勘察集中在首层和仙楼层，主要包括首层的南面东次间和明间落地罩、西面三间炕罩和落地罩、东面明间落地罩及仙楼层落地罩等。（图 3-6-11 ~ 12）

从品种分布上看，包括绢、双面绣、漆纱彩绘、亮地纱和蓝色平纹纱。（表 3-6-2、图 3-6-13）

表 3-6-2　符望阁内檐装修丝织品品种分布

品种（%） 建筑名称	双面绣	漆纱彩绘	亮地纱	绢	蓝色平纹纱
符望阁	28.6	14.3	17.1	30.5	9.52

2. 内檐装修丝织品的残损勘察

统计勘察所有现存内檐装修丝织品是开展保护工作和进行展陈设计的基础，兹将符望阁内檐装修丝织品勘察统计罗列如下（表 3-6-3）。

图 3-6-10a　残损等级示例 A. 10%（一层南侧后间北墙东一窗）

图 3-6-10b　残损等级示例 B. 30%（一层南侧后间北墙东五窗）

图 3-6-10c　残损等级示例 C. 60%（一层南侧后间北墙西二窗）

图 3-6-10d　残损等级示例 D. 95%（一层南侧后间北墙东二窗）

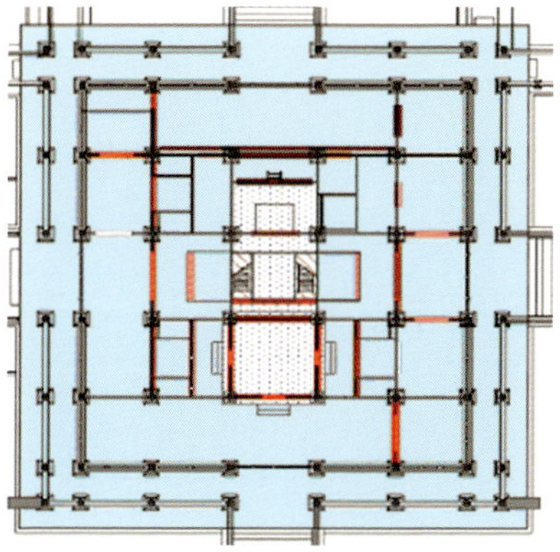

图 3-6-11　符望阁首层内檐装修丝织品分布图

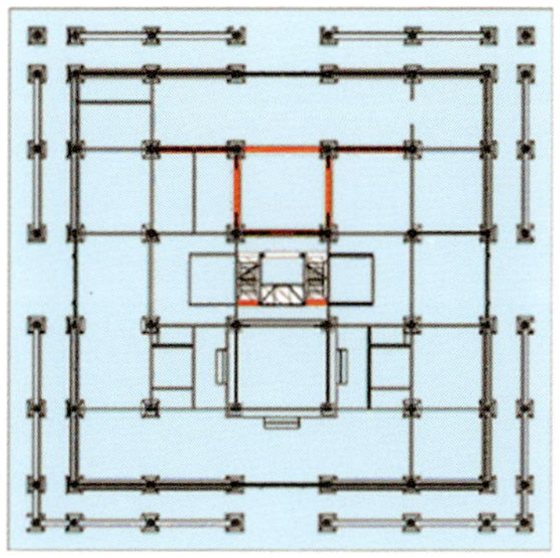

图 3-6-12　符望阁仙楼层内檐装修丝织品分布图

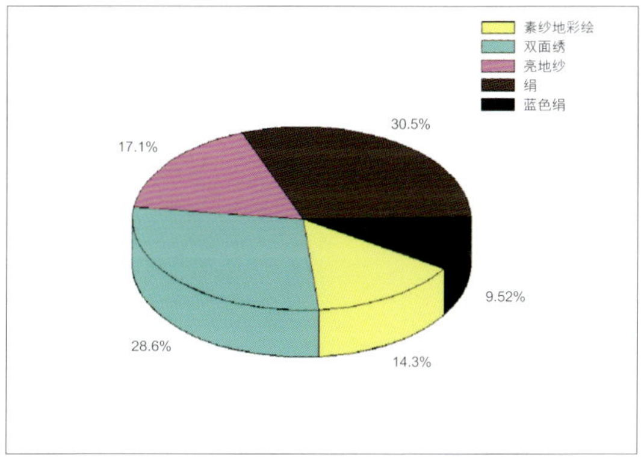

图 3-6-13　符望阁内檐装修丝织品品种分布图

表 3-6-3　符望阁内檐装修丝织品勘察统计情况

构件名称	构件编号	丝织品编号	对应中文描述	织物品种	残损率	病害图
首层						
符望阁首层西面三间内檐装修	KZ_3*CD_1_CC	KZ_3*CD_1_CC_1	隔扇隔心	绢	A,20	3
		KZ_3*CD_1_CC_2	隔扇隔心		A,20	4
		KZ_3*CD_1_CC_3	隔扇隔心		C,50	5
		KZ_3*CD_1_CC_4	隔扇隔心		B,40	8
		KZ_3*CD_1_CC_5	隔扇隔心		B,40	19
		KZ_3*CD_1_CC_6	隔扇隔心		A,20	20
		KZ_3*CD_1_CC_7	横披		A,20	1
		KZ_3*CD_1_CC_8	横披		A,20	9
		KZ_3*CD_1_CC_9	横披		A,15	10
		KZ_3*CD_1_CC_10	横披		A,15	11
		KZ_3*CD_1_CC_11	横披		B,30	12
		KZ_3*CD_1_CC_12	横披		A,20	13
		KZ_3*CD_1_CC_13	横披		B,25	14
		KZ_3*CD_1_CC_14	横披		B,30	15
		KZ_3*CD_1_CC_15	横披		A,10	16
首层明间前二进间落地罩	LZ_4*CD_1_CC	LZ_4*CD_1_CC_1	南隔扇隔心	漆纱彩绘	A,15	73
		LZ_4*CD_1_CC_2	北隔扇隔心		A,15	74
		LZ_4*CD_1_CC_3	横披南		A,10	75
		LZ_4*CD_1_CC_4	横披中		A,10	76
		LZ_4*CD_1_CC_5	横披北		A,15	77
首层明间前二进间东缝落地罩	LZ_5*CD_1_CC	LZ_5*CD_1_CC_1	南隔扇隔心	漆纱彩绘	A,15	78
		LZ_5*CD_1_CC_2	北隔扇隔心		A,10	79
		LZ_5*CD_1_CC_3	横披南		A,20	80
		LZ_5*CD_1_CC_4	横披中		A,10	81
		LZ_5*CD_1_CC_5	横披北		A,10	82
首层东次间前二进间炕罩	KZ_5a*CD_1_CC	KZ_5a*CD_1_CC_1	南隔扇隔心	黄绢地缠枝花卉纹双面彩绣	A,10	88
		KZ_5a*CD_1_CC_2	北隔扇隔心		B,35	89
		KZ_5a*CD_1_CC_3	横披南		A,10	90
		KZ_5a*CD_1_CC_4	横披中		A,10	91
		KZ_5a*CD_1_CC_5	横披北		C,50	92
首层东次间中进间东缝落地罩	LZ_6*DE_1_CC	LZ_6*DE_1_CC_1	南隔扇隔心	绢	A,10	22
		LZ_6*DE_1_CC_2	北隔扇隔心		A,10	23
		LZ_6*DE_1_CC_3	横披南		A,15	24
		LZ_6*DE_1_CC_4	横披中		A,15	25
		LZ_6*DE_1_CC_5	横披北		A,10	26
首层明间前一间北缝落地罩	LZ_C*45_1_CC	LZ_C*45_1_CC_1	西隔扇隔心	漆纱彩绘	B,25	83
		LZ_C*45_1_CC_2	东隔扇隔心		A,15	84
		LZ_C*45_1_CC_3	横披西		A,10	85
		LZ_C*45_1_CC_4	横披中		A,10	86
		LZ_C*45_1_CC_5	横披东		A,20	87
首层明间后二进间落地罩	LZ_E3*45_1_CC	LZ_E3*45_1_CC_1	隔扇西 1	蓝色梅竹纹亮地纱	A,5	53
		LZ_E3*45_1_CC_2	隔扇西 2		A,5	54
		LZ_E3*45_1_CC_3	隔扇东 1		A,5	55
		LZ_E3*45_1_CC_4	隔扇东 2		A,5	56
		LZ_E3*45_1_CC_5	横披西		A,5	60
		LZ_E3*45_1_CC_6	横披中		A,5	61
		LZ_E3*45_1_CC_7	横披东		A,5	62
楼梯间落地罩	LZ_D3*45_1_CC	LZ_D3*45_1_CC _1	隔扇西	黄绢地缠枝花卉纹双面彩绣	C,60	93
		LZ_D3*45_1_CC _2	隔扇中 1		A,10	94-1
		LZ_D3*45_1_CC _3	横披中 2		A,15	94-2
		LZ_D3*45_1_CC _4	横披中 3		A,15	94-3
		LZ_D3*45 _1_CC_5	横披东		D,80	95

首层明间前二进间北缝隔墙	GQ_D*45_1_CC	GQ_D*45_1_CC _1 GQ_D*45_1_CC _2 GQ_D*45_1_CC _3 GQ_D*45_1_CC _4 GQ_D*45_1_CC _5 GQ_D*45_1_CC _6 GQ_D*45_1_CC _7 GQ_D*45_1_CC _8 GQ_D*45_1_CC _9 GQ_D*45_1_CC _10	西 1 窗扇 西 2 窗扇 西 3 窗扇 西 3 窗扇 西 5 窗扇 东 5 窗扇 东 4 窗扇 东 3 窗扇 东 2 窗扇 东 1 窗扇	蓝色平纹纱	B,30 C,50 B,40 A,15 D,100 B,30 A,20 A,20 D,100 A,10	63 64 65 66 67 68 69 70 71 72
隔墙	GQ_E*4a4b_CC	GQ_E*4a4b_CC_1 GQ_E*4a4b_CC_2 GQ_E*4a4b_CC_3 GQ_E*4a4b_CC_4 GQ_E*4a4b_CC_5 GQ_E*4a4b_CC_6	西 1 窗扇 西 2 窗扇 西 3 窗扇 东 3 窗扇 东 2 窗扇 东 1 窗扇	蓝色梅竹纹亮地纱	A,5 A,5 A,5 A,5 A,5 A,5	47 48 49 50 51 52
	G*3a4		槛窗	蓝色梅竹纹亮地纱	A,5	21
	F*55a		槛窗		A,5	57
	F*67		槛窗		A,5	58
	5a*D1 D3		横披	绢	A,20	27
符望阁南侧落地罩	LZ_6*BC_1_CC	LZ_6*BC_1_CC_1 LZ_6*BC_1_CC_2 LZ_6*BC_1_CC_3 LZ_6*BC_1_CC_4 LZ_6*BC_1_CC_5 LZ_6*BC_1_CC_6 LZ_6*BC_1_CC_7 LZ_6*BC_1_CC_8 LZ_6*BC_1_CC_9 LZ_6*BC_1_CC_10	隔扇 1 隔扇 2 隔扇 3 隔扇 4 横披 1 横披 2 横披 3 横披 4 横披 5 横披 6	绢	A,15 A,10 B,30 B,40 B,30 A,15 B,25 A,20 A,10 A,10	6 7 28 29 2 17 18 30 31 32
首层东次间前二进间东缝花窗	HC_6*C1C2_1_CC	HC_6*C1C2_1_CC_1 HC_6*C1C2_1_CC_2	槛窗 1 槛窗 2	蓝色梅竹纹亮地纱	A,5 A,5	59 102
仙楼层						
仙楼层明间后二进间西缝落地罩	LZ_EF*4_X_CC	LZ_EF*4_X_CC_1 LZ_EF*4_X_CC_2	南隔扇 北隔扇	黄绢地缠枝花卉纹双面彩绣	A,20 C,50	45 46
仙楼层明间中进间东缝落地罩	LZ_EF*5_X_CC	LZ_EF*5_X_Z_1 LZ_EF*5_X_Z_2	南隔扇 北隔扇	黄绢地缠枝莲花纹双面彩绣	B,20 C,60	39 40
仙楼层明间中进间北缝落地罩	HZ_E*45_X_CC	HZ_E*45_X_CC_1 HZ_E*45_X_CC_2 HZ_E*45_X_CC_3 HZ_E*45_X_CC_4	西 1 隔扇隔心 西 2 隔扇隔心 东 1 隔扇隔心 东 2 隔扇隔心	黄绢地缠枝花卉纹双面彩绣	B,40 D,80 D,70 D,90	41 42 43 44
仙楼层西次间后一进间南缝槛窗	KC_F*34_X_CC	KC_F*34_X_CC_1 KC_F*34_X_CC_2 KC_F*34_X_CC_3 KC_F*34_X_CC_4 KC_F*34_X_CC_5 KC_F*34_X_CC_6	西 1 窗扇 西 2 窗扇 西 3 窗扇 东 3 窗扇 东 2 窗扇 东 1 窗扇	黄绢地缠枝莲花纹双面彩绣	D,80 A,20 A,15 B,30 A,15 B,30	96 97 98 99 100 101
仙楼层东次间后一进间南缝槛窗	KC_F*56_X_CC	KC_F*56_X_CC_1 KC_F*56_X_CC_2 KC_F*56_X_CC_3 KC_F*56_X_CC_4 KC_F*56_X_CC_5 KC_F*56_X_CC_6	西 1 窗扇 西 2 窗扇 西 3 窗扇 东 3 窗扇 东 2 窗扇 东 1 窗扇	黄绢地缠枝莲花纹双面彩绣	B,30 B,30 A,20 A,15 A,20 A,20	33 34 35 36 37 38

根据内檐装修丝织品残损勘察统计结果，以槽为单位，逐一对丝织品进行病害调查，参考表 3-6-1 绘制病害图。由于篇幅原因，内檐装修丝织品病害调查不再一一详述，现仅以五种类型的代表性构件为例加以说明。（图 3-6-14 ～ 18）

3. 内檐装修丝织品残损率分布统计

综合所有 104 件丝织品构件，依照从 A 至 D 的残损等级，确定符望阁内檐装修丝织品残损率分布如下（表 3-6-4、图 3-6-19）：

表 3-6-4　符望阁内檐装修丝织品残损率分布

残损率（%） 建筑名称	A	B	C	D
符望阁	69.2	19.2	5.77	5.77

乾隆花园内檐装修丝织品的残损影响因素众多，残损率可以视作总体病害状况的评价指标。从上图中可以看出，符望阁采用了五种丝织品，残损率为 A 级的占 69.2%，说明符望阁内檐装修丝织品大多保留着当年的原始状态，但脆化、老化也相当严重。

三　符望阁内檐装修丝织品分析检测

（一）绢

该织物多用于符望阁首层西面三间内檐装修、首层东次间中进间东缝落地罩的隔扇、横披等构件，一般由多块绢织物拼贴而成，其中以采用二长二短四块绢拼贴最为常见，中间留出一长方形空孔用于裱贴画心。

原织物应为黄色，现褪色情况较为严重，其中在某一横披（M113 号）上贴有纸签，上有两行墨书“符望阁下层南面东头东”、“间横楣中心”；在另一横披（M114 号）上亦贴有纸签，上有两行墨书“符望阁下层南面东头”、“东间横楣南边心”（图 3-6-20），另贴一纸，上书“南边”两字。

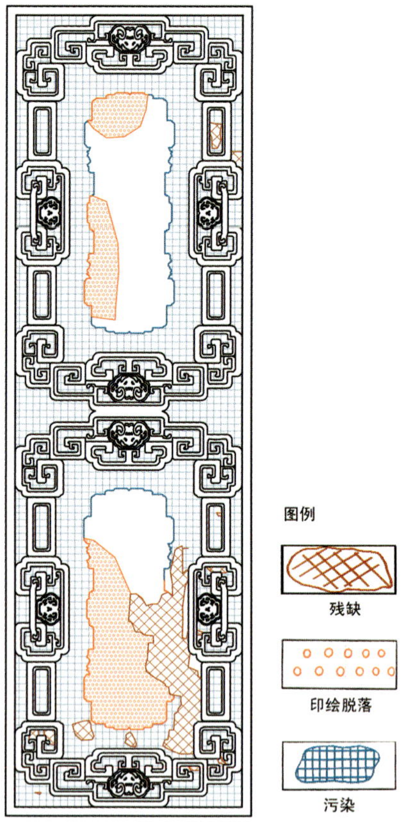

图 3-6-14　首层明间前一间北缝落地罩西隔扇隔心（漆纱彩绘）病害图

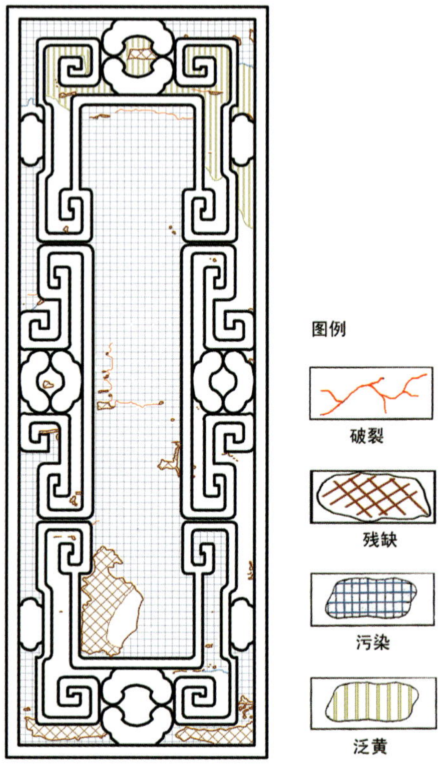

图 3-6-15　仙楼层西次间后一进间南缝槛窗西 2 窗扇（黄绢地缠枝莲花纹双面彩绣）病害图

图 3-6-16　首层东次间前二进间东缝花窗（蓝色梅竹纹亮地纱）病害图

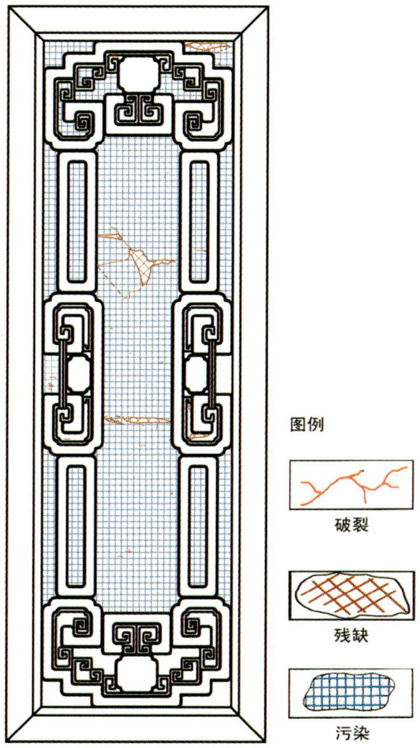

图 3-6-17　首层明间前二进间北缝隔墙西 3 窗扇（蓝色平纹纱）病害图

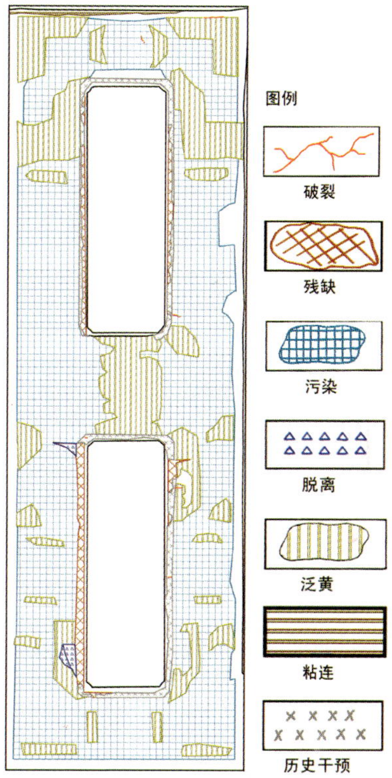

图 3-6-18　首层东次间中进间东缝落地罩横披（绢）病害图

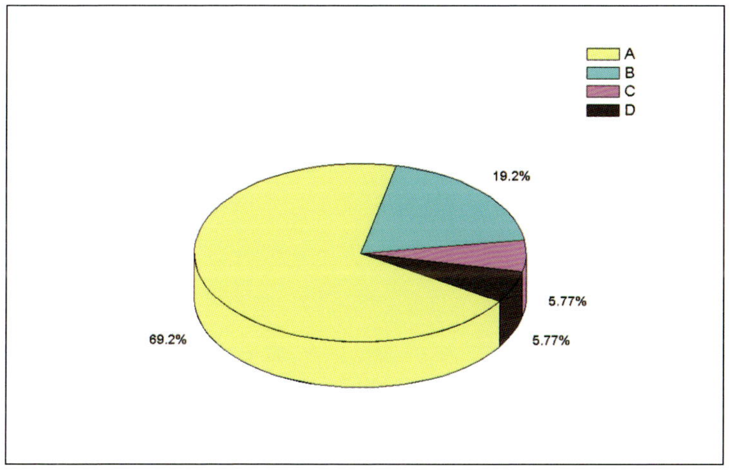

图 3-6-19　符望阁内檐装修丝织品残损率比例

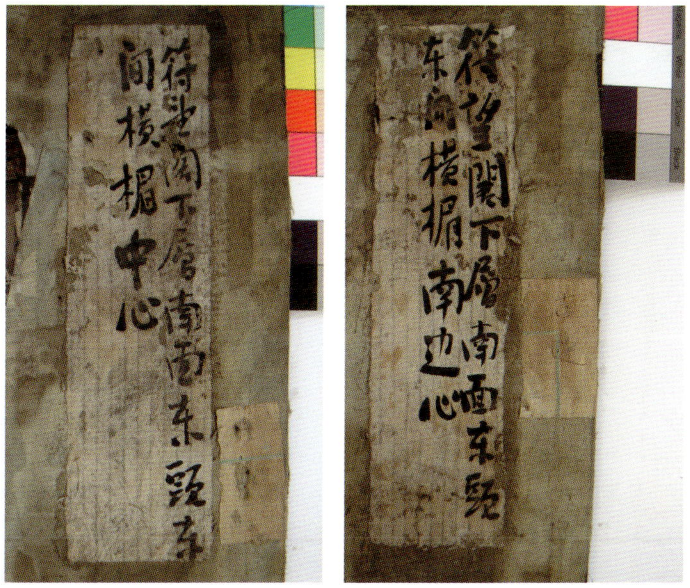

图 3-6-20　纸质墨书

1. 纤维分析

通过显微镜观察可以发现，该织物经纬线纤维的横截面均呈三角形（图 3-6-21 ~ 22），具有典型的桑蚕丝特征，单纤维截面大小与现代桑蚕丝接近，并且截面完整。观察扫描电镜图可以看到，该纤维纵向顺直，具有丝纤维纵向特征（图 3-6-23 ~ 24），同时也从电镜图上看该纤维表面有附着物，推测应是裱画的残留物。

该织物纤维的红外光谱采用 KBr 压片法获得。在图谱（图 3-6-25）中可以看到，1641 cm^{-1}（酰胺Ⅰ）、1516 cm^{-1}（酰胺Ⅱ）、1262 cm^{-1}（酰胺Ⅲ）、1230 cm^{-1}（酰胺Ⅲ）是蛋白质纤维的特征峰，1001cm^{-1} 是甘氨酸 - 丙氨酸肽链的骨架振动频率，说明该纤维属于桑蚕丝，结合该织物纤维横截面图，可以确定夹绢残片所采用的纺织材料是家养桑蚕丝。

图 3-6-21　经线横截面图

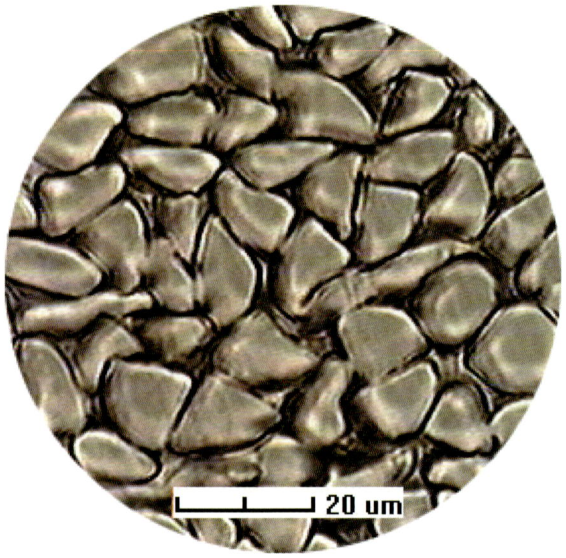

图 3-6-22　纬线横截面图

2. 织物分析

该织物采用平纹组织织造而成，经线无捻（图 3-6-26），经密为 47 根 /cm；纬线亦无捻（图 3-6-27），纬密为 24 ～ 32 根 /cm。有的织物还保留有一侧幅边，其宽度在 0.12 ～ 0.2cm 左右，亦采用平纹组织织成（图 3-6-28）。

（二）蓝色平纹纱

该织物主要用于符望阁首层明间前二进间北缝隔墙及横披处。

1. 纤维分析

通过显微镜观察可以发现，该织物纤维的横截面呈三角形（图 3-6-29），具有典型的桑蚕丝特征，单纤维截面大小与现代桑蚕丝接近。观察扫描电镜图可以看到，该纤维纵向顺直，具有丝纤维纵向特征（图 3-6-30），同时，从纤维横纵形貌上看，该纤维截面完整，没有碎裂侵蚀情况。红外光谱可以确定蓝色平纹纱所采用的纺织材料是家养桑蚕丝。

图 3-6-23　织物电镜图（×100）

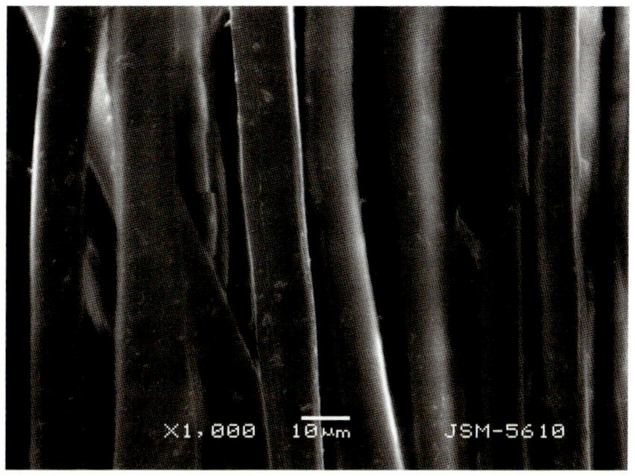

图 3-6-24　纤维电镜纵向图（×1000）

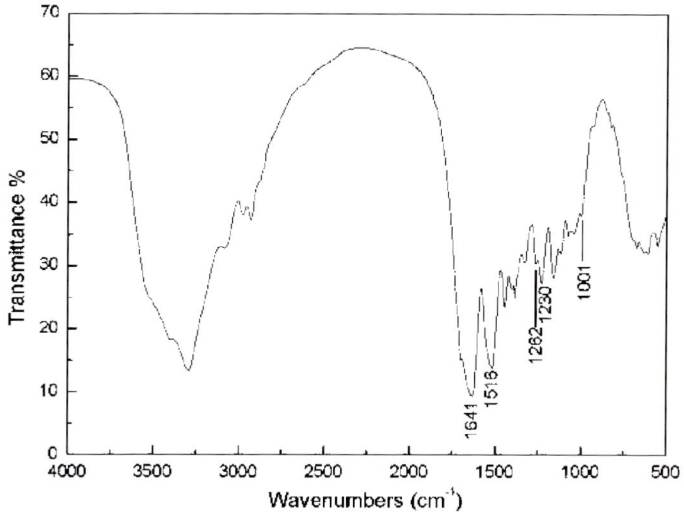

图 3-6-25　红外光谱图

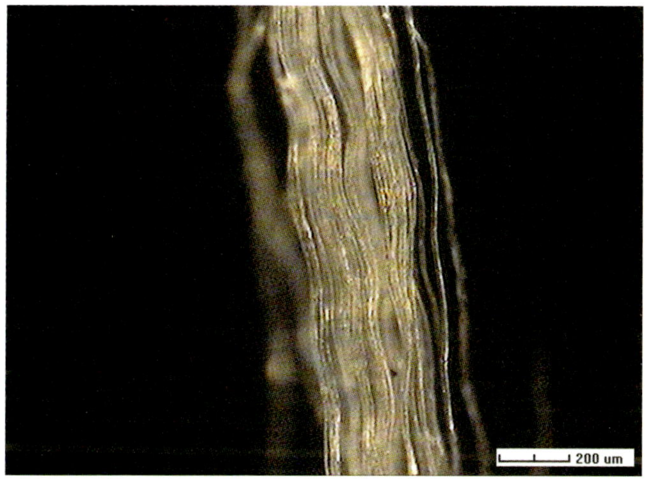

图 3-6-26　经线纵向图

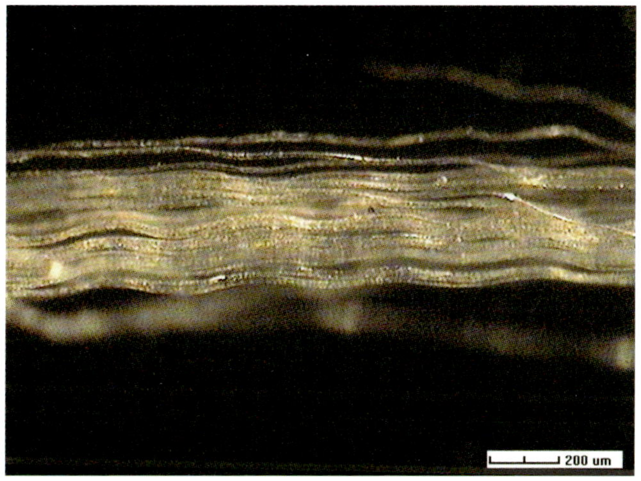

图 3-6-27　纬线纵向图

图 3-6-28　蓝色绢结构图

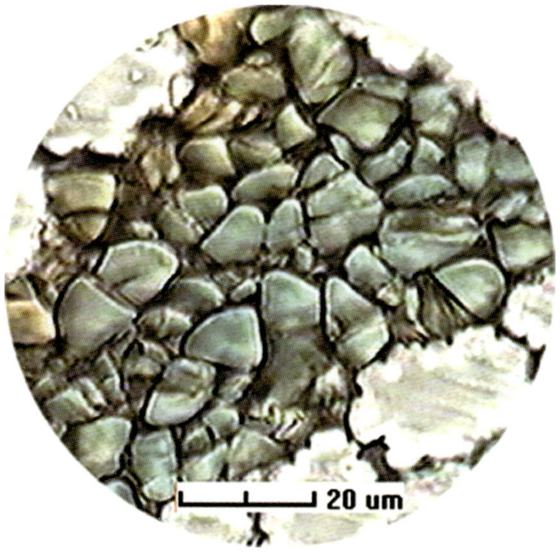

图 3-6-29　纤维横截面图

图 3-6-30　纤维纵向图

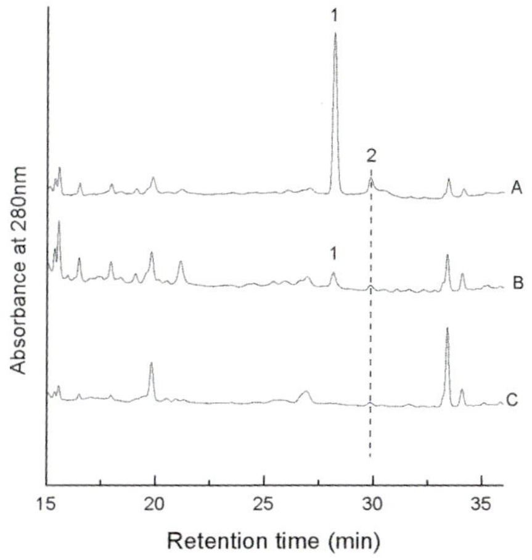

图 3-6-31　现代样品（A）残片（B）和 DMSO(C) 高效液相色谱图

2．染料分析

该织物的染料分析采用的是高效液相色谱法。曲线A（图 3-6-31）是用靛青染料染色现代丝织物的结果。

可以在图中看出，靛青染料含有两种主要的成分——色素 1 靛蓝和色素 2 靛玉红。相应地在曲线 B 中也出现了保留时间为 28.13min 的色素 1 靛蓝。尽管对应于 A 曲线峰 2 位置的 B 曲线上有相应的谱峰显现，但是溶剂 DMSO 的曲线在同一位置也出现了这一谱峰，参照曲线 A 中峰 1 和峰 2 的强度比较，可以推测由于样品的浓度极小，无法在残片中检测到色素 2。

图 3-6-32　假纱结构图

3．织物分析

该织物采用平纹组织织造而成（图 3-6-32），经线无捻或 Z 捻（图 3-6-33），经密约为 41 根 /cm；纬线无捻（图 3-6-34），纬密约为 50 根 /cm。该织物与普通绢类织物不同之处在于织造时于两根经线与两根经线之间采用了空筘的方法，使每组经线之间形成了较为明显的空隙，与当时的画绢织物比较接近。

图 3-6-35　纤维横截面图

（三）蓝色梅竹纹亮地纱

该织物主要使用在符望阁首层明间后二进间落地罩、槛窗等处，为 20 世纪 70 年代修整时替换上去的，替换的材料仍然为故宫博物院旧库存，由于在自然条件下陈设时间相对较少，因而色彩、完整性等保存情况均较好。

1．纤维分析

通过显微镜观察可以发现，该织物纤维的横截面呈三角形（图 3-6-35），具有典型的桑蚕丝特征，单纤维截面大小与现代桑蚕丝接近。观察扫描电镜图可以看到该纤维纵向顺直，具有丝纤维纵向特征（图 3-6-36）。同时，从纤维横纵形貌上看，该纤维截面完整、没有碎裂侵蚀情况，纵向光滑、污物少，说明该织物保存良好，没有发生明显的老化降解状况。红外光谱可以确定蓝色梅竹纹亮地纱所采用的纺织材料是家养桑蚕丝。

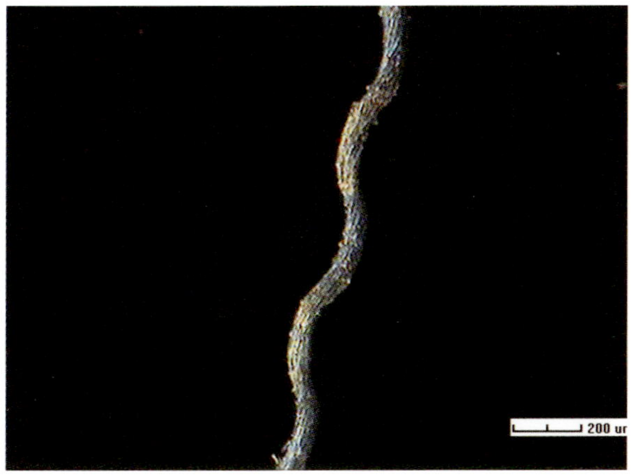

图 3-6-33　经线纵向图

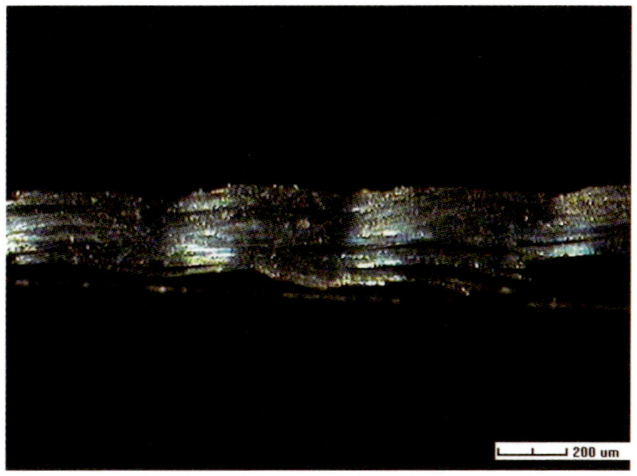

图 3-6-34　纬线纵向图

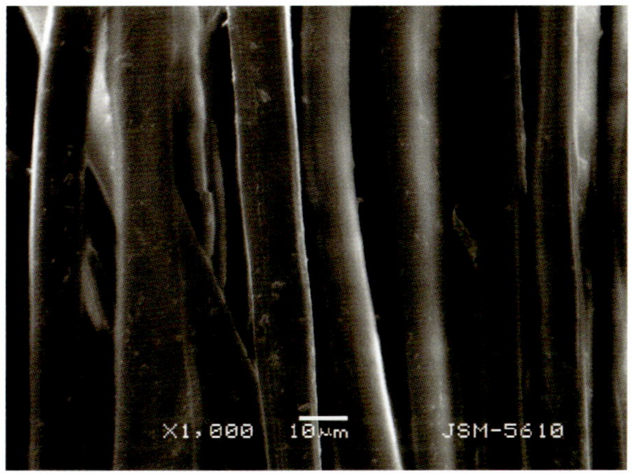

图 3-6-36　纤维纵向图

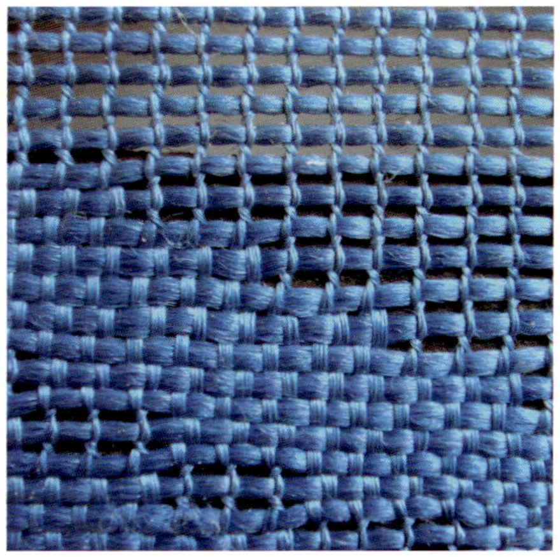
图 3-6-37　组织结构图

图 3-6-38　经线纵向图

图 3-6-39　纬线纵向图

2. 染料分析

染料分析同蓝色平纹纱，此处略。

3. 织物分析

织物以 1 ∶ 1 绞纱组织作地，一顺绞，其上以 1 ∶ 1 平纹组织显花（图 3-6-37），经线无捻（图 3-6-38），经密为 18 根 /cm；纬线无捻（图 3-6-39），纬密为 14 根 /cm。织物以岁寒三友中的梅、竹纹样为主题，一行为梅树，一行为竹枝，图案呈二二错排，其图案经向循环约为 39.2cm，纬向循环约为 23.6cm。由于这种织物绞纱地透孔大，显亮的缘故，因而得名亮地纱，在清代也被称为直地纱，是当时极为常见的纱类织物。

图 3-6-40　直径纱彩绘

图 3-6-41　经线横截面

图 3-6-42　纬线横截面

（四）漆纱彩绘

该织物（图 3-6-40）主要使用在符望阁首层明间前二进间落地罩、首层明间前二进间东缝落地罩、首层明间前一间北缝落地罩。

1. 纤维分析

通过显微镜观察可以发现，该织物经纬线纤维的横截面均呈三角形（图 3-6-41 ~ 42），具有典型的桑蚕丝特征，但是该织物的丝纤维脆裂情况严重，纤维截面不完整。观察扫描电镜图（图 3-6-43）可以看到，纤维表面有附着物，是脱落的彩绘。该织物纤维的红外光谱确定漆纱彩绘织物所采用的纺织材料是家养桑蚕丝。

此外，由于漆纱彩绘工艺比较特殊，可以在该织物的电镜图中看到织物表面有颗粒状物质（图 3-6-44）。因此，对该织物的表面进行 EDX（X 射线能谱图）检测（图 3-6-45）和衰减全反射红外光谱图（图 3-6-46）检测，发现表层的颗粒状物质主要是金，但是未能确认彩绘层的具体化学成分，有待于进一步的研究。

2. 织物分析

织物以黄色素纱为底，而某些沥粉剥落处的纱织物则呈现深褐色。采用 1:1 绞纱组织织成，一顺绞（图 3-6-

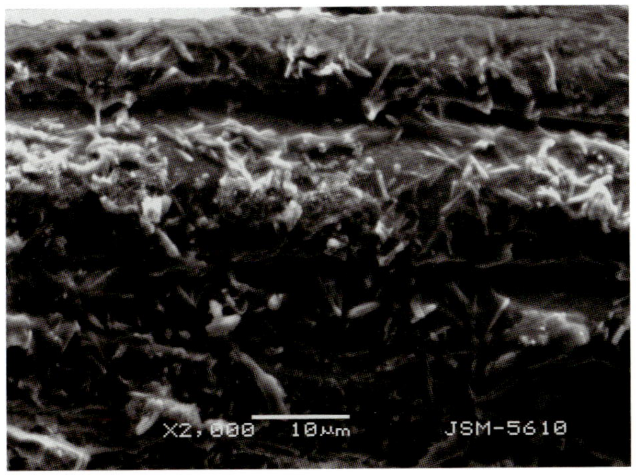

图 3-6-43　纤维纵向图（×2000）

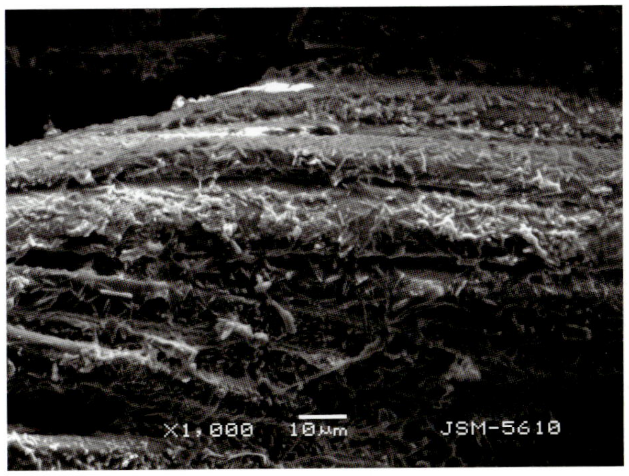

图 3-6-44　织物表面电镜图（×1000）

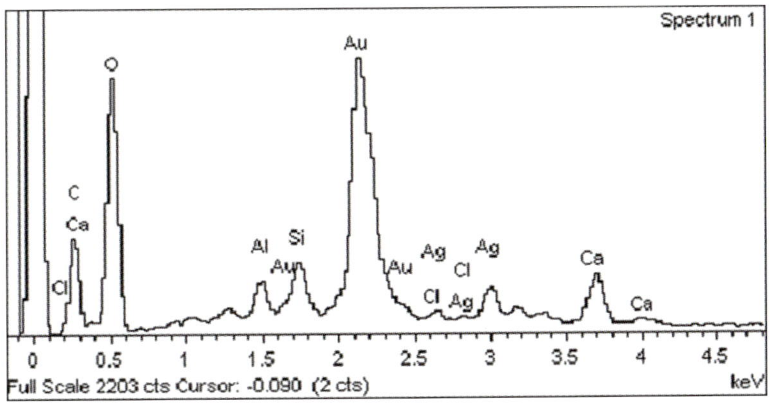

图 3-6-45　X 射线能谱图

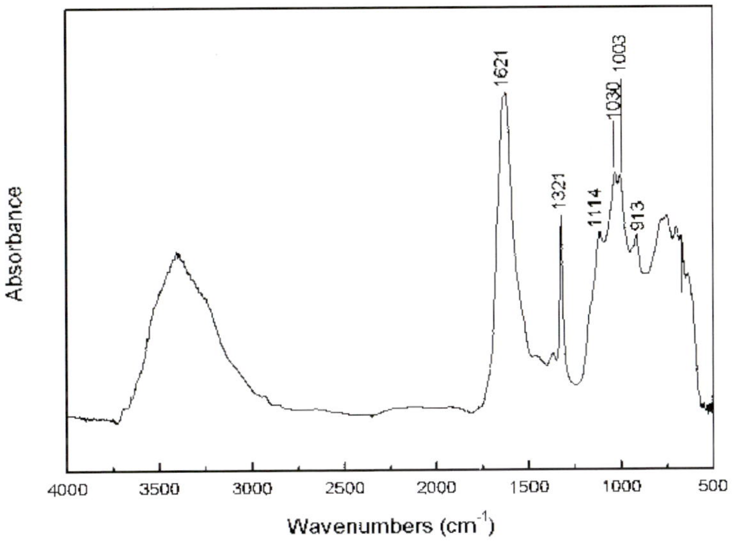

图 3-6-46　彩绘层的衰减全反射红外图

图 3-6-47　沥粉堆金结构图

图 3-6-48　组织结构放大图

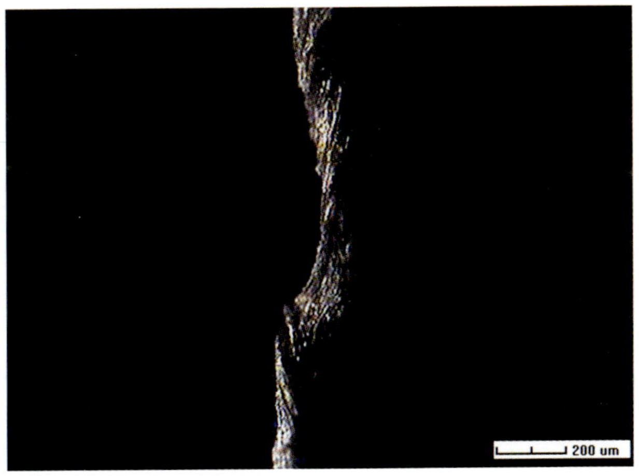

图 3-6-49　经线纵向图

图 3-6-50　刺绣

图 3-6-51　符望阁二楼刺绣结构图

图 3-6-52　刺绣局部图

47～48），经细纬粗，经线无捻（图 3-6-49），经密为 46 根 /cm；纬线无捻，纬密为 12 根 /cm。织物的双面都使用了彩绘工艺，绘出相同的图案，制作较为细致，但在某些局部还是出现了两面图案线条没有完全吻合的情况。横披和隔扇的图案均由花卉和几何纹构成，呈上下、左右对称，具有较强的装饰性，只在细节上略有不同，其中横披部分的图案高 24.3cm，宽 60cm；隔扇部分则高 14.8～18.8cm，宽 58.2cm。

（五）黄绢地缠枝花卉纹双面彩绣

该织物（图 3-6-50）主要用在符望阁仙楼层明间中进间北缝落地罩，绣品以黄色素绢作绣地，以平纹组织织造，经线无捻，双股，经密约为 48 双 /cm；纬线无捻，纬密约为 34 根 /cm（图 3-6-51）。织物采用双面绣的工艺制作，目前可辨认的绣线有深蓝、浅蓝、橙红、米黄、浅绿等色，在具体的针法上则以抢针和套针为主，而在花瓣重叠、叶片交互等处，为使彼此之间的界限分明而留有“水路”（图 3-6-52）。绣品两面的图案完全相同，可分为上、中、下三段，其中中段最长，是图案的主体部分，但三段之间并无十分明显的分隔。花卉图案为主要表现题材，其间以相互缠绕的枝蔓相连，呈上下、左右对称。

（六）结果与讨论

符望阁内檐装修丝织品共涉及五个品种，对其中四种进行了取样分析，重点关注纤维鉴别和染料鉴定，结果如下（表 3-6-5）。

表 3-6-5　取样测试结果

序号	品种	纤维种类	染料种类
1	绢	桑蚕丝	——
2	蓝色平纹纱	桑蚕丝	靛青
3	蓝色梅竹纹亮地纱	桑蚕丝	靛青
4	漆纱彩绘	桑蚕丝	——

1. 纤维

通过显微镜观察发现，符望阁内檐装饰织物纤维均为家蚕丝，纤维截面成三角形。利用扫描电镜观察，该批丝纤维没有严重的破损现象，结合红外光谱分析，纤维无明显老化现象，进一步证明这些织物保存完好。

在这批内檐装修丝织品中，漆纱彩绘织物比较特别，通过能谱分析，该织物表面涂层含有元素 Au，进一步用衰减全反射红外光谱检测发现，涂层很可能是沥粉，但是目前还缺乏有力的证据。

2. 染料

对于该批丝织品的染料分析采用了高效液相色谱法。由于蓝色样品较多，因此对其中的三个蓝色样品进行了染料分析。通过二极管阵列检测器分析，发现所有的染料均为靛青所染。在高效液相色谱图中可以明显地看到靛蓝的成分，而在黄色绢地缠枝牡丹纹双面彩绣绣地上的染料中还发现了靛红，说明当时采用的染料仍然来自于天然植物。

根据《乾隆十九年染作销算》记载，乾隆时期使用靛青染的颜色主要有月白、宝蓝、石青、红青和元青，由于内檐装修丝织品褪色严重，无法判明初始为上述何种颜色。如果有足够的样品，并结合《乾隆十九年染作销算》中记载的配方，对其中的套染、媒染加以分析测试的话，应能复原其原始色彩。

3. 织物

此批织物的面料包括素绢、亮地纱、蓝色平纹纱、纱地彩绘、绢地双面绣等多个品种。在整个建筑的丝织品构成中，素绢占 30.5%，亮地纱占 17.1%，蓝色平纹纱占 9.52%，纱地彩绘占 14.3%，绢地双面绣占 28.6%。

在这些织物中最值得一提的是绢地双面绣，两面均以花卉为图案主题。据《乾隆朝汉文录副奏折》[28] 记载，符望阁内檐装修丝织品由两淮盐政承办，均在南方完成，与故宫中其它装饰性浓烈的图案相比显得清新雅致，可见乾隆对江南格调的青睐。而在制作工艺上，运用了套针、抢针、齐针、旋针、施针和打籽等多种针法，使图案的细节部分表现得更富韵律和层次感。

四 病害分析

符望阁内檐装修丝织品的保护，工作重点在于通过现场勘察，对病害种类进行分析归纳，对保存现状进行科学评价和合理量化，在取样分析的基础上，结合环境资料，对主要病害的形成原因和影响因素进行分析研究，为后续的病害治理提供翔实可靠的第一手资料。

（一）病害类型

在现场勘察过程中，逐一对内檐装修丝织品进行了病害调查，对较为明显的病害形态进行了记录和分类，在综合分析各类病害形成原因及其影响因素的基础上，结合文物保护行业标准《馆藏丝织品病害分类及图示》（WW/T0013）和内檐装修的特点，确定典型病害种类如下（见第六章第五节《符望阁内檐装修各工艺残损图解词汇表》）。

1. 与结构连接状况变化（松动、脱离）；
2. 完整性变化（残缺、破裂、印绘脱落）；
3. 色彩变化（褪色、泛黄）；
4. 平整性变化（黏连、皱褶）；
5. 污染（尘土、水渍、油渍、沾污）；
6. 生物破坏（蛛网、蛀洞、霉斑）；
7. 糟朽；
8. 历史干预。

在众多病害类型中，污染和色彩变化是最常见的，几乎波及所有的内檐装修丝织品。此外，完整性变化也不容忽视，残缺和破裂是导致丝织品残损的主要原因。只有少数发生了平整性变化。

（二）病害成因

引起符望阁内檐装修丝织品劣化的原因无外乎内因和外因两方面，其中，内因是指文物材质自身的不稳定性，外因则是指造成文物损毁的外界因素。

1. 内因

对于丝织品而言，内因主要来源于纤维和染料。纺织品文物无论来自于考古发现还是历代传世，都会出现不同程度的劣化，劣化主要包括两个方面，一种是纤维本身的降解，另一种是纤维上的染料褪色。一般而言，纤维上染料的褪色会先于纤维本身的降解而发生。在现场勘察过程中发现，许多内檐装修丝织品，外形保存依然完好，但是颜色已经发生了严重褪变，几乎无法辨明当年的色彩。这一点在拆除构件之后尤为明显，被隔扇夹住的区域，夹纱依稀可见当年的颜色，而暴露在空气中的部分已是色彩褪尽。

（1）纤维

通过对送检样品进行截面分析、纵向观察和红外光谱检测，发现纤维具有明显的家蚕丝特点，从而判定送检样品的纤维均为家蚕丝。

众所周知，家蚕丝属于动物蛋白纤维，主要由氨基酸组成。与陶器、金属等无机材质类别的文物相比，家蚕丝的有机材质具有先天的弱质，决定着其极易受到微生物和昆虫的侵害，是微生物繁殖生长的营养来源；这些有机高分子化合物在受到热辐射、光照时，极易发生热氧老化、光老化反应，使高分子的分子链发生破坏而降解，出现泛黄糟朽；同时，这些氨基酸中的羟基、羧基和氨基等亲水性基团，使织物具有较强的吸湿性，极易吸收空气或土壤中的水分，从而加速了纤维的老化，并在丝织品表面留下水渍；另外，丝织品属于疏松多孔性物质，极易吸附空气中的悬浮物，造成表面灰尘堆积，诱发霉菌虫害的滋生。

（2）染料

对送检样品进行了染料分析，在样品中发现了靛蓝和靛红的成分，说明符望阁内檐装修丝织品的色彩依然为天然植物染料染成。

《唐六典》有言："染大抵以草木而成，有以花叶，有以茎实，有以根皮，出有方土，采以时月。"可知，植物染料来自于植物色素，在染制过程中，其色素分子是通过与织物纤维亲合而改变纤维的色彩，引起植物染料褪色的原因主要有光老化、热老化、水解老化和生物老化等。植物染料的光牢度一般较差，符望阁内檐装修丝织品的颜色保存不佳，多数出现褪色泛黄（图 3-6-53）。在建筑构件夹持部位，夹纱颜色保存相对完好（图 3-6-54）。

2. 外因

外因包括人为因素和环境因素。由于符望阁一直未对外开放，人为因素对内檐装修丝织品的影响不大，环境因素的作用显得尤为突出。

（1）人为因素

在现场勘察的过程中，发现有一些病害由人为因素引发，例如污染中的沾污（图 3-6-55）、穿电线（图 3-6-56）、人为刻划（图 3-6-57）、裱糊标签时的浆糊污染（图 3-6-58）等历史干预行为。

（2）环境因素

内檐装修丝织品的环境因素具有连续持久、潜移默化的影响，是导致文物劣化的重要原因。影响纺织品长期保存的环境因素主要为光线、温度、湿度和大气污染等。

纺织品的染料、颜料、丝纤维等，均对光线敏感，一般染料、颜料对可见光和紫外线敏感，而丝纤维则更容易受紫外线损害，导致纤维内分子结构断裂，机械性能降低。所以，在宏观上，可见光容易引起纺织品褪变色，紫外线更容易使纺织品糟朽，引发脆裂（图 3-6-59 ~ 60）。

从现场勘察可以看出，符望阁处于非开放区域，室内绝大部分光线较为昏暗，只有少数区域采光较好，紫外线对室内文物影响相对较小。

温度和湿度是衡量文物保存气候环境的主要指标。一般来说，室内空气温度和相对湿度的标准数值为温度为 15℃ ~ 25℃，相对湿度为 45% ~ 65%，这也适用于纺织品文物。理想的控制标准是维持环境的温湿度恒定不变，实际上这是较难做到的。尤其在符望阁，室内气候

图 3-6-53　泛黄

图 3-6-54　夹持部位夹纱颜色保存相对完好

图 3-6-55　沾污

图 3-6-56　电线穿过

环境基本处于自然状态，北京的气候为典型的暖温带半湿润大陆性季风气候，夏季炎热多雨，冬季寒冷干燥，这对丝织品的保存非常不利。在病害类型中，水渍（图 3-6-61）、霉斑（图 3-6-62）大多与不当湿度有关。

空气污染物包括固态污染物和气态污染物两种。固态污染物包括具酸碱性的化学微粒、金属粉尘、微生物孢子、植物纤维、动物皮毛、昆虫排泄物及虫卵等。灰尘中的化学微粒，可能会与纺织品材料发生化学反应，造成文物受损。灰尘积落在纺织品上，不仅会改变藏品外观色彩，形成污垢层，还会造成机械性损坏（图 3-6-63）。微生物孢子飘落在纺织品上，环境适宜时就会繁殖。灰尘中的弱酸性物质是霉菌生长的培养基，可加速霉菌的滋生蔓延。虫卵在适宜环境下孵化，害虫会蛀食有机质地藏品（图 3-6-64 ~ 65）。

从现场勘察来看，几乎所有的内檐装修丝织品都受到尘土污染，不同区域由于通风和遮挡物的不同，污染程度存在着一定的差异，但总体来说还是非常严重的。可以说，尘土污染是内檐装修丝织品最常见最严重的污染物因素。

气体污染成分复杂，包括硫氧化物、氮氧化物、碳氧化物、硫氢化物、氯氢化物，它们几乎都为酸性物质，对纺织品文物有极大的破坏作用。气体污染主要来源于外界工业污染以及汽车尾气，考虑到符望阁深处故宫，外界工业污染应该相对较轻。

图 3-6-57　人为刻划

图 3-6-58　浆糊引发污染

图 3-6-59　糟朽

图 3-6-60　破裂

图 3-6-61　水渍

图 3-6-62　霉斑

图 3-6-63　尘土

图 3-6-64　虫蛀

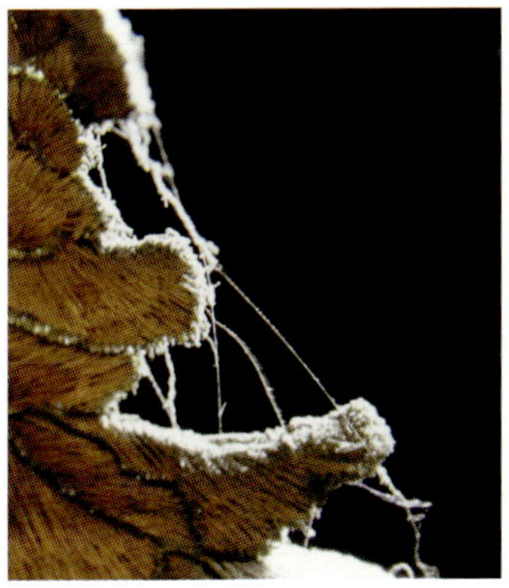

图 3-6-65　蜘蛛

五　修复建议

符望阁内檐装修丝织品总计 104 件，包括双面绣 30 件、漆纱彩绘 15 件、亮地纱 18 件、绢 31 件、蓝色平纹纱 10 件。基于分析检测、病害调查的结果，对该批丝织品提出保护修复建议。

（一）除菌

在病害调查中发现，有霉斑、虫蛀甚至活体生物等存在，可以采用充氮或冷冻法对拆除下来的丝织品进行杀虫消毒处理。

（二）清洗

从现场勘察来看，尘土是内檐装修丝织品最常见最严重的污染因素，因此有必要对所有丝织品进行表面清洁。沿袭乾隆花园先导项目——倦勤斋内檐装修双面绣的清洗经验，拟采用物理清洗办法。

1. 用博物馆专用吸尘器将织物正反两面的灰尘吸去，根据织物糟朽程度随时调整吸尘器的功率。对于边角部分不易清洗的区域，利用吸尘器配备的柔软刷头和棉签进行局部清洗。

2. 用超细纤维布擦拭织物正反两面，重点擦拭五彩丝线绣成的花草等图案部分。使用时及时更换沾染了灰尘的超细纤维布，以防纤维缝隙中的灰尘颗粒划伤文物表面。

（三）加固

符望阁内檐装修丝织品的残损等级确定为 A 到 D 四级，以反映 1% 至 100% 的残损程度，其中 A 级 71 件、B 级 21 件、C 级 7 件、D 级 5 件，说明符望阁内檐装修丝织品大多保留着当年的原始状态，但脆化、老化相当严重，急需加固。符望阁内檐装修丝织品主要充当夹纱，或绣或绘，分布于室内隔罩和窗上，既达到透光透气的效果，又成为极具意义的装饰元素，双面通透的功能特性直接影响到加固的技术路线。

近年来，针对纤维的化学结构和物理性能受到严重破坏的糟朽丝织品，利用丝蛋白对其进行加固保护，已经成为一种新技术。目前，在已有研究基础上，对符望阁内檐装修丝织品的丝蛋白加固进行了适应性探索，已经初见成效。该方法在大幅度提高丝织品文物强度的同时，不影响文物的外观与手感。最重要的是丝蛋白与丝织品文物具有同源性和亲和性，可避免其它高分子加固方法带来材料老化影响文物安全的问题。同时整个加固过程在常温常压下进行，操作非常简便。如果该技术确认可以用于符望阁内檐装修丝织品的加固，可以考虑选择一组丝织品进行试验，如仙楼层东次间后一进间南缝槛窗（KC_F*56_X_CC），为黄绢地缠枝莲花纹双面彩绣，其中 A 级残损的有西 3 窗扇、东 3 窗扇、东 2 窗扇和东 1 窗扇，B 级残损的有西 1 窗扇、西 2 窗扇。可以对前四扇窗进行丝蛋白加固，在提高整体强度的基础上，再用薄透类丝网进行整体夹持，使之可以原位陈列，最大限度地保留夹纱的双面通透。

（四）收存

对于暂时不恢复原位的丝织品，在经过前期处理之后，应该平摊放置于库房无酸纸盒中收存。其保存环境根据《博物馆藏品管理办法》、《博物馆藏品保存环境试行规范》等标准或规范化文件执行。

第七节
书画装裱
7 Calligraphy and Painting

一　符望阁贴落调查

贴落，是有别于卷、轴、册、扇的另一种绘画及书法装裱形式，它是在画作的四周镶以 3cm ～ 5cm 宽的绫、绢作为边饰。当用来装饰室内环境时，在绫、绢边饰的背面涂以浆糊，以便画作贴在墙上不致脱落。这类可随时贴上、落下，而又不伤及画幅本身的画作，称之贴落，在宫廷及民间受到普遍的欢迎。

（一）符望阁贴落画作者考

目前从符望阁揭下贴落画几十余件，画作的作者一部分为乾隆、嘉庆朝的词臣画家，如董邦达、董诰父子；另一部分为如意馆供职的宫廷画家，如黄念、方琮、魏鹤龄等人。符望阁建成之际，一向重视室内装饰的乾隆皇帝，为了让居室环境显得儒雅而温馨，他不仅以词臣画家及如意馆画家之作点缀空间，而且还将自己的御制诗文贴于四壁。

符望阁现存贴落 44 件，多年来收存于库房。[29]

1. 词臣画家

词臣画家是指公务之外，还以擅长绘画而为皇室创作，以邀恩宠的宫中重臣。清朝的词臣画家最多，艺术成就最大，影响最广泛，除董邦达、董诰外，还有蒋廷锡、钱维城、邹一桂、蒋溥等人。

董邦达（1699 ～ 1769 年），字孚存，一字非闻，号东山，富阳（今浙江富阳市）人。雍正十一年（1733 年）考中进士，乾隆二年（1737 年）授翰林院编修，次年典试陕西。十二年授予内阁学士兼礼部侍郎衔，十八年，主持江西乡试。此后，多次扈从乾隆皇帝巡幸四方，曾任工部、礼部尚书等职。三十四年，以老乞退。是年七月病逝，谥曰“文恪”。曾入内廷参与编纂《石渠宝笈》、《秘殿珠林》、《西清古鉴》诸书。

董邦达擅绘山水，近学同时代的王原祁，远宗五代董源、元代黄公望及明代董其昌。其所绘峰峦浑厚，云气蒸腾，给人以秋高气爽、心旷神怡之感。在乾隆皇帝的眼中，董氏的艺术已达到所绘物象，无论从笔法到构图、意境均无可挑剔的地步。因此，他大量收藏董氏画作，董氏也借机投其所好，频频献画入宫。董氏“久值内廷，进御之作，大幅寻丈，小册寸许，不下数百”。[30]故宫博物院现存董氏画作 400 余件套，清内府《石渠宝笈》著录 202 件（不含合作），他由此成为乾隆朝入藏画作最多的词臣画家之一。乾隆皇帝对董氏笔墨风格的高度认可，还体现在多次下旨让董氏为他代笔作画，或者为其画作添加景致，如故宫博物院藏乾隆款《盘山图》、《豳风图》等便是如此。符望阁建成之时，董邦达已过世多年，但是乾隆皇帝仍坚持将董氏之画张贴于符望阁内，同时，他谕令在宫中的一些重要场所如养心殿、重华宫等，也均要悬挂董氏的画作，由此可见乾隆皇帝对董邦达的赏识非同一般。

董诰字雅伦，号蔗林、拓林，生于乾隆五年（1740 年），当时董邦达已 45 岁。天资聪颖的董诰在慈父良师严格教导下，不负众望，于乾隆二十八年考中进士，名列一甲第三。乾隆皇帝见他是董邦达之子，遂将他改为二甲第一，为传胪，授翰林院庶吉士。董诰从此历任礼、工、户、吏、刑各部侍郎，奉命辑《满洲源流考》，充武英殿总裁，至文华殿大学士。四十四年，任军机大臣，旋任户部尚书。晚年也像董邦达一样享受到钦赐“紫禁城骑马”的至高优渥。嘉庆二十三年（1818 年）病逝，谥“文恭”，终年 79 岁。

董诰以政治上忠诚、机敏、睿智著称于朝，为乾隆、嘉庆两朝皇帝重用；以艺术上能书擅画，富有深厚的学识修养，为乾隆、嘉庆两朝皇帝赏识。他们不仅在其画作上题写御制诗加以歌咏，而且，乾隆皇帝还常谕令他代笔题字，表现出对他的极大信任与喜爱。故宫博物院现藏董诰画作 500 余件套，清内府《石渠宝笈》著录其书和画合计 70 余件套，其中有许多是精美的花卉图册。董诰的花卉画，仿学清恽寿平，构图疏密呼应得当，运笔柔中寓刚，笔法精巧工细，将枝叶荏苒、迎风浥露之姿表现得生动自然，从符望阁所贴其《松竹梅图》[31]和《梅茶水仙图》[32]（图 3-7-1）中可见一斑。

图 3-7-1　董诰《梅茶水仙图》

董邦达、董诰父子同为乾嘉两朝重臣，他们的画作同贴一阁，相映生辉，不仅是宫廷绘画史上的佳话，亦是董氏家门的无上荣耀。

2. 如意馆画家

符望阁的贴落画作者中，除董氏父子外，还有在如意馆供职的宫廷画家方琮、黄念、谢遂、魏鹤龄、袁瑛、蒋懋德等人。

目前，关于如意馆画家的史料非常匮乏，主要原因是，在官方的眼中，他们是社会地位低下的画匠、手艺人，无法与有功名的词臣画家们相比。因此，在编史、作传中不会为他们书写一笔。在大众眼中，他们既是地位在上的吃皇粮者，也是封闭于一个特殊环境中的艺人，因而社会上的文士、画家们与他们极少来往，在清代文人笔记、画家史料丛书中，也很难查寻到有关其生平事迹、艺术活动等方面的记载。现今关于如意馆画家最多的史料，主要来自于皇帝传旨绘制某类书画的《活计档》之“如意馆”。

《活计档·如意馆》中录有若干关于乾隆皇帝在符望阁建成之初的乾隆四十年（1775 年），下旨为阁内绘制贴落画的记载。见记：二月十九日，首领董五经分三次向如意馆下发纸张，一次是首领董五经交给如意馆“宣纸三十七张”，传旨令杨大章、魏鹤龄、周本、姚文瀚等人为宁寿宫内符望阁、颐和轩、景祺阁、遂初堂、倦勤斋、景福宫、三友轩等画贴落，其中“符望阁西门内南间罩外南墙画对一副着杨大章画”。另一次是首领董五经“交宣纸四张。传旨：宁寿宫符望阁东门内明间北夹道北墙西边画斗一张、竹香馆明南墙门上南面画条一张楼上罩外南墙画斗一张、符望阁二层楼上东间罩内南墙画斗一张，着顾全画。钦此。”[33] 再一次是：“交宣纸二十七张。传旨：将宣纸交如意馆，着方琮、魏鹤龄、谢遂等画。钦此。”这些宣纸全部用于宁寿宫区域内符望阁、乐寿堂、玉粹轩、竹香馆、倦勤斋等处贴落画的绘制，其中，方琮绘“符望阁南门内东间北墙挂轴心一轴”，谢遂绘“符望阁南门平台东边床罩内北墙画条一张”，姚文瀚绘“符望阁西门北间罩外画一张”，贾全绘“符望阁西门内明间南墙画斗一张、符望阁北门内西间西墙夔龙门两边画对一副”，周本绘“符望阁西门内明间北门东边画斗一张”，袁瑛绘“符望阁二层楼上东间罩内东墙宝座上横披一张”和“符望阁南门内平台东边床罩内画条一张”，徐扬绘“符望阁二层楼上西间罩内西墙横披一张、符望阁南门内北墙画对一副”，[34] 黄念绘“符望阁西门内南间床罩内北墙画条一张、符望阁东门内明间南夹道南墙门西边画斗一张”[35]。乾隆四十年的十一月初一日，首领董五经又二次传旨：“宁寿宫符望阁北门内西，方琮用白绢画《盘山景全图》，钦此。”[36] 又“宁寿宫符望阁明间罩内南墙画斗一张，着袁瑛画”[37]。同年的十一月初三日，首领董五经再次传旨：“宁寿宫符望阁东门明间罩内南墙画斗一张，着袁瑛画。”除如意馆首领董五经外，乾隆皇帝的随身太监胡世杰为符望阁绘制贴落一事，也曾经直接传旨：“宁寿宫转角楼、符望阁用线法画四张，着王幼学等画。钦此。”[38]

3. 档文与实物的比对

通过档文所记与符望阁现存贴落画的核对，共出现三种情况：一是既有档文也有实物[39]，二是有档文而没有实物，三是没有档文而有实物。

（1）有档文也有实物

有档文也有实物的是方琮、谢遂、黄念及袁瑛等人的作品。

① 方琮《山水图》（图 3-7-1），故 198975，纸本，纵 153cm，横 112cm，画面左下角落款：“臣方琮恭绘”，印文残缺不辨。背面贴白条，墨书：“符望阁下层西部北间东炕上南面贴落乙（一）张。”方琮，生卒年不详，字黄山（按，《读画辑略》作字友璜），号石颠，浙江人。山水宗法元黄公望，师从于张宗苍（1686 ～ 1755 年），画风雄健，用笔沉着，多表现深远的意境和浓厚的气韵。《活计档·如意馆》记他于乾隆十七年（1752 年）经师傅张宗苍举荐，内大臣海望审核，始入宫供职，享受“每月给钱粮银三两、工食银三两”[40] 的待遇。方琮直到乾隆四十三年仍在宫中任职，是乾隆朝重要的宫廷画家之一。其画作被《石渠宝笈》著录 48 件，现故宫博物院藏其作品 170 余件套。

此图以平远法取势，景物位置或疏或密，井然有秩。山石、树木以及舟船在清溪的转折延伸之中，分而不散，于统一中不失变化。运笔施墨具有古拙淳厚的特色，代表了方琮典型的笔墨风貌。

② 谢遂《雪景人物图》（图 3-7-2），故 198979，纸本，纵 162cm，横 72cm，画面左下角落款：“臣谢遂恭绘”，钤方形篆书阴文印“臣遂”、阳文印“恭画”。背面贴白条，墨书：“符望阁下层南部东小间炕上南墙上贴落一件。”谢遂，生卒年不详，约活动于 18 世纪中期，擅长画人物、楼阁，笔墨苍润，多以皴擦取韵，一洗画院甜熟之习，有《职贡图》、《仿宋院本金陵图》和许多描绘园林楼阁的作品传世。其画作被《石渠宝笈》著录 3 件，现故宫博物院藏其作品 22 件。

此图绘陡峭的山崖石壁为白雪覆盖，山脚下红衣高士抚髯遥想的情景。其携童子踏雪寻幽的行为，不仅给冰凉的山水世界增添些许暖意，也为整幅画作平添几分书卷之气。图中山石以方折的勾线为主，展现出石质的坚实。人物线条简练，但是却生动地勾画出人物的行为举止，尤其将高士沉吟回味的神态表现得淋漓尽致。

③ 黄念《人物图》（图 3-7-3），故 198971，纸本，纵 163cm，横 112cm，画面左下角落款残缺不存，钤方形篆书阳文印二方：“黄念”、“恭画”。黄念，生平不详，应为乾隆朝中期宫廷画家，在宫中承旨做画不多。其画作没有被《石渠宝笈》著录，现故宫博物院藏其作品 11 件。

此图所绘物象繁多，除头戴蓝巾的主要人物高士外，还有捧书而至的童子，摆有图书、镇尺、花插等物的书案和竹、石，以及多种器皿等。整个画面着彩淡雅，勾勒灵活，显现出作者对生活的熟谙和对不同物象的准确表现功底。

④ 袁瑛《山水泛舟图》（图 3-7-4），故 198998，纸本，纵 158cm，横 72cm，画面左下角落款：“臣袁瑛恭绘”，钤方形篆书阳文印“臣”、阴文印“瑛”。背面贴白条，

图 3-7-2　谢遂《雪景人物图》

图 3-7-4　袁瑛《山水泛舟图》

图 3-7-3　黄念《人物图》

墨书：“符望阁下层北部西头南假门上贴落一张山水。”袁瑛，生卒年不详，字近华，号二峰，元和（今江苏苏州）人。自幼从其叔袁钺习画山水，年长后从徐北山（尚）学绘花卉，乾隆三十年（1765 年）由李鸿峰学使举荐入内廷为画士。所绘山水，宗法宋、元人笔意，及清黄鼎画风，笔墨苍劲秀逸，贵有古意，颇得乾隆皇帝赏识，常谕令为宫阁殿堂绘制贴落画装饰居室。乾隆五十年赴广东任职，后归隐葑溪，筑“赐诗堂”以居。其画作被《石渠宝笈》著录 9 件，现故宫博物院藏其作品 90 余件。

此图通过自然景色和人物活动的描绘，表达了作者对安居乐业理想生活的向往与企盼。全画设陈布势繁简得当，虚实相济，气脉联为一体。笔墨清劲秀逸，将苍润厚重的山石以及秋树茂林，表现得疏旷幽邃，如诗如梦。

（2）有档文而没有实物

有档文而没有实物的是徐扬、杨大章、姚文瀚、贾全、周本、顾全以及王幼学等人的作品。

徐扬（1712 ～ 1777 年以后），字云亭，吴县（今江苏苏州）人。擅长人物、界画、花鸟草虫。乾隆十六年（1751 年），乾隆皇帝首次南巡到达苏州，时年 40 岁的徐扬献上所绘画册。乾隆皇帝倍加赏识，谕令他速至宫中以画供奉。徐扬入宫伊始，便享受一等画家余省、丁观鹏等人“每月给食钱粮银八两、公费银三两”的最高待遇，《活计档》记：“画画人张宗苍、徐扬每月钱粮公费照余省、丁观鹏一样赏给，于六月起，钦此。”[41] 徐扬在宫中 20 余年间，黾勉安静，而且画作频频称旨，遂被乾隆皇帝钦赐举人，官至内阁中书。其画作被《石渠宝笈》著录 35 件，现故宫博物院藏其作品 70 余件。

杨大章，生卒年不详，师法清代恽寿平笔意，画风娟秀典雅，所绘花卉分枝布叶井然有秩，设色清古冶艳，是乾隆朝后期至嘉庆朝前期重要的宫廷花鸟画家之一。乾隆皇帝曾赞其《花鸟》：“金壶滴露净娟娟，不以形传以神写”[42]，并言：“鸟意轻盈花态鲜，真教院体夺黄筌”。有《桃竹双雀图》、《松竹梅花》、《罂粟蛱蝶图》等传世。其画作被《石渠宝笈》著录 13 件，现故宫博物院藏其作品近 80 件。

姚文瀚，生卒年不详，顺天（今北京）人。宫廷画家冷枚弟子，擅长人物、释道像及山水画，笔致淳雅，赋色韶秀。乾隆七年（1742 年）入宫，一年后正式成为如意馆的宫廷画家，见《活计档·记事录》记：四月二十八日，“太监高玉、胡世杰传旨：着姚文翰（瀚）进如意馆行走。钦此。”[43] 绘有《紫光阁赐宴图》、《抚琴仕女图》及《无量寿佛》等。其画作被《石渠宝笈》著录 15 件，现故宫博物院藏其作品 10 件。

贾全，生卒年不详，擅长画人物，笔致工整劲秀，曾以绘制《上元天官图》、《中元地官图》、《下元水官图》、《土尔扈特人物图》、《香山九老图》及《佛像》等称旨。其画作被《石渠宝笈》著录 10 件，现故宫博物院藏其作品 27 件。

周本，生平不详。在乾隆朝主要绘制室内贴落画，其画作没有被《石渠宝笈》著录。

顾全（又写“铨”），生平不详。工画人物。曾因摹阮部《女仙图》，惟妙惟肖，获得乾隆皇帝赞誉，言：“阮学周（昉）王（朏）顾摹阮，后生师法视前人，不因新旧装池异，咄咄怜他欲逼真。”[44] 其画作被《石渠宝笈》著录 1 件，现故宫博物院藏其作品 4 件。

王幼学，生平不详。其父王玠在宫中任地位低下的画画柏唐阿，病故后，王幼学申请入宫顶替，见雍正五年（1727 年）《活计档·记事录》记：三月初十日，“为画画柏唐阿王玠病故、今王玠之子王幼学欲替伊父效力当差等因，郎中海望启知怡亲王，奉王谕：将王玠差事并所住官房俱着伊子王幼学顶替。遵此。”[45] 王幼学入宫后，受皇室指派随西洋画家郎世宁学习油画，掌握了一定的西方绘画技法，尤工线法画，曾参与倦勤斋的天顶画绘制。其画作被《石渠宝笈》著录 1 件，现故宫博物院藏其作品 3 件。

上述徐扬、姚文瀚等人为符望阁绘制贴落一事仅见于文档，而不见于实物。其原因有可能是他们的画在被贴上后，又被替换掉了。贴落画的这种装裱形式本身就具有便于人们贴上或落下的特点，在清朝宫廷内，随着皇室意愿的改变而更换室内画作之事时有发生，乾隆四十年（1775 年）《活计档·行文》就记有将姚文瀚、杨大章、周本贴落画换下一事：“……太监胡世杰交御笔宣纸字条[46] 一张（系宁寿宫符望阁西门内北间字条，换姚文瀚画条，字条对[47] 换曹文植字对）；宣纸字对[48] 本文一副、御笔宣纸字条[49] 一张（系宁寿宫符望阁西门内南阁字条，换于敏中字条，字对换杨大章画对）”[50]。嘉庆十八年（1813 年）《御笔贴落癸酉浮记》记：二月初二日仲春经筵，“符望阁南门内东间北墙换御笔字条[51] 一张（净长六尺，宽二尺四寸，黄绢）”[52]。又，嘉庆二十四年《己卯浮记》记：二月初二日仲春经筵，“符望阁西门内明间北墙换周本画斗，用字斗[53] 一张（净高三尺二寸，宽三尺四寸，黄绢）”。[54]

（3）没有档文而有实物

没有档文而有实物的是魏鹤龄和蒋懋德的作品。

魏鹤龄《山水图》[55]（图 3-7-5），作者生平不详，乾隆朝中后期宫廷画家，在宫中承旨创作有限。所绘山水注重以娴熟的笔墨表现江南润泽的景致，有虞山画风特点。《石渠宝笈》无其画作著录，现故宫博物院藏其作品 14 件。

此图画面既有山林泉壑的自然景观，又有划舟行水的人物细节描绘，不自觉地把观者带到娱性怡情的天地之中。此图视野开阔，景物靠纵横、虚实的对比，扩展画面空间，高低错落的山峦增强了画面的韵律，同时推出了远山、平坡。笔墨松秀而多有变化，似于不经意中轻快地勾抹出秋山空濛淡远的意境。

蒋懋德《□□图》[56]，作者生平不详，字荣初，号竹村，吴县（今江苏苏州）人。居京师数十年，与黄左田尚书等达官贵人相交往。擅长画山水、人物，追法明董其昌，又兼综各家所长，曾经以旧纸临摹宋元明画，众莫能辨。入宫后，曾与庄豫德、沈焕、黎明、程琳、沈庆兰、冯宁、张舒等如意馆画家合补《职贡图》四卷。出宫后，曾官山西巡检，年逾七十始归故里，卖画自给。《石渠宝笈》无其画作著录，现故宫博物院藏其作品 16 件。

魏鹤龄和蒋懋德的作品在《活计档》中失载，可能与文档的漏记有关。《活计档》的档文由活计房人员根

图 3-7-5　魏鹤龄《山水图》

据造办处官员承接活计后，依次登录的簿册《旨意题头底档》[57]整理而成，以供皇帝御览和内廷查阅之用。在抄录的过程中偶有遗漏。不过，《旨意题头底档》本身就因所记事项过于庞杂（登录的内容不仅有按照皇帝的旨意进行制造、维修、存储宫廷器物的劳作文档，还有关于造办处接收、处置中外贡品及皇帝赏赐方物的记录，以及关于各作坊匠役在选补、奖惩、等级、待遇等方面的记载等）而存在"择重失轻"的漏记现象，通过清宫旧藏的书画可以看到，有些画作的绘制、装裱、贴挂等事项就没有登记在案。当然，也可能魏鹤龄和蒋懋德的作品是在乾隆四十年（1775 年）符望阁大规模室内装饰后新增补上的画作。

最后需要补充的是，在现存的符望阁贴落画中，还有两幅因画作款识及印文脱落，而无法确认该图作者的贴落。其一（图 3-7-6）[58]（背面贴白条，墨书："符望阁下层北部东头东门南边贴落一张，山水。"图绘桃花盛开时节，山石凌烟峥嵘，绝渚罗陈，一派浑茫苍秀的景致。树木以较为工细的小写意表现，显示出它们各自的生姿和个性。山石以墨线勾轮廓，略加皴擦点染，由于所点的苔痕缺少层次变化而令整个画面颇显呆板。

其二（图 3-7-7）[59]背面贴白条，墨书："符望阁下层西部北间东炕上北面贴落乙（一）件。"此图取景奇特，不是采用山水画惯用的由近至远的深远法，或是由下至上的高远法，而是通过对一座山峦主脊的描绘，展现其两侧的山形地貌。通过其渐高至上的山形，可见茂林杂木、深水浅滩，可领略到江南山水淡荡清空的审美情趣。通过其轻重徐捷的用笔，富于干湿浓淡变化的施墨，可见作者娴熟的笔墨技法，和对传统文人画的追仿与承袭。通过该图的笔墨特点和残存的方形篆书阴文印"臣钱□□"而推断，此图很可能出自乾隆皇帝颇为欣赏的词臣画家钱维城[60]之手。

（二）符望阁贴落画伤况调查

符望阁现存贴落画 44 件，除故 198966 一件酥脆严重，其他整体状况基本完整。其主要病害为尘土、裂伤及霉斑。

图 3-7-6　尚未确认作者的贴落

图 3-7-7　尚未确认作者的贴落

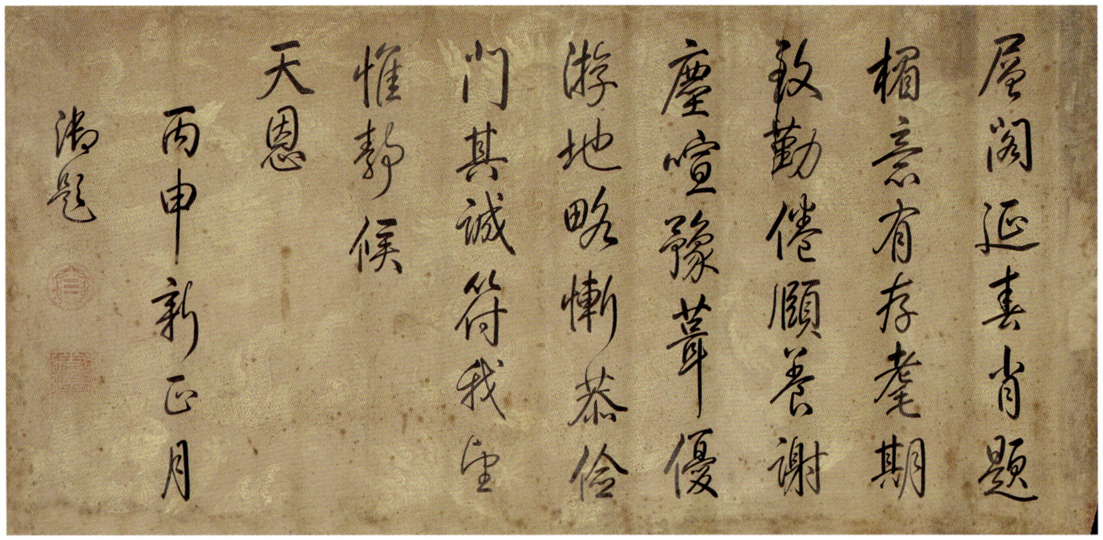

图 3-7-8　乾隆御笔贴落修复前

图 3-7-9　墨脱胶起翘

图 3-7-10　画面裂伤

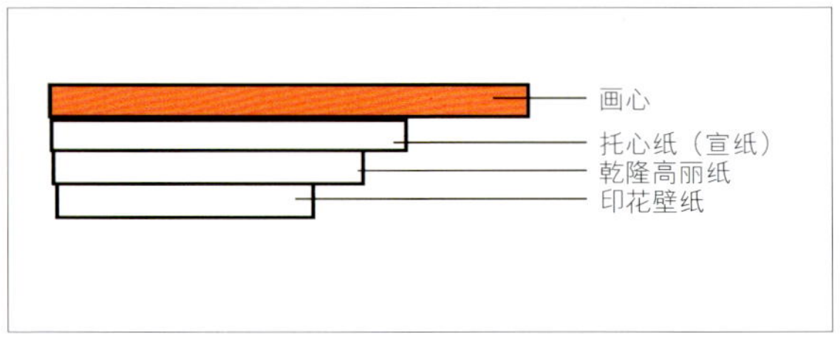

图 3-7-11　背纸结构示意图

图 3-7-12　背纸分层结构示意图

现仅以乾隆御制诗《题符望阁》为例做病害分析和修复说明。

乾隆御制诗《题符望阁》，书法纸本尺寸：纵 94cm，横 186cm。（图 3-7-8）

该画质地为乾隆年仿澄心堂纸，质地上绘有描金飞龙图案，右下角有图章一枚，印文为“乾隆年仿澄心堂纸”。左边有图章二枚。画心厚度：0.31mm（不加绢边）和 0.58mm（加绢边）。

1. 伤况表象

画心四周贴有蓝色绢边，宽 3cm，画心内尺寸为：纵 88.3cm，横 180.5cm。画面落满尘土，颜色略显晦旧。因取下收藏时横向卷起包裹，故画面多处可见纵向折痕。右下角图章残缺不全。画面多处霉斑。第三行“数勤”两字有裂缝，延伸至“勤”字下方，总长约 36cm。第六行“门”字左上方有裂缝，长约 15cm。画面虽布满尘土，多处霉斑，但质地上的描金飞龙金色亮丽。法书墨色稳定，无脱胶现象，颜色黑而亮泽，宛如新作。仅左边“御题”的“题”字墨色酥脆翘起。（图 3-7-9 ~ 10）

2. 背纸结构分析

按照修复程序对画心的整体结构进行分离观察，背纸四周黏带有印花壁纸，壁纸上的图案印在背纸上，可以断定该画原贴处的墙上贴有印花壁纸。画心结构自表及里依次为：画心、命纸、背纸（乾隆高丽纸）、印花壁纸。（图 3-7-11）

背纸结构的分析可以证明贴落的具体结构层及背墙的情况。清代各时期室内墙面裱糊的印花壁纸图案不一，此次留存于背纸上的印花图案对原状复原裱糊室内墙面壁纸的图案起决定作用。（图 3-7-12）

3. 颜料的显微观察

画面颜色的显微镜观察包括墨色的脱胶、描金及霉菌状况，观察结果如下。

（1）该作品用墨浓厚，墨色鲜亮，大部分胶和墨色稳定，少处有轻微脱胶现象。由于墨中含胶量较大，故有起翘现象。这是因为此作品质地为乾隆年仿澄心堂纸，为再加工纸的一种，质地表面有特殊的涂层，使纸的表面光鲜靓丽，属于熟纸范畴，墨色书写上去不像生宣纸那样能沁入纸的内部，而是附着于纸的表层，墨色年久失去胶性，所以会从纸的表层上脱离开，形成起翘现象。此次显微观察墨色用胶状况对修复时固色的用胶比例提供了可以借鉴的依据。

（2）质地描金非常稳定。

（3）质地霉斑遍布，点状分布，状似油斑。霉斑未见粉状物。（图 3-7-13）

图 3-7-13　墨色、描金、霉斑的显微观察

4. 质地分析

质地分析包括显微镜观察和故宫博物院藏旧纸标本对比，其结果有助于修复时补料的选择。在乾隆花园的贴落中，乾隆皇帝的御笔多使用加工纸，这些加工纸制作精美，为皇帝喜爱，比如最常见的是蜡笺纸。而在符望阁中的这张乾隆御笔却更是加工纸中的精品——乾隆年仿制的澄心堂纸。

澄心堂纸，南唐纸名。据宋朝蔡襄（1002 ～ 1060 年）《文房四说》中载："李主澄心堂（纸）为第一，其为出江南池、歙二郡，今世不复作精品，蜀笺不堪久，其余皆非佳物也。"宋朝悔圣俞（1002 ～ 1060 年）《宛陵集》中载："永叔新诗笑原父，不将澄心纸寄予。澄心纸出新安郡，腊月敲冰滑有余。"这两段话道出了澄心堂纸质地之佳。南唐时期，澄心堂纸为朝廷专用，只供君臣书写与画院绘画，民间虽闻其名，却难得一见。在制造原料上，《江宁府志》载："澄心堂纸以桑皮为原料，后主所制者，工料特精，别以烈祖之澄心堂名之，遂成上方珍品。"所以，部分纸史学者认为是桑皮纸。有的纸史学者据此认为，澄心堂纸原纸为楮皮，在安徽歙州地区生产，到南京宫廷再精度加工督造，是楮皮加工纸。[61]

清乾隆时期，乾隆皇帝酷爱文墨，也大兴各种加工纸的仿制之风，许多失传的加工纸在这一时期得到仿制。造纸规模和数量都超过了前代，各地专营造纸的作坊大量出现，主要集中在江西、福建、浙江、安徽、苏州等地。但清代的仿澄心堂纸，因具体技术并未传承，只是一种效仿制作。乾隆时仿制的澄心堂纸大多为斗方，纸质较厚，纸面细腻光洁，可分层揭开，多为彩色粉笺，并绘以泥金山水、花鸟等图案。右下角钤有长方形隶书双行"乾隆年仿澄心堂纸"朱印。乾隆御制诗《题符望阁》，质地为难得一见的乾隆年仿澄心堂纸，这件作品堪称精品。

5. 霉菌分析

对乾隆御制诗《题符望阁》及乾隆花园其它贴落画的普遍霉菌进行取样分析，以确定霉菌的类型，对修复方法具有指导意义。（图 3-7-14 ~ 15）

分别用沙氏培养基和马铃薯培养基进行真菌分离，共离出 7 七种霉菌，分别为：细交链孢霉（Alternaria tenuis）、细交链孢霉（Alternaria tenuis）、分孢属（Meria）、娄地干酪青霉（Penicillium roqueforti）、细交链孢霉（Alternaria tenuis）、土生交链孢霉（Alternaria humicola）[62]、土生交链孢霉（Alternaria humicola）。以上七种霉菌是常见的画面生霉类，普遍存在于乾隆花园贴落画中，没有发现危害极大的黑霉、红霉类。尘土的污染和潮湿的环境是霉菌滋生的主要成因。

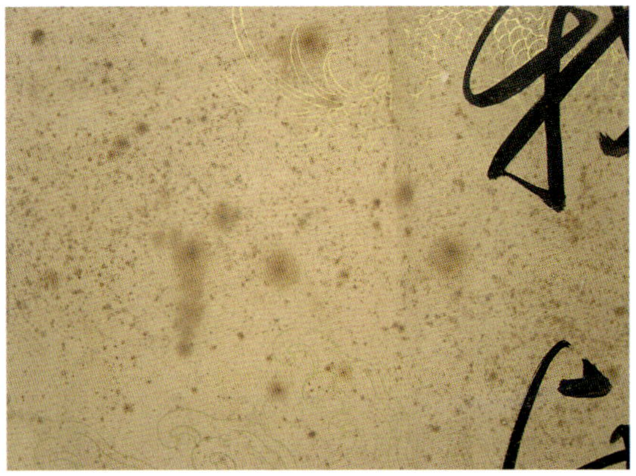

图 3-7-14　画面霉菌情况

图 3-7-15　画面霉菌情况

图 3-7-16　符望阁室内贴落画损伤情况

（三）贴落保存及修复建议

1. 保护理念

清宫《活计档》显示，无论是鼎盛期的雍正、乾隆朝，还是衰败期的嘉庆、道光、咸丰等朝，均有皇室谕令造办处的如意馆画工们为紫禁城皇宫或者圆明园、避暑山庄等处行宫创作贴落画的记载。事实上，除了如意馆的职业画家外，乾隆皇帝、嘉庆皇帝也将自己的或者词臣们的书法、绘画作品制成贴落张贴于各个宫殿、楼阁内，以装饰室内的空间环境。因此，每每步入一座殿堂，不仅可以感受到来自皇家的富贵与威严，还可以欣赏到来自不同社会阶层的书法或者绘画作品，从中既可窥见它们各自不同的创作传承体系，也可以感受到在皇权之下，它们为满足皇室的审美需求所作的种种改变。

遗憾的是贴落画现今存世的极少。目前，明代的贴落画已经没有了，清代嘉庆朝之前的作品也仅有数十件，嘉庆朝之后的贴落画也不过百余幅，其中品相完好的则已不多见。

贴落画存世少的原因主要在于其实用性，它不仅是用来观赏的，也是用来张贴的。张贴的展示方式使得它的保存状况无法与用于案头观赏的卷、轴、册等相比。以符望阁的贴落画为例，它们自乾隆朝始，便在没有任何保管措施的情况下，长年暴露式地张贴在墙面上，最终导致它们受到严重的自然损害，画心出现脱胶、酥脆、尘土、裂伤、霉斑、虫蚀等损伤现象。最为严重的是，还有两幅作品（图 3-7-16）的作者款识及印文因为被虫蚀无法辨认，而使得原本是有名之作变成了佚名之作。贴落画受损后，它们的美学价值、利用价值均会降低，往往遭到皇室的遗弃而被销毁。

符望阁的贴落画，是乾隆朝后期词臣画家董邦达、董诰父子和在如意馆供职的宫廷画家袁瑛、黄念、方琮、魏鹤龄等人的作品。虽然这些画作的水平一般，不是他们的代表作，但是它们作为现存清早期的贴落画，也是十分难得的文物，因此应当给予特别的重视。

随着符望阁修缮工程的展开，现今已对阁内的贴落画进行了保护性的修复，如除尘、换背纸、清除霉迹等，基本上恢复了原有的面貌。为了在保护的基础上更好地利用文物，同时为了恢复符望阁的室内原貌，建议符望阁在修缮后，能够提供一个适合书画陈列的防尘、防潮、防紫外线、防火、防盗、防震、防虫的室内环境。在此环境下，可进行有选择性的复原，如对现今库房藏量比较多的董邦达、董诰、方琮、袁瑛、谢遂的贴落可以修复后贴还原处。对现今库房藏量比较少的黄念、蒋懋德及魏鹤龄的贴落则建议修复后入画库保管，原处以复制品替代。虽然黄、蒋、魏不是乾隆朝具有代表性的宫廷画家，但是他们在宫廷中有着长期的供职活动，是清代宫廷画家中的一份子，其画作的存世将有益于清代宫廷绘画史的深入研究。

2. 修复措施

（1）在忠实记录和分析病害的前提下，首先对贴落进行面团干洗法和水洗法除尘，然后揭去旧背纸，更换新背纸。

（2）对于霉斑的处理，宜先清洗，后揭除背纸和旧托心纸。这样大部分霉斑即可除去，画心上的霉斑亦会稳定，无需进行特殊处理。

（3）注意选配的补料尽可能与原作品一致，所有新更换的绢边尺寸与原件一致。

（4）所有贴落在修复完成后，进行熏蒸处理，待建筑整体修缮和内檐装修修复完成后，依照原状进行复位。

二　符望阁隔扇心调查

清代宫中殿堂，常以“罩”作为室内空间的分隔与过渡，以增加空间的层次和韵律感。又以丝质或绢质的隔扇心裱糊于隔罩双层仔屉之间，或书、或绘、或绣，富丽庄重、文雅大方。以书画隔罩隔心用于帝后居室的，仅在养心殿、重华宫、乐寿堂、储秀宫几处就有 1770 幅。这些隔扇画心多以山水、花鸟、绿植、秀石、诗词歌赋为题材，或寓意吉祥，或引经据典，或歌功颂德。

符望阁内檐隔罩所饰隔心全部为绢本，形状随隔扇形状剪裁，大部分为长方形。以词赋、山水、花鸟为题材，大多以“臣工”落款，即王公大臣和如意馆的宫廷画家。

符望阁裱有书画类隔扇心的隔罩共计七槽，分置于首层。隔罩分前后两面，每面字与画上下分置，扇心一字一画前后相背。扇心均为绢本，共计 81 件，已缺失一件，缺失处底板上写有“梁耀枢”三字，应为梁耀枢的作品。（图 3-7-17 ~ 18）

这些书画的作者共有 17 名（见表 3-7-1），他们分别是张恺（3 件）、李培元（3 件）、沈士杰（5 件）、张继明（5 件）、吴树梅（5 件）、蒋艮（6 件）、陈兆凤（7 件）、李文田（4 件）、徐郙（3 件）、沈士儒（6 件）、高庚恩（4 件）、赵佑宸（4 件）、沈济（8 件）、梁德润（5 件）、童华（8 件）、梁耀枢（2 件）、徐会

图 3-7-17　符望阁一层西侧明间落地罩

图 3-7-18　符望阁一层东侧明间落地罩

沣（2 件）。

其中书法家 10 位，分别为蒋艮、高庚恩、吴树梅、徐郙、赵佑宸、童华、李文田、李培元、徐会沣、梁耀枢。他们都以端庄的楷书受命书写。可以说，他们都是宫廷御用书法家。宫廷书法家在宫廷围绕着皇室生活书画作文，在朝廷行政工作中负责书写公文，行为方面受到一些约束，但展现的风格内容仍然充满着个性，是他人无可替代的。毫无疑问，我们把皇帝在宫廷政务、生活所从事的书法活动，及为朝廷梳文翰、司掌笔札的文学侍从的书法纳入了宫廷书法的范畴。现在故宫殿堂仍然保留清朝原状陈设，在宫、殿、堂、暖阁、闱房等，无论是墙、门、楣、窗等处都张贴有书法作品，显然这些都属宫廷书法范畴，是按皇帝意旨所为。这些书法家有社会知名者，亦有不知名的。在这里的任何一件作品我们都可称之为宫廷书法，任何一位作者皆可称之为宫廷书法家。

在诸多隔扇心的作者中，只有李文田的书法，不仅在宫廷，而且在社会上都享有盛名。李文田是岭南一带书法名家，对碑帖源流有深入的砧研。他少年时专工欧阳询，精熟于《九成宫》等碑帖，旁及其它唐碑，后来转学隋碑《苏孝慈墓志》，中年以后，博采汉、魏碑刻。

这些宫廷书法家书写的内容多为唐诗，也有抄录史记和自作诗的。隔扇心中的诗文应该是内务府所指定的，用以满足皇室的审美需要。

符望阁隔扇心书画作者中还有 7 位画家，分别为张恺、陈兆凤、沈世儒、梁德润、沈世杰、沈济、张继明。分别对作者的生卒年代进行梳理，确定这些扇心的大致成作年代（表 3-7-2）。从画心作者的年代可以断定，它们整体更换的时间应在同治、光绪朝时期。同治、光绪朝陆续在如意馆供职的画士约有 50 人，这其中就包括了符望阁隔扇画心的作者沈世儒、沈世杰、梁德润、陈兆凤等人[63]。具体更换时间在清宫档案中并无详细记载，但同时期宫内其它宫殿的大修及隔罩画心的更换工程大致有："光绪十四年（1888 年）七月，上传如意馆张恺等，恭画钟粹宫前后殿等处。应用提装画条，柜披格眼，大小共一百七二件"；光绪十七年重修乐寿堂，新绘隔扇心 1300 余幅，其中一层保留 480 幅，改装 190 幅，二层共 696 幅；光绪十年修储秀宫，庆贺慈禧皇太后五十大寿原状装修，共 69 幅。[64] 由此可见，光绪、同治时期对宫内殿宇的维修规模较大，与符望阁隔扇心成作年代大抵相符。

这些画心落款为"臣某某恭画"或"臣某某恭写"，书法落款为"臣某某敬书"。这是因为在清代画士落款的格式有严格的规定，在御容像上绝不允许落款，在室内装饰画和案头观赏性绘画上也只有经允许后才可以署画士简之又简的名款。其格式基本沿袭康雍乾时期宫廷画家署款的样式，即在画幅的左下角书写纵向墨款，名款前先书以"臣"字，其字号要比名款小，以表示对皇室的谦卑。名款一律以笔法工整秀丽、字形结构紧密的

表 3-7-1　符望阁隔扇心调查

编号	类别	作者	编号	类别	作者	编号	类别	作者	编号	类别	作者
M37	绘画	张恺	M57	绘画	陈兆凤	M77	书法	梁耀枢	M98	书法	童华
M38	书法	李培元	M58	书法	吴树梅	M78	绘画	沈世儒	M99	绘画	沈济
M39	绘画	沈世杰	M59	绘画	梁德润	M79	绘画	沈济	M100	绘画	沈世儒
M40	绘画	张继明	M60	书法	蒋艮	M80	书法	徐会沣	M101	书法	吴树梅
M41	书法	吴树梅	M61	绘画	陈兆凤	M81	书法	蒋艮	M102	书法	童华
M42	书法	蒋艮	M62	绘画	张继明	M82	缺失	梁耀枢	M103	绘画	张恺
M43	绘画	陈兆凤	M63	书法	李文田	M83	书法	吴树梅	M104	书法	童华
M44	书法	李文田	M64	书法	李培元	M84	书法	李文田	M105	书法	赵佑宸
M45	绘画	沈世杰	M65	书法	吴树梅	M85	绘画	无款	M106	绘画	沈济
M46	书法	徐郙	M66	绘画	沈济	M86	绘画	张继明	M107	书法	童华
M47	绘画	沈世儒	M67	书法	徐郙	M87	书法	徐会沣	M108	书法	梁耀枢
M48	书法	高庚恩	M68	绘画	梁德润	M88	绘画	沈世儒	M109	绘画	沈世儒
M49	书法	赵佑宸	M69	绘画	沈世杰	M89	书法	童华	M110	绘画	陈兆凤
M50	绘画	沈济	M70	书法	蒋艮	M90	绘画	张继明	M111	书法	徐郙
M51	书法	蒋艮	M71	书法	高庚恩	M91	书法	李培元	M112	绘画	沈世杰
M52	绘画	梁德润	M72	绘画	张继明	M92	绘画	沈济	M113	书法	高庚恩
M53	书法	李文田	M73	绘画	梁德润	M93	绘画	沈世儒	M114	绘画	陈兆凤
M54	绘画	沈济	M74	书法	赵佑宸	M94	书法	蒋艮	M115	书法	童华
M55	书法	童华	M75	绘画	张恺	M95	绘画	沈□□	M116	绘画	陈兆凤
M56	绘画	陈兆凤	M76	书法	高庚恩	M96	书法	赵佑宸	M117	绘画	沈济
						M97	绘画	沈世杰	M118	书法	童华

馆阁体书写全名，通常为“某某某恭画”；款识的下方必须钤以齐正规矩的正方形印一或两方，印文一般为“臣某某某”、“恭画”或者“臣”等字样。

表 3-7-2 符望阁隔扇心作者简介

作者	作者简况
董诰	1740～1818年，字雅伦，西京，号蔗林，一号柘林，董邦达长子，浙江富阳人。乾隆二十八年（1763年）中顺天乡试举人，明年成进士，殿试位列一甲第三，乾隆皇帝以其系大臣子，改置二甲第一，为传胪，授翰林院庶吉士，充国史三通馆协修，武英殿纂修。
蒋懋德	字荣初，号竹村，生卒年不详，吴县（今江苏苏州）人，居京师数十年，乾隆后期宫廷画家，擅长画山水。
方琮	字黄山，山水宗黄公望。曾蒙御题。《读画辑略》作字友璜，号石颠，浙江人。善山水，从学于张宗苍（1686～1755年），深得其传，供奉内廷。有仿王希孟《江山千里图卷》。
徐扬	字云亭，吴县（今江苏苏州）人。乾隆十六年（1751年），清高宗弘历南巡至苏州时，因进画为乾隆皇帝所赏识，被选拔到宫中供职，官至内阁中书。
谢遂	生卒年不详，约活动于18世纪中期。清代乾隆年间宫廷画家，擅长画人物、楼阁，有《职贡图》和许多描绘园林楼阁的作品传世。
袁瑛	字近华，号二峰，元和（今江苏苏州）人。童时侍其叔习山水，既长从徐北山（尚）学花卉，写意之笔，颇有骨力。乾隆三十年（1765年）膺李因培（鹤峯）之荐，供奉内廷。
王以衔	1761～1823年，字署冰，号勿庵，清休宁合阳（今属安徽黄山市屯溪区）人，寄籍浙江归安（今浙江湖州市）。乾隆六十年（1795年）中状元，授翰林院修撰。官至二品礼部右侍郎。曾三次参与顺天乡试组织工作，深得嘉庆皇帝器重。
高钊中	1833～1907年，字勉之，人称高老勉，项城人。16岁补博士弟子员，28岁科拔贡，34岁中举，46岁光绪二年（1876年）鸿榜进士，赐翰林院庶吉士，历任散馆编修，国史馆协修，提督湖北学政，充功臣馆纂修，上书房行走，提督云南学政，累升侍讲转侍读，加封四品，教育皇子，为光绪皇帝的老师。
杨大章	乾隆后期宫廷画家，擅长花鸟。
张恺	19世纪后期，号乐斋，吴县人（今江苏苏州）。清朝后期宫廷画家，总管如意馆，食二品俸禄，擅长山水、花卉、翎毛。自同治六年（1867年）始至光绪二十一年（1895年）止在如意馆供奉28年。
李文田	字畬光、仲约，号若农、芍农，谥文诚，广东顺德均安上村人。咸丰九年（1859年）进士，官至礼部侍郎。学问渊博，生平嗜学不倦，工书善画，经史、兵法、天文、地理，无一不晓。
吴树梅	1845～1912年，字燮臣，号毓春子，历城县人。清光绪二年（1876年）中进士，殿试二甲第一名（传胪），任翰林院编修9年，曾任南书房行走、国子监司业、詹事府右春坊右中允、司经局洗马、翰林院侍讲侍读、詹事府右春坊右庶子、国子监祭酒、内阁学士、户部左侍郎等。
蒋艮	1851～1910年，字仲仁，又号后山，商城伏山乡人。同治十二年（1873年）乡试中举。光绪六年（1880年）为进士，选庶吉士，授翰林院编修。光绪十年（1884年）入值上书房，为皇族子弟溥伦、溥侗之师。
梁耀枢	1832～1888年，是广东历史上的三大状元之一，字冠祺，号斗南，顺德杏坛光华村人。清同治十年（1871年）状元，授翰林编修。官至侍读学士、参事府詹事。梁耀枢中状元后，先后在北方多个地方做过主考官，后被晋升为翰林院侍讲，接着又改任侍读。
梁德润	生卒年不详，河北大成人。同治初年，以其创作题材广泛、笔法工细而入如意馆为画士；其子梁世恩也擅绘人物、花鸟，在光绪朝中期因其父的关系而入值如意馆；到光绪朝晚期，梁世恩之子梁廷炜又由其父举荐进宫供奉，成为如意馆最后一代画师。
徐郙	1838～1907年，字寿蘅，号颂阁，江苏嘉定人。同治元年（1861年）壬戌科状元，该科为庆同治帝登基特设恩科，徐郙授修撰。光绪二十六年（1900年）拜协办大学士，官至兵部尚书、左都御史、协办大学士、礼部尚书，工诗，善书画。

（一）伤况描述

符望阁织绣类扇心损坏严重，大部分霉烂。罩隔于室内有着实用和装饰的双重作用，会受到自然与人为两方面的损伤。空气的流动，有害气体的侵蚀，以及使用期间不断的除尘打扫，一定程度上都会对画心产生损伤（图3-7-19），大部分罩隔画心四周颜色比中间浅，推测为尘拭留下的痕迹。画心有裂伤和污染现象，但质地较好。（图3-7-20～25）

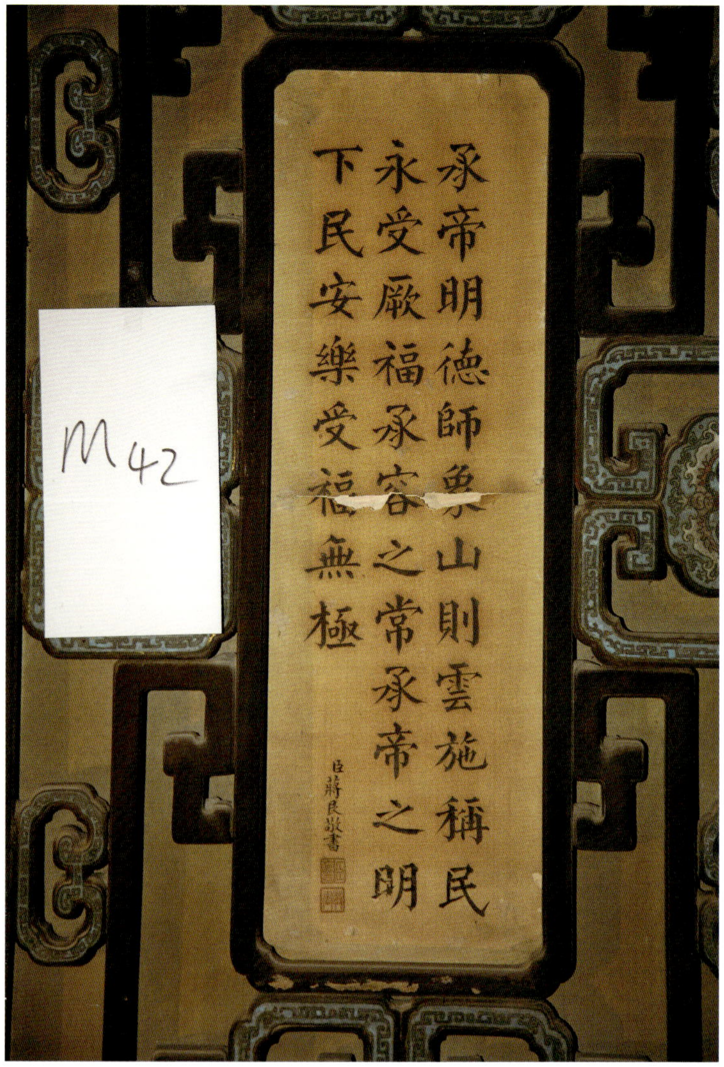

图 3-7-19　符望阁室内罩隔画心伤况

（二）修复建议

1. 在忠实记录和分析病害的前提下，对隔扇画心进行简单的清洗除尘，除尘时可使用面团干洗法和水洗法。

2. 选配的补料尽可能与原作品一致。

3. 绢本画心采用化纤纸、海藻胶固定。

4. 隔扇画心因与门罩木框黏结较为牢固，揭取时会损伤画心与木框黏结部分的绢，所以修复思路也包括对今后复原采取的保护手段。建议回贴前，先在木框上粘贴一层仿乾隆高丽纸，宽度略窄于木框，然后再进行画心的黏裱，目的是将来再次修复揭取时，减少对画绢的伤害。

5. 所有隔扇画心在修复完成后，进行熏蒸处理，待建筑整体修缮和内檐装修修复完成后，依照原状进行复位。

图 3-7-20　符望阁室内罩隔丝织画心伤况

图 3-7-21　符望阁室内丝织画心伤况

图 3-7-22　符望阁室内罩隔画心原状

图 3-7-23　符望阁修复工程伤况描述调查表

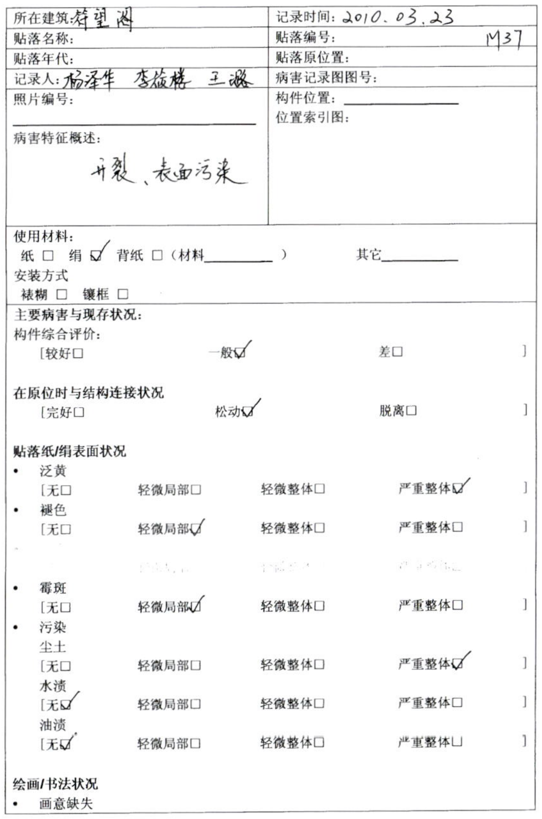

所在建筑:符望阁	记录时间: 2010.03.23
贴落名称:	贴落编号: M37
贴落年代:	贴落原位置:
记录人:杨泽华　李筱楼　王璐	病害记录图图号:
照片编号: 病害特征概述: 开裂、表面污染	构件位置: ____ 位置索引图:

使用材料:
纸 □　绢 ☑　背纸 □（材料______ ）　其它______
安装方式
裱糊 □　镶框 □

主要病害与现存状况:
构件综合评价:
[较好□　一般☑　差□]

在原位时与结构连接状况
[完好□　松动☑　脱离□]

贴落纸/绢表面状况
- 泛黄
  [无□　轻微局部□　轻微整体□　严重整体☑]
- 褪色
  [无□　轻微局部☑　轻微整体□　严重整体□]
- 霉斑
  [无□　轻微局部☑　轻微整体□　严重整体□]
- 污染
  尘土
  [无□　轻微局部□　轻微整体□　严重整体☑]
  水渍
  [无☑　轻微局部□　轻微整体□　严重整体□]
  油渍
  [无☑　轻微局部□　轻微整体□　严重整体□]

绘画/书法状况
- 画意缺失

图 3-7-24　符望阁修复工程伤况描述调查表

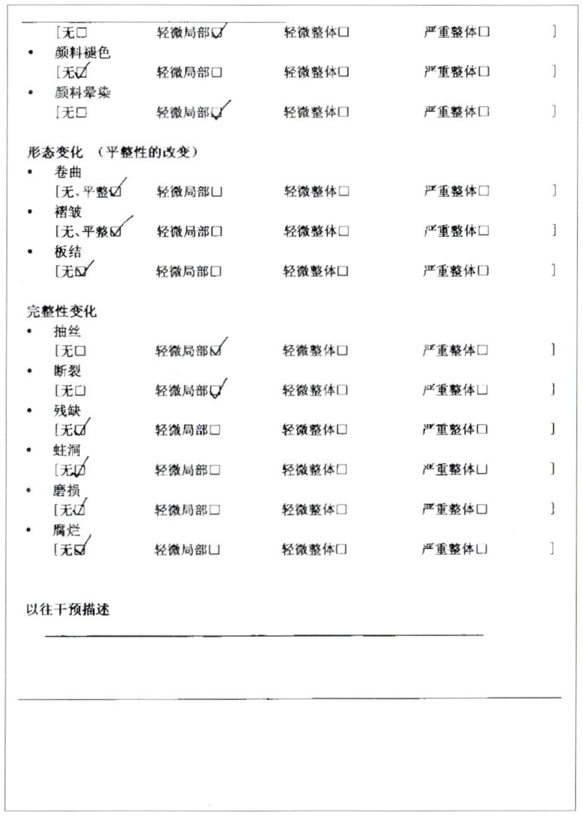

[无□　轻微局部☑　轻微整体□　严重整体□]
- 颜料褪色
  [无☑　轻微局部□　轻微整体□　严重整体□]
- 颜料晕染
  [无□　轻微局部☑　轻微整体□　严重整体□]

形态变化　（平整性的改变）
- 卷曲
  [无、平整☑　轻微局部□　轻微整体□　严重整体□]
- 褶皱
  [无、平整☑　轻微局部□　轻微整体□　严重整体□]
- 板结
  [无☑　轻微局部□　轻微整体□　严重整体□]

完整性变化
- 抽丝
  [无□　轻微局部☑　轻微整体□　严重整体□]
- 断裂
  [无□　轻微局部☑　轻微整体□　严重整体□]
- 残缺
  [无☑　轻微局部□　轻微整体□　严重整体□]
- 蛀洞
  [无☑　轻微局部□　轻微整体□　严重整体□]
- 磨损
  [无☑　轻微局部□　轻微整体□　严重整体□]
- 腐烂
  [无☑　轻微局部□　轻微整体□　严重整体□]

以往干预描述

图 3-7-25　符望阁修复工程伤况描述调查表

第八节
室内裱糊
8 Wallpaper

裱糊作属于清代晚期营造行业（古建修缮）的八大作（瓦作、木作、石作、搭材作、土作、油漆作、彩画作、裱糊作）之一。当时各作坊都有其作坊的号，如：兴隆木厂是瓦、木、石、土作坊的号，龙顺局是油漆作坊的号，冥衣铺就是裱糊作坊的号，裱糊作营业范围包括为死人糊冥器（也称纸扎）和为活人糊房子。

明代北京宫殿中后妃居住的寝殿是不用裱糊顶棚的，而是柁檩显露，其上遍施绘彩画。室内隔断用木隔断墙，临墙一面装护墙板，涂刷油漆。清代入关以后，后宫嫔妃居住的寝殿大都吊装顶棚，改为裱糊做法。裱糊是流行于清初北方建筑的一种做法，北方冬天天气比较寒冷，一般房屋屋顶苫铺泥背和瓦，室内檩椽外露，为了防尘御寒，缩小室内空间，采用顶棚及四壁裱糊纸张的做法，即在原有天花板下面另外吊装一层白樘篦子，表面糊纸，木隔断墙、护墙板也随着裱糊。一般用素白银花纸，俗称“四白落地”。顶格当心黏贴黑光纸中心璇花，四角璇花岔角，称为贴络。重要的大殿明间后檐金缝安木照壁（屏风），裱糊明黄绫心[65]，石青镶边。后宫内檐装修夹堂隔心裱糊各色纱绫，有单色的，有织绣花纹的，还有的是书画。菱花隔心、夹堂心、支摘窗糊高丽纸，用以保暖和取明。后宫还有两种纸糊天花，其一，照格井天花板式样在宣纸或绢上画好彩画，糊在白樘篦子上，称为软天花；其二，满画同一种纹饰四方连续，如缠枝藤萝、葡萄等，称为海墁天花。乾隆花园的小戏台在倦勤斋建筑室内，顶棚和墙壁在绢上通过西洋的透视画法，把建筑、树木、植物、天空完美地组合在一起，给人以视觉上的空间感和立体感，裱糊在白樘篦子和墙面上，这也属于裱糊作。裱糊用料包括锦缎、纱绫、绢布、纸张等等，下文中我们主要针对乾隆花园符望阁建筑室内纸张的裱糊作深入细致的调查。

一　纸张裱糊工艺在符望阁的应用

符望阁建筑室内纸张裱糊按部位分主要包括顶棚、内檐墙体（包括护墙板、木板墙）、外檐装修内侧面（也叫“前槽”，裱糊工用语）三部分。

（一）顶棚

故宫内檐顶棚有两种架子，一种为白樘篦子木骨架，即木方格篦子（裱糊工用语——顶屉或白樘苎子）；另一种为秫秸杆架子，一般使用秫秸杆裹上纸条，成行吊挂上顶，两头签钉在墙上，中间用麻捆扎。裱糊时先用呈文纸打底，称为“抹底”，表面糊大白纸或银花纸成活。符望阁建筑室内顶棚主要采用白樘篦子木骨架，架上苇席铺墁。现裱糊纸张大部分脱落，从残存的盖面纸纹饰分析，符望阁顶棚大部分采用绿色小团龙万字不到头套色银印花纸（图 3-8-1），仅东、西次间后二进间东过厅和明间中进间顶棚盖面纸裱糊为万字不到头银印花纸（图 3-8-2）。明间中进间南、北过道顶棚裱糊四层纸，由里至表分别为：白绵榜纸托底，万字不到头银印花纸两层，盖面大白纸，见裱糊纸张总体分布图。（图 3-8-3）

（二）内檐墙体

故宫室内墙体裱糊共有四种做法：

第一，直接在砖墙上裱糊，如槛墙。

第二，在木板上用油灰简单捉缝再裱糊。

第三，在木板上彻底做麻灰、麻布地仗，然后再裱糊。

第四，在砖墙表面用木条做成白樘篦子，然后裱糊。

符望阁建筑室内墙体裱糊主要采用第二、第三种做法，即在木基层上用油灰简单捉缝或彻底做麻灰、麻布地仗，然后再裱糊的做法。盖面裱糊纸张大部分为绿色小团龙万字不到头套色银印花纸三至四层，一、二层是宣纸，三、四层为木浆纸，宣纸托底，个别间后期表层又裱糊大白纸。东、西次间后二进间东过厅木板墙底层裱糊万字不到头银印花纸，四壁隔断木板墙表层裱糊大白纸。明间中进间（楼梯间）两壁板盖面裱糊万字不到头银印花纸。（图 3-8-4）

符望阁首层室内墙壁裱糊纸张留存至今的大部分是绿色小团龙万字不到头套色银印花纸，少部分为单色万字不到头银印花纸，还有一些是大白纸。这些纸张都是

图 3-8-1 仙楼层明间后二进间顶棚绿色小团龙万字不到头套色银印花纸

图 3-8-2 首层明间中进间南过道顶棚万字不到头银印花纸

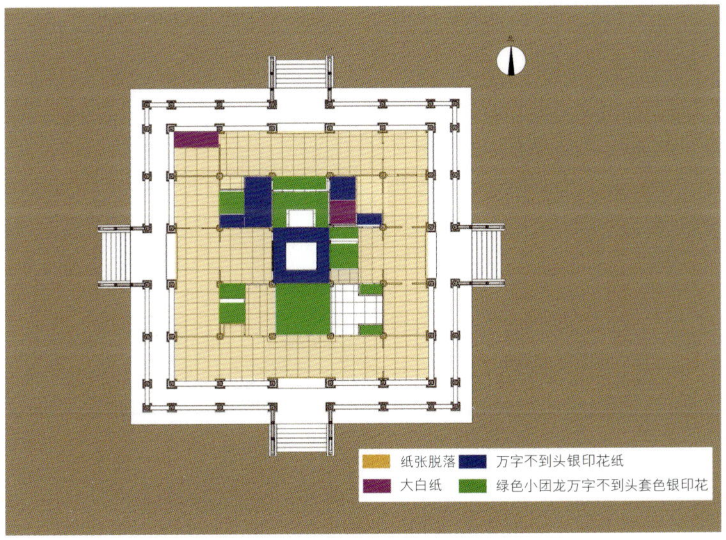

图 3-8-3 符望阁首层室内顶棚裱糊纸张分布图

多层重叠裱糊，反映了历史上各个不同时期的变化。

另有几处挂屏下面的老银花纸应为清中晚期纸张，历史、艺术价值很高，目前此种纸张材料、花色已基本失传，在紫禁城建筑室内中存留甚少（图 3-8-5）。

（三）外檐装修内侧面（前槽）

前槽裱糊范围包括窗户（横披窗、支摘窗）、隔扇、软硬博缝、门、柱子、槛框、榻板。

清朝帝后居住的殿堂窗户形式与现在的不一样，上下都是由各种造型的棂条组成的，窗上糊纸、纱类物品，用以避风尘和保暖。窗纸的裱糊是很有讲究的，既有美学的考虑，又有不同民族的差异，仅糊法就有三种：第一，窗户纸裱糊在棂条窗内，如养心殿后殿、长春宫、储秀宫。第二，窗户纸裱糊在棂条窗中，如太和殿、乾清宫、养心殿、钦安殿。窗棂分内外两层，窗纸糊在外层窗棂的内侧面。第三，窗纸糊在棂条窗外，如坤宁宫和宁寿宫，都是清朝皇帝信奉萨满教祭祀的场所。是清入关后从关内传来的具有满族习俗的一种手法[66]。裱糊窗户时，冬天糊暖窗用高丽纸或粉连四纸，纸面要朝着室外，纸张横着糊，《工程作法》中记载："糊饰窗户，加对缝耗纸。"[67] 即糊窗户纸张大部分都小于窗，为了美观好看，凡纸张搭接处都要放在窗棱上，这样就需要多消耗纸张。夏天糊凉窗用冷布（用棉纸织成的窗纱，浅绿色或本色）。还有一种较特殊做法，在棂条内侧钉上窗纱后，再把窗纸做成卷帘，可从上往下卷，也可从下往上卷。把高丽纸一端裱糊在秫秸杆上，秫秸杆上吊几条小线，下端用秫秸杆打成冰球拍子形状，往下拽高丽纸就会卷上去，如乾隆花园东南角的抑斋。

顶棚、墙面、装修内侧面五个面都立方体式地裱糊纸张，裱糊匠称为"满装裱糊"。符望阁建筑室内采用的就是这种做法。

符望阁室内下架大木（柱、槛框、榻板）盖面裱糊为绿色小团龙万字不到头套色银印花纸两层，头层宣纸，二层木浆纸，宣纸托底。

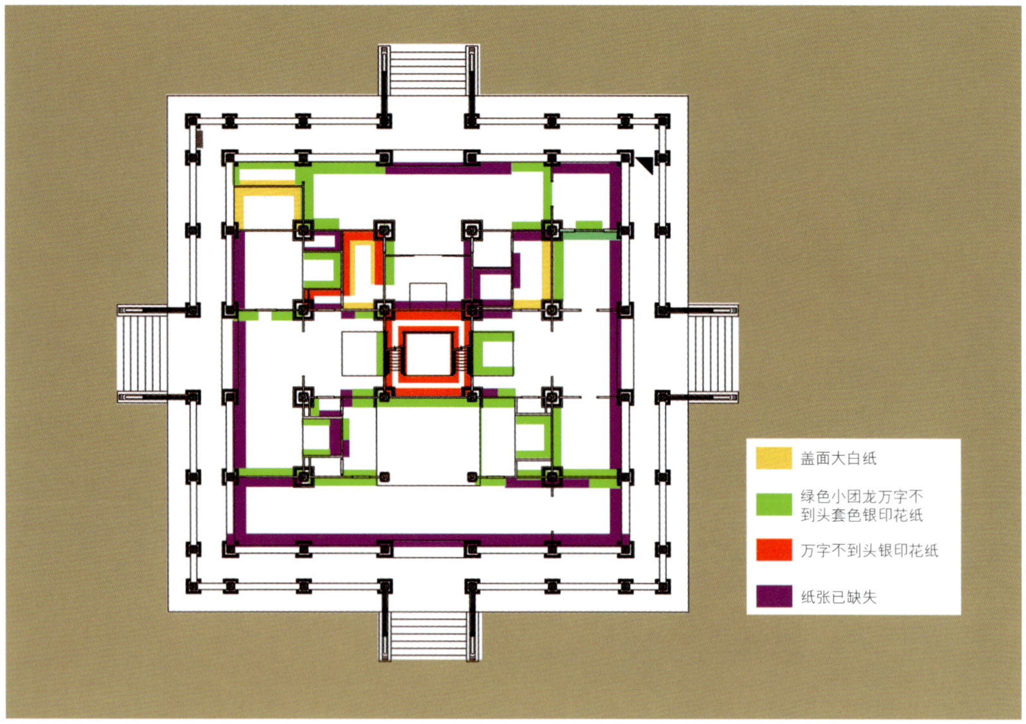

图 3-8-4　符望阁首层室内墙壁裱糊纸张种类分布图

图 3-8-5　符望阁一层东面北二次间一进间南壁裱糊

二　现状残损调查

（一）勘察记录方法及图例说明

裱糊纸张的现场勘察是利用影像技术把每一间的顶棚、墙面、装修内侧面都拍摄下来，然后在现场利用照片记录现存裱糊纸张的残坏情况，采用不同的图例对较为明显的病害形态进行记录和分类，填写病害表格并完成绘图。（图 3-8-6）

（二）病害种类

在现场勘察记录过程中，逐一对内檐裱糊纸张进行了病害调查（病害解释详见本报告第六章第五节“符望阁内檐装修各工艺残损图解词汇表”），其典型病害大致分为以下几种。

第一，与基层衔接情况的变化，如空鼓、翘起、下垂、脱离；

第二，裱糊纸张完整性变化，如缺失、撕裂；

第三，裱糊纸张的色彩变化，如褪色、泛黄；

第四，裱糊纸张平整性变化，如皱褶；

第五，污染，如尘土、水渍、油渍；

第六，生物破坏，如蛛网、蛀洞、霉斑。

（三）残损状况与分布

第一，顶棚：四面各一进间顶棚裱糊纸张大部分剥落，露顶屉（白樘篦子），少量残留的裱糊纸张局部撕裂，大部分开裂、翘起、下垂，有污水痕迹，纸张普遍变色、脏污。（图 3-8-7 ~ 10）

第二，室内墙壁：地仗、裱糊纸张普遍脱落，残留部分裱糊纸张大面积变色，局部撕裂、空鼓、脱落，有水渍、污渍痕迹。（图 3-8-11 ~ 13）

第三，室内装修：各面金步装修（槛框、榻板、隔扇、槛窗）地仗、裱糊纸张普遍脱落。（图 3-8-14 ~ 16）

总之，符望阁室内裱糊纸张残损严重，大面积开裂、脏污、起皱、变色，部分脱落。纸张的抗张强度和耐折力、耐久性和抗虫性尽失。

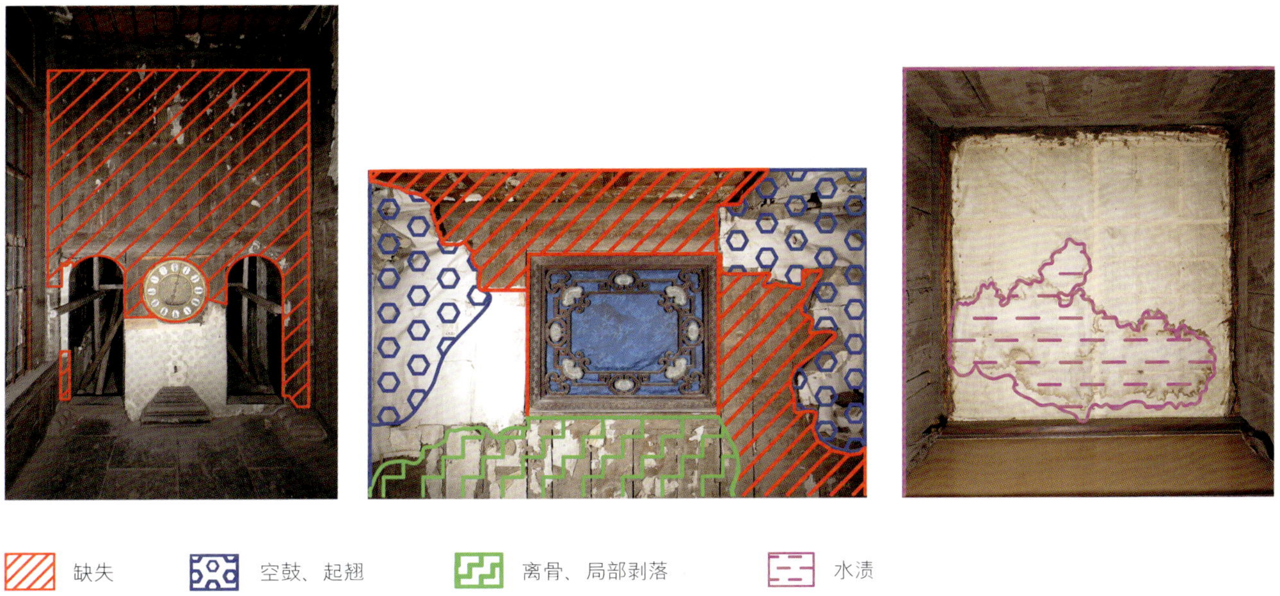

图 3-8-6　裱糊纸张勘察记录示例

图 3-8-7　明间前二进间顶棚纸张局部开裂、剥落、空鼓、下垂

图 3-8-8　明间中进间南过道顶棚纸张脱落、撕裂

图 3-8-9　东次间前二进间炕罩顶棚白樘箆子塌落，裱糊纸无

图 3-8-10　东梢间前一进间裱糊纸全部脱落

图3-8-11　明间后二次进间西缝壁板东侧裱糊纸张整体离鼓、抽皱、脏污

图 3-8-12　东缝壁板西侧纸张整体脱落

图 3-8-13　东次间后二进间仙楼南壁木隔断墙原有地仗、纸张全部空鼓、下垂、起翘，用木条、圆钉加固，局部有污水痕迹

图 3-8-14　明间前一进间隔扇裱糊纸张大部分剥落

图 3-8-15a　西次间后一进间前檐装修裱糊纸张普遍脱落，下槛存留纸张已开裂、下垂，有污水痕迹

图 3-8-15b　西次间后一进间槛墙残留纸张裱糊底纸一道，三、四层盖面绿色小团龙万字不到头套色银印花纸

图 3-8-16　西次间前一进间槛窗地仗及裱糊纸张大部分脱落

（四）壁纸分层显微分析

美国特拉华大学 Susan Buck 博士对符望阁首层墙壁的裱糊纸张作了实验室检测（见附录一《符望阁内外檐各项目检测报告》），利用剖面显微观察和荧光染色技术分析了符望阁壁纸的层次、材质和结构。同时，利用偏光显微镜技术鉴别壁纸纤维种类和上面附着的颜料。样品采集自符望阁首层东次间前一进间北墙南侧和三层明间中进间（楼梯间）墙纸。分析结果表明，符望阁首层东次间前一进间北墙南侧至少裱糊过七次墙纸，而符望阁三层明间中进间（楼梯间）只裱糊过一次墙纸。这说明首层较三层空间使用更为频繁，墙纸的更新频率也更大。

首层东次间北面墙壁壁纸的分析结果如下。

1. 第一次裱糊的墙纸为两层纸，主要作为底衬来使用；后来裱糊的壁纸每次都只有一层纸。

2. 第一次裱糊的墙纸采用传统的淀粉进行裱糊；第二次和以后裱糊的墙纸没有采用淀粉进行裱糊，或者残留的淀粉含量很微小。

3. 第一次裱糊的墙纸是在周围彩绘装饰完成后铺设的。

4. 最后三次（第五、六、七次）裱糊的壁纸采用的颜料都是用油调制的；而更早使用的颜料层是水性颜料。

5. 第三层纸中主要有桑树、棉，以及其它树皮纤维，应当是传统的中国皮纸工艺；第七层纸含有木浆纸的成分。

三层明间中进间（楼梯间）壁纸的分析结果为：两层墙纸裱糊并使用了淀粉，墙纸颜料中有蛋白质，是动物胶调制而成。

（五）致害因素调查分析

引起符望阁室内裱糊纸张破损的原因很多，其主要原因包括外因和内因两个方面，外因又包括人为因素和环境因素。由于符望阁一直未对外开放，人为因素对内檐裱糊纸张的影响不大，环境因素的作用显得尤为突出。

1. 环境因素

影响裱糊纸张保存的环境因素主要为光线、温度、湿度和大气污染等。

纸质品的矿物质颜料、纸纤维等均对光线敏感，而纸纤维则更容易受紫外线损害，导致纤维内分子结构断裂，机械性能降低。所以，在宏观上，可见光容易引起纸质品褪变色，紫外线更容易使纸质品纤维化疏松，引发脆裂。符望阁处于非开放区域，室内绝大部分光线较为昏暗，只有靠近窗户的区域采光较好，容易受到紫外线、空气、风力的影响，因此一层四面连接着檐步装修的室内区域，顶棚、墙壁、装修内侧面裱糊纸张几乎全部脱落、缺失，残留的很少。

温度和湿度是衡量文物保存气候环境的主要指标。一般来说，理想的纸制品保存环境为室内空气温度 15℃～25℃，相对湿度 45%～65%，且环境的温湿度恒定不变，实际上这是难以做到的。尤其在符望阁，室内气候环境基本处于自然状态，北京的气候为典型的暖温带半湿润大陆性季风气候，夏季炎热多雨，冬季寒冷干燥，这对纸质品的保存极为不利。在诸多病害中，霉斑的形成与温湿度的异常有直接关系。

符望阁大部分底层裱糊纸为清中晚期的手工银花纸，其 ph 值为 7.1，呈中性，含碳酸钙较高，约为 7%～10%，含铁量极微，不含铜及其他金属离子，纸中纤维素的羧基含量少[68]。如果长期处于外界的不良环境中，会生成发色集团改变纸的颜色，引起纤维分子链断裂，从而使纸张强度降低，造成纸纤维之间的结合面积变小，结合键力变弱，使纸张耐老化性能、耐候性能降低，这是纸张破损的另一个主要原因。

灰尘积落在纸质品上，不仅会改变外观色彩，形成污垢层，还会造成机械性损坏。灰尘中的弱酸性物质是霉菌生长的培养基，可加速霉菌的滋生蔓延。从现场勘察来看，几乎所有的纸质品都受到尘土污染，不同区域由于通风和遮挡物的不同，污染程度存在着一定的差异，但总体来说非常严重。可以说，尘土污染是内檐纸质品最常见最严重的污染物因素。

2. 人为因素

（1）材料的改变

在符望阁一层南侧壁板裱糊的取样中，发现至少裱糊过七次，第三层纸采用的掺有桑树、棉和其它树皮纤维的传统中国皮纸。而第七层纸尽管也含有棉，但同时还含有大量的软木和硬木纤维，说明后期裱糊纸张采用了廉价的木浆纸张。这些纸张易老化，抵御一年四季变化的能力非常差，对顶棚、墙壁的裱糊质量造成直接影响。

（2）不合理的维修方法

当裱糊纸张需要更换时，只更换外层纸张，不解决内侧纸张与木屉的分离问题，导致外侧纸张逐年加厚，纸张的自重使之脱离基层的速度加快，这种“治表不治里”的做法根本起不到维修作用。传统裱糊技术中，“扒蹬”[69]是非常重要的一道工序，是能否使纸张与白樘篦子牢固结合的关键环节。但在调查符望阁室内顶棚裱糊纸张破损状况时发现，没有“扒蹬”的做法。顶棚底纸只是与白樘篦子很窄的木框平面黏结，这样顶棚的纸张不具备抗张强度与牢固性能。当气候温湿度变化时，纸张很容易与顶屉脱离，影响其寿命。

（3）不适宜的化学浆糊

从取样中可以看到，符望阁南侧的房间内七层纸张，第一层裱糊的壁纸下部分析出碳水化合物的成分，表明壁纸最早是采用传统的淀粉进行铺贴。第二层和以后裱的壁纸黏结层没有分析出淀粉的成分，表明后来裱糊的壁纸没有采用淀粉糊进行铺贴，有可能采用了不适宜的化学浆糊，造成纸张的不耐久性。其次，浆糊给昆虫和微生物提供充足的营养物质，也给微生物的滋生准备了充足的条件。一旦环境条件得不到有效控制，致使昆虫和微生物滋生和蔓延，就会给文物带来致命的威胁。

（4）不当的后期施工

不当的后期施工也是造成裱糊纸张破坏的另一因素，如穿电线、安监控器管线等。

三　修复建议

因符望阁室内裱糊纸张病害较为严重，残留的裱糊纸张大部分不能在原位保留，建议纹饰较为清晰的底层老银花纸，揭取部分不同花色的纸样，保存到库房，压平防止变形，做好记录，并适当采用防虫措施，置于通风、干燥的环境下。

符望阁室内，除在一些隐蔽部位保留一部分原有裱糊纸张的层次，给后人留下更多的历史信息外，其余室内下架大木、装修、板墙、顶棚应采取“重点修复”原则，即裱糊纸依据老纸张花色、材料复制，并按照传统裱糊工艺重新进行裱糊。复制及裱糊应注意以下几点：

1. 纸样纹饰选择依据现存状况，即盖面为绿色小团龙万字不到头套色银印花纸和万字不到头银印花纸。

2. 室内护墙板、木隔断墙、前檐装修、下架大木做一麻一布六灰地仗，重做裱糊，底层两道桑皮纸，一层麻布，中层两道桑皮纸，盖面依部位不同分别为绿色小团龙万字不到头套色银印花纸和万字不到头银印花纸。

3. 修整白樘篦子，清理木基层，用湿布和稀浆糊加花椒水，反复擦拭白樘篦子后，再进行裱糊。

4. 恢复传统“扒蹬”裱糊工艺。

注　释

1 “有的档案把无间柱只有抱框的情况也称之为几腿罩，笔者以为，这种情况应归属到飞罩一类，但在档案中这种混淆的情况是不少的，因此凡是带抱框和通花牙的便可算作几腿罩。”引自郭黛姮：《华堂溢彩：中国古典建筑内檐装修艺术》，第 57 页，上海科学技术出版社，2003 年。

2 马炳坚：《中国古建筑木作营造技术》（第二版），第 300 页，科学出版社，2003 年。

3 见附录一。

4 白木香，瑞香科，国家二级重点保护野生植物，渐危种，药用价值极高，是我国历史悠久的特有而珍贵的药用植物。

5 马炳坚：《中国古建筑木作营造技术》（第二版），第 300 页，科学出版社，2003 年。

6 符望阁内檐装修用材树种鉴定报告见附录一。

7 鉴定依据：GB/T16734-1997《中国主要木材名称》、GB/T18107-2000《红木》、GB/T18513-2001《中国主要进口木材名称》。

8 内檐装修病害的定义、典型图片及病害产生原因详见第六章第五节“符望阁内檐装修各工艺残损图解词汇表”。

9 烫蜡方法参考周鲁生：《倦勤斋紫檀木文物修复》；故宫博物院编，王时伟主编：《倦勤斋研究与保护》，第 265、266 页，紫禁城出版社，2010 年。

10 符望阁内檐装修材料显微分析报告详见附录一。

11 中国第一历史档案馆藏：《乾隆朝汉文录副奏折》。

12 病害定义、典型图片及病害成因详见第六章第五节“符望阁内檐装修各工艺残损图解词汇表”。

13 中国第一历史档案馆、香港中文大学文物馆合编：《清宫内务府造办处档案总汇》第一册，第 176 页，人民出版社，2005 年。

14 《清宫内务府造办处档案总汇》，乾隆三十九年十一月二十二日，记事录：笔帖式海秀持来宁寿宫汉字知会一件，内开福、英、刘、四谨奏。恭查宁寿宫后路各殿宇楼座内里装修，均系遵旨发交两淮盐政李质颖办造送工，现在俱已敬谨安装齐全。惟是京师风土高燥与南方润湿情形不同，各项装修俱系硬木镶嵌成做，现值冬令间有离缝走错并所嵌花结漆地等项俱微有爆裂脱落之处。奴才等详细查看，其硬木漆地活计有离缝走错者即令该工监督楦缝找补收拾完整，其玉铜花结有脱落者亦即交造办处随时修整，务取妥固外，惟花结内有磁盘一项，虽进裂只有三小块，但在京一时难于置办，奴才等愚见该盐政从前成造时或有余存亦未知，请交与李质颖坐京家人寄信顺便照式寄送数块应用，是否允协，伏候圣明训示遵行，为此谨奏。请旨。于本年十一月十四日具奏。奉旨：知道了。钦此。

15 J.Henderson,M.Tregear,N.Wood.The Technology of Sixteen and Seventeen Century Chinese Cloisonné Enamels[J].*Archaeometry* 31(1989):133-146.

16 B.Kirmizi, P.Colombana, B.Quette. On-site Analysis of Chinese Cloisonné Enamels from Fifteenth to Nineteenth Centuries[J]. *J.Raman Spectrosc*41(2010):1240-1247.

17 苗建民：《运用科学技术方法对清代珐琅的研究》，《故宫博物院院刊》2004 年第 1 期。

18 吴坤仪：《镏金》，《中国科技史杂志》1981 年第 1 期。

19 徐景耀、吴粹文、杨橄珍等：《蜂蜡理化指标的测定及结果（二）蜂蜡酸值测定及气相色谱分析》，《中国蜂业》1983 年第 6 期。

20 beeswax, bleached, white, 取自红外光谱谱库 "HRAldrichEsters, Lactones, and Anhydrides"。

21 大卫·斯考特著，马清林、潘路等译：《艺术品中的铜与青铜》，科学出版社，2009 年。

22 王五胜：《金属胎珐琅器的保护与修复》，《艺术市场》2006 年第 3 期。

23 详见第六章第五节“符望阁内檐装修各工艺残损图解词汇表”。

24 因“表面顽固性尘垢”的病害几乎涵盖了所有珐琅嵌件，是符望阁内珐琅嵌件最为普遍的病害，故并未列入伤况图表之内。

25 王海文：《镏金工艺考》，《故宫博物院院刊》1984 年第 2 期。

26 吴坤仪：《镏金》，《中国冶金史论文集》，北京钢铁学院学报编辑部，1981 年。

27 《乾隆朝汉文录副奏折》，档号 0133—091、缩微号 009—1937—1938。

28 《乾隆朝汉文录副奏折》，档号 0133-091、缩微号 009-1937-1938。

29 详见附录二。

30 赵尔巽主编.《清史稿》，民国年间清史馆稿本。

31 符望阁贴落董诰《松竹梅图》（故 198965），纸本，纵 193cm，横 60.5cm。款识：“臣董诰敬绘。”钤方形篆书阳文印“臣”，方形篆书阴文印“董诰”。

32 符望阁贴落董诰《梅茶水仙图》（故 199003），纸本，纵 98cm，横 225cm。款识：“臣董诰敬绘。”钤方形篆书阳文印“臣”，方形篆书阴文印“诰”。背面墨书：“符望阁北门西南间西墙。”

33 中国第一历史档案馆、香港中文大学文物馆合编：《清宫内务府造办处档案总汇》，第 38 册，第 18 页，人民出版社，2005 年。

34 中国第一历史档案馆、香港中文大学文物馆合编：《清宫内务府造办处档案总汇》，第 38 册，第 19 页，人民出版社，2005 年。

35 中国第一历史档案馆、香港中文大学文物馆合编：《清宫内务府造办处档案总汇》，第 38 册，第 20 页，人民出版社，2005 年。

36 中国第一历史档案馆、香港中文大学文物馆合编：《清宫内务府造办处档案总汇》，第 38 册，第 78 页，人民出版社，2005 年。

37 中国第一历史档案馆、香港中文大学文物馆合编：《清宫内务府造办处档案总汇》，第 38 册，第 81 页，人民出版社，2005 年。

38 中国第一历史档案馆、香港中文大学文物馆合编：《清宫内务府造办处档案总汇》，第 38 册，第 79 页，人民出版社，2005 年。

39 同一件作品，档文所记其被贴的方位与它实际在阁内贴放的位置会有所出入。

40 中国第一历史档案馆、香港中文大学文物馆合编：《清宫内务府造办处档案总汇》，第 18 册，第 600 页，人民出版社，2005 年。

41 中国第一历史档案馆、香港中文大学文物馆合编：《清宫内务府造办处档案总汇》，第 18 册，人民出版社，2005 年。

42 胡敬：《国朝院画录》卷下，道光二十三年崇雅堂集本。

43 中国第一历史档案馆、香港中文大学文物馆合编：《清宫内务府造办处档案总汇》，第 11 册，第 496 页，人民出版社，2005 年。

44 同上。

45 中国第一历史档案馆、香港中文大学文物馆合编：《清宫内务府造办处档案总汇》，第 2 册，第 645 页，人民出版社，2005 年。

46 乾隆御笔，故 198972，纸本，纵 142cm，横 141.5cm。

47 乾隆御笔，故 199007，上下联各纵 107cm，横 42cm。

48 乾隆御笔，故 199008，上下联各纵 163cm，横 43cm。

49 乾隆御笔，故 198995，纸本，纵 82cm，横 110cm。

50 中国第一历史档案馆、香港中文大学文物馆合编：《清宫内务府造办处档案总汇》，第 38 册，第 618 页，人民出版社，2005 年。

51 嘉庆御笔，故 198989，黄绢，纵 192cm，横 83cm。

52 清内府《御笔贴落癸酉浮记》，《清宫陈设档》电子版。

53 嘉庆御笔，故 198990，黄绢，纵 106cm，横 113cm。

54 清内府《己卯浮记》，《清宫陈设档》电子版。

55 魏鹤龄《山水图》（故 198968），纸本，纵 138cm，横 144cm。

56 蒋懋德《□□图》（故 198966），纸本，纵 446cm，横 282cm。因画作残坏，画名待修复时查证。

57 《旨意题头底档》，因此类档册所记活计多是奉皇室旨意承办，故名。

58 故 198976，纸本，纵 178cm，横 52cm。

59 故 198997，纸本，纵 155.5cm，横 112cm。

60 钱维城（1720?1772 年），字宗盘，号稼轩、茶山等，武进（今江苏常州）人。乾隆十年（1745 年）状元，曾任侍讲学士、内阁学士和礼、工、刑部侍郎等要职，谥号“文敏”。能诗擅画，其山水画宗法“元四家”及“清初四王”所长，以笔墨具有松秀、柔和、文雅的书卷之气，颇得乾隆皇帝赏识，清宫藏其画达百余件之多。

61 王菊华：《中国古代造纸工程技术史》，山西教育出版社，2006 年。刘仁庆：《书画书画用纸》，中国水利水电出版社，2007 年。

62 乾隆花园贴落霉菌鉴定报告详见附录一。

63 “同治、光绪朝陆续在如意馆供职的画士约计有 50 人，分别是：贺世魁、沈振麟、沈世俊、沈世儒、沈世杰、沈济、沈元、沈贞、徐呈祥、郭炳文、杨文德、梁德润、梁世恩、梁廷炜、陆吉安、张恺、张维明、张启明、陈兆凤、许良标、管劬安、李培雨、谢醇、叶桐、伍葆恒、屈兆麟、黄际明、黄永华、马文麟、马骏、刘玉璋、刘宝钧、刘世林、刘隽生、王继明、于桢培、于奎章、赵彤、赵鸿慈、李春华、李廷□、吴庆云、杨绍文、姜湛霖、徐国祥、盖暹等。”李湜：《同治、光绪朝如意馆》，《故宫博物院院刊》2005 年第 6 期。

64 许哲：《紫禁城里的隔扇》，《中国文物报》，2005 年 9 月 28 日。

65 王璞子：《工部工程做法注释》，第 52 页，中国建筑工业出版社，1995 年。

66 王仲杰：《宫廷窗纸裱糊之巧》，《紫禁城》总第 79 期，第 16 页，紫禁城出版社，1993 年。

67 王璞子：《工部工程做法注释》，第 350 页，中国建筑工业出版社，1995 年。

68 曹静楼、吴钟、常洁：《仿乾隆高丽纸的工艺研究》，《传统装裱技术研讨会论文集》，第 12 页，中国文物保护技术协会出版，2005 年。

69 匠人用语，或称“梅花盘布”。一般情况下，白樘篦子（顶屉）每个单元（格）约 25cm 见方，先剪裁 35cm 见方的纸张，四边各多留出 5cm 的宽度（清中期以前每边最少留 12?13cm），把两层纸纵横交错，成十字状，一横一顺，用浆糊裱糊在一起（清中期以前记载是两纸夹一布）。因我国传统手工抄纸都有帘路，即纸张纹路，其顺向拉力强，横向拉力弱，横顺交叉可以提高纸张的强度。待八成干时，把浆糊涂刷在顶屉棂条上，把纸四边翻卷糊到顶屉棂条侧背面包裹上彻底干。每四个、六个、八个眼（或一个眼）为一单元裱糊，跳档裱，一格一格分别糊，就像国际象棋盘一般。

第四章
室内环境监测
Chapter IV: Interior Environmental Monitor

【提要】在文物保护技术越来越受到重视的今天，预防性保护理念的出现和应用，使文物的保护从被动走向了主动。符望阁环境现状的调查、评估很好地贯彻和实施了这一理念。在对符望阁以及室内陈设的各类文物进行整体保护之前，首先要详细了解文物保存环境的现状。通过科学合理地布点以及超过一年的环境监测，掌握了室内不同空间、方位以及室外的温湿度变化规律，对监测结果进行了系统地分析、讨论和评估，为整体保护方案的设计和实施提供了有益的帮助。根据项目组制定的“中国传统建筑光环境保护研究的类型域”，故宫符望阁的光环境保护研究对于第 III 光气候区传统建筑以及中国清代皇家建筑内檐空间的光环境研究具有重要的参考价值。其对于符望阁室内界面与登阁路线的光环境参数进行了现场实测研究与软件模拟研究（基于内植于 RHINO 的 DIVA 软件），分析空间规划、功能使用与光环境（视觉）构思之间的关系。

Abstract: Today, increasing attentions attached to cultural relics conservation and application of preventative conservation make conservation work gain its initiative. Before the conservation of the interior decorations, we need to understand the status quo of the environment of these objects. Through monitoring location setting and environmental monitor over a year, we know the changing rate of temperature and RH in every location inside and outside Fuwangge. And we analyzed, discussed and assessed the results, which paved the way for the implement of the master conservation plan. According to "Light Environment Conservation Field on Chinese Historic Architecture", light environment in Fuwangge is very valuable for studies on light environment of Chinese historic architectures and Qing-dynasty imperial buildings. The task force analyzed the relationships between spatial organization, function of the building and daylight (visual) in Fuwangge, by collecting daylight data on its interior surfaces and the supposed visiting routes, using both on-site measurement and digital stimulation.

第一节
符望阁
环境现状调查

1 Status Quo of the Environment in Fuwangge

一　环境现状调查与监测的目的及意义

符望阁是乾隆花园内一座风格独特的有代表性的建筑，作为世界文化遗产——故宫的一个重要组成部分，了解和掌握其保存环境是预防性保护工作中不可或缺的一步。预防性保护的概念最早是在 1930 年罗马的国际会议上提出的，至今已经成为国际上文化遗产科学保护的共识和发展方向。意大利文物保护先驱布朗迪 (Cesare Brandi) 在 20 世纪中叶进一步明确了预防性保护的有关问题，目的在于推动对文物材质的状态以及文物周围环境的研究。文物材质的状态和文物保存环境相互关联并直接影响到文物的稳定性，决定了文物保存质量。只有通过深入的研究，才能了解并掌握文物的材质及其与周围环境的关系。目前国际上对于文物保护处理遵循最小干预的原则，实际上是对文物本身、保存状态和保护材料的研究提出了更高、更科学的要求，也就是要求对影响文物的环境因素，以及文物病变的机理进行更深入的研究。

在我国，预防性保护的问题也越来越引起重视，很多博物馆和科研院所合作展开了相关的理论研究，初步形成了一些关于藏品保存、建筑设计和环境质量方面的规范和标准，但还不成熟，尚未形成一个完整的科学体系。虽然如此，预防性保护的理念已经逐渐被接受并深入人心。

世界文化遗产地的现状调查与环境监测对遗产地的保护与管理具有重要意义，是遗产地管理机构对文物保护、管理做出决策的技术支撑。联合国教科文组织颁布的《保护世界文化与自然遗产公约》、《实施〈保护世界文化与自然遗产公约〉的操作指南》，文化部颁布的《世界文化遗产保护管理办法》都涉及了遗产地的监测及其重要作用；国家文物局颁布的《中国世界文化遗产监测巡视管理办法》还规定了世界文化遗产地进行监测的主要内容；《中国文物古迹保护准则》要求有相应的科学检测和阶段监测，认为日常保养与监测制度是对文物最基本和最重要的保护手段。

遗产地的监测是对保护对象及其环境的变化进行长期系统地记录，在数据记录和积累的基础上，对其进行客观地分析评估，以便全面真实地反映出遗产地的保存状况以及影响其保护的主要因素，从而为遗产地保护管理的各项决策提供科学依据。

随着现代社会工业化、城市化的快速发展，自然和人为因素对文物所造成的损害日益严重，如空气中硫氧化物、氮氧化物、二氧化碳、氨气等浓度的升高，会引起金属的腐蚀、彩画上的颜料变色或褪色、石质文物发生风化等；紫外线辐射和过高的可见光照射会引起纺织品褪色，彩画、琉璃颜料中的铅色系及铜色系等发生反应；温湿度的大幅波动对于大多数有机材质的文物，比如书画、纺织品、竹、木、漆器等等产生严重的甚至是不可逆的破坏，也会使石质、琉璃文物产生开裂或剥落现象；颗粒物或粉尘不仅可以吸附二氧化硫等有害气体，还会滋生霉菌。环境因素对于文物的影响是逐渐地缓慢地发生的，往往不易为人所察觉，但日积月累，其对文物的损害却是惊人的。

文物是祖先留下来的文化遗产，具有不可再生性，因此，科学有效地对文物所处的环境进行监测，了解文物的保存现状，对各种环境影响因素加以控制和改善，采取预防性保护措施，营造一个适合文物保存的环境以延缓其衰变，是非常迫切和必要的。

对于文物而言，保存环境的优劣直接影响着文物的寿命。文物保存环境是指文物所处的环境中可以直接或间接地影响文物保存状态的各种自然因素和人为因素。对文物产生影响的主要环境因素包括：温度、湿度、光照（紫外、可见、红外）以及空气污染物（包括气态污染物和固体颗粒物）等。其中，温度升高可以加快各类化学反应的速度，从而加速物质的老化，温度的变化还会使物体的体积发生膨胀或收缩。相对湿度增高，意味着空气中水的蒸汽压增大，对加快化学反应速度是有利的，相对湿度的变化还会使具有吸湿性的物质（通常为有机物）体积发生膨胀或收缩。光线的照射会导致各种颜料的褪色，而且紫外线由于波长短，能量高，还会对纸张和纺织品等有机质地文物的分子结构产生破坏作用，导致光化学反应的发生，所以，在宏观上，可见光容易引起各类染料和颜料的褪色或变色，紫外线则更容易使纺织品和纸张等材质变得脆弱、糟朽，而且不论是紫外光、可见光还是红外光都有可能产生热量，导致文物本体或环境温度的升高。空气中的各种污染气体以及颗粒物会和不同材质的文物产生复杂的化学反应，从而造成文物不可逆的损坏。

在影响文物保存的各种因素中，温湿度是非常重要的两个因素，同时也是难以控制的。与温度相比，相对湿度对文物的影响更大，相对湿度的波动导致物体体积和形态的变化要比温度波动所造成的影响大得多，而且对于金属类文物来说，过高的相对湿度也会加快其腐蚀速度。所以，对于文物保护而言，相对湿度是首先要考虑并尽可能地采取措施予以控制的影响因素。

理想的结果当然是维持环境的温湿度恒定不变，实际上这是较难做到的。但如果不进行人为干预，室内的微气候环境就处于自然状态，而北京的气候为典型的暖温带半湿润大陆性季风气候，夏季炎热多雨，冬季寒冷干燥，这对文物的保存十分不利。

二　环境监测布点原则

环境监测的布点原则应根据建筑的布局和结构特点以及不同的文物对象确定，一般情况下可遵循以下原则。

第一，按照梅花式或网格式均匀分布监测点；

第二，在不同的方位布设监测点；

第三，对区域环境中容易造成空气流动异常的特殊位置进行布点；

第四，在建筑本体中的不同高度布点。

具体到符望阁室内的温湿度监测，布点首先要考虑到不同的方位，比如南面向阳，北面背阴，东面上午阳光充足，西面下午西晒，这些因素必然会造成它们温湿度变化规律的不同；其次，符望阁分为上下两层，两层之间为仙楼和夹层，一层和二层的温湿度也会有差异；再次，对于空气流通不畅的特殊位置也应考虑布点。与此同时，室外也应布点进行同步监测，以便室内外对比分析，从中找出温度和相对湿度的变化规律，为环境控制的实施提供可靠的依据。当然，布点也并非越多越好，必须要考虑最优化的原则，即以最小的代价和投入达到理想的效果。

目前，符望阁的室内共有 6 个监测点，分别位于一层的东、南、西、北和二层的南、北两侧，同时在室外北侧设置了一个对照监测点。监测频率为每 15 分钟读一个数，全年连续自动监测并记录。这样，经过一年的连续监测，就可以对符望阁内整体的温湿度变化规律有一个较为详细的认知。

三　环境监测结果的分析与讨论

（一）符望阁室内外的温湿度概况

据符望阁室内外全年的温度和相对湿度数据绘制图 4-1-1 ～ 2 及表 4-1-1。

表 4-1-1　室内外各监测点的温湿度统计分析

位置	$T_{平均}$（℃）	$T_{最大}$（℃）	$T_{最小}$（℃）	$RH_{平均}$（%）	$RH_{最大}$（%）	$RH_{最小}$（%）
一层东	14.3	28.7	-5.3	53.2	88.2	16.4
一层南	14.0	28.2	-5.2	56.3	93.1	17.7
一层西	14.3	28.3	-4.9	53.7	90.5	16.4
一层北	13.8	27.8	-5.3	53.7	90.0	16.2
二层南	15.4	32.2	-6.3	46.6	82.9	7.6
二层北	15.1	31.9	-6.8	47.2	84.5	8.4
室外北廊	14.4	33.4	-8.9	55.4	100	6.3

表 4-1-1 中的各项统计是以 2011 年 2 月至 2012 年 2 月的监测数据为基础的。室内 6 个点全年的最高相对湿度在 82.9% ～ 93.1% 之间，相差 10.2%；最低相对湿度在 7.6% ～ 17.7% 之间，相差 10.1%；最高温度处于 27.8℃～ 32.2℃之间，相差 4.4℃；最低温度处于 -6.8℃～ -4.9℃之间，相差 1.9℃。需要说明的是，由于二层的部分窗户破损，而且夹层的通风窗也都打开了，使得二层的最低温度要略低于一层。整体上看，夏秋季节的相对湿度普遍较高，而冬春季节特别是春季的湿度值却较低。

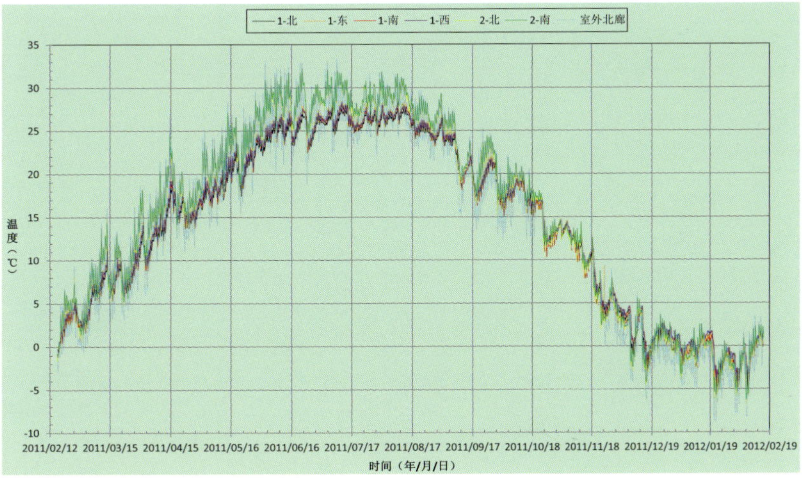

图 4-1-1　符望阁室内外温度对比（2011 年 2 月～ 2012 年 2 月）

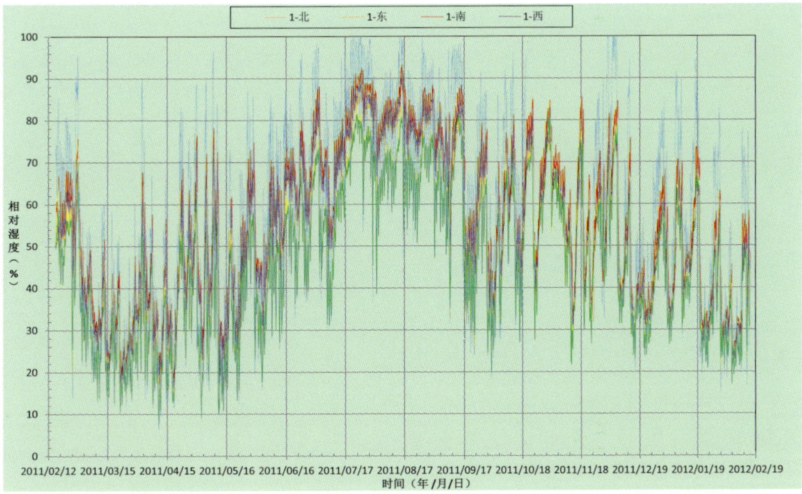

图 4-1-2　符望阁室内外相对湿度对比（2011 年 2 月～ 2012 年 2 月）

符望阁全年的相对湿度波动范围在 7.6% ～ 93.1% 之间，变化幅度高达 85.5%，其中 3 月至 5 月有较多天数出现相对湿度低于 30% 的情况，而 6 月至 11 月有较多天数出现相对湿度高于 70% 的情况；与此同时，全年温度的波动范围在 -6.8℃～ 32.2℃之间，变化幅度高达 39.0℃，其中 2 月和 12 月有部分天数出现低于 0℃的情况，1 月份的月平均温度更是低于 0℃，而 6 月至 9 月的大部分天数温度高于 25℃。

如前所述，温湿度对于文物的影响是非常大的，尤其是相对湿度，对于绝大多数有机质地文物（如书画、纺织品、竹、木、漆器以及皮革等）和金属文物来说，相对湿度都是首先要考虑并控制的环境因素。相对湿度过低，文物会产生开裂、起翘、收缩变形等病害，相对湿度过高会造成文物的膨胀变形、强度下降，当高于 70% 时，产生霉菌和虫害的可能性将显著增加。虽然目前国内外对于各类文物的保存环境还没有一个统一的标准，但可以确定的是：相对湿度过高或过低以及短时间内波动过大都是对于文物保存十分不利的。温度的波动对于文物的保存也是有较大影响的，而且当温度低于 0℃时，材质内的水分有冻结的可能，温度升高，除了会加快化学反应的速度，加速材料的老化，也会使虫霉的生长速度明显加快。

（二）多层古建筑不同楼层之间的温湿度差异

为了更好地了解多层古建筑中不同楼层之间的温湿度差异情况，将符望阁一层北部和二层北部的监测数据进行了整理和统计。数据的采集周期从 2011 年 2 月 16 日至 2012 年 2 月 15 日。其中，一层北部的温度变化范围为 -5.3℃～ 27.8℃，相对湿度变化范围为 16.2% ～ 90.0%；二层北部的温度变化范围为 -6.8℃～ 31.9℃，相对湿度变化范围为 8.4% ～ 84.5%。（表 4-1-2）

表 4-1-2　符望阁一层与二层平均温度和相对湿度对比

时间	一层北部		二层北部	
	$T_{平均}$（℃）	$RH_{平均}$（%）	$T_{平均}$（℃）	$RH_{平均}$（%）
2011 年 3 月	7.2	31.9	8.9	26.0
2011 年 4 月	14.3	38.9	16.6	32.1
2011 年 5 月	19.7	43.7	22.6	34.7
2011 年 6 月	24.8	59.0	28.2	47.4
2011 年 7 月	26.0	75.9	29.1	64.5
2011 年 8 月	25.7	80.5	28.0	68.6
2011 年 9 月	20.7	65.5	22.1	58.8
2011 年 10 月	16.0	58.6	16.6	54.0
2011 年 11 月	9.3	55.4	8.9	53.7
2011 年 12 月	1.5	46.7	0.7	45.2
2012 年 1 月	-0.8	43.9	-1.5	42.6
2012 年 2 月	0.4	44.0	0.7	40.3

注：表 4-1-2 中 2012 年 2 月的数据实际是由 2011 年 2 月 16 日～ 28 日和 2012 年 2 月 1 日～ 15 日两个时间段的数据组成的。

全年数据所示，一层北部从6月至11月的平均相对湿度都超过了55%，而二层北部只有7月至9月的平均相对湿度超过了55%。从全年看，一层每个月的相对湿度都要高于二层，而且高湿季节表现的更为明显。与此同时，一层大多数月份的温度都要低于二层，但11月、12月、1月例外（据现场观察，发现二层的部分窗户玻璃破损，而且夹层通风的小窗户也全部被打开了，这也许是这三个月二层温度较低的原因）。气象学知识表明：在相对封闭的环境中，空气的温度越低，相对湿度越高；反之，温度越高，相对湿度越低。这一原理很好地解释了符望阁一层与二层温湿度差异的现象。还有一个原因，那就是一层由于直接接触地面，因此，在潮湿季节地下的潮气通过地砖和墙体渗透进室内，使一层的相对湿度升高较快。这也正好解释了为何在潮湿季节一层和二层的相对湿度差异较大，而在干燥季节差异却较小。

（三）环境现状评估

1. 符望阁室内的相对湿度年变化幅度很大，同一监测点的相对湿度年波动范围达到了76.1%（二层北部）。根据前期工作的经验和研究成果，在冬春干燥季节，经过采取适当的密封措施后，室内的相对湿度基本上可以达到或高于40%，这种状况应该可以接受；而夏季的湿度值偏高，其中，7～9月属于高温高湿的季节，最高相对湿度可接近或超过90%。此外，部分监测点10～11月的月平均相对湿度也出现了高于55%的情况。因此，需要采取有效措施减小相对湿度的波动幅度。

2. 符望阁有“迷楼”之称，其建筑内部结构复杂，室内空间分隔巧妙，形成千回万转的迷离幻境，初入之人难辨方向。这一特点也导致了潮湿空气不易快速扩散。另一方面，由于符望阁所处的位置周围环境相对潮湿，雨水和潮湿空气会通过墙体和地面渗透进室内，因此，除湿防潮需要采取标本兼治的措施，潮湿季节不仅仅要在室内采取除湿措施，还应该阻断由于地下水源通过地面传导到室内的湿气。

3. 多层古建筑的二层由于不直接接触地面，而且二层的温度高于一层，因此，相对湿度要比一层低一些。所以，应该将更多的注意力集中到一层，尤其是一些空气流通较差的死角。

4. 对局部特别潮湿的位置给予特殊考虑。各种除湿手段要相互配合，因地制宜，灵活运用。

5. 鉴于古建筑环境的控制难度较大，在现有方法和措施不能完全满足要求的特殊情况下，建议对保存环境要求较高的文物尽量不使用原件。

第二节
符望阁光环境保护研究
2 Studies on the Light Environment in Fuwangge

一　实测研究

（一）研究方法

1. 测试方法

项目组选择在全阴天无参观人流时段，对故宫乾隆花园符望阁进行光环境实测。两个小组分别同时测量室内地面水平照度、墙面垂直照度与室外无遮挡处水平散射照度。

2. 数据处理

每个室内照度与同时测得的室外水平散射照度对应，如果没有对应数据，则采取线性差值的方法补出空缺数据。将室内某点天然光照度值En除以同一时间室外无遮挡处天空光照度值EW，即可得到该点的采光系数C，即C=En/EW。将测定的各点采光系数标注在符望阁平面图和内立面图上，绘制各面的等采光系数曲线，即可得到直观反映符望阁各面采光情况的采光系数分布伪彩度图。算得的采光系数和年平均散射照度值（北京1983～1984年的年平均散射照度值为18050lx）之积，即为年平均照度值。由此可将采光系数分布图中各点的采光系数换算为年平均照度，即可得到室内各点的年平均照度分布图。

3. 误差分析

（1）仪器精度不足。一层隔间、楼梯间、夹层的墙面与地面非常暗，照度数据在 0.1lx 至 0.2lx 之间浮动，测量仪器精度（±0.1 lx）的不足造成误差。

（2）测量时天空云量变化较大，室外照度存在短时间内波动的可能性，因此影响精度。

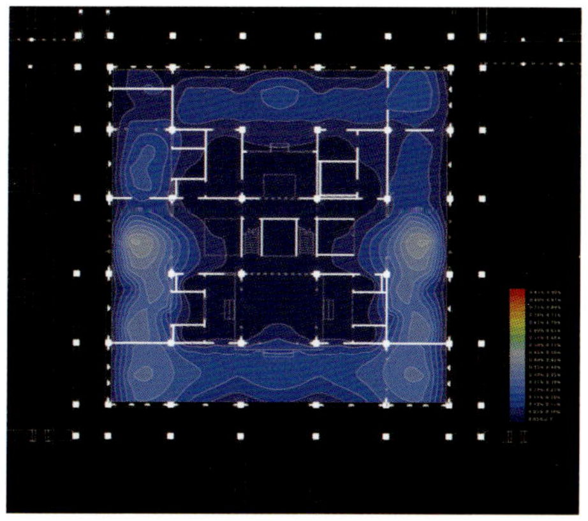

图 4-2-1　一层地面采光系数分布图

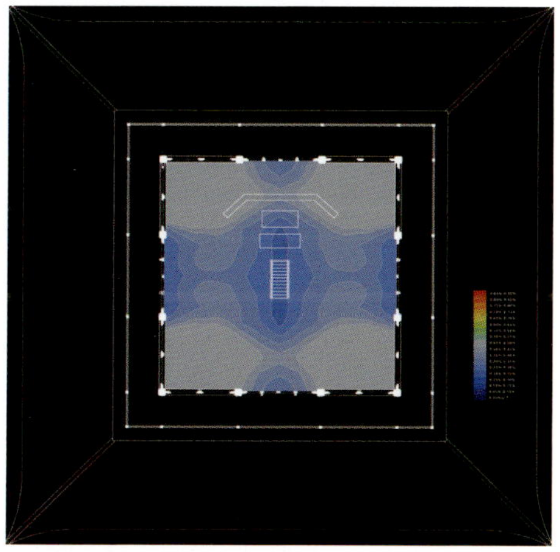

图 4-2-2　三层地面采光系数分布图

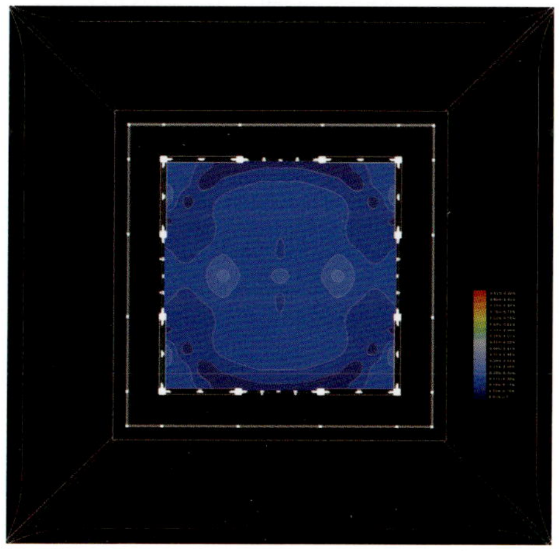

图 4-2-3　三层天花采光系数分布图

（二）实测结果

项目组依据实测数据绘制了各层地面采光系数分布图、各层垂直采光系数分布图、三层天花平面采光系数分布图（图 4-2-1 ~ 5）。因一层夹层、二层的平面与垂直采光系数均低于 0.05%，未另行绘制图纸。（表 4-2-1）

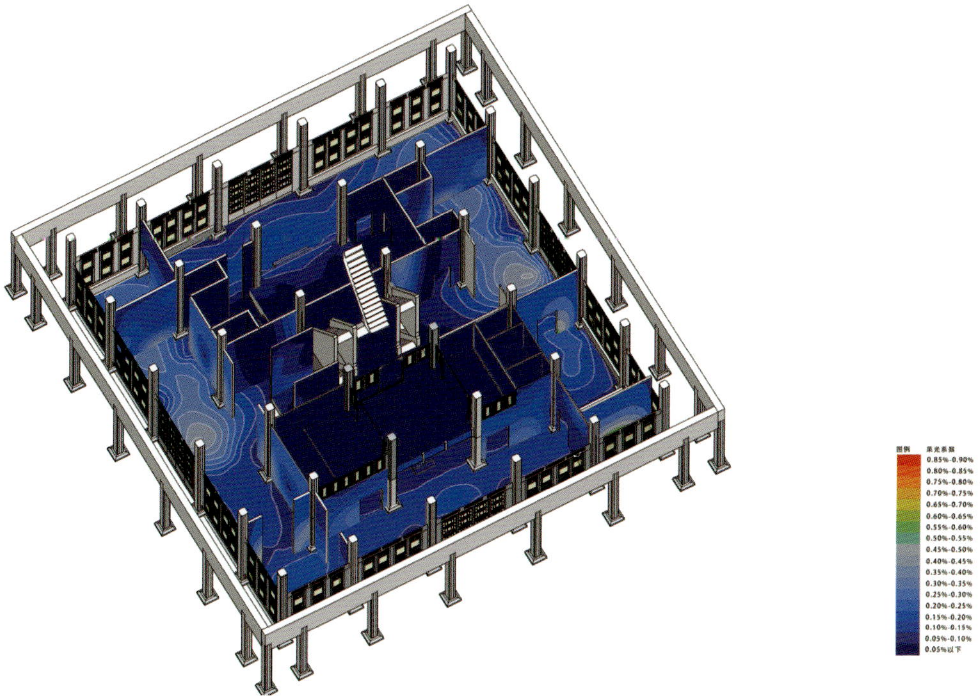

图 4-2-4　一层垂直采光系数分布图（西北方向轴侧图）

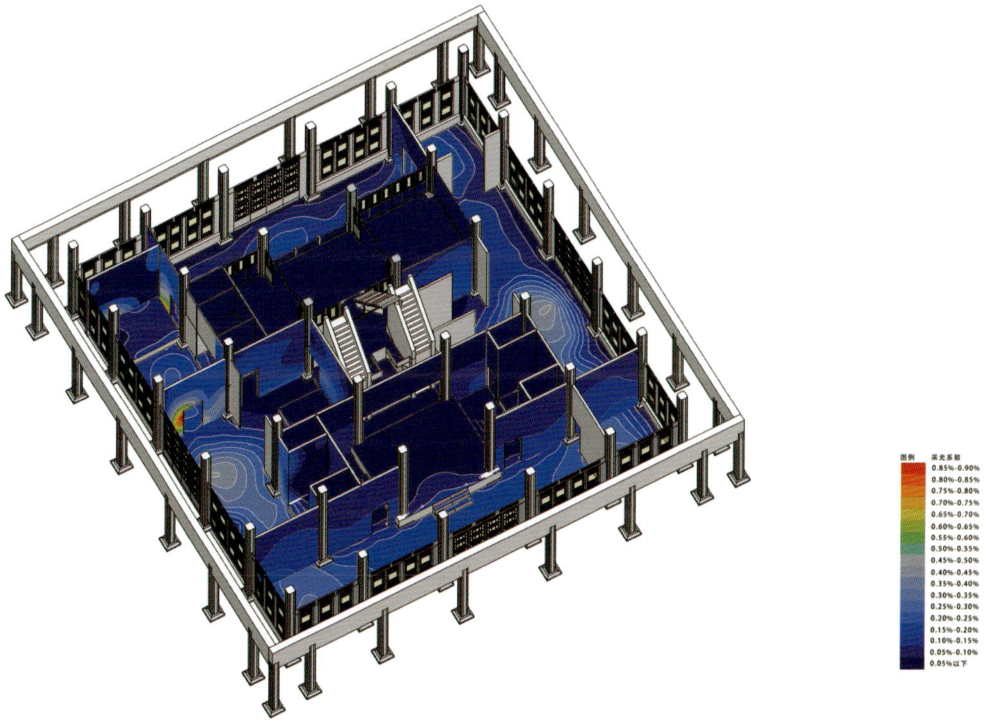

图 4-2-5　一层垂直采光系数分布图（西南方向轴侧图）

表 4-2-1　各空间平均采光系数实测值

位置	空间名称	平均垂直采光系数（%）	平均水平采光系数（%）
一层	北明间	0.1828	0.0875
	西明间	0.2086	0.1619
	南明间	0.1586	0.1955
	东明间	0.1984	0.1658
	西北穿堂	0.2031	0.0965
	东南穿堂	0.1122	0.1922
	东北穿堂	0.1196	0.1131
	西北暗室	0.1196	0.0450
	西南暗室	0.0615	0.0333
	东南暗室	0.0615	0.0333
	东北暗室	0.0011	0.0100
	北宝座	0.0180	0.0320
	西宝座	0.1119	0.0642
	南宝座	0.0438	0.0340
	东宝座	0.1119	0.0642
	西北夹道	0.0292	0.0050
	西南夹道	0.0114	0.0125
	东南夹道	0.0114	0.0125
	东北夹道	0.0344	0.0338
	北信道	0.0149	0.0100
	南信道	0.0149	0.0280
	楼梯间	——	0.0100
夹层	仙楼	——	——
二层	地面	——	0.0016
三层	地面	——	0.4417
	天花	——	0.1547

二　模拟研究

项目组对符望阁进行了基于逐时动态气象参数的模拟研究，探究不同透光材料（不同透光比的透明玻璃与磨砂玻璃）对内部视觉体验的影响。

（一）研究方法

本研究选取 DIVA for RHINO 软件进行天然光环境模拟。DIVA 软件是内置于 RHINO 的光环境模拟软件，其运算核心为 DAYSIM 和 RADIANCE。软件采用 DAYSIM 的逐时气象参数模拟算法和 RADIANCE 的光环境模拟算法，能够准确地模拟出符望阁在北京典型气象年的逐时光环境。该软件支持 3ds 格式文件，通过调用后台算法文本，可以较为方便地进行材质特性的调节，如 RGB 三个通道的反射比、透射比等等。DAYSIM 的气象系统，可以保证地理位置和分析时间的精准。在 RADIANCE 的算法下，可以较为真实地模拟出各种典型天空状态下、各种使用状态下的室内光环境的亮度与照度分布。利用 RADIANCE 软件的分析功能，绘制光环境的伪彩色图，为符望阁光环境的深入分析提供数据支持。

DIVA 模拟器的算法是基于辐照度缓存技术的混合式光线跟踪算法。其算法特点决定了其能以相对较小的计算成本取得精确的计算结果。因此，与同类软件相比，DIVA 非常适合于在建筑光环境模拟领域中的应用。（表 4-2-2）

表 4-2-2　模拟所用材料基础数据表

类别	模拟用数据（%）	备注
天花	80	反射比
内墙（有墙纸）	50	反射比
内墙（原木墙）	50	反射比
外墙外表面	35	反射比
室内地面	20	反射比
单层玻璃	9	透射比
双侧玻璃	80	透射比
窗纸（虚拟）	40	透射比
屋顶瓦面	35	反射比
室外地面	20	反射比

（二）模拟结果（表 4-2-3）

表 4-2-3　模拟结果汇总表

位置	描述	虚拟透光比（%）	年曝光量（lx · h）	标准值（lx · h）
一层东侧宝座	西墙	透明玻璃 80	763512	150000
		磨砂玻璃 40	116019	
	南墙	透明玻璃 80	304890	
		磨砂玻璃 40	47752	
	北墙	透明玻璃 80	351068	
		磨砂玻璃 40	48545	
一层东侧明间	墙面平均	透明玻璃 80	3114258	600000
		磨砂玻璃 40	446462	
一层西侧宝座	东墙	透明玻璃 80	1125316	150000
		磨砂玻璃 40	179346	
	南墙	透明玻璃 80	516989	
		磨砂玻璃 40	88319	
	北墙	透明玻璃 80	589298	
		磨砂玻璃 40	100233	
一层西侧明间	墙面平均	透明玻璃 80	5176144	600000
		磨砂玻璃 40	640732	
一层南侧宝座	东墙	透明玻璃 80	505255	150000
		磨砂玻璃 40	148681	
	西墙	透明玻璃 80	477452	
		磨砂玻璃 40	100641	
	北墙	透明玻璃 80	663994	
		磨砂玻璃 40	286567	
一层南侧明间	墙面平均	透明玻璃 80	1945316	600000
		磨砂玻璃 40	368245	
一层北侧宝座	东墙	透明玻璃 80	720115	150000
		磨砂玻璃 40	76166	
	西墙	透明玻璃 80	696671	
		磨砂玻璃 40	83585	
	南墙	透明玻璃 80	560307	
		磨砂玻璃 40	70751	
一层北侧明间	墙面平均	透明玻璃 80	1311345	600000
		磨砂玻璃 40	180236	
三层	周围天花	透明玻璃 80	866080	600000
		磨砂玻璃 40	387028	
	中部藻井	透明玻璃 80	1084084	
		磨砂玻璃 40	676492	

三　数据分析

（一）光辐射破坏效应评估

将自然光年曝光量预判值与 CIE（国际照明委员会）标准值进行对照，为展陈布置和照明设计提供参考，并为透光材料的选择提供依据。（表 4-2-4）

表 4-2-4　符望阁室内文物照度与年曝光量标准参考值

基于感光度的材料分类		照度限制（lx）	曝光量限制（lx · h / y ）
不感光	地面	没有限制	没有限制
低感光度	无彩木雕	200	600000
中感光度	彩绘藻井、泥塑、木雕	50	150000
高感光度	双面绣	50	15000

评估结论：

1. 如果采用 80% 透光比的透明玻璃，除一层夹层和二层以外的所有位置均超过曝光量标准。

2. 如果采用 40% 透光比的磨砂玻璃，绝大部分位置符合曝光量标准。其中一层西侧明间与宝座背墙、一层南侧宝座的背墙、三层的天花超标；如三层藻井为原状彩绘，也处于超标范围。

（二）光环境的“中心对称性”研究

符望阁内部三层，各层平面均近似为“中心对称”式。中心对称式的布局是否对应着中心对称式的视觉感受，模拟研究将揭示符望阁光环境的中心对称性问题，特别是对于透明材料与透光不透明材料（窗纸或磨砂玻璃）的比较。项目组选取一层的两个典型视角，基于不同透光材料进行了逐时模拟分析。（图 4-2-6 ~ 7）

当采用透明玻璃时，符望阁光环境的分布不对称，受太阳运动轨迹影响较大。东侧宝座和明间的曝光量在上午急速上升，在 7 ~ 9 时前后达到最高，然后趋于稳定下降；西侧宝座和明间在下午 15 ~ 17 时前后达到最高；南北侧宝座和明间在中午 12 ~ 14 时前后达到最高；四个方位的最高曝光量差别较大。所以，当采用玻璃材料时，符望阁的视觉环境与其空间形制的中心对称性不吻合。

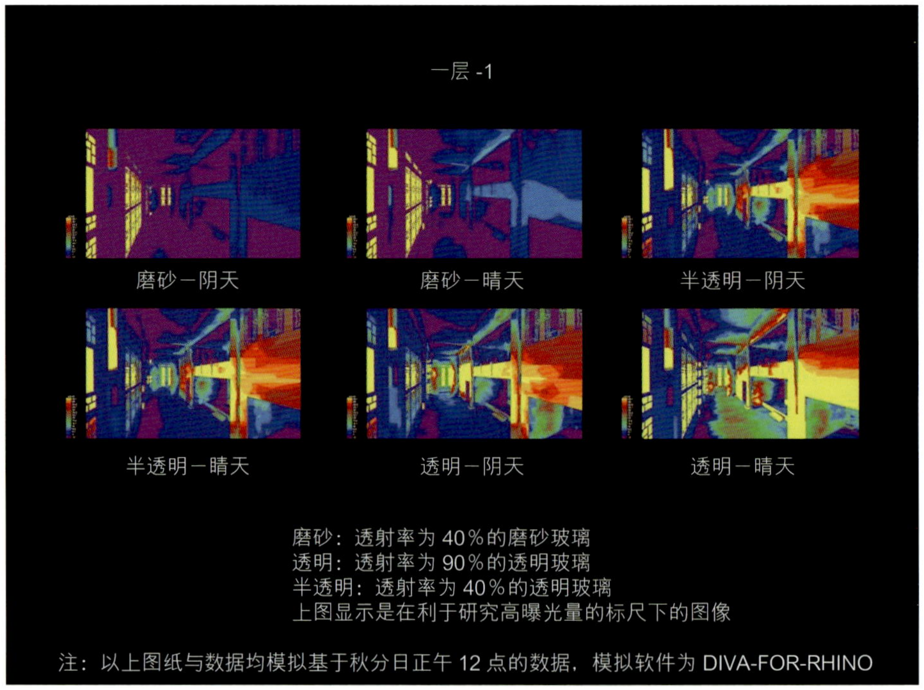

图 4-2-6a　一层视点 A 的视野渲染图与采光系数分布图

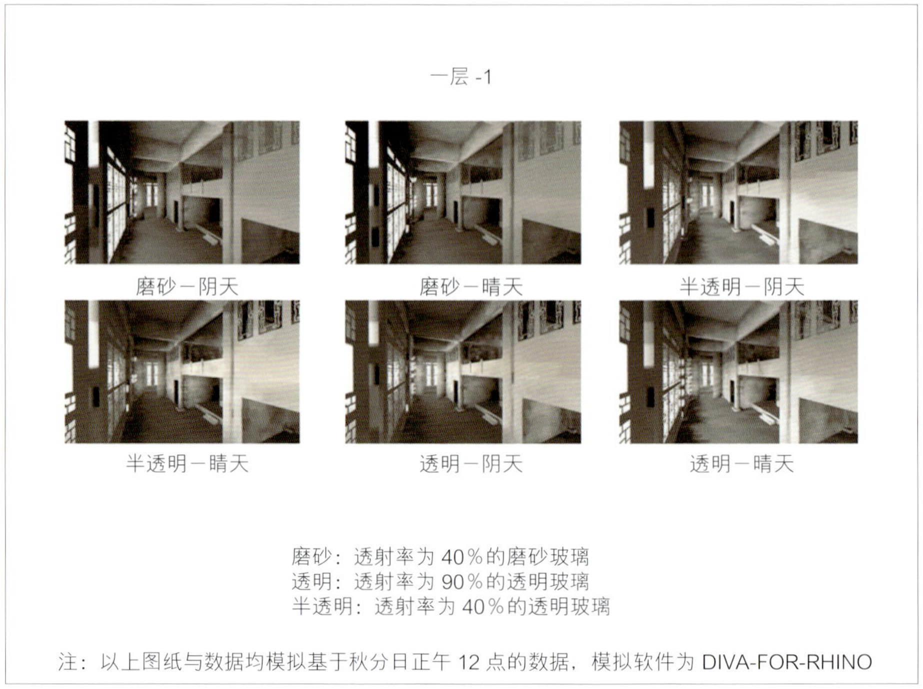

图 4-2-6b　一层视点 A 的视野渲染图与采光系数分布图

当采用磨砂玻璃时，符望阁光环境的分布受太阳轨迹影响减弱，中心对称程度提高，中午 12 时的曝光量基本相同，详见表 4-2-5。

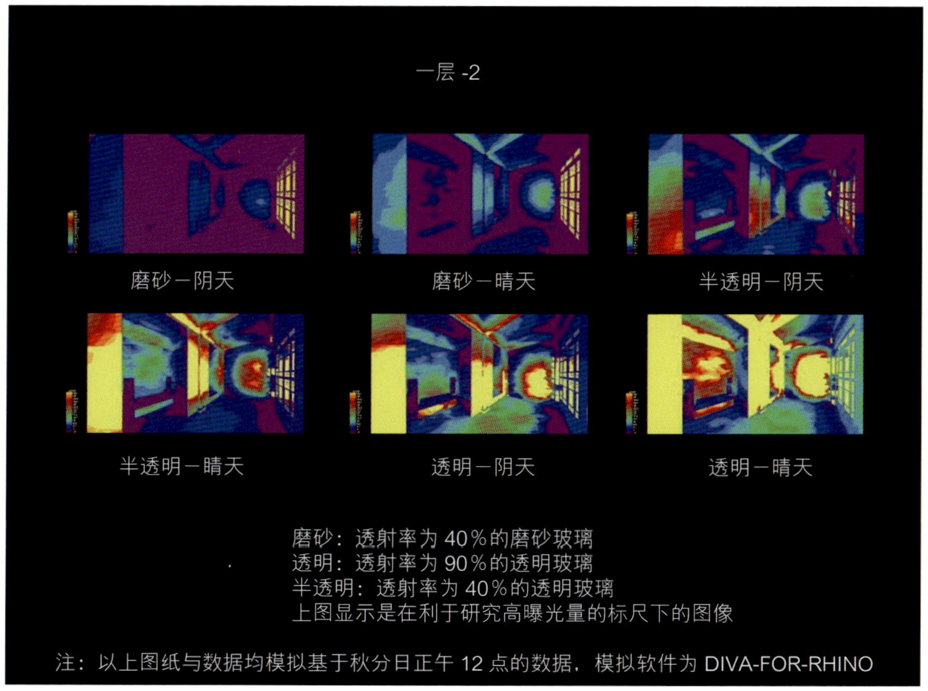

图 4-2-7a　一层视点 B 的视野渲染图与采光系数分布图

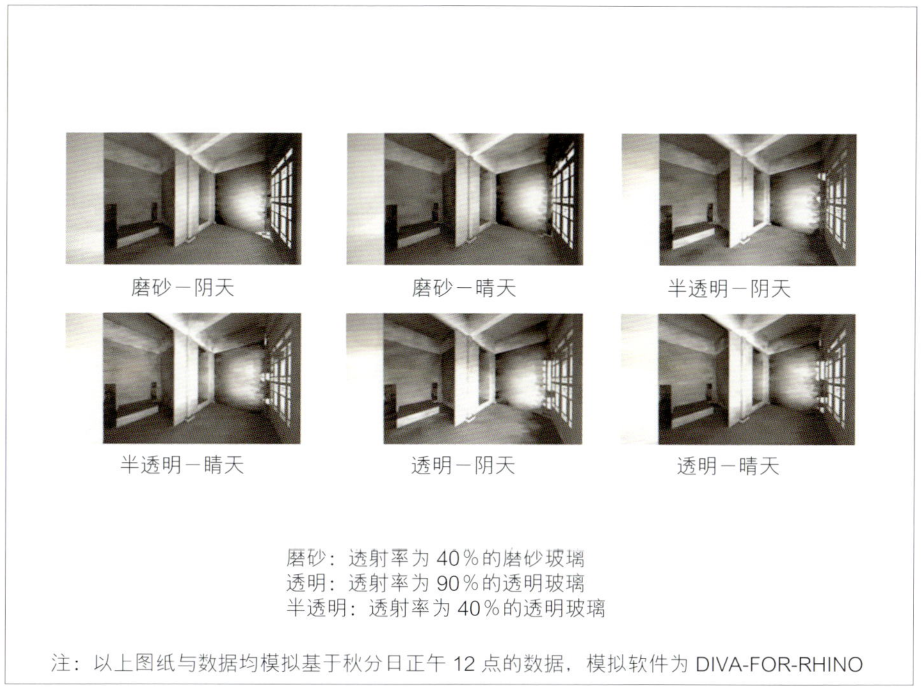

图 4-2-7b　一层视点 B 的视野渲染图与采光系数分布图

表 4-2-5　宝座全年逐时平均曝光量（单位：lx · h/y）

	时间	1 时	2 时	3 时	4 时	5 时	6 时	7 时	8 时	9 时	10 时	11 时	12 时	13 时	14 时	15 时	16 时	17 时	18 时	19 时	20 时	21 时	22 时	23 时	24 时
东	东宝座后墙（玻璃透光率 80%）	0	0	0	0	0	6	202	237	186	198	206	205	196	182	161	137	97	54	21	2	0	0	0	0
	东明间墙南（玻璃透光率 80%）	0	0	0	0	0	80	1045	1155	985	764	745	727	683	692	553	463	326	179	70	8	0	0	0	0
	东明间墙北（玻璃透光率 80%）	0	0	0	0	0	68	752	1054	1300	957	806	763	701	635	553	460	326	188	79	9	0	0	0	0
西	西宝座后墙（玻璃透光率 80%）	0	0	0	0	0	1	18	43	78	111	141	170	197	222	260	344	484	823	185	5	0	0	0	0
	西明间北墙（玻璃透光率 80%）	0	0	0	0	0	4	66	156	288	418	545	675	826	1016	1317	3875	3937	1271	170	14	0	0	0	0
	西明间南墙（玻璃透光率 80%）	0	0	0	0	0	4	67	160	300	432	551	662	775	902	1253	1991	2589	2554	1431	115	0	0	0	0
北	北宝座后墙（玻璃透光率 80%）	0	0	0	0	0	1	17	80	62	91	126	145	150	142	123	181	307	96	13	1	0	0	0	0
	北明间东墙（玻璃透光率 80%）	0	0	0	0	0	6	100	204	352	471	556	597	606	591	544	479	361	251	275	35	0	0	0	0
	北明间西墙（玻璃透光率 80%）	0	0	0	0	0	9	84	168	297	403	483	524	535	524	493	445	346	333	129	9	0	0	0	0
南	南宝座后墙（玻璃透光率 80%）	0	0	0	0	0	1	28	59	120	174	218	239	244	234	194	147	94	48	17	2	0	0	0	0
	南明间东墙（玻璃透光率 80%）	0	0	0	0	0	6	100	277	572	890	1136	1739	1746	1955	1469	1233	690	252	69	7	0	0	0	0
	南明间西墙（玻璃透光率 80%）	0	0	0	0	0	5	91	262	785	987	1407	1916	1677	1708	1421	1187	862	352	104	10	0	0	0	0
东	东宝座后墙（磨砂透光率 40%）	0	0	0	0	0	2	30	44	48	38	29	27	24	22	19	16	11	6	2	0	0	0	0	0
	东明间墙南（磨砂透光率 40%）	0	0	0	0	0	7	125	188	213	160	123	112	101	90	78	64	45	26	11	1	0	0	0	0
	东明间墙北（磨砂透光率 40%）	0	0	0	0	0	7	131	271	201	160	123	110	100	89	77	63	44	22	10	1	0	0	0	0
西	西宝座后墙（磨砂透光率 40%）	0	0	0	0	0	0	2	5	10	15	19	24	29	38	57	91	99	75	26	2	0	0	0	0
	西明间北墙（磨砂透光率 40%）	0	0	0	0	0	1	9	22	40	59	77	96	178	157	240	419	430	260	89	6	0	0	0	0
	西明间南墙（磨砂透光率 40%）	0	0	0	0	0	0	9	21	40	59	77	95	116	153	232	368	295	281	114	8	0	0	0	0
北	北宝座后墙（磨砂透光率 40%）	0	0	0	0	0	0	1	4	10	15	21	23	25	25	22	20	17	8	2	0	0	0	0	0
	北明间东墙（磨砂透光率 40%）	0	0	0	0	0	2	19	33	59	86	104	107	105	97	87	75	56	51	46	5	0	0	0	0
	北明间西墙（磨砂透光率 40%）	0	0	0	0	0	1	13	28	60	0	95	97	95	88	80	72	56	43	33	4	0	0	0	0
南	南宝座后墙（磨砂透光率 40%）	0	0	0	0	0	0	4	14	43	70	97	109	117	116	95	69	35	12	4	0	0	0	0	0
	南明间东墙（磨砂透光率 40%）	0	0	0	0	0	1	14	42	121	192	266	309	328	334	272	200	105	36	11	1	0	0	0	0
	南明间西墙（磨砂透光率 40%）	0	0	0	0	0	1	14	45	143	229	314	361	386	388	329	263	161	66	21	2	0	0	0	0

透光不透明类的材质（如窗纸或磨砂玻璃）令符望阁的视觉感受趋于中心对称，与其空间形制的中心对称性基本吻合。

（三）宝座的“向外”视野与明间的“向内”视野研究

宝座的“向外”视野对应皇帝在宝座上的视觉感受，明间的“向内”视野对应未来开放时段观众的主要观赏视角。项目组对这两组视角分别进行了模拟（基于 40% 透光比的磨砂玻璃），模拟结果如下图所示。（图 4-2-8 ~ 9）

图 4-2-8 的宝座“向外”视野渲染图部分还原了窗纸条件下皇帝的视觉感受。由图 4-2-9 的模拟结果可知，对于明间未来观众的“向内”视野，宝座周围墙面与明间墙面的亮度比约为 0.3，该数据表明宝座区域相对明间而言不至于过暗。

（四）三层空间视觉分析

在 80% 透光比透明玻璃情况下，藻井与天花的照度比为 1.25；在 40% 透光比磨砂玻璃情况下，藻井与天花的照度比为 1.75。磨砂玻璃（或窗纸）材料的使用将改变入射光的分布，令藻井在视觉上更为突出。（图 4-2-10）

四　结论

根据符望阁的空间特质，项目组基于游览进程中各子空间的照度关系，解析空间规划与视觉感受之间的内在联系。

符望阁集中式的空间格局强调中心（图 4-2-11），通过实测的各层平面采光系数分布（对应散射照度）可以验证。基于实测与模拟数据，项目组对符望阁光环境作出如下总结。

（一）静态视觉

首层最佳视觉体验是皇帝坐在相对较暗的区域观赏园中美景（打开隔扇门），即宝座用于“看”而非“被看”。

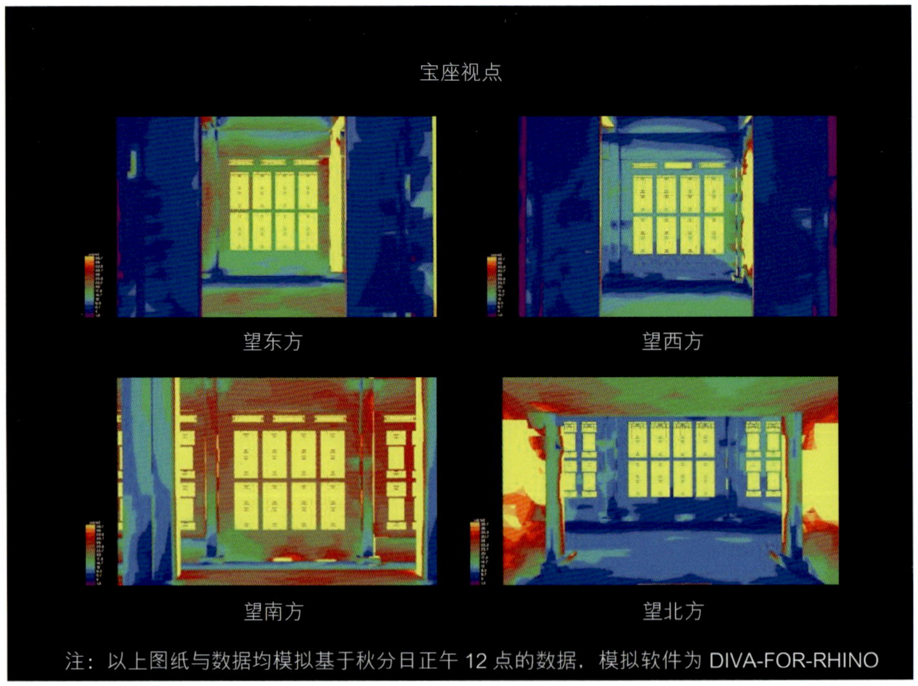

图 4-2-8　宝座的“向外”视野渲染图与采光系数分布图

宝座处于一层最暗的位置，其左右均设有隔断，围合出一个“影院”空间，令外向的美景更加明亮且具有画面感。

（二）动态视觉

从明间至宝座，经由仙楼上至三层，采光系数的比

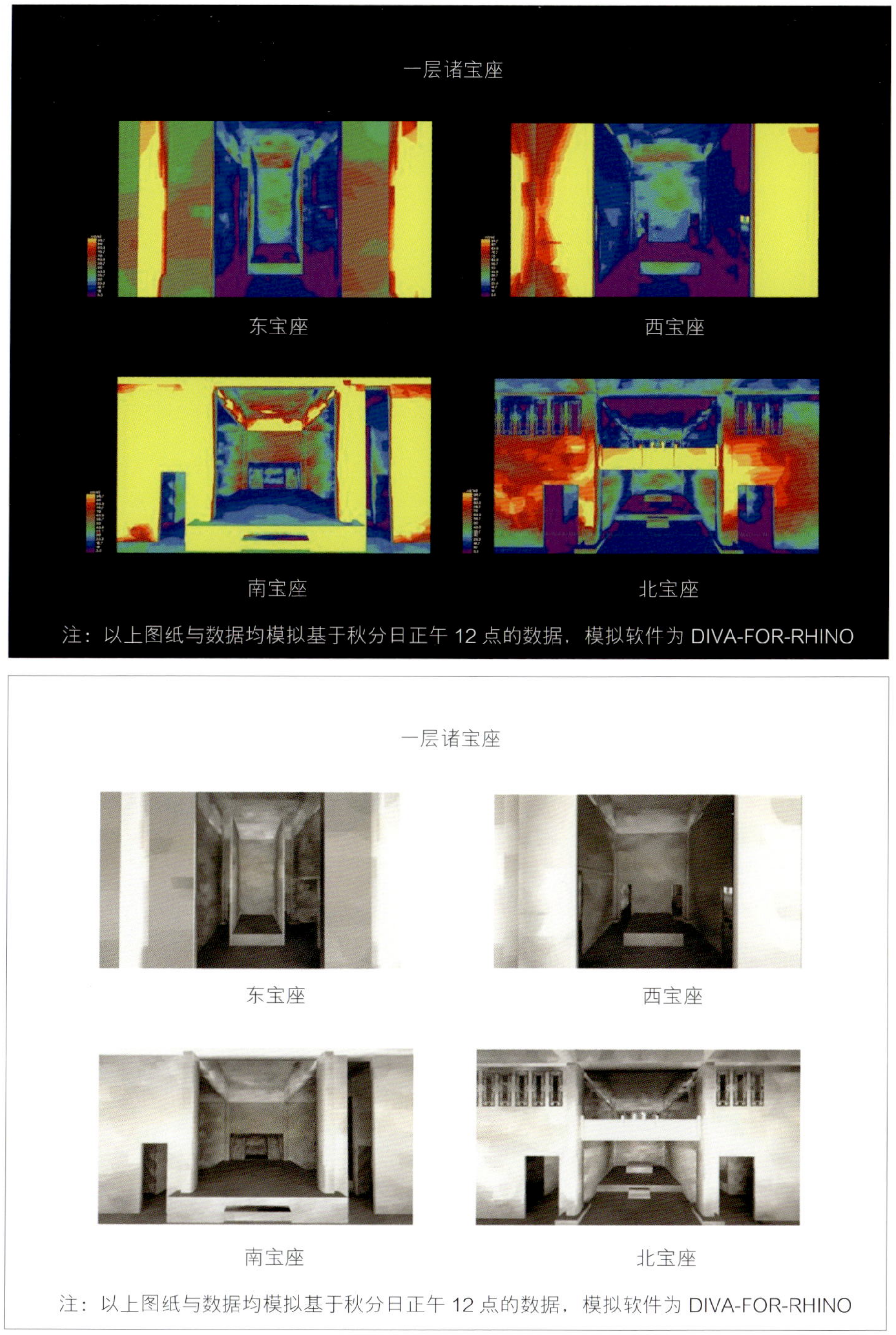

图 4-2-9　明间的“向内”视野渲染图与采光系数分布图

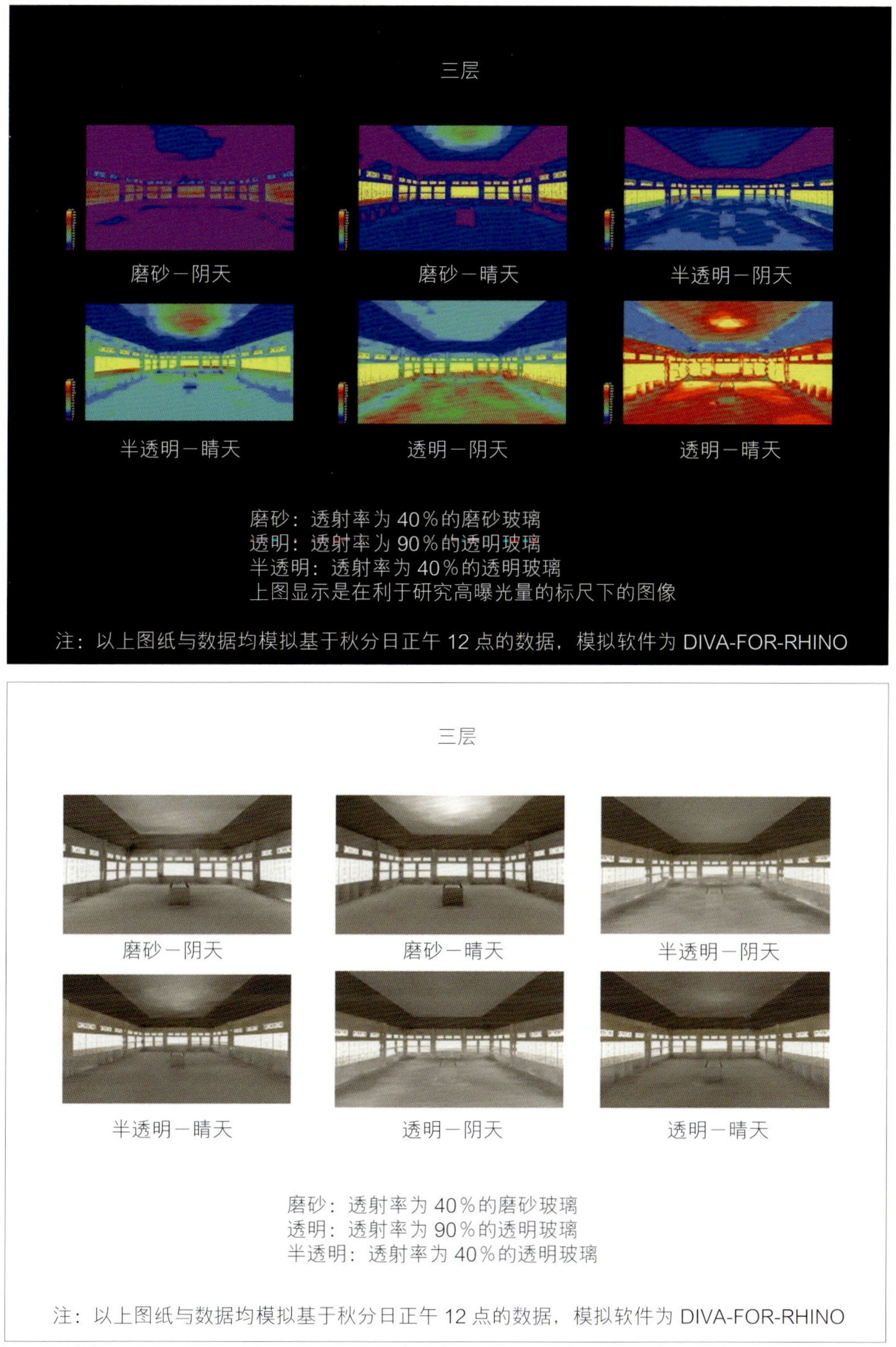

图 4-2-10　右三层的视觉感受示意图及三层的采光系数分布图

例约为 16 ∶ 6 ∶ 1 ∶ 15。视觉经历明显的由亮至暗，再由暗至亮的过程。首层较暗，完成从室外向室内的过渡；仙楼和二层最暗；登顶之后豁然开朗，开窗后可远眺周围美景。

本研究通过数据分析的方式将这个非常完美的视觉过程解析出来。

第五章
原状陈设研究
Chapter V: Studies on Original Display

【提要】符望阁室内原状悬挂有各类运用不同工艺材料制作的装饰物，包括字画、贴落、挂屏等，数量庞大。现今室内真实地保留了这些原状装饰的痕迹、文物标识、编号标签等。这些重要的线索弥足珍贵，它们是符望阁内檐装修复原设计的重要依据。今天的复原设计正是通过遗迹和历史档案的全方面调查，运用对比和分析的研究方法，从宝座及床的陈设，到墙面的各类装饰，梳理出建筑室内原状陈设在乾隆朝及以后各朝的沿革与变化。符望阁自乾隆朝建成至今，已有 200 余年，复原符望阁陈设很难准确定位于某一具体时期。为此，复原符望阁的陈设既要参照文献记载，又要尊重历史遗留信息，有选择地展示符望阁的奢华和历代皇帝在符望阁的活动。

Abstract: Fuwangge's original displays have great numbers of hanging decorations, including calligraphy works, paintings, hanging screens and so on. There are still marks, names and numbering labels left inside Fuwangge. These significant clues are quite precious, leading us to the original furnishings restoration of the interior decorations in Fuwangge. Through the investigation into the remains and historical archives, and using comparing and analytical methodologies, the original displays and the following evolutions of interior decorations, such as thrones, beds and decorations on the wall, can be sorted out, dating from Qianlong period to the subsequent periods. Until now, Fuwangge has the history of more than 200 years, the original display can hardly be dated back to a certain period. Therefore, the restoration of the original displays has to consult the archival records, and at the same time, value the historical remains, managing to demonstrate the luxury of Fuwangge and the emperors' activities in it.

第一节

不可忽视的“痕迹”

1 “Remains” that cannot be Neglected

符望阁室内装修极富特色，南北西东四面分别采用不同种类装饰手法，主题各有不同。室内空间利用罩隔分割，复杂巧妙，迂回环绕，素有“迷楼”之称。在建筑内墙上，悬挂有运用不同工艺材料制作而成的陈设物，如字画、贴落、挂屏等，数量庞大、做工精美。然而，二百多年后的今天，这些陈设几经辗转，或移至库房，或颠沛流离。现在的符望阁四壁皆空，值得庆幸的是，还有很多装饰痕迹存于四壁，如文物标识、编号标签、金属挂件等。这些重要的线索弥足珍贵，它们是符望阁内檐装修复原设计的重要依据。

符望阁内墙墙面现状主要有三种装饰痕迹残留：

第一，装饰物轮廓形状痕迹残留。

此部分痕迹残留所保留信息包括贴落、挂屏、对联、中堂等文物的原状尺寸、形状形态、相对位置等。

第二，金属挂件。

此部分痕迹残留所保留的信息包括挂屏、字屏、对联等装饰文物的原状位置、尺寸及悬挂方式等，金属构件包括挂钩、托儿、吊环等。

第三，文物点查标签。

符望阁内檐隔墙、柱表面多处留有“李”字系列编号的文物点查标签。该系列编号为清室善后委员会于民国十三年（1924 年）开始点查清宫文物所编写的。此次点查报告共分五编，以中路为第一编，东路为第二编，西路为第三编，外东路为第四编，外西路为第五编。每编以下分为册，以每一宫或每一殿之物品号数装订成册。如一宫或一殿之物品号数过少，不能成册则以数宫或数殿之物品号数共成一册，另以卷分别之。[1] 第一编第一册卷一为乾清宫正殿，于民国“十三年十二月二十四日开始点查是宫至十四年二月九日止完全点查完毕，共计点查六十一次”[2]。乾清宫内物品号数为“天”字号，天字一号至二号物品为二层木榻凳两个。其余各宫殿根据点查报告编纂顺序，以千字文依次编号排序。

符望阁内文物点查报告被编录在第四编第一册卷六的第 119、120 页。此卷共包括符望阁、倦勤斋和玉粹轩三座建筑。本卷三座建筑内物品均为“李”字编号。符望阁内物品自“李字一号 硬木嵌玉插屏 一座”始，终于“九七 硬木方凳”（自“李字九八”始则为倦勤斋内物品之编号）。其中包括家具、屏联、匾额、钟表，乃至毡垫、门帘等各类物品。具体点查时间为民国“十五年三月十六日起点查符望阁、倦勤斋，至十五年三月十九日点毕”[3]。

以下为现状勘察资料。其墙面编号采自符望阁内檐装修编号系统（编号系统构成详见第三章第一节所述）。

一　首层隔墙

（一）首层西次间二进间西缝隔墙东侧 GQ_3*C2D_1_CE_E（图 5-1-1 ~ 4）

1. 墙面信息编号系统

分类	平面位置	所在楼层	轴线偏离方向	构件朝向	构件编号	对应中文描述
GQ- 隔墙	3*C2D	1- 首层	CE- 轴东	E- 东侧	GQ_3*C2D_1_CE_E	首层西次间二进间西缝隔墙东侧

图 5-1-3　GQ_3*C2D_1_CE_E 标签

2. 墙面装饰痕迹信息调查表

分项	构件编号	数量	尺寸 (mm)	备注
HZ- 装饰痕迹	无			
TG- 托挂件	GQ_3*C2D_1_CE_E_TG	2	Φ30	金属托件 1 件，挂件 1 件
BQ- 标签	GQ_3*C2D_1_CE_E_BQ	1		李七五硬木嵌花挂屏一付
题记	无			

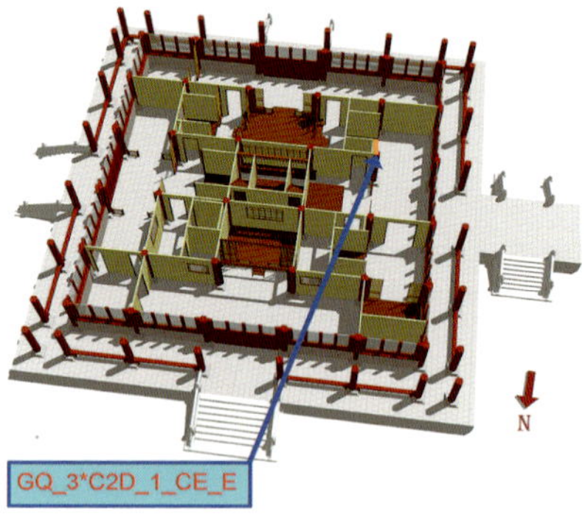

图 5-1-4　GQ_3*C2D_1_CE_E 位置图

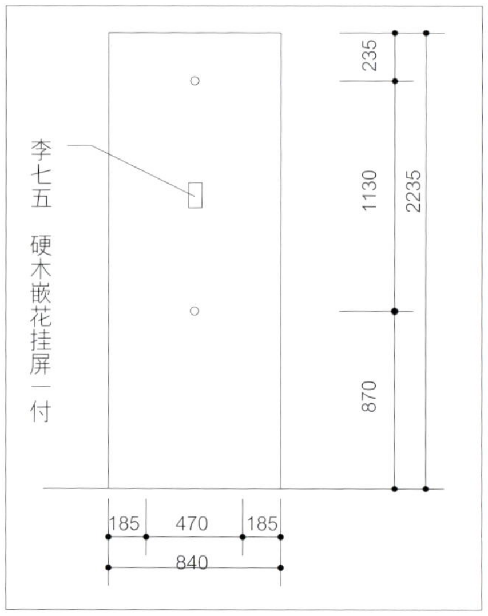

图 5-1-1　GQ_3*C2D_1_CE_E 立面图

图 5-1-2　GQ_3*C2D_1_CE_E 立面照片

(二)首层西次间后二进间西缝隔墙东侧 GQ_3*EE1_1_CE_E(图 5-1-5 ~ 8)

1. 墙面信息编号系统

分类	平面位置	所在楼层	轴线偏离方向	构件朝向	构件编号	对应中文描述
GQ- 隔墙	3*EE1	1- 首层	CE- 轴东	E- 东侧	GQ_3*EE1_1_CE_E	首层西次间后二进间西缝隔墙东侧

2. 墙面装饰痕迹信息调查表

分项	构件编号	数量	尺寸 (mm)	备注
HZ- 装饰痕迹	GQ_3*EE1_1_CE_E_HZ	1	470X1130	葫芦形
TG- 托挂件	GQ_3*EE1_1_CE_E_TG	3	Φ30	金属托件 2 件，挂件 1 件
BQ- 标签	GQ_3*EE1_1_CE_E_BQ	1		李五六李挂屏一
题记	无			

图 5-1-7　GQ_3*EE1_1_CE_E 标签

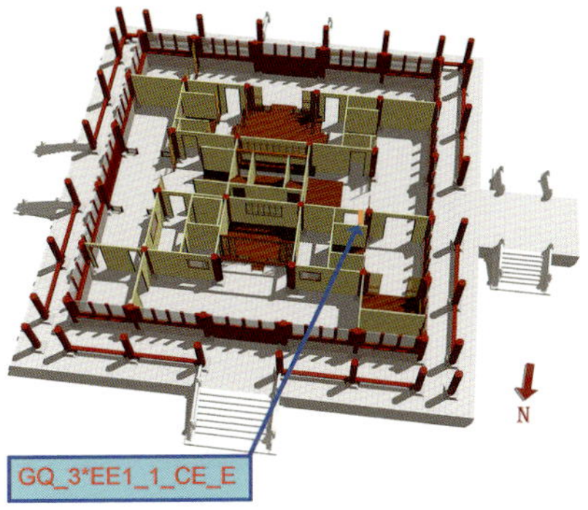

图 5-1-8　GQ_3*EE1_1_CE_E 位置图

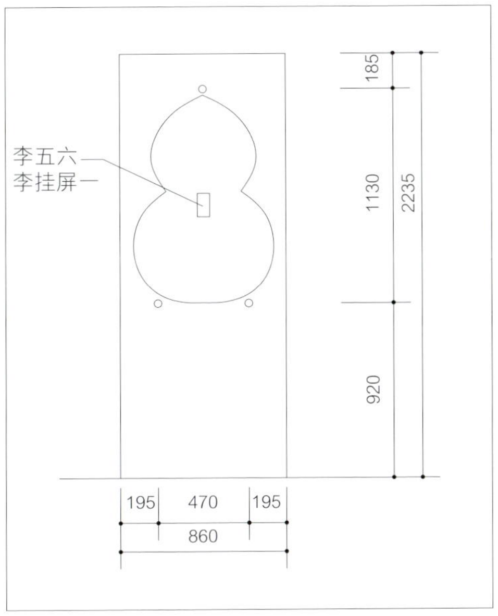

图 5-1-5　GQ_3*EE1_1_CE_E 立面图

图 5-1-6　GQ_3*EE1_1_CE_E 立面照片

（三）首层西次间后一进西缝隔墙西侧 GQ_3*FG_1_CC_E（图 5-1-9 ~ 12）

1. 墙面信息编号系统

分类	平面位置	所在楼层	轴线偏离方向	构件朝向	构件编号	对应中文描述
GQ- 隔墙	3*FG	1- 首层	CC- 轴中	E- 东侧	GQ_3*FG_1_CC_E	首层西次间后一进西缝隔墙东侧

2. 墙面装饰痕迹信息调查表

分项	构件编号	数量	尺寸 (mm)	备注
HZ- 装饰痕迹	GQ_3*FG_1_CC_E_HZ	1	230X600	
TG- 托挂件	GQ_3*FG_1_CC_E_TG	2	Φ30	金属托件 2 件
BQ- 标签	GQ_3*FG_1_CC_E_BQ	1		六百七十九号
题记	无			

图 5-1-11 GQ_3*FG_1_CC_E_BQ 标签

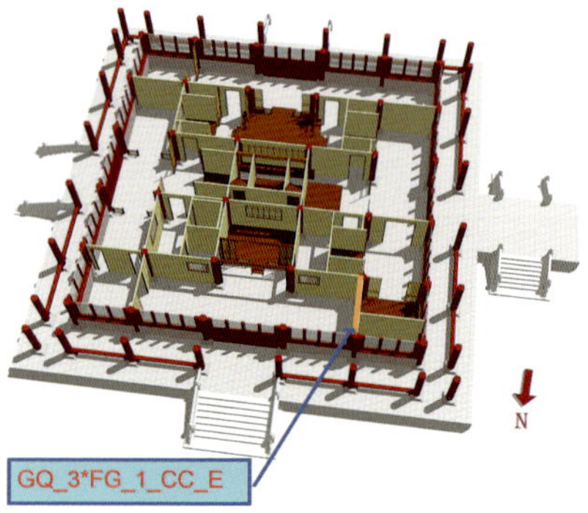

图 5-1-12 GQ_3*FG_1_CC_E 位置图

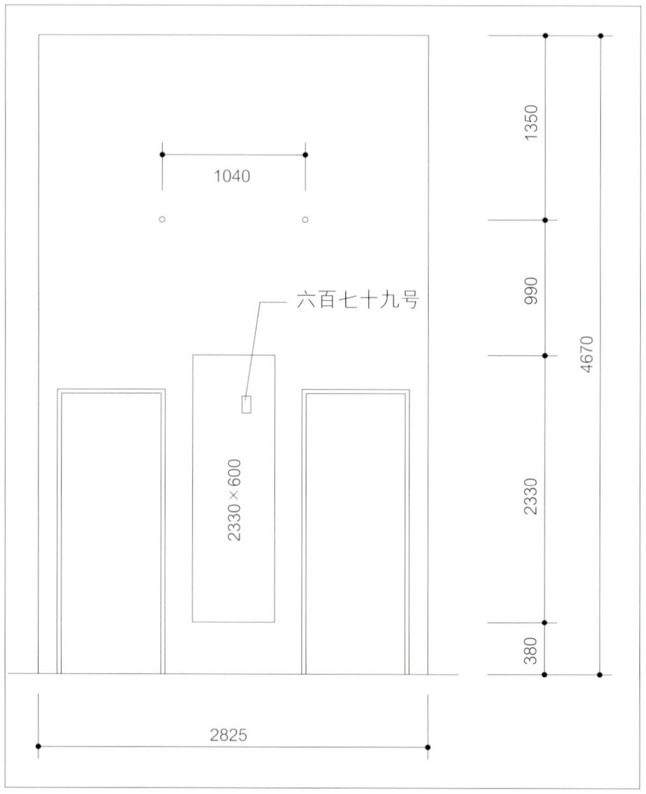

图 5-1-9 GQ_3*FG_1_CC_E 立面图

图 5-1-10 GQ_3*FG_1_CC_E 立面照片

（四）首层西次间前二进间隔墙西侧（中段）GQ_3a*CD_1_CC_W（图 5-1-13 ~ 15）

1. 墙面信息编号系统

分类	平面位置	所在楼层	轴线偏离方向	构件朝向	构件编号	对应中文描述
GQ- 隔墙	3a*CD	1- 首层	CC- 轴中	W- 西侧	GQ_3a*CD_1_CC_W	首层西次间前二进间隔墙西侧（中段）

2. 墙面装饰痕迹信息调查表

分项	构件编号	数量	尺寸 (mm)	备注
HZ- 装饰痕迹	GQ_3a*CD_1_CC_W_HZ	1	1160X660	
TG- 托挂件	无			
BQ- 标签				
题记				

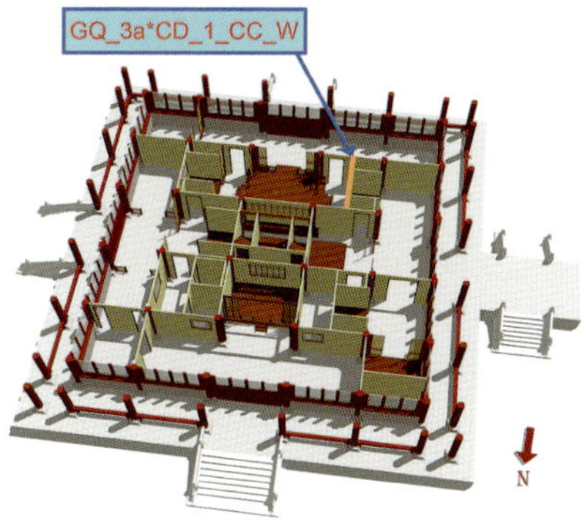

图 5-1-15　GQ_3a*CD_1_CC_W 位置图

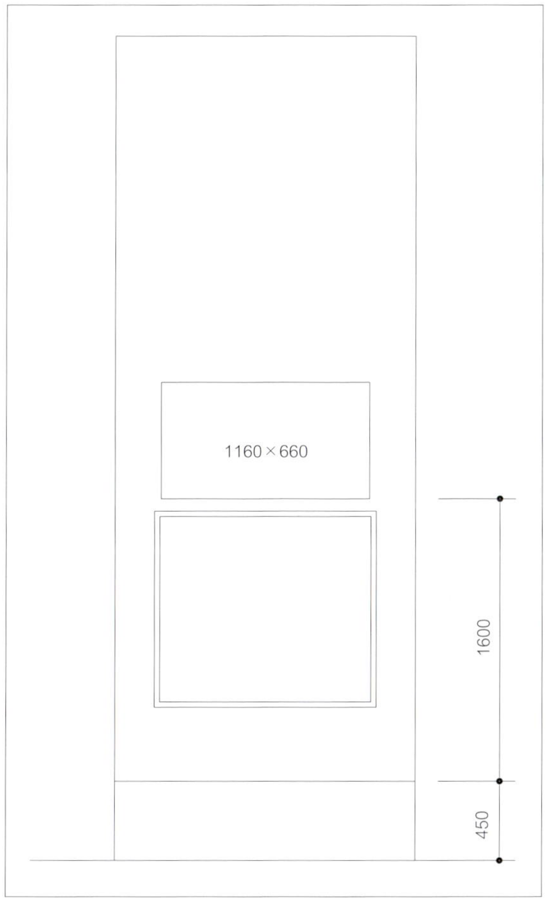

图 5-1-13　GQ_3a*CD_1_CC_W 立面图

图 5-1-14　GQ_3a*CD_1_CC_W 立面照片

（五）首层西次间前二进间隔墙东侧 GQ_3a*CD_1_CC_E（图 5-1-16 ~ 19）

1. 墙面信息编号系统

分类	平面位置	所在楼层	轴线偏离方向	构件朝向	构件编号	对应中文描述
GQ- 隔墙	3a*CD	1- 首层	CC- 轴中	E- 东侧	GQ_3a*CD_1_CC_E	首层西次间前二进间隔墙东侧

2. 墙面装饰痕迹信息调查表

分项	构件编号	数量	尺寸 (mm)	备注
HZ- 装饰痕迹	GQ_3a*CD_1_CC_E_HZ	3	挂屏 1600X1200	
			挂对 500X850	
			挂对 500X850	
TG- 托挂件	GQ_3a*CD_1_CC_E_TG	6	Φ30，Φ20	Φ30mm 金属挂件 2 件，Φ20mm 门帘金属挂件 4 件
BQ- 标签	GQ_3a*CD_1_CC_E_BQ	3		李一七□□□□挂屏一
				李一六雕漆嵌螺钿对一
				李一六雕漆嵌螺钿对一
题记	无			

图 5-1-18a　GQ_3a*CD_1_CC_E 标签 上

图 5-1-18b　GQ_3a*CD_1_CC_E 标签 下

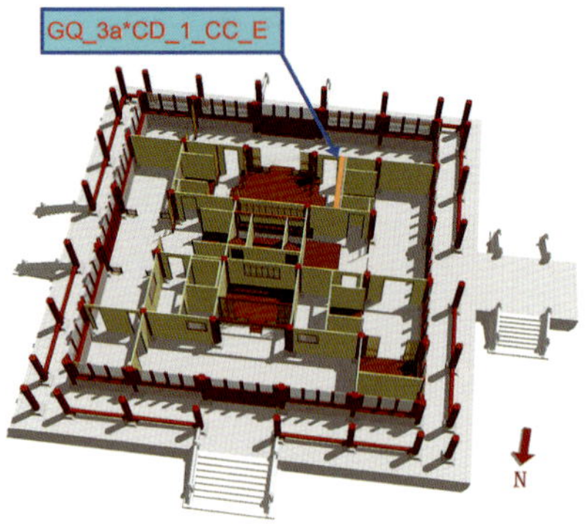

图 5-1-19　GQ_3a*CD_1_CC_E 位置图

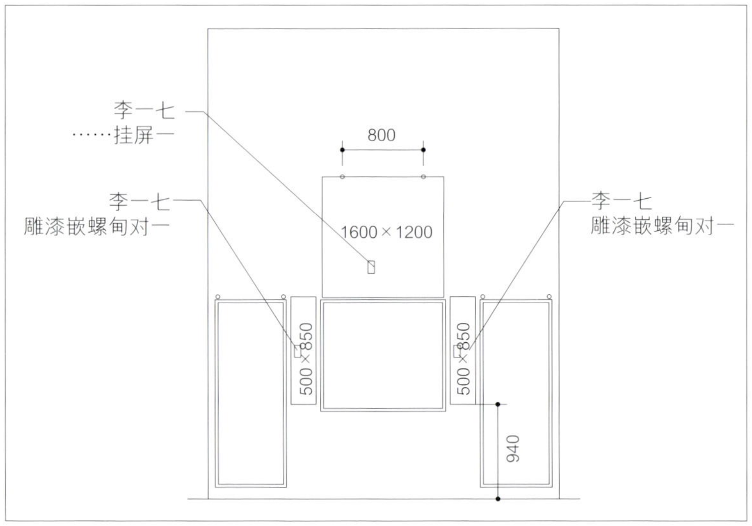

图 5-1-16　GQ_3a*CD_1_CC_E 立面图

图 5-1-17　GQ_3a*CD_1_CC_E 立面照片

（六）首层明间中进间西缝隔墙西侧 GQ_4*DE_1_CC_W（图 5-1-20 ~ 22）

1. 墙面信息编号系统

分类	平面位置	所在楼层	轴线偏离方向	构件朝向	构件编号	对应中文描述
GQ- 隔墙	4*DE	1- 首层	CC- 轴中	W- 西侧	GQ_4*DE_1_CC_W	首层明间中进间西缝隔墙西侧

2. 墙面装饰痕迹信息调查表

分项	构件编号	数量	尺寸 (mm)	备注
HZ- 装饰痕迹	GQ_4*DE_1_CC_W_HZ	6	上中 1850X560	
			上左 1850X400	
			上右 1850X400	
			下中 870X620	
			下左 430X1100	
			下右 430X1100	
TG- 托挂件	GQ_4*DE_1_CC_W_TG	9	Φ30，Φ20	Φ30mm 金属挂件 3 件，托件 2 件；Φ20mm 门帘金属挂件 4 件
BQ- 标签	无			
题记				

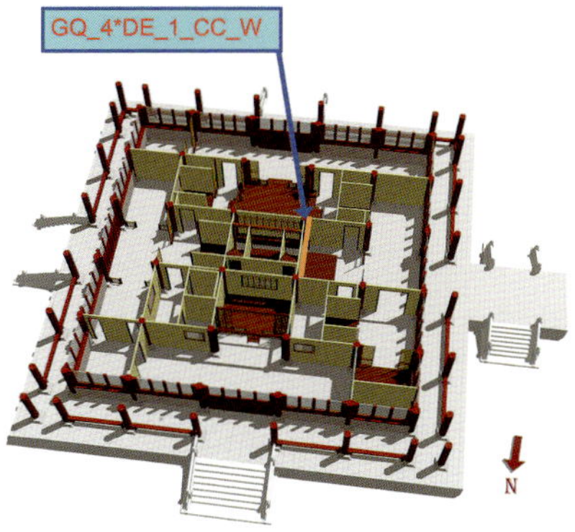

图 5-1-22　GQ_4*DE_1_CC_W 位置图

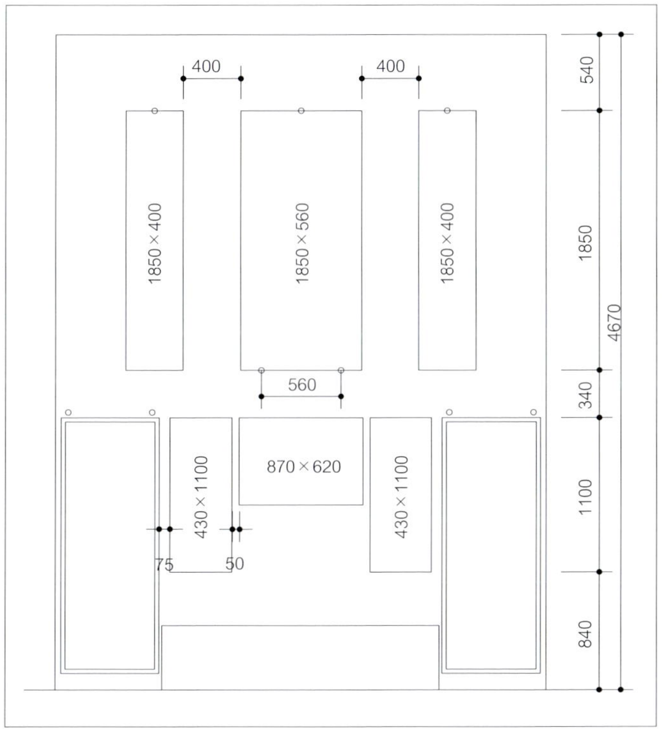

图 5-1-20　GQ_4*DE_1_CC_W 立面图

图 5-1-21　GQ_4*DE_1_CC_W 立面照片

（七）首层明间中进间西缝隔墙东侧（南段、中段、北段）GQ_5*DE_1_CC_E（图 5-1-23 ~ 26）

1. 墙面信息编号系统

分类	平面位置	所在楼层	轴线偏离方向	构件朝向	构件编号	对应中文描述
GQ- 隔墙	5*DE	1- 首层	CC- 轴中	E- 东侧	GQ_5*DE_1_CC_E	首层明间中进间西缝隔墙东侧（南段、中段、北段）

2. 墙面装饰痕迹信息调查表

分项	构件编号	数量	尺寸 (mm)	备注
HZ- 装饰痕迹	GQ_5*DE_1_CC_E_HZ	3	中 1000X1400	中段
			左 290X1400	
			右 290X1400	
TG- 托挂件	GQ_5*DE_1_CC_E_TG	7	Φ30，Φ20	北段 Φ20mm 门帘金属挂件 2 件；南段 Φ30mm 金属挂件 1 件、金属托件 2 件，Φ20mm 门帘金属挂件 2 件
BQ- 标签	GQ_5*DE_1_CC_E_BQ	2		北段：李口五 吴信中字屏
				南段：李口五 吴信中字屏
题记	无			

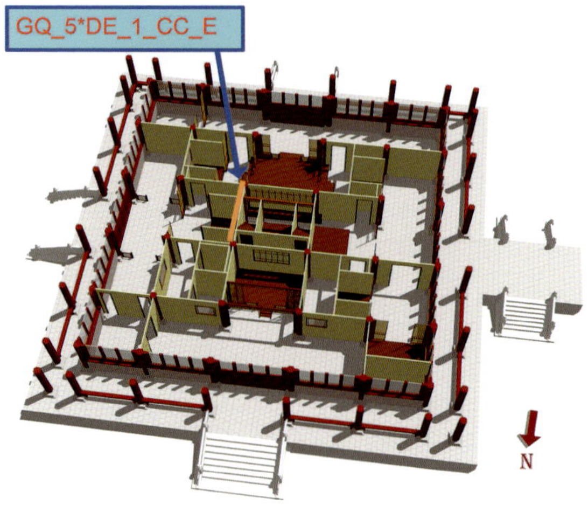

图 5-1-26　GQ_5*DE_1_CC_E 位置图

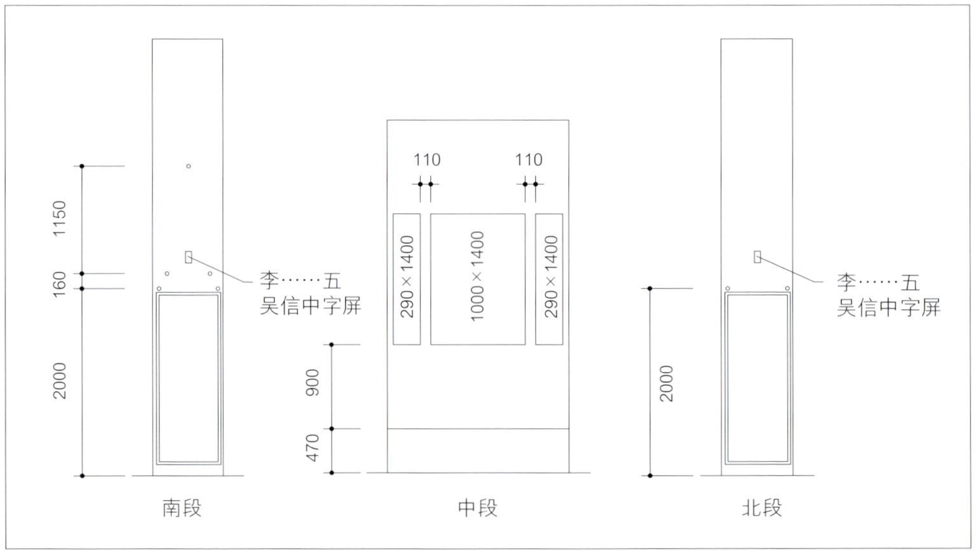

图 5-1-23　GQ_5*DE_1_CC_E 立面图

图 5-1-25a　GQ_5*DE_1_CC_E 标签 南段

图 5-1-25b　GQ_5*DE_1_CC_E 标签 北段

图 5-1-24a　GQ_5*DE_1_CC_E 立面照片 南段

图 5-1-24b　GQ_5*DE_1_CC_E 立面照片 中段

图 5-1-24c　GQ_5*DE_1_CC_E 立面照片 北段

（八）首层东次间前二进间东缝隔墙东侧 GQ_6*CD_1_CC_E（图 5-1-27 ~ 29）

1. 墙面信息编号系统

分类	平面位置	所在楼层	轴线偏离方向	构件朝向	构件编号	对应中文描述
GQ- 隔墙	6*CD	1- 首层	CC- 轴中	E- 东侧	GQ_6*CD_1_CC_E	首层东次间前二进间东缝隔墙东侧

2. 墙面装饰痕迹信息调查表

分项	构件编号	数量	尺寸 (mm)	备注
HZ- 装饰痕迹	GQ_6*CD_1_CC_E_HZ	3	上（桃形）：1160X950	
			左：580X970	
			右：580X970	
TG- 托挂件	GQ_6*CD_1_CC_E_TG	3	Φ30	金属挂件 1 件，托件 2 件
BQ- 标签	无			
题记				

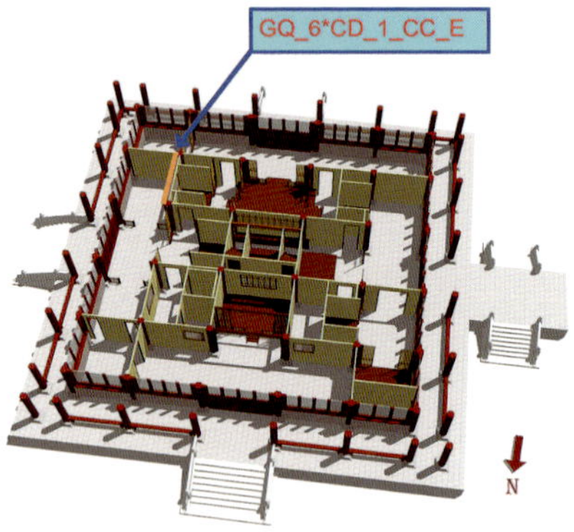

图 5-1-29　GQ_6*CD_1_CC_E 位置图

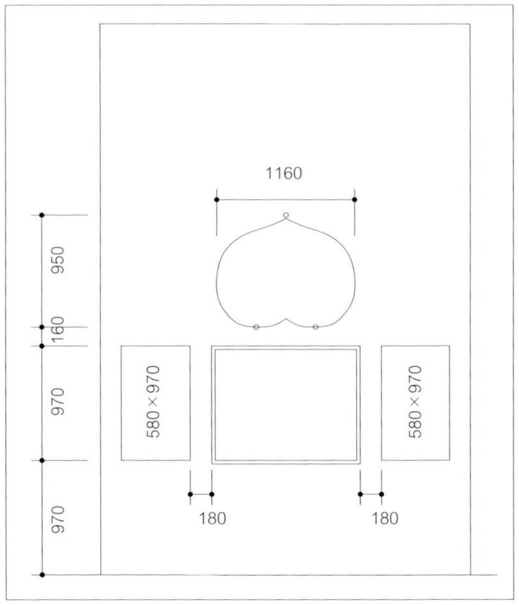

图 5-1-27　GQ_6*CD_1_CC_E 立面图

图 5-1-28　GQ_6*CD_1_CC_E 立面照片

（九）首层东次间后一进间东缝隔墙西侧 GQ_6*FG_1_CC_W（图 5-1-30 ~ 32）

1. 墙面信息编号系统

分类	平面位置	所在楼层	轴线偏离方向	构件朝向	构件编号	对应中文描述
GQ	6*FG	1- 首层	CC- 轴中	W- 西侧	GQ_6*FG_1_CC_W	首层东次间后一进间东缝隔墙西侧

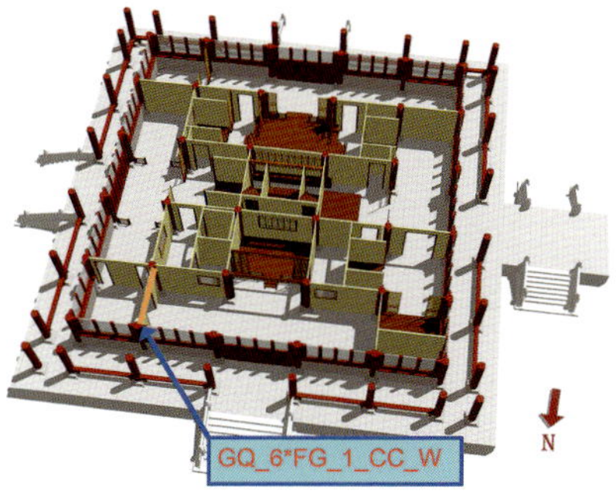

图 5-1-32 GQ_6*FG_1_CC_W 位置图

2. 墙面装饰痕迹信息调查表

分项	构件编号	数量	尺寸 (mm)	备注
HZ- 装饰痕迹	GQ_6*FG_1_CC_W_HZ	3	中：1140X620	
			左：1820X515	
			右：1820X515	
TG- 托挂件	GQ_6*FG_1_CC_W_TG	3	Φ30	金属挂件 1 件，托件 2 件
BQ- 标签	无			
题记				

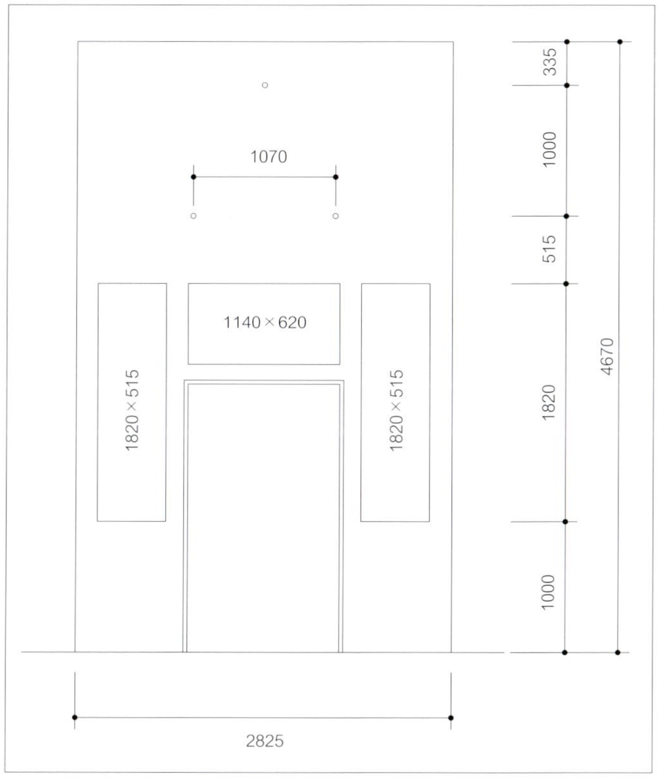

图 5-1-30 GQ_6*FG_1_CC_W 立面图

图 5-1-31 GQ_6*FG_1_CC_W 立面照片

（十）首层西梢间前一进间北缝隔墙北侧 GQ_C*23_1_CC_N（图 5-1-33 ~ 36）

1. 墙面信息编号系统

分类	平面位置	所在楼层	轴线偏离方向	构件朝向	构件编号	对应中文描述
GQ- 隔墙	C*23	1- 首层	CC- 轴中	N- 北侧	GQ_C*23_1_CC_N	首层西梢间前一进间北缝隔墙北侧

2. 墙面装饰痕迹信息调查表

分项	构件编号	数量	尺寸 (mm)	备注
HZ- 装饰痕迹	GQ_C*23_1_CC_N_HZ	3	中堂：500X850	
			挂对：380X850	
			挂对：380X850	
TG- 托挂件	GQ_C*23_1_CC_N_TG	9	Φ30	金属挂件 3 件，托件 6 件
BQ- 标签	GQ_C*23_1_CC_N_BQ	3		中：李六二嵌螺甸框木字中堂一
				左：李六三嵌螺甸对一
				右：李六三嵌螺甸对一
题记	无			

图 5-1-35　GQ_C*23_1_CC_N 标签、金属构件

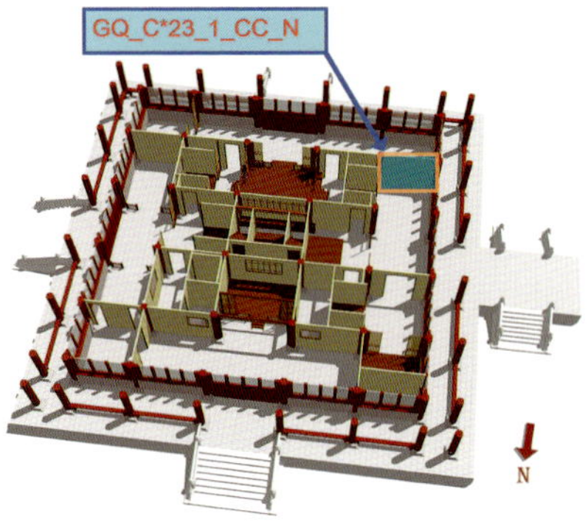

图 5-1-36　GQ_C*23_1_CC_N 位置图

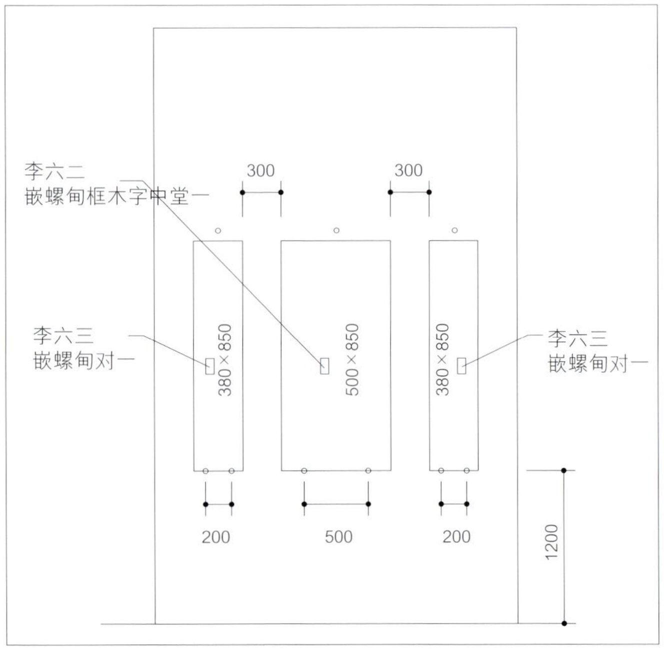

图 5-1-33　GQ_C*23_1_CC_N 立面图

图 5-1-34　GQ_C*23_1_CC_N 立面照片

（十一）首层西次间前一进间北缝隔墙北侧 GQ_C*34_1_CC_N（图 5-1-37 ~ 40）

1. 墙面信息编号系统

分类	平面位置	所在楼层	轴线偏离方向	构件朝向	构件编号	对应中文描述
GQ- 隔墙	C*34	1- 首层	CC- 轴中	N- 北侧	GQ_C*34_1_CC_N	首层西次间前一进间北缝隔墙北侧

2. 墙面装饰痕迹信息调查表

分项	构件编号	数量	尺寸 (mm)	备注
HZ- 装饰痕迹	无			
TG- 托挂件	GQ_C*34_1_CC_N_TG	4	Φ30	金属挂件 2 件，托件 2 件
BQ- 标签	GQ_C*34_1_CC_N_BQ	2		左：李一六雕漆嵌玉对一 右：李一六雕漆嵌玉对一
题记	无			

图 5-1-39 GQ_C*34_1_CC_N 标签

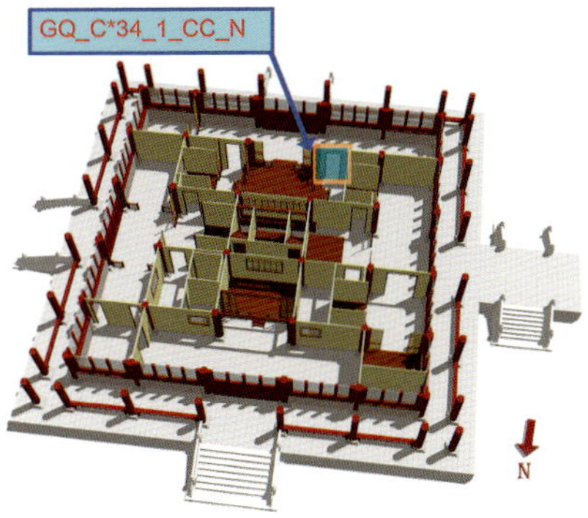

图 5-1-40 GQ_C*34_1_CC_N 位置图

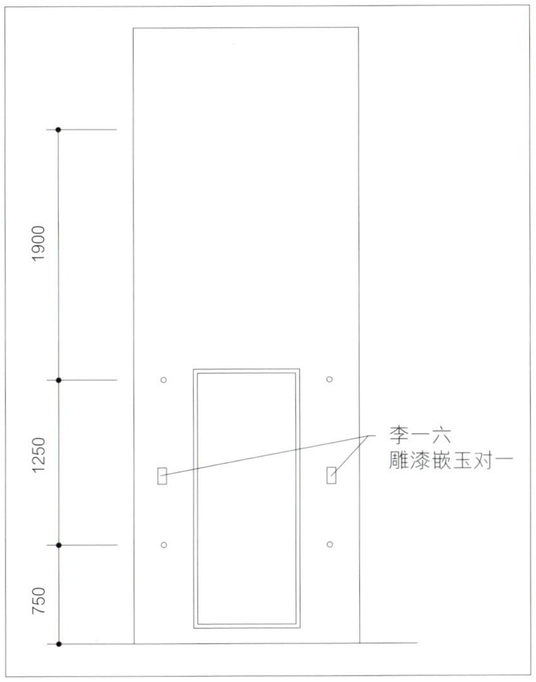

图 5-1-37 GQ_C*34_1_CC_N 立面图

图 5-1-38 GQ_C*34_1_CC_N 立面照片

（十二）首层西次间前一进间北缝隔墙南侧（东段）GQ_C*34_1_CC_S（图 5-1-41 ~ 44）

1. 墙面信息编号系统

分类	平面位置	所在楼层	轴线偏离方向	构件朝向	构件编号	对应中文描述
GQ- 隔墙	C*34	1- 首层	CC- 轴中	S- 南侧	GQ_C*34_1_CC_S	首层西次间前一进间北缝隔墙南侧（东段）

2. 墙面装饰痕迹信息调查表

分项	构件编号	数量	尺寸 (mm)	备注
HZ- 装饰痕迹	无			
TG- 托挂件	GQ_C*34_1_CC_S_TG	3	木卡子：50X150 金属挂件 Φ20	紫檀画轴卡子 1 件；门帘金属挂件 2 件
BQ- 标签	无			
题记	无			

图 5-1-43　GQ_C*34_1_CC_S 木构件

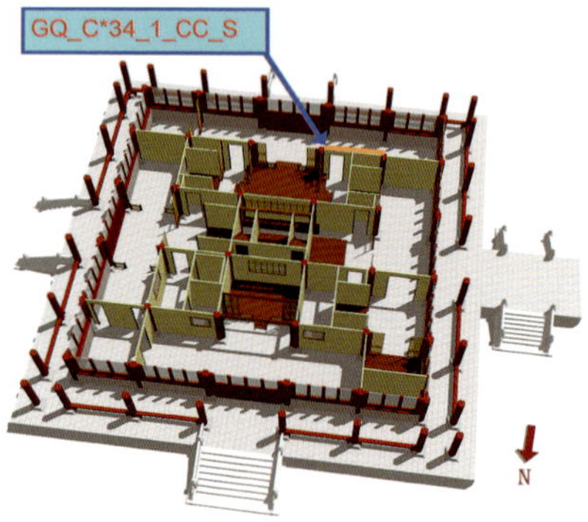

图 5-1-44　GQ_C*34_1_CC_S 位置图

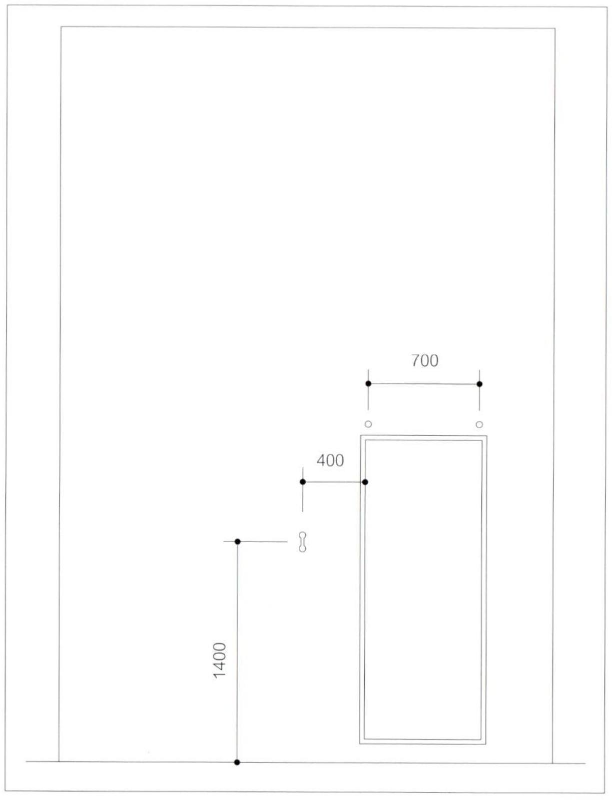

图 5-1-41　GQ_C*34_1_CC_S 立面图

图 5-1-42　GQ_C*34_1_CC_S 立面照片

（十三）首层西次间前二进间北缝隔墙北侧 GQ_D*34_1_CC_N（图 5-1-45 ~ 47）

1. 墙面信息编号系统

分类	平面位置	所在楼层	轴线偏离方向	构件朝向	构件编号	对应中文描述
GQ- 隔墙	D*34	1- 首层	CC- 轴中	N- 北侧	GQ_D*34_1_CC_N	首层西次间前二进间北缝隔墙北侧

2. 墙面装饰痕迹信息调查表

分项	构件编号	数量	尺寸 (mm)	备注
HZ- 装饰痕迹	GQ_D*34_1_CC_N_HZ	1	1200X1100	
TG- 托挂件	GQ_D*34_1_CC_N_TG	6	Φ30，Φ20	Φ30 mm 金属挂件 2 件，托件 2 件；Φ20 mm 门帘金属挂件 2 件
BQ- 标签	无			
题记				

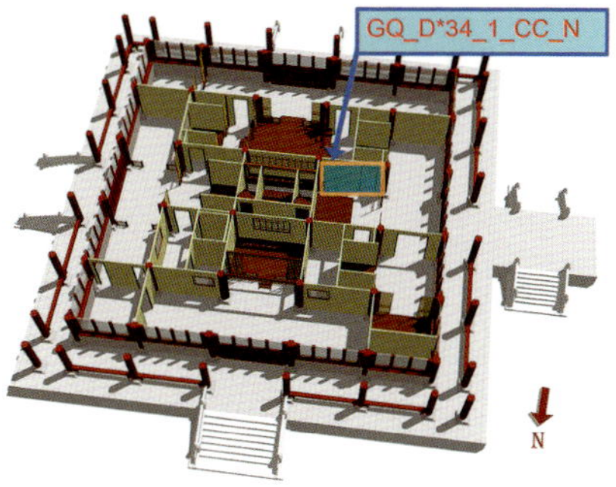

图 5-1-47　GQ_D*34_1_CC_N 位置图

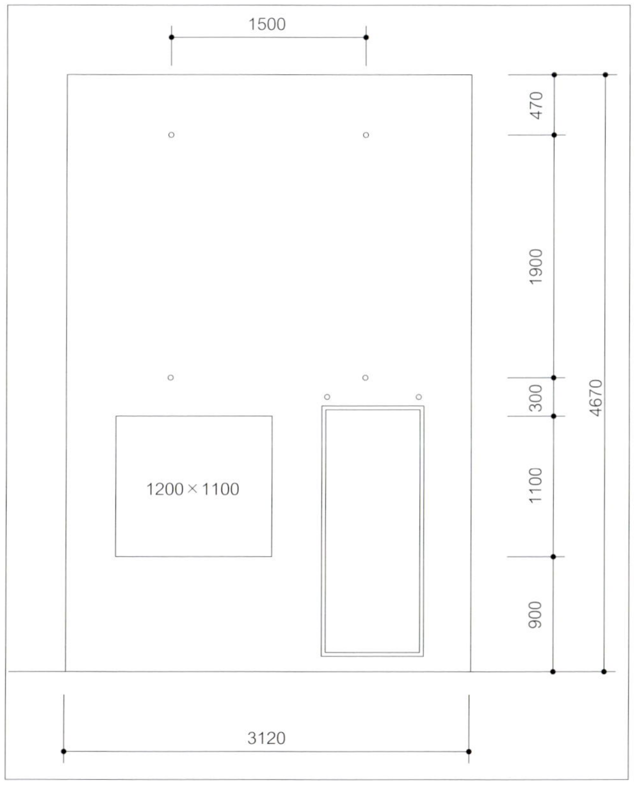

图 5-1-45　GQ_D*34_1_CC_N 立面图

图 5-1-46　GQ_D*34_1_CC_N 立面照片

（十四）首层明间前二进间北缝隔墙南侧 GQ_D*45_1_CC_S（图 5-1-48 ~ 50）

1. 墙面信息编号系统

分类	平面位置	所在楼层	轴线偏离方向	构件朝向	构件编号	对应中文描述
GQ- 隔墙	D*45	1- 首层	CC- 轴中	S- 南侧	GQ_D*45_1_CC_S	首层明间前二进间北缝隔墙南侧

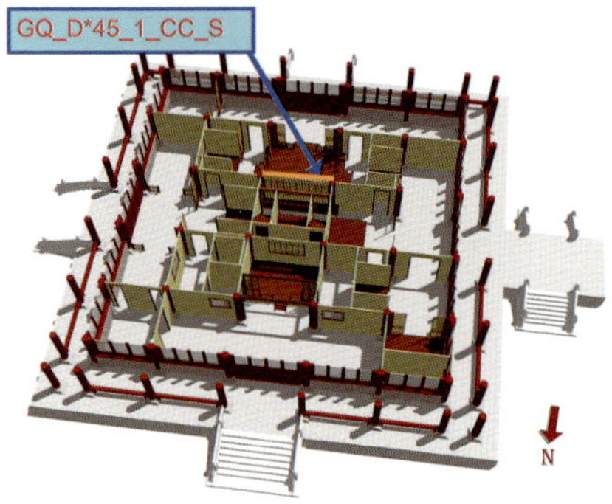

图 5-1-50　GQ_D*45_1_CC_S 位置图

2. 墙面装饰痕迹信息调查表

分项	构件编号	数量	尺寸 (mm)	备注
HZ- 装饰痕迹	GQ_D*45_1_CC_S_HZ	3	中：1900X950	
			左：430X1700	
			右：430X1700	
TG- 托挂件	无			
BQ- 标签				
题记				

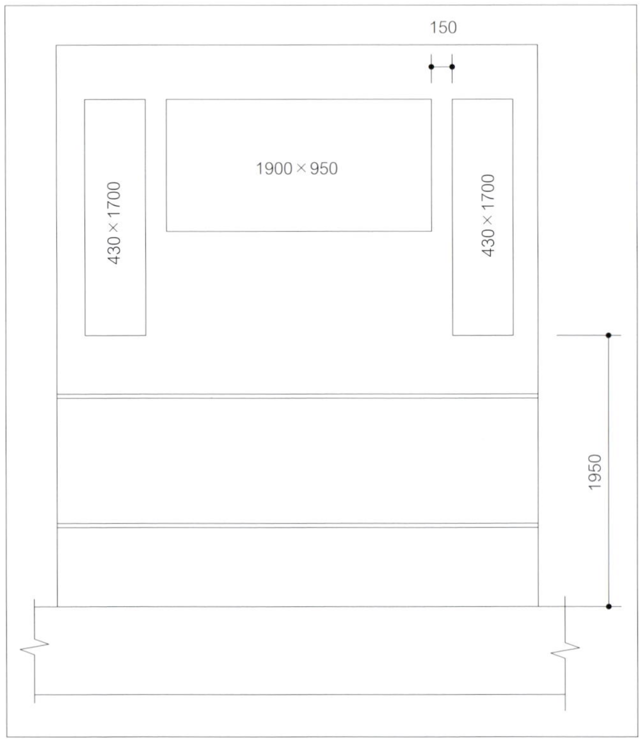

图 5-1-48　GQ_D*45_1_CC_S 立面图

图 5-1-49　GQ_D*45_1_CC_S 立面照片

（十五）首层明间中进间后隔墙北侧 GQ_D3*45_1_CC_N（图 5-1-51 ~ 54）

1. 墙面信息编号系统

分类	平面位置	所在楼层	轴线偏离方向	构件朝向	构件编号	对应中文描述
GQ- 隔墙	D3*45	1- 首层	CC- 轴中	N- 北侧	GQ_D3*45_1_CC_N	首层明间中进间后隔墙北侧

2. 墙面装饰痕迹信息调查表

分项	构件编号	数量	尺寸 (mm)	备注
HZ- 装饰痕迹	无			
TG- 托挂件	GQ_D3*45_1_CC_N_TG	7	Φ30	金属挂件 3 件，托件 4 件
BQ- 标签	GQ_D3*45_1_CC_N_BQ	3		中：李五〇挂屏一
				左：李五一漆对联一
				右：李五一漆对联一
题记	无			

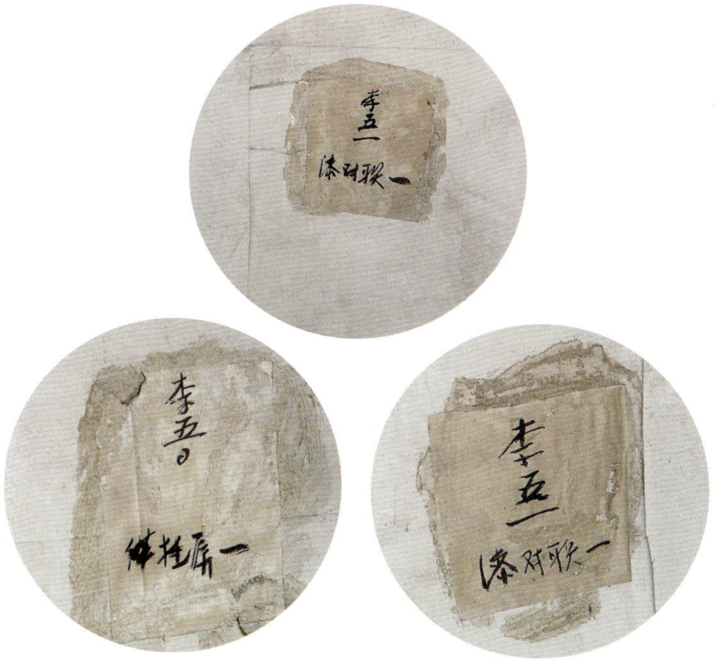

图 5-1-53　GQ_D3*45_1_CC_N 标签

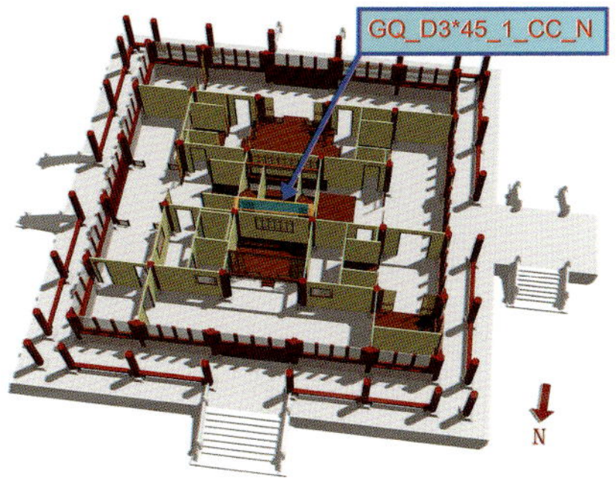

图 5-1-54　GQ_D3*45_1_CC_N 位置图

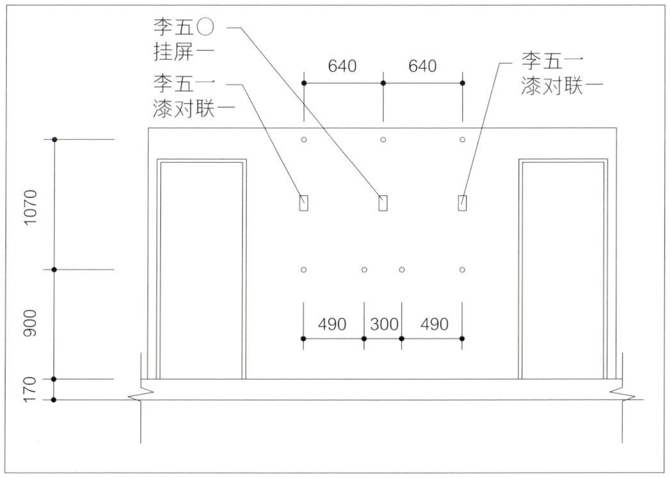

图 5-1-51　GQ_D3*45_1_CC_N 立面图

图 5-1-52　GQ_D3*45_1_CC_N 立面照片

（十六）首层西次间中进间北缝隔墙南侧 GQ_E*34_1_CC_S（图 5-1-55 ~ 57）

1. 墙面信息编号系统

分类	平面位置	所在楼层	轴线偏离方向	构件朝向	构件编号	对应中文描述
GQ- 隔墙	E*34	1- 首层	CC- 轴中	S- 南侧	GQ_E*34_1_CC_S	首层西次间中进间北缝隔墙南侧

2. 墙面装饰痕迹信息调查表

分项	构件编号	数量	尺寸 (mm)	备注
HZ- 装饰痕迹	GQ_E*34_1_CC_S_HZ	1	1200X1100	
TG- 托挂件	GQ_E*34_1_CC_S_TG	6	Φ20，Φ30	Φ30 mm 金属挂件 2 件，托件 2 件；Φ20 mm 门帘金属挂件 2 件
BQ- 标签	无			
题记	无			

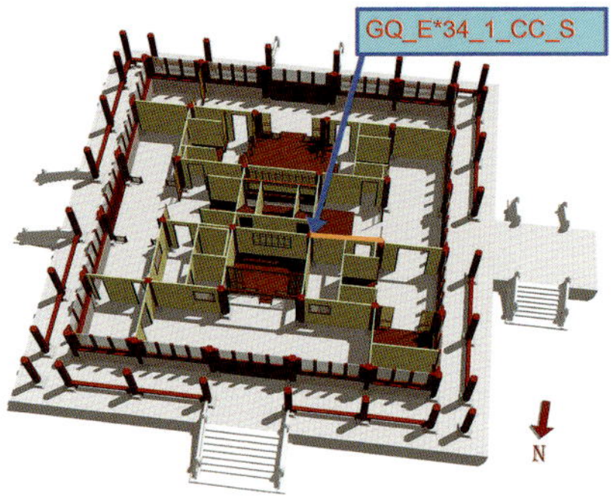

图 5-1-57　GQ_E*34_1_CC_S 位置图

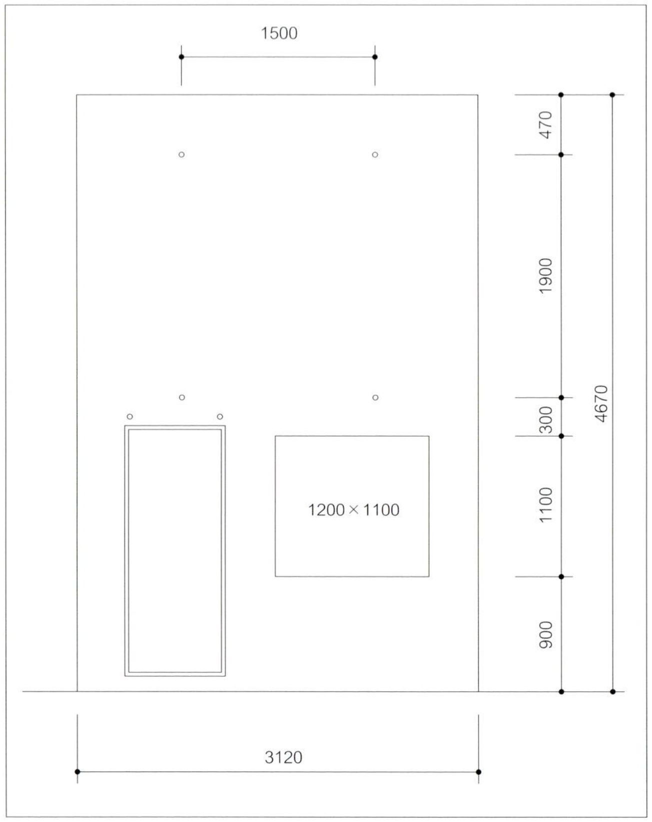

图 5-1-55　GQ_E*34_1_CC_S 立面图

图 5-1-56　GQ_E*34_1_CC_S 立面照片

（十七）首层东梢间后一进间南缝隔墙北侧 GQ_F*67_1_CC_N（图 5-1-58 ~ 60）

1. 墙面信息编号系统

分类	平面位置	所在楼层	轴线偏离方向	构件朝向	构件编号	对应中文描述
GQ- 隔墙	F*67	1- 首层	CC- 轴中	N- 北侧	GQ_F*67_1_CC_N	首层东梢间后一进间南缝隔墙北侧

2. 墙面装饰痕迹信息调查表

分项	构件编号	数量	尺寸 (mm)	备注
HZ- 装饰痕迹	GQ_F*67_1_CC_N_HZ	1	1400X900	
TG- 托挂件	GQ_F*67_1_CC_N_TG	2	Φ30	金属挂件 2 件
BQ- 标签	无			
题记				

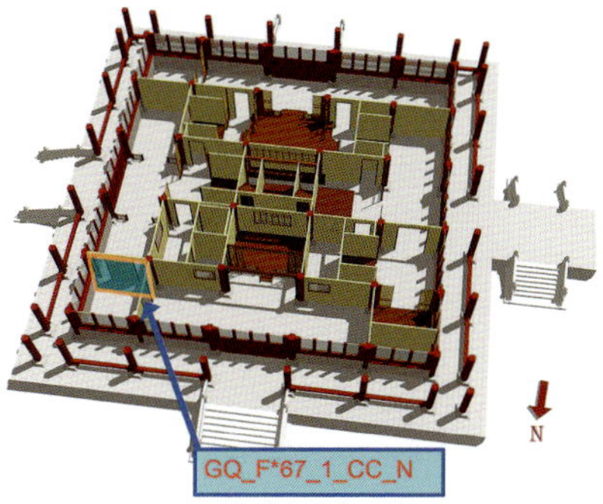

图 5-1-60　GQ_F*67_1_CC_N 位置图

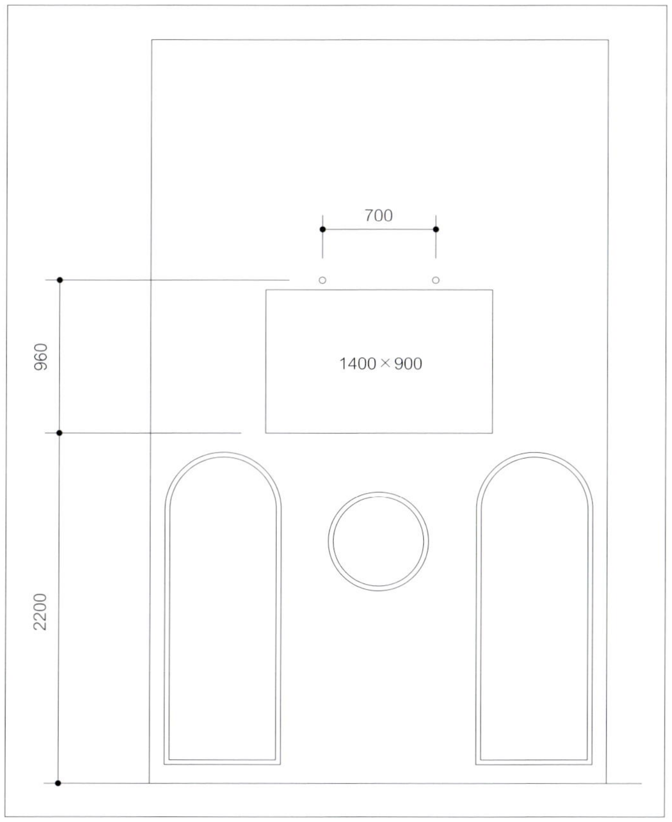

图 5-1-58　GQ_F*67_1_CC_N 立面图

图 5-1-59　GQ_F*67_1_CC_N 立面照片

（十八）首层明间前一进间南缝隔扇北侧 GS_B*45_1_CC_N（图 5-1-61 ~ 64）

1. 墙面信息编号系统

分类	平面位置	所在楼层	轴线偏离方向	构件朝向	构件编号	对应中文描述
GS- 隔扇	B*45	1- 首层	CC- 轴中	N- 北侧	GS_B*45_1_CC_N	首层明间前一进间南缝隔扇北侧

2. 墙面装饰痕迹信息调查表

分项	构件编号	数量	尺寸 (mm)	备注
HZ- 装饰痕迹	无			
TG- 托挂件	GS_B*45_1_CC_N_TG	2	Φ45	金属挂件 1 件，托件 1 件
BQ- 标签	无			
题记				

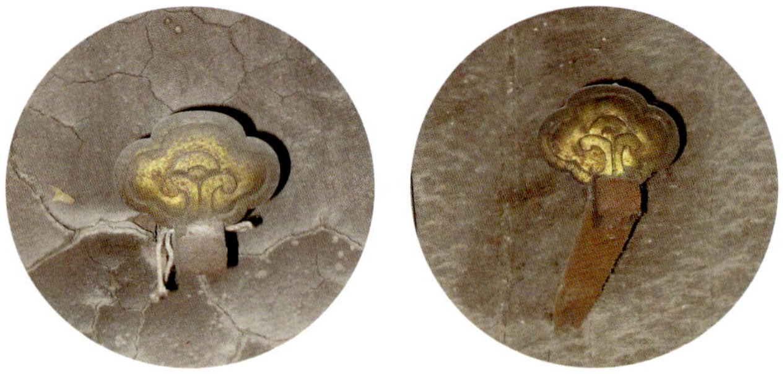

图 5-1-63　GS_B*45_1_CC_N 金属构件

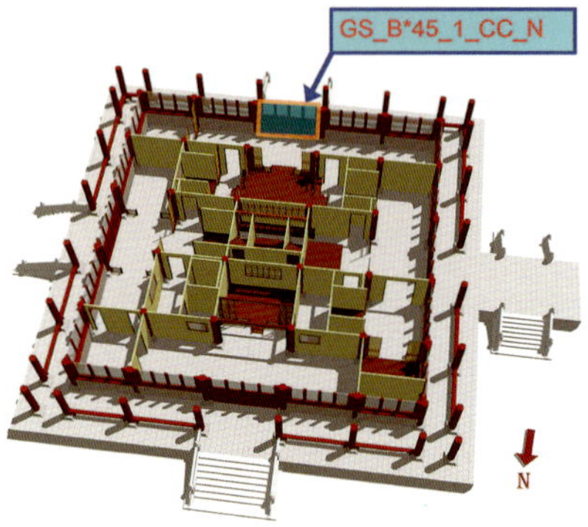

图 5-1-64　GS_B*45_1_CC_N 位置图

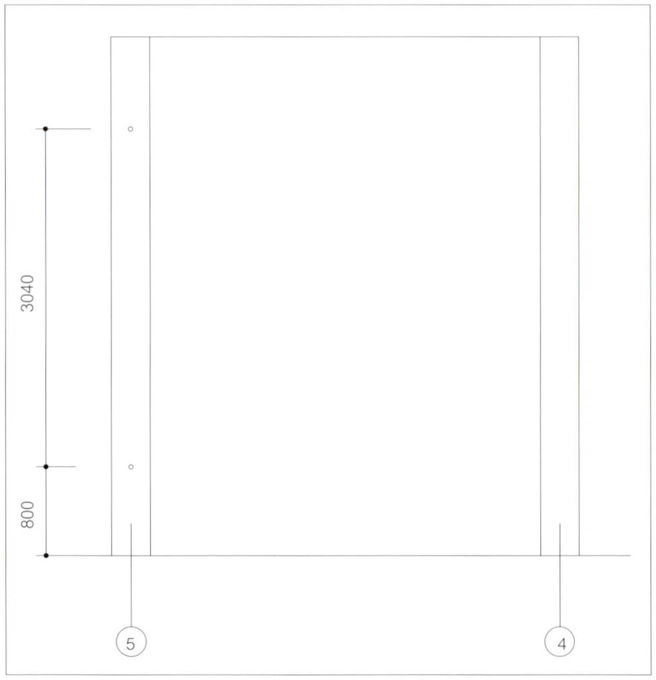

图 5-1-61　GS_B*45_1_CC_N 立面图

图 5-1-62　GS_B*45_1_CC_N 立面照片

（十九）首层明间后一进间北缝隔扇南侧 GS_G*45_1_CC_S（图 5-1-65 ~ 68）

1. 墙面信息编号系统

分类	平面位置	所在楼层	轴线偏离方向	构件朝向	构件编号	对应中文描述
GS- 隔扇	G*45	1- 首层	CC- 轴中	S- 南侧	GS_G*45_1_CC_S	首层明间后一进间北缝隔扇南侧

2. 墙面装饰痕迹信息调查表

分项	构件编号	数量	尺寸 (mm)	备注
HZ- 装饰痕迹	无			
TG- 托挂件	GS_ G*45_1_CC_S_TG	2	Φ45	金属挂件 1 件，托件 1 件
BQ- 标签	无			
题记				

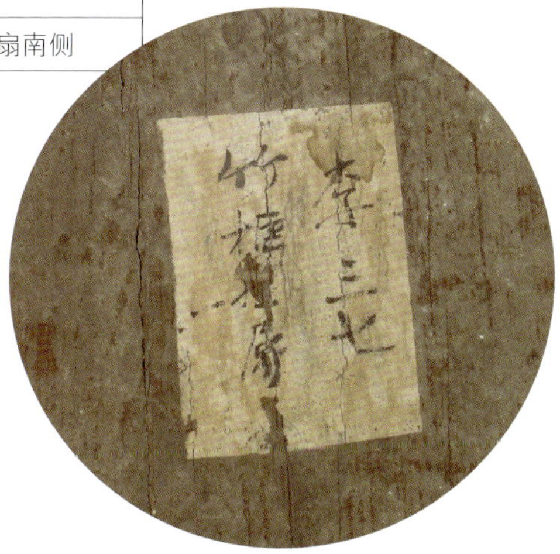

图 5-1-67　GS_G*45_1_CC_S 金属构件

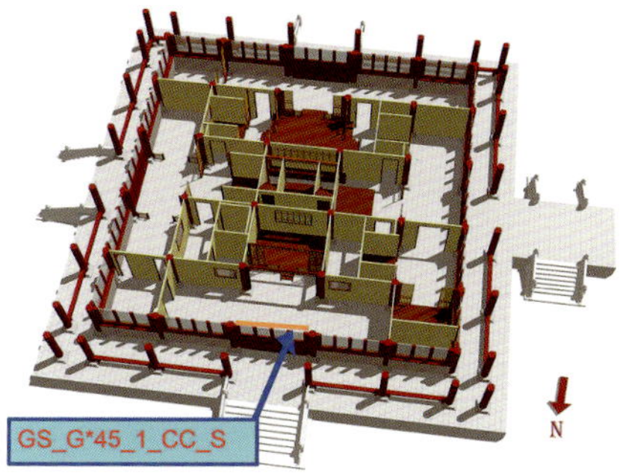

图 5-1-68　GS_G*45_1_CC_S 位置图

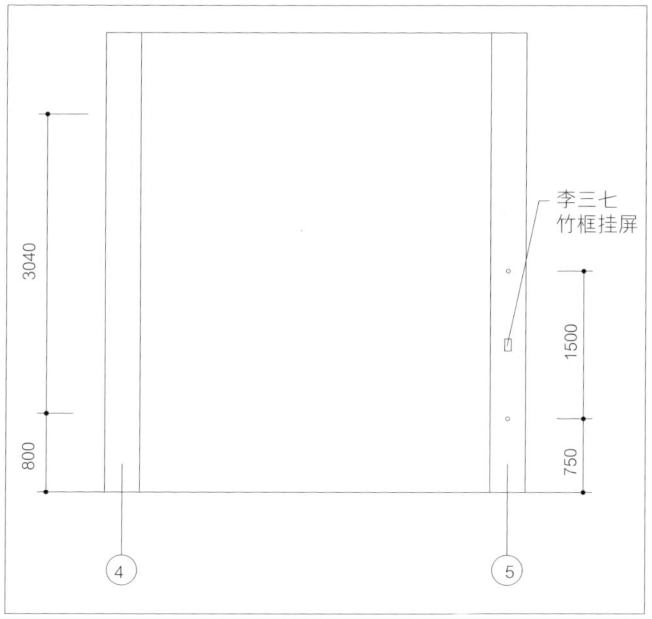

图 5-1-65　GS_G*45_1_CC_S 立面图

图 5-1-66　GS_G*45_1_CC_S 立面照片

（二十）首层明间前一间北缝落地罩南侧 LZ_C*45_1_CC_S（图 5-1-69 ~ 72）

1. 墙面信息编号系统

分类	平面位置	所在楼层	轴线偏离方向	构件朝向	构件编号	对应中文描述
LZ- 落地罩	C*45	1- 首层	CC- 轴中	S- 南侧	LZ_C*45_1_CC_S	首层明间前一间北缝落地罩南侧

2. 墙面装饰痕迹信息调查表

分项	构件编号	数量	尺寸 (mm)	备注
HZ- 装饰痕迹	无			
TG- 托挂件	LZ_C*45_1_CC_S_TG	2	Φ45	金属挂件 1 件，托件 1 件
BQ- 标签	无			
题记				

图 5-1-71　LZ_C*45_1_CC_S 金属构件

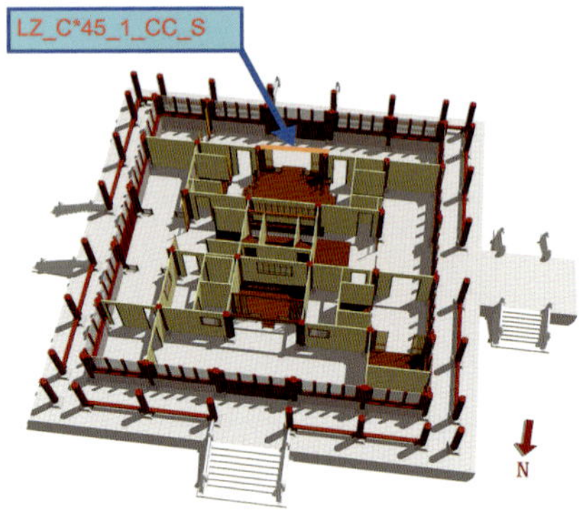

图 5-1-72　LZ_C*45_1_CC_S 位置图

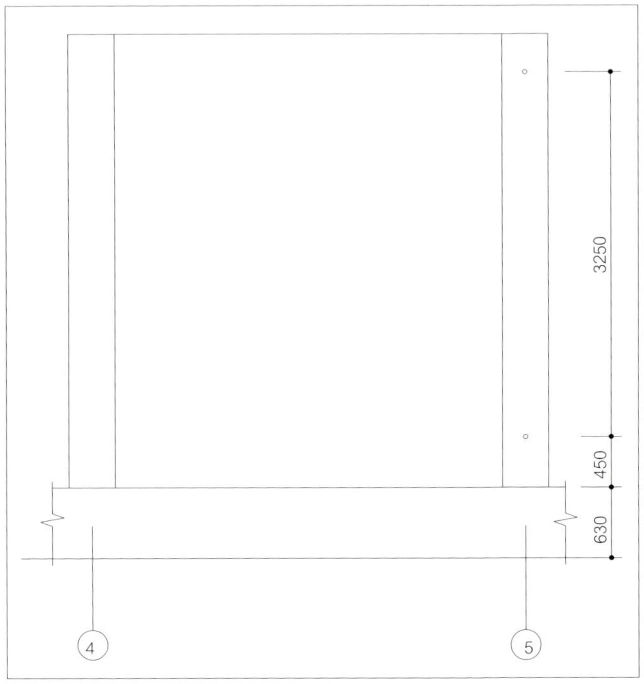

图 5-1-69　LZ_C*45_1_CC_S 立面图

图 5-1-70　LZ_C*45_1_CC_S 立面照片

（二十一）首层明间后一进间南缝花罩北侧 HZ_F*45_1_CC_N（图 5-1-73 ~ 76）

1. 墙面信息编号系统

分类	平面位置	所在楼层	轴线偏离方向	构件朝向	构件编号	对应中文描述
HZ- 花罩	F*45	1- 首层	CC- 轴中	N- 北侧	HZ_F*45_1_CC_N	首层明间后一进间南缝花罩北侧

2. 墙面装饰痕迹信息调查表

分项	构件编号	数量	尺寸 (mm)	备注
HZ- 装饰痕迹	无			
TG- 托挂件	HZ_F*45_1_CC_N_TG	8	Φ40	金属挂件 4 件，托件 4 件
BQ- 标签	HZ_F*45_1_CC_N_BQ	3		左上：李三七雕漆框挂屏
				左下：李三七竹框挂屏
				右上：李三七雕漆框挂屏
题记	无			

图 5-1-75　HZ_F*45_1_CC_N 标签

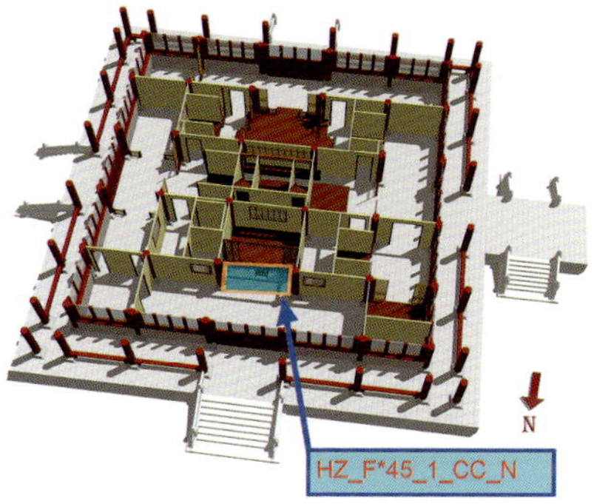

图 5-1-76　HZ_F*45_1_CC_N 位置图

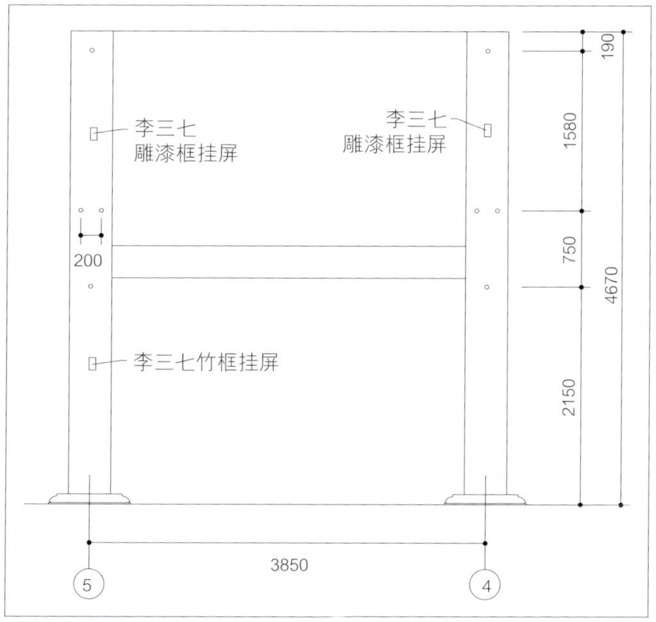

图 5-1-73　HZ_F*45_1_CC_N 立面图

图 5-1-74　HZ_F*45_1_CC_N 立面照片

二　仙楼层隔墙

（一）仙楼层西次间后二进间西隔墙东侧 GQ_3a*EF_X_CC_E（图 5-1-77 ~ 79）

1. 墙面信息编号系统

分类	平面位置	所在楼层	轴线偏离方向	构件朝向	构件编号	对应中文描述
GQ- 隔墙	3a*EF	X- 仙楼层	CC- 轴中	E- 东侧	GQ_3a*EF_X_CC_E	仙楼层西次间后二进间西隔墙东侧

2. 墙面装饰痕迹信息调查表

分项	构件编号	数量	尺寸 (mm)	备注
HZ- 装饰痕迹	无			
TG- 托挂件	GQ_3a*EF_X_CC_E_TG	2	Φ30	金属挂件 1 件，托件 1 件
BQ- 标签	无			
题记				

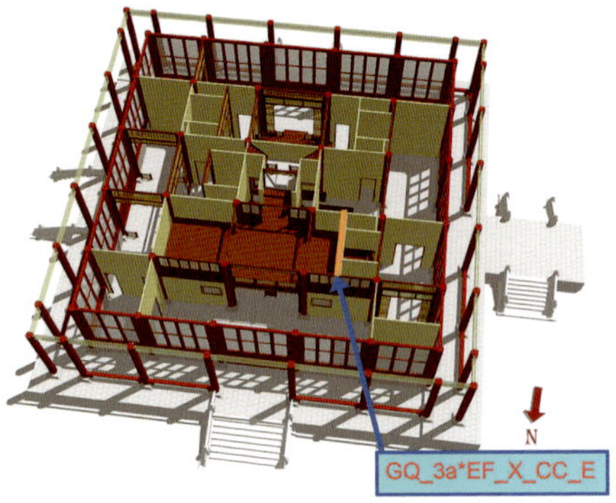

图 5-1-79　GQ_3a*EF_X_CC_E 位置图

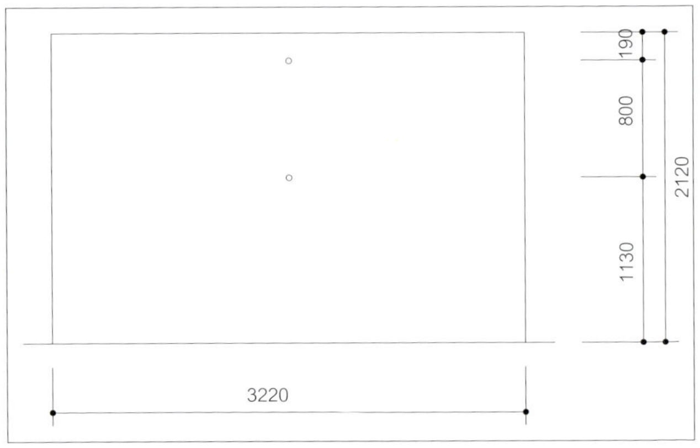

图 5-1-77　GQ_3a*EF_X_CC_E 立面图

图 5-1-78　GQ_3a*EF_X_CC_E 立面照片

（二）仙楼层明间中进间南缝隔墙北侧 GQ_D*45_X_CN_N（图 5-1-80 ~ 82）

1. 墙面信息编号系统

分类	平面位置	所在楼层	轴线偏离方向	构件朝向	构件编号	对应中文描述
GQ- 隔墙	D*45	X- 仙楼层	CN- 轴北	N- 北侧	GQ_D*45_X_CN_N	仙楼层明间中进间南缝隔墙北侧

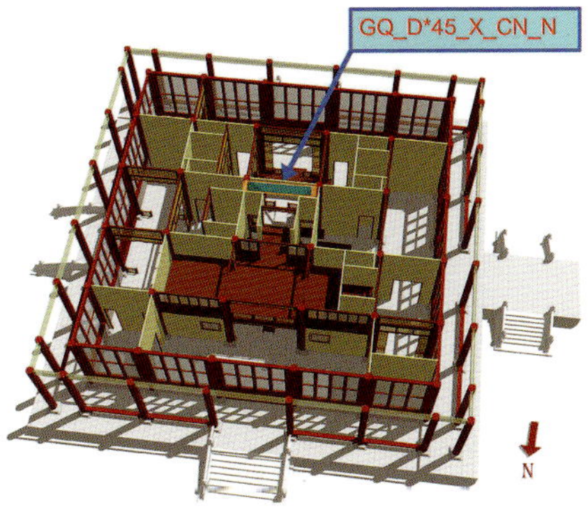

图 5-1-82　GQ_D*45_X_CN_N 位置图

2. 墙面装饰痕迹信息调查表

分项	构件编号	数量	尺寸 (mm)	备注
HZ- 装饰痕迹	GQ_D*45_X_CN_N _HZ	3	左：345X140	
			中：825X1400	
			右：345X1400	
TG- 托挂件	GQ_D*45_X_CN_N_TG	8	Φ30	金属挂件 4 件，托件 4 件
BQ- 标签	无			
题记				

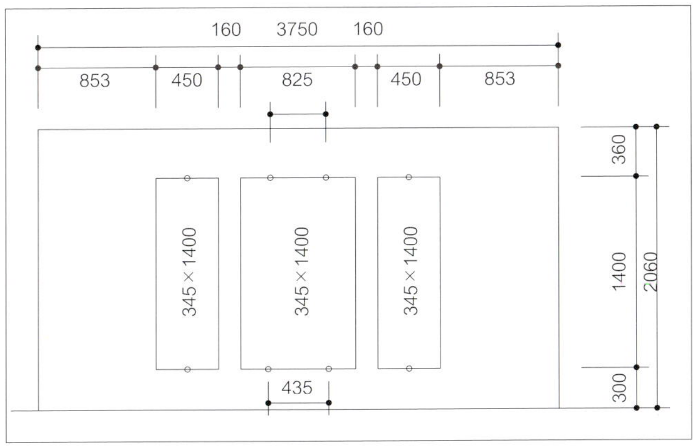

图 5-1-80　GQ_D*45_X_CN_N 立面图

图 5-1-81　GQ_D*45_X_CN_N 立面照片

（三）仙楼层东次间中进间北缝隔墙北侧 GQ_E*56_X_CC_N（图 5-1-83 ~ 86）

1. 墙面信息编号系统

分类	平面位置	所在楼层	轴线偏离方向	构件朝向	构件编号	对应中文描述
GQ- 隔墙	E*56	X- 仙楼层	CC- 轴中	N- 北侧	GQ_E*56_X_CC_N	仙楼层东次间中进间北缝隔墙北侧

2. 墙面装饰痕迹信息调查表

分项	构件编号	数量	尺寸 (mm)	备注
HZ- 装饰痕迹	GQ_E*56_X_CC_N_HZ		左：370X885 中：1130X885 右：370X885	
TG- 托挂件	无			
BQ- 标签	GQ_E*56_X_CC_N_BQ	1		二层七号
题记	无			

图 5-1-85　GQ_E*56_X_CC_N 标签

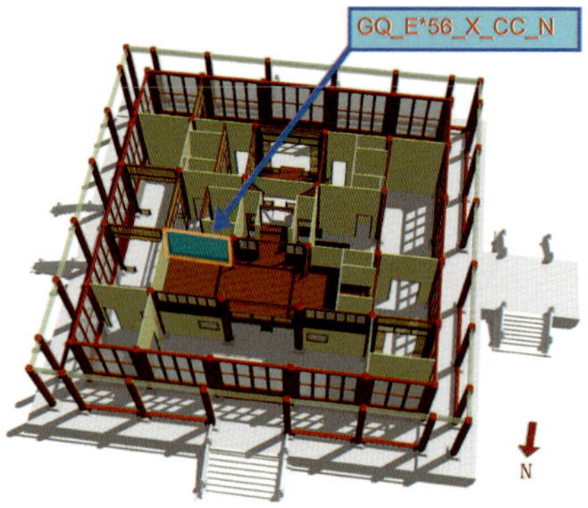

图 5-1-86　GQ_E*56_X_CC_N 位置图

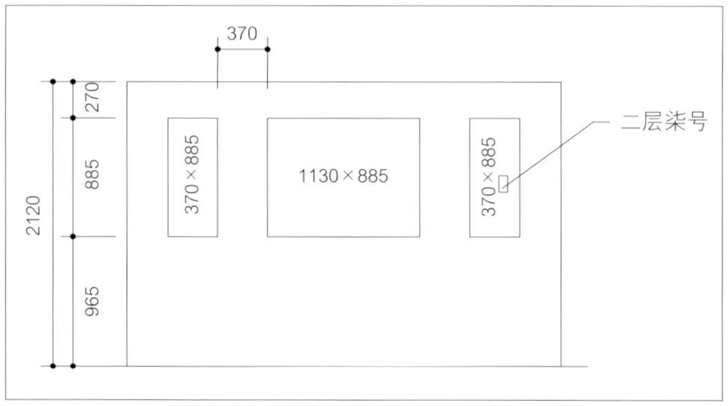

图 5-1-83　GQ_E*56_X_CC_N 立面图

图 5-1-84　GQ_E*56_X_CC_N 立面照片

（四）仙楼层明间中进间西楼梯东隔墙东侧 GQ_4a*D1D3_X_CC_E（图 5-1-87 ~ 89）

1. 墙面信息编号系统

分类	平面位置	所在楼层	轴线偏离方向	构件朝向	构件编号	对应中文描述
GQ- 隔墙	4a*D1D3	X- 仙楼层	CC- 轴中	E- 东侧	GQ_4a*D1D3_X_CC_E	仙楼层明间中进间西楼梯东隔墙东侧

2. 墙面装饰痕迹信息调查表

分项	构件编号		数量	尺寸 (mm)	备注
HZ- 装饰痕迹	GQ_4a*D1D3_X_CC_E_HZ	南段	1	540X920	
		北段	1	540X920	
TG- 托挂件	GQ_4a*D1D3_X_CC_E_TG	南段	2	Φ30	金属挂件 1 件，金属托件 1 件
		北段	3	Φ30	金属挂件 1 件，金属托件 2 件
BQ- 标签	无				
题记	北段：李八七嵌玉字排屏				

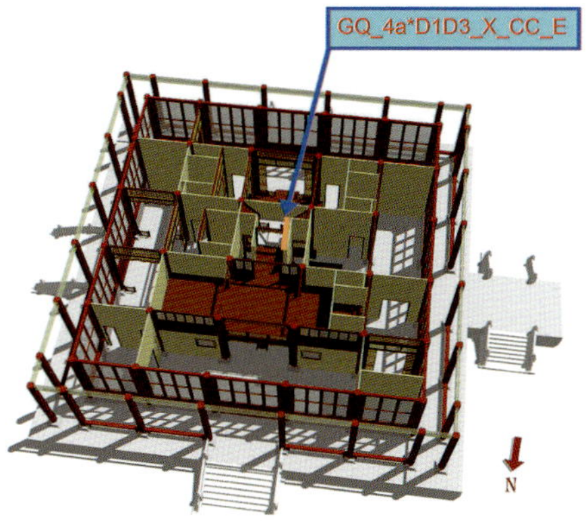

图 5-1-89　GQ_4a*D1D3_X_CC_E 位置图

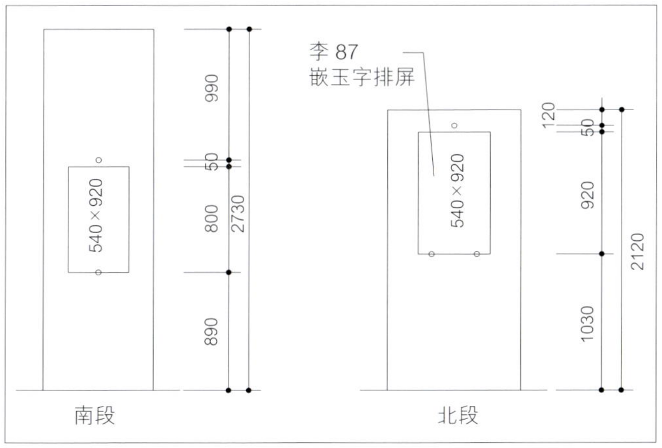

图 5-1-87　GQ_4a*D1D3_X_CC_E 立面图

图 5-1-88　GQ_4a*D1D3_X_CC_E 立面照片

第二节

寻档问物

2 Archival Research

乾隆皇帝在《八征耄念之宝联句》注中记道："予葺宁寿宫，为归政后菟裘，因于宫内建阁名之曰'符望'"。符望阁内檐装修制作精美，室内家具亦"量地定制"逐渐完善。符望阁的陈设、使用更是以乾隆皇帝的主观意志为主，青铜、汉玉、字画、时作、珍玩等三百多件，尽其喜爱之物陈设、珍藏于其间。从保留下来的乾隆年《活计档》、《旨意题头底档》、《旨意底档》等档案中可见一端。乾隆皇帝之后的嘉庆、道光、光绪等几位皇帝也在符望阁有过活动，留下了御笔贴落、文人诗画贴落等，但都没有改变初建时符望阁布局和陈设的原貌，仍保留着原始建时期宫廷内檐装修装饰与陈设的历史信息。为此，有必要依据各时期陈设档厘清符望阁初建时及其以后的陈设变化，以制定符望阁复原陈列方案。

一　乾隆时期符望阁的陈设

（一）宝座及床的陈设

据档案记载，符望阁内设置十三张床，每张床的位置及铺陈都记载的十分详细，从中可知不同床位的用途和功能。十三张床中，有五张罗汉床、七张坐床、一张寝床。罗汉床是可移动的陈设，带靠背、设幔帐的床不可移动。不可移动设置幔帐的，是为寝床。表 5-2-1 依据乾隆四十年（1776 年）十一月十日和十六日档案进行整理，记载了各床的位置与铺陈。

是年十一月二十日，乾隆帝下旨，符望阁顶楼上现设的宝座绣褥，着配锦套。四十四年（1780 年），杭州织造为符望阁殿内的宝座、宝座床绣制坐褥、靠背六份，送到安置。

表 5-2-1　乾隆四十年符望阁室内床榻方位与铺陈

床榻方位	床榻铺陈
1. 北门面北宝座床	衣素坐褥一个，氆氇坐褥套一个，葛布坐褥套一个，纺丝挖单一块，石青缎靠背一个，葛布靠背套一个；花毡一块。
2. 北门面东罗汉床	衣素坐褥一个，氆氇坐褥套一个，葛布坐褥套一个，纺丝挖单一块。
3. 西门正面宝座床	衣素坐褥一个，氆氇坐褥套一个，葛布坐褥套一个，纺丝挖单一块，石青缎靠背一个，葛布靠背套一个；花毡一块。
4. 西门正面左宝座床	衣素坐褥一个，氆氇坐褥套一个，葛布坐褥套一个，纺丝挖单一块，石青缎靠背一个，葛布靠背套一个；花毡一块。
5. 西门正面右宝座床	衣素坐褥一个，氆氇坐褥套一个，葛布坐褥套一个，纺丝挖单一块，石青缎靠背一个，葛布靠背套一个；花毡一块。
6. 南门宝座	衣素坐褥一个，氆氇坐褥套一个，葛布坐褥套一个，纺丝挖单一块。
7. 南门里间面西宝座床	衣素坐褥一个，氆氇坐褥套一个，葛布坐褥套一个，纺丝挖单一块，石青缎靠背一个，葛布靠背套一个；花毡一块。
8. 南门面西罗汉床	衣素坐褥一个，氆氇坐褥套一个，葛布坐褥套一个，纺丝挖单一块；花毡一块。
9. 南门面东罗汉床	衣素坐褥一个，氆氇坐褥套一个，葛布坐褥套一个，纺丝挖单一块；花毡一块。
10. 南门后间面南宝座床	春绸袷幔一架，春绸大褥一床，纺丝挖单一块，布面杭细里挖单一块，布带二根；花毡一块。
11. 东门面东宝座床	衣素坐褥一个，氆氇坐褥套一个，葛布坐褥套一个，纺丝挖单一块，石青缎靠背一个，葛布靠背套一个。
12. 东门面北罗汉床	衣素坐褥一个，氆氇坐褥套一个，葛布坐褥套一个，纺丝挖单一块；花毡一块。
13. 二层楼面北罗汉床	衣素坐褥一个，氆氇坐褥套一个，葛布坐褥套一个，纺丝挖单一块。
14. 二层楼面西罗汉床	衣素坐褥一个，氆氇坐褥套一个，葛布坐褥套一个，纺丝挖单一块。

（二）墙壁的装饰

1. 钟表

据乾隆年间陈设档记载：三十九年（1775 年）正月，即乾隆下旨："仿照延春阁现设大墙表样式成做大墙表，安在符望阁陈设。"

2. 字画

（1）贴落

乾隆三十九年（1775 年）三月十九日，四十年三月初十日、十九日，如意馆画匠黄念、杨大章、顾全、贾全、方琮、魏鹤龄、谢遂等领乾隆皇帝圣旨，为符望阁殿内作画，具体位置如下：

表 5-2-2　乾隆三十九年如意馆画师为符望阁制作贴落

作者	方位	保存状况
顾全	符望阁东门内明间北夹道北墙西边画斗一张	现已无查
	符望阁二层楼上东间罩内南墙画斗一张	现已无查
杨大章	符望阁西门内南间罩外南墙画对一幅	现已无查
方琮	符望阁南门内东间北墙挂轴心一轴	现存于故宫博物院库房
袁瑛	符望阁南门平台东边床罩内北墙画条一张	现已无查
	符望阁西门北间罩外画一张	现存于故宫博物院库房
	符望阁二层楼上东间罩内东墙宝座上横披一张	现已无查
	符望阁南门内平台东边床罩内画条一张	现存于故宫博物院库房
姚文瀚	符望阁西门内明间南墙画斗一张	现已无查
	符望阁北门内西间西墙夔龙门两边画对一幅	现已无查
贾全	符望阁西门内明间南墙画斗一张	现已无查
	符望阁北门内西间西墙夔龙门两边画对一幅	现已无查
周本	符望阁西门内明间北门东边画斗一张	现已无查
徐杨	符望阁二层楼上西间罩内西墙横披一张	现已无查
	符望阁南门内北墙画对一幅	现已无查
黄念	符望阁西门内南间床罩内北墙画条一张	现存于故宫博物院库房
	符望阁东门内明间南夹道南墙门西边画斗一张	现已无查

（2）线法画

乾隆四十年（1776 年）十一月初九日，乾隆皇帝又命如意馆画匠方琮，用白绢画盘山景全图，装饰在符望阁北门内里间南向墙面，命王幼学等为符望阁用线法画四张，袁瑛画符望阁明间罩内南墙画斗一张。

乾隆五十年（1786 年）十月十一日，乾隆皇帝为符望阁陈设事再次下旨："宁寿宫符望阁东门内面北宝座后南墙一面，着杨大章画松竹梅大画一张；天然木根屏风后，着伊兰泰照木根形式画线法画片二层，托贴画片，并做木片，俱着造办处做。钦此"。

到了十一月初九日，又传旨："宁寿宫符望阁东门内面北宝座后南墙着董诰用画松竹梅一张，天然木根屏峰（风）后照木根形式画线法山子，木片不必要。钦此"。可能是一个月前命伊兰泰做的画片不适合装饰此处，又连下谕旨进行更改。托贴画片的木片不要了，作画人由杨大章变成了董诰，但符望阁东门内面北宝座后的天然木根屏风没有改变。董诰的绘画得到乾隆帝的喜爱，这幅历经二百多年的松竹梅画幅仍留原处。

3. 门帘

乾隆四十一年（1777 年），符望阁殿内十三座门，安挂了十三件春绸门帘。

4. 门神、彩胜

乾隆四十一年（1777 年）新年前夕，乾隆皇帝下旨："符望阁楼上隔扇挂高二尺三寸、宽一尺的文武门神四副，楼下隔扇挂高二尺六寸五分、宽一尺四寸的仙童仙女门神四副。"

乾隆四十九年（1825 年）正月，乾隆帝又下旨："符望阁西间东宝座南北墙已贴的高三尺五寸、宽三尺九寸的两张画，北间西门东墙贴的高三尺六寸、宽一尺九寸的两张字画，俱量准尺寸发往苏州，做成春屏彩胜四件挂在原处。"

二　乾隆朝以后符望阁的陈设

中国第一历史档案馆和故宫博物院（图书馆）存有乾隆朝以后嘉庆、道光、光绪时期的《符望阁陈设档》及 1924 年溥仪出宫后清室善后委员会的《符望阁点查报告》，记载了不同时期符望阁的陈设。经过对陈设档之间的比对、研究，已知嘉庆至光绪时期的八十多年中，符望阁的陈设仅有微小的变化，基本保留着乾隆时期的原样。

（一）相同之处

1. 床位

乾隆时期符望阁设置十三张床，其中八张为固定的坐床和卧床，五张为可移动的罗汉床。乾隆朝以后的嘉庆、道光、光绪时期《符望阁陈设档》及 1924 年溥仪出宫后清室善后委员会的《符望阁点查报告》都有关于“床”的记载，八张固定的床仍在原位，罗汉床却减少了两张。

符望阁设置的“床”是由一个或多个木箱（无底）组成，视其空间合适而放置。这些床大小不等，摆放各异，或置于三面有墙处，前方安装床罩；或单独依墙而设，背靠一组炕屏；或独立设置在地平台正中，左、右、前三面安设栏杆。这些固定的床是内檐装修的重要组成部分，一旦拆卸移动就会影响内檐装修的格局。罗汉床是可移动的家具，可以根据不同的需要对其进行必要的组合。

2. 铺陈

符望阁中的宝座床、罗汉床都有固定的铺陈与摆设。铺陈自下而上都是先铺一层红猩猩毡，再铺一层红毡或白毡，再在毡上铺一层红底黄花炕毯（或黄底红花炕毯），最上面设置绸绣或缎绣的三件套——褥垫、靠背和迎手。

（二）不同之处

1. 墙面陈设

乾隆朝符望阁墙面曾设置挂屏、彩胜、对联、贴落四十余件。乾隆朝以后，嘉庆皇帝在这里留下了御笔字贴落二十六幅并对前朝的贴落等陈设进行了更换。此外，我们还发现嘉庆朝以后直至清末的两幅贴落。

2. 物品陈设

乾隆时期符望阁内陈设屏风、宝座、桌、椅、凳、箱、柜、格等家具五十余件，铜、玉、漆器、珐琅、瓷器、印章等工艺品近两百件，书籍、字画等八十余件。对比嘉庆、道光、光绪等不同时期的符望阁陈设档案的记载，及溥仪出宫后，清室善后委员会的点查报告，乾隆朝至清末的百年中，陈设格局没有太大的变化，陈设物品有减无增。清室善后委员会的点查记载，符望阁物品按千字文编序为汉字“李”字，点查报告中“李”字号物品仅存九十七件。

三　符望阁室内陈设复原的设想

符望阁自乾隆朝建成至今，已有二百多年的历史，复原符望阁陈设很难定位于某位皇帝的某一时期。为此，复原符望阁的陈设既要参照文献记载，又要尊重历史遗留信息，有选择地展示符望阁的奢华和历代皇帝在符望阁的活动。

（一）床位

符望阁与乾隆花园内其他殿堂中的床一样，并非是夜晚睡卧的专用家具，而是一种简易的、可供白天短暂休憩之用的坐具。因这些床是为皇帝所设置的，设置铺垫中带有靠背的，又称“宝座床”。宝座床比独座宽大，能躺卧，还能在床的两侧摆设炕案，放置一些书籍和生活用具。

《宫中现行则例》记载，皇帝使用的铺垫，视不同季节要在刺绣的褥垫、靠背和迎手的表面套上一层“罩”，夏季用透气凉爽的草席、绞纱；冬季用厚实保暖的金彩绒、毛毯；春秋两季多用云锦、织锦等丝质材料制作。符望阁作为乾隆皇帝为自己年老退位后而建的休闲之所，更要突出宫廷礼仪制度和宫廷生活的一般规律。再有，皇帝座位除有坐垫、靠背、迎手等丝织品铺垫外，还要在坐垫上摆放紫檀嵌玉如意、紫檀边糊文锦玻璃容镜、痰盒，坐垫下摆放顺刀等，是皇帝整衣冠、防身等日常的生活用品。再有文房用具等，都摆放在宝座床上的炕桌或炕案上。

清代宫廷常见的炕案与炕桌近似，是一种矮型的家具，放在床或炕上既可以伏案书写或依凭靠衬，又可放置器物，有时也可用于饮酒饮菜，如紫檀嵌玉镶玻璃炕案、紫檀镶漆心炕案、紫檀几腿案等。符望阁内这类低型家具，在三面有墙的宝座床上，顺着墙壁两侧置放炕案；在独立的、较小的宝座床上，宝座垫前放置炕桌。炕桌、炕案上的摆设多为两大类：一类是实用类的笔、墨、砚、笔筒、烛台、冠架、炉瓶盒三式等文房用具；一类是欣赏类的瓶、盒、匜、簋等珍玩古器。

（二）家具

家具作为一种实用的工艺品，在室内环境中很少是单独存在的，大多情况下，是同类家具成套使用，或不同的家具组合使用，同时家具的选择与布置，在很大程度上影响着整个室内空间的格调与特色。自乾隆三十五（1771 年）年外东路宁寿宫一区动工以来，乾隆花园各殿座陆续完工并实施殿内陈设。宫廷特交两淮盐政在江南制作五处建筑之一符望阁（另外四处是宁寿宫区的景福宫、萃赏楼、延趣楼、倦勤斋）的内檐装修，四十年（1776 年）完成内檐装修后，又“续添紫檀木镶门口二十一座，门头花四块，券门楠木门头花八块，花梨木柜几一张。”符望阁内的家具大多是量身定做的，据《符望阁点查报告》记载，符望阁内有四处设置宝座，与之配套的有屏风、宫扇、香几、香筒、熏炉、桌案等。此次复原符望阁陈设，查“李”字老号能找到的，尽可能复原到原处，以还符望阁的完整性。

（三）墙壁

按此次《符望阁内檐隔墙装饰痕迹调查》图像记录，符望阁内贴落和挂屏的痕迹有六十余处。文物中带有“李”字号的挂屏四十件，贴落实存四十三件。依据《符望阁内檐隔墙装饰痕迹调查》图像记录，将实存文物与装饰痕迹核对，完全吻合、可以复原到原处的有四十件（套）；有装饰痕迹，但没有实物的有八处。还有十七处是有文物没有痕迹的，根据文物尺寸寻找合适的墙面来设计。如仙楼层的东次间中进间北缝隔墙北侧墙面，按痕迹是中间一横向挂屏，左右两侧为挂对。但实物中缺少挂对，墙面又有足够的空间，于是在此处设计了一对乾隆皇帝有明确旨意的“牛角山水挂屏”（此文物为“李”字号，但没有明确位置）。

进行文物与装饰痕迹核对，是考证、研究文物的必要过程。墙面上有的痕迹与实物对照尺寸有出入，如墙上的痕迹是加了裱工的尺寸，而贴落提供的是画心净尺寸；如文物登记的原号“李”十六号为“红雕漆嵌螺钿挂对”，但墙面实际痕迹窄小，明显不符；再如墙面痕迹记载中有重复出现两次的。痕迹调查报告记录了墙面上遗存的字迹，但这些字迹不免有错记、颠倒等失误的可能。

再有，因符望阁建成以来的历史延续性，有些墙面痕迹的装饰出现了重叠现象，如某一位置最初设置的是挂屏，后来的记载该位置是贴落，这就需要从整个室内环境的格调与特色考虑，选择与其历史性和艺术性相吻合的文物，还要顾及乾隆时期到清末一直保留下来的文物，如黄念、袁瑛、方琮及董诰等人的贴落和“李”字号挂屏等，应该复原到最初的位置。（图 5-2-1 ~ 4）

图 5-2-1　符望阁东侧原状复原假想图

图 5-2-2　符望阁南侧原状复原假想图

图 5-2-3　符望阁西侧原状复原假想图

图 5-2-4　符望阁北侧原状复原假想图

注　释

1　《故宫丛刊之一：故宫物品点查报告》第一编，第一册，凡例，清室善后委员会刊行，民国十四年三月一日。

2　《故宫丛刊之一：故宫物品点查报告》第一编，第一册，本宫（乾清宫）点查情形，清室善后委员会刊行，民国十四年三月一日。

3　《故宫丛刊之一：故宫物品点查报告》第四编，第一册，点查景福宫等处情形，清室善后委员会刊行，民国十七年四月二十日。

第六章　内檐装修的信息采集、存档和管理

Chapter VI: Information Collection, Archiving and Management of the Interior Decorations

【提要】记录工作是保护中重要的组成部分。它主要由信息采集、存档和管理构成。随着文物保护的科学化、系统化发展，记录作为贯穿保护和日常管理全程的重要工作内容，越来越显示出它的重要作用和意义。从符望阁的勘查开始，项目工作组就从信息采集记录工作方法到信息的存档和管理进行了一系列尝试，希望在满足项目开展需要的基础上，能够为推进文物保护记录的实践工作提供一些新思路。本章将从对记录工作的整体认识、信息采集记录的工作方法和信息组织管理的设计几个方面，介绍符望阁勘查项目在记录工作上的尝试，并展望本项目接下来的信息记录工作需求以及未来信息系统的完善。本章后还附有专为本次符望阁勘查编制的 “符望阁内檐装修各工艺残损图解词汇表”，这既是有针对性的归纳符望阁各工艺残损的总结性文献，也是规范记录中描述的工具。

Abstract: Documentation is an essential component of the conservation work, encompassing information collection, archiving and management. With the development of scientification and systematization of conservation field, documentation is showing its increasing significance. From the beginning of the investigation in Fuwangge, the task force has made series efforts on methodologies of information collection, archiving and management, hoping to bring some innovative ideas into the documentation work. In this chapter, the author introduces some documentation methodologies that was adopted during the survey of Fuwangge, including the general ideas on documentation, methodologies on information collection and management, and this chapter also introduces the upcoming assignment for documentation and further improvement of the information system. "Illustration Glossary on the Deterioration of Interior Decoration Techniques in Fuwangge" is appended at the end of this chapter. The glossary is not only a conclusive document on the deterioration of all the interior decoration techniques, but also serves as a tool to standardize the documenting description.

第一节

信息采集、存档和管理的需求

1 Demand for Information Collection, Archiving and Management

文化遗产记录与建档作为文物保护工作的重要内容，其意义已在各个宪章、准则和指南中得到强调[1]。从这些宪章、《准则》等文件中对记录在保护工作中的重要性和作用的叙述，我们可以归纳出实践中文物记录工作的需求。

第一，信息记录本身是对文物开展研究、勘查的过程，记录工作的开展也是对文物价值、物质构成状况、保存状况等多方面的信息收集和整理的过程。这就要求文物的记录工作必须全面，并且有足够深入的细节。

第二，必须有信息记录的前后对比才能丈量变化，并把握文物自身及其保存状况的演进。准确、连贯的信息是制定从规划、保护方案到管理事务等保护措施的依据。这要求保护工作中的信息记录要全面、连贯，细致度足够并前后一致。

第三，记录今天的行为，是给后代提供历史依据；好的记录可以用于认识、理解和传播价值，作为将来向公众宣传的内容和吸引公众参与的基础。同时，优秀的信息综合管理能防止重复工作，使得保护工作更有效率。这都对信息的管理、恰当的信息共享和开放，以及对记录信息调用的设计（如信息可读性、结构、展示方法）提出了要求。

从以上三点出发，符望阁内檐装修的记录工作在设计时考虑到了几方面的工作目标：

第一，符望阁内檐装修品类多、工艺类型丰富。记录工作上要全面，观察细致；同时各个工艺工种记录的内容和深度应有统一明确的要求，并建立工作机制鼓励在记录观察中提出问题，推进对文物的深入了解。

第二，本项目之前，除编号之外从未对符望阁有过系统的室内记录。作为第一次建立的记录系统，在系统的设计上，考虑综合容纳从宏观历史背景到微观（材料材质工艺等）多层次的信息，方便长期使用；并在将来通过持续维护信息系统，能较为直观地比对不同时期的信息，从而掌握文物的变化。甚至可以考虑将记录信息分类并进行直观地体现，用以辅助保护策略的制定。

第三，符望阁室内空间丰富，空间关系较为复杂。希望能建立一个直观的记录系统，让记录结果更便于查找、展示和传播。

为了达到这些目标，既需要有专业保护人员对文物历史、材料、工艺的深入认知和对文物价值的理解为记录系统提供精准的信息素材；又需要信息记录管理专业人员为保护工作人员提供工具、框架，并把他们提供的素材转化到记录系统之内。两类专业人员知识技能的密切配合是一个记录项目成功的关键。（图 6-1-1）

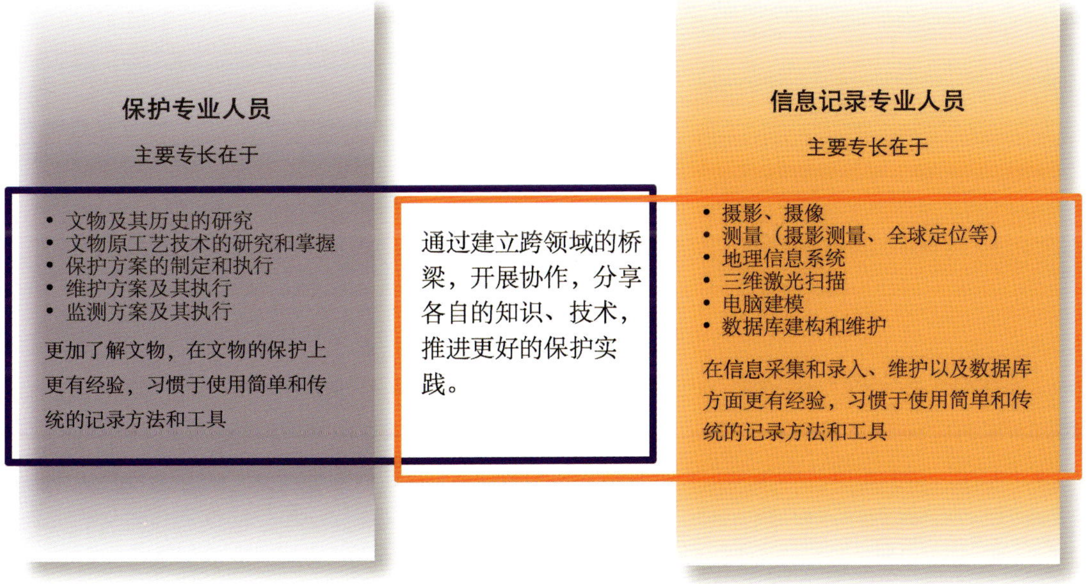

图 6-1-1

第二节

信息的采集

2 Information Collection

符望阁内檐装修的信息内容繁多，正如本报告各个章节构成所示，包含了这座建筑的历史、艺术，装修中的各种工艺及其保存状况、制作过程和修缮历史，原状研究成果，以及多种材质采样的实验室分析报告等等。这些信息的采集过程整体上包括了档案检索、历史研究、实验室分析、现场勘察等方法的应用。本节对常规的研究、分析等信息采集方法不作赘述，而将主要从工作架构、记录内容设计、规范化和图像化几个方面介绍现场材料、工艺和保存状况的勘查工作方法。

一　工作构架

2002 年在国际古迹遗址理事会文化遗产记录科学委员会为确定“记录和信息管理”专项目标而召开的会议上，明确了信息提供者和使用者之间尚不匹配的问题所在，其中提出了对“整合的采集、归档和信息管理行为”“与保护程序结合”[2]的需求，认为很少有机构将信息采集和归档的程序跟保护活动整合在一起，而且也几乎没有信息使用者在一个明确的保护程序中工作，而这对提高保护实践的质量和效率非常重要。以这一警示为基础，符望阁内檐勘查项目组专门设计了记录的工作程序、人员构架和工作方法；从勘查工作一开始，就将文物保护修复师、专业记录人员和专业历史研究人员组合形成工作组，密切合作。

分工上，专业文物保护修复人员由于是将来修复的操作者和指导者，因此直接承担现场的勘察和记录工作；专业记录人员利用其影像、制图、测绘、计算机建模、信息管理等技术优势，为记录工作提供工作基础图纸、图像，将修复师的现场记录图纸进行数字化处理，并设计合适的信息管理系统；专业历史研究人员则通过对相关历史、档案、原状的研究，给修复人员提供必要的信息，并共同讨论决定最终内檐装修修复的整体程度效果。合作上，修复人员与信息记录人员共同设计记录表格的内容和格式及绘制图纸的规范；历史研究专业人员和修复人员从文献、实物、历史、美学或材料工艺等多方面共同完成文物价值的认定；信息记录人员将各类报告、文献、图纸、表格等信息综合形成信息管理系统的内容。分工合作的成果汇聚于最终形成的信息管理系统中。随着项目的继续，信息管理系统的内容还将不断充实。（图 6-2-1）

二　勘查记录内容设计

勘查记录的内容是记录工作的根本。记录内容规范了勘查行为的基本要求，从而也直接影响修缮设计的决策。因此记录内容的设计既要满足档案记录的基本要求，又要达到一定的细致程度。符望阁内檐装修记录工作中，按照工艺、材料和将来修复执行人员（部门）的不同，分木构件、竹丝镶嵌、髹漆、百宝镶嵌、金属构件、丝织品、纸制品和天花壁纸类，分别制定了记录表格，并结合表格中的内容规定了图像记录的要求。 各套调查表都统一由记录索引信息、使用工艺和材料信息以及构件保存状态三个大部分组成。（图 6-2-2）

（一）记录索引信息

这部分包含：构件位置、名称和编号，以便能够从整个建筑内迅速而清晰地检索到所记录的具体构件；记录时间、记录者，从而可以检索出不同时期的记录，并在记录需要进一步解释等情况下能够落实到人；对应照片编号，目的是能够关联到记录时使用的底图照片和现场拍摄的照片。

（二）使用工艺和材料信息

材料和工艺的观察和确定是对文物进行基本了解的第一步。这里在现场初步调查的基础上，根据不同工艺材料分别列出了符望阁内使用到的主要材质和工艺，要求现场记录人员对文物进行具体辨认。

（三）构件保存状态信息

首先分别针对不同的材质工艺会出现的残损进行罗列、归纳，再根据符望阁现场情况进一步筛选，将实际

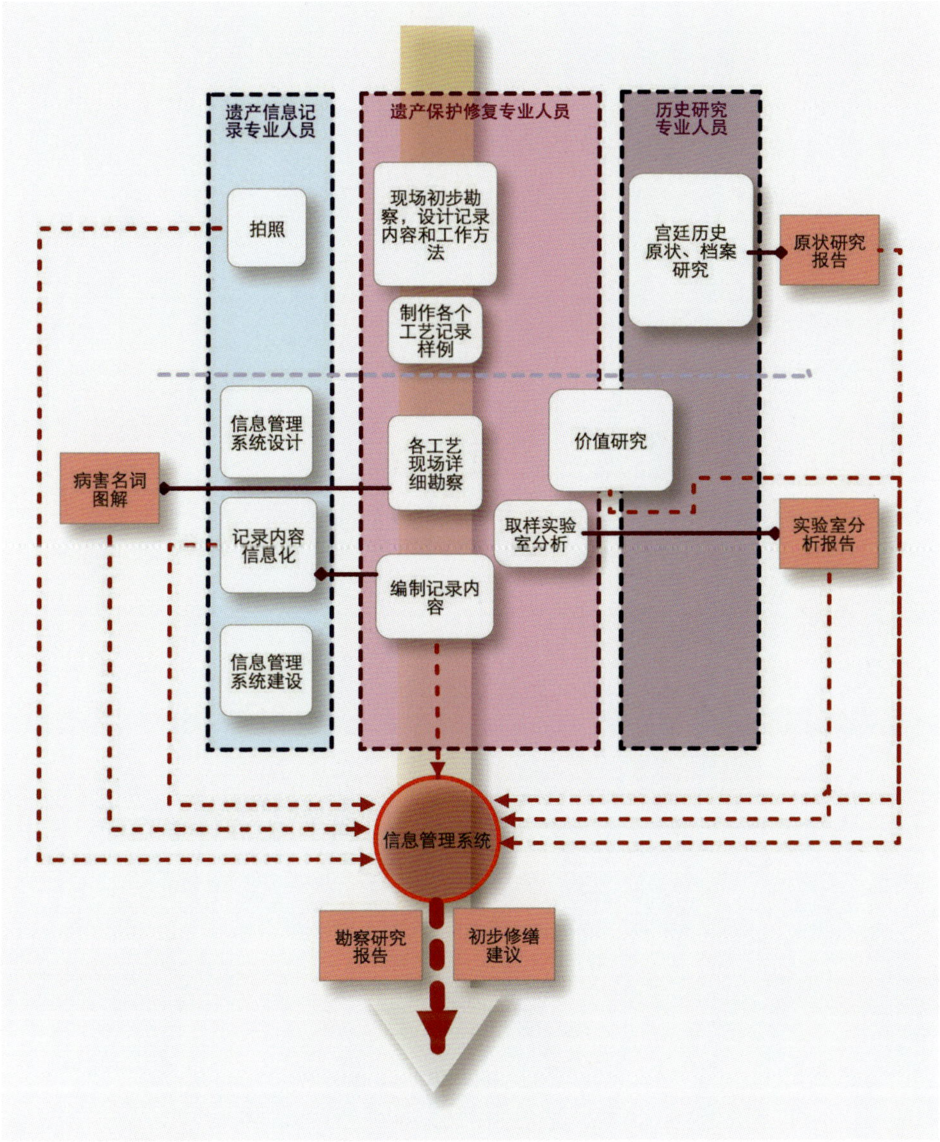

图 6-2-1　项目流程图

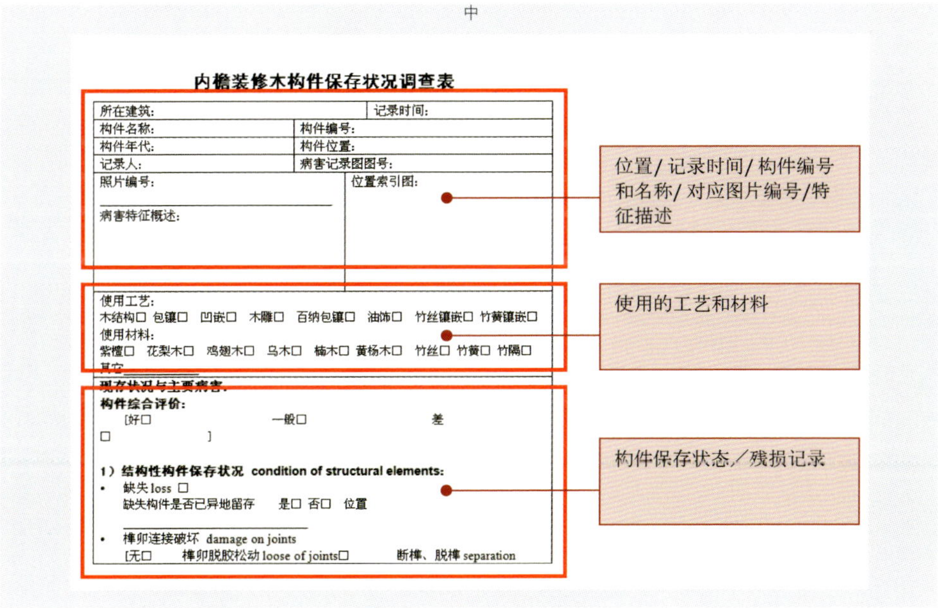

图 6-2-2　符望阁内檐装修保存状况调查表样例（局部）

存在的主要残损按照从严重到轻微大体分类列出。例如《木构件保存状况调查表》中就将残损分为“结构性残损”、“装饰残损”、“木材表面状况残损”，并增加了“以往修缮痕迹”。

具体记录时，根据将来修复操作的基本单位，以每一单扇为一个记录单位，由不同工艺的专业保护人员分别记录本工艺的保存状况。具体工作步骤及相应成果如下表所示（表 6-2-1）。

记录形成的纸质版成果也应分别整理归类，按不同记录单位分别收存记录表格，并附以统一图例的残损记录图。虽然记录内容将随后被数字化，但这些原始工作手稿作为阶段成果和第一手资料，也应妥善保存。（图 6-2-3 ~ 5）

三　描述规范化

一方面由于残损的表现多种多样，另一方面由于记录人员对残损的判断也容易受主观意识的影响，因此对残损病害的描述标准需要明确和统一，这也有利于以后的保护工作人员更好地理解此次记录工作。为了规范、统一各种材质的残损类型，项目组还针对符望阁内檐装修编制了残损名词图解，其中对各种残损的定义、特征表现、同义词都做出了文字说明并附典型照片，用最直观的方法说明病害的表现状态和不同程度。（见本章第五节）

表 6-2-1　符望阁内檐装修记录步骤及相应成果说明

序号	步骤名称	工作内容	执行人	记录成果
1	摄影记录	对室内进行多角度拍照，内容从各建筑空间到各隔扇，再到重点装饰内容的局部特写。注意须拍摄隔扇的正反立面，并通过摄影技术方法尽量减少变形和阴影。注意每张照片拍摄两张以上，其中一张须将比尺和比色卡纳入取景。	摄影师	各构件的正视照片及重点部位特写照片。其中的隔扇或裙板等正视照片可作为残损图绘制记录的底图。
2	测绘	测量并绘制建筑平面、内檐装修平立剖面、装修大样等图纸。	建筑测绘人员	绘制测绘图纸。可用于残损图绘制底图和计算机建模的尺寸依据。
3	图示记录	根据对现场实物的细致观察，以测图或正视照片为底，在透明胶片上按照统一图例标识不同材质、病害，并随观察记录补拍能够说明具体工艺、残损细节的照片，在图上相应位置标注出照片编号。	专业保护人员	残损病害记录图和细节照片文件夹。细节照片的编号和说明非常重要。 图示记录内容矢量化后转入信息记录系统。
4	填写记录表格	与图示记录工作同时或在完成图示记录的基础上，根据现场观察结果填写保存状况记录表格，描述具体病害的同时，也给出相对主观的保存状态评价。	专业保护人员	各个工艺、构件的保存状况记录表格。 记录表格也纳入信息记录系统。
5	勘查报告	在全部完成以上工作的基础上，整理记录工作成果和过程中的发现，结合历史背景资料，编写勘查报告。	综合各专业人员	勘查报告包括记录和前期研究的成果，可供出版。

图 6-2-3　记录单位说明举例

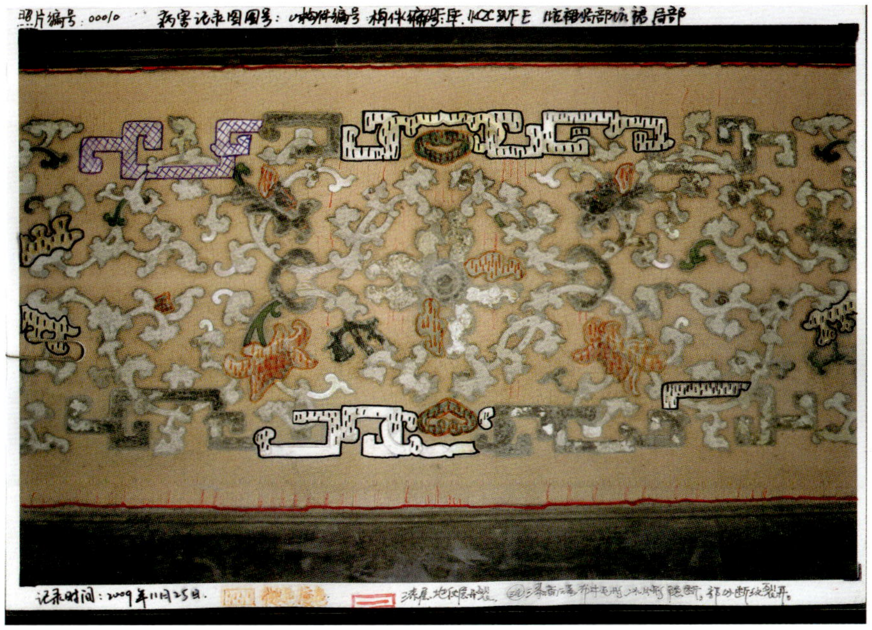

图 6-2-4　病害记录图样例

A　构件缺失	
B　断裂	
C　嵌件松动	
D　龟裂剥离	
E　磨损、剥落	
F　嵌件脱落	
G　嵌件脆化/粉化	
H　嵌件变形	
I　褪色/变色	
J　失水干裂	
K　腐朽	
L　灰尘/屑垢	
M　污渍	
N　修补	
O　微生物危害/霉菌	
P　虫害	
Q　不当标记	
R　氧化/生锈	

图 6-2-5　病害记录图例

第三节
信息的组织
3 Organization of the Information

一 信息组织实现方式的选取

近几年来，建筑信息模型（Building Information Modeling, 简称 BIM）技术在建筑领域得到迅速的发展和推广。这一技术以三维数字模型技术为基础，关联和集成了各种建筑工程项目相关的工程数据等信息，是对该工程项目相关信息的详尽表达。建筑信息模型同时又是一种应用于设计、建造、管理的数字化方法，这种方法支持建筑工程的集成管理环境，而且超越了设计和施工的阶段，支持建筑全生命周期的管理，惠及将来建筑物的运作、维护和设施管理，能够从建设到运营维护，持续地节省费用。

这一建筑信息模型与古建筑保护的需要有非常契合之处，给我们以启示：首先，文物建筑的保护比普通建筑更强调对建筑全生命周期进行精细化的信息管理；其次，古建筑中信息层次多、内容和类型丰富，例如相同构件随空间位置不同展现出不同保存状态也需要充分记录和管理，如果不通过先进的数字三维模型技术结合信息存储管理，无法充分表达其详尽信息，从而无法满足保护的需求；此外，文物保护是需要多学科多工种配合的工作，而且信息是多代记录的叠加，信息的记录和使用不是由一个专业或某个人甚至某代人完成的，因此通过一个统一的记录标准和构架来综合信息，实现共享互通是非常根本的需求。这些需求都提示着在古建筑的记录工作中，引入三维记录系统存储建筑全生命周期信息的必要性。

目前对于国内用户来说，发展比较成熟的 BIM 系统主要是在传统建筑工程中辅助设计软件基础开发的各类具有 BIM 功能的软件平台，如 Autodesk 公司的 Revit 系列，GraphicSoft 公司的 Archicad 系列，Bentley 公司的 MicroStation 系列等。上述软件平台在三维建模、针对建筑部件和建筑工艺等相关信息的标准化、参数化定制和综合管理，以及实现多工种配合、造价估算、建造模拟和管理维护等方面具有明显的优势。在建筑信息管理方面，上述软件大都是通过对现代建筑的各类构成要素进行清晰地结构化分类、设置详细的参数定义来实现的。所有的信息整合在统一的虚拟三维模型中，并支持实时的修改，从三维模型直接生成二维图纸。但由于其综合性和复杂性，即便对于工程设计机构来说，实际应用上述系统都需要一个巨大的技术投入过程。同时，由于这些软件平台都是针对当代建筑工程设计的，因此在建筑结构体系、构建要素以及各类信息参数的设计上，都还没有针对中国古代建筑的考虑，如果希望将其应用于古代建筑信息模型的建立和管理，特别是希望将古代建筑中各类本体信息、历史信息、残损勘察信息和修缮维护信息等整合运用，则更需要大量的技术投入进行定制开发。另外，上述软件平台虽然在三维模型表达、三维模型与二维图纸转化等方面有着非常强大的功能，但在二维的图形空间分析以及各类信息数据的综合查询分析方面，仍不如以数据库为基础的信息系统软件成熟。

除上述基于建筑设计软件平台发展出来的 BIM 系统外，传统 GIS 平台随着其在三维空间模型功能上的拓展，也开始进入了 BIM 领域的发展，其中最为突出的，是 Esri 公司的 Arcinfo 系统平台。相对于建筑系统的 BIM 软件平台，以 GIS 为基础的信息系统平台在三维建模方面并不具备优势，只是为之提供了常规的数据接口，但在信息的统计、查询、分析、维护等方面则有强大的优势。特别是其长期服务于地理信息系统的经验基础，在二维空间内的图形分析、演算方面则始终具有强大的优势。这对于更多需要在建筑立面、顶面、地面、构件平面等室内外局部单元展开工作的内檐装修保护工作来说，无疑是非常重要的。另外，由于 GIS 平台不仅为信息系统的创建和管理应用提供了强大的基础功能，也保持了开放性，便于各专业应用需求进行二次开发，以适应其工作需求，因此更满足专业定制、简便易用的目标。目前国际上也有多个遗产保护专业机构在这个平台上开发了具体的应用系统，例如盖蒂保护所（Getty Conservation Institute）研发的中东古迹地理信息系统中已经实现的伊拉克部分（MEGA-Iraq），意大利 CNR-Roma 的 ARKIS-NET (Architecture Recovery Knowledge Information System) 等。

本次项目在综合考虑上述系统平台的优势后，决定尝试基于 Arcinfo 平台建立古建筑内檐装修空间信息系统，并结合 Autocad 和 Sketchup 的制图建模功能为信息平台提供二维和三维图形数据。具体的实现方式如下：

第一步，在 Arcinfo 中建立建筑和内檐装修的信息库结构，设计各类要素（构件要素和残损要素等）的属性信息表。信息表以所依托的构件的编号作为索引。

第二步，将建筑平面图导入 Arcinfo，为其赋予准确的地理坐标数据，将其转入 Sketchup，在其基础上根据测绘数据建立准确的室内外三维模型。

第三步，在 Sketchup 中为表达各级构件的三维物体进行编号命名编辑（命名标号依据在本书第三章第一节中图示），再将建立好的模型转入 Arcinfo，与数据库中的构件信息表链接，形成初步的 Arcinfo 平台下的三维建筑模型。

第四步，在 Autocad 软件中对测绘图和勘察图进行处理，按导入 Arcinfo 系统的需求将测绘图中的图元转化为可表达具体物质对象或残损状态的点、线、面图元，并将其空间位置对应到基于地理坐标的真实空间位置上。

第五步，以各个立面（也包括各空间的顶面和地面）为单元，将 Autocad 中处理好的图形传入 Arcinfo，给各个要素编号命名，使其与信息库中对应的数据记录联结起来，形成以室内空间各面为对象的数据单元。

通过上述流程，可以将所有的信息数据对应到表达具体空间实体的二维和三维图元上，并由于各个图元具有准确的空间位置信息，因此可以在 Arcinfo 的模型空间中准确地整合为带有丰富属性信息的三维模型。

二　信息组织的层次

每座建筑需要记录、归档、管理的信息类型都较为复杂，通常包含了古代文献、记录表格、图纸、数据、图片、研究报告等各种类型的信息又共同或分别描述着从建筑的历史，所处环境状况一直到建筑内各个装饰构件的工艺、材质内容，甚至某一处嵌件上的细微残损，非常丰富。如何把这些信息组织起来，既能储存在信息管理系统中适当的位置，又能方便信息使用者检索和使用，是项目中一个很重要的问题。

符望阁的信息记录采取了多层次信息架构的方法，从相对宏观的花园整体到逐个构件，每个层次分别存储不同内容的信息，通过从整体到细节的深入，自然地解决信息组织的问题。具体划分的层次和各个层次存储主要信息简要介绍如下：

第一，花园

这一层级的信息元素单位是建筑单体，主要存储各个建筑的整体信息，例如建筑位置、建筑年代、历史等能够说明整座建筑的信息内容。这一层次信息是乾隆花园规划的重要依据内容，但不是本次内檐装修记录的重点。

第二，建筑单体

建筑单体层级上的信息元素是各个建筑构件或构建组，信息主要是建筑本身结构和相关的维护信息内容，例如建筑结构状况，各建筑构件的尺寸、保存状态、特征等信息。这一层次是古建筑修缮时的重要内容。

第三，各层平面

这一层的信息元素是平面上各个被隔扇分隔开的空间。各楼层平面展现出了建筑的空间，例如符望阁，大部分四条轴线围合出的空间与室内的实际空间也是吻合的。这些“间”的平面上可以存储此处原有的陈设、空间意向和各个空间的装修特色描述，等等。这一层是从建筑单体到装修的重要转换。

第四，整扇隔断和单件隔扇

这一层次的信息元素是隔扇的结构框架和各单件隔扇。这里存储的信息主要包括各隔扇的工艺、材料、残损以及干预历史。

第五，装饰构件

构件是最小的信息元素，这一层次上不但可以记载构件本身的细节信息，还可以根据取样样本的位置，链接存储实验室分析结果。

各种存储格式的信息都可以通过表格或链接的形式，通过上述层次进行展示。（图 6-3-1 ~ 2）

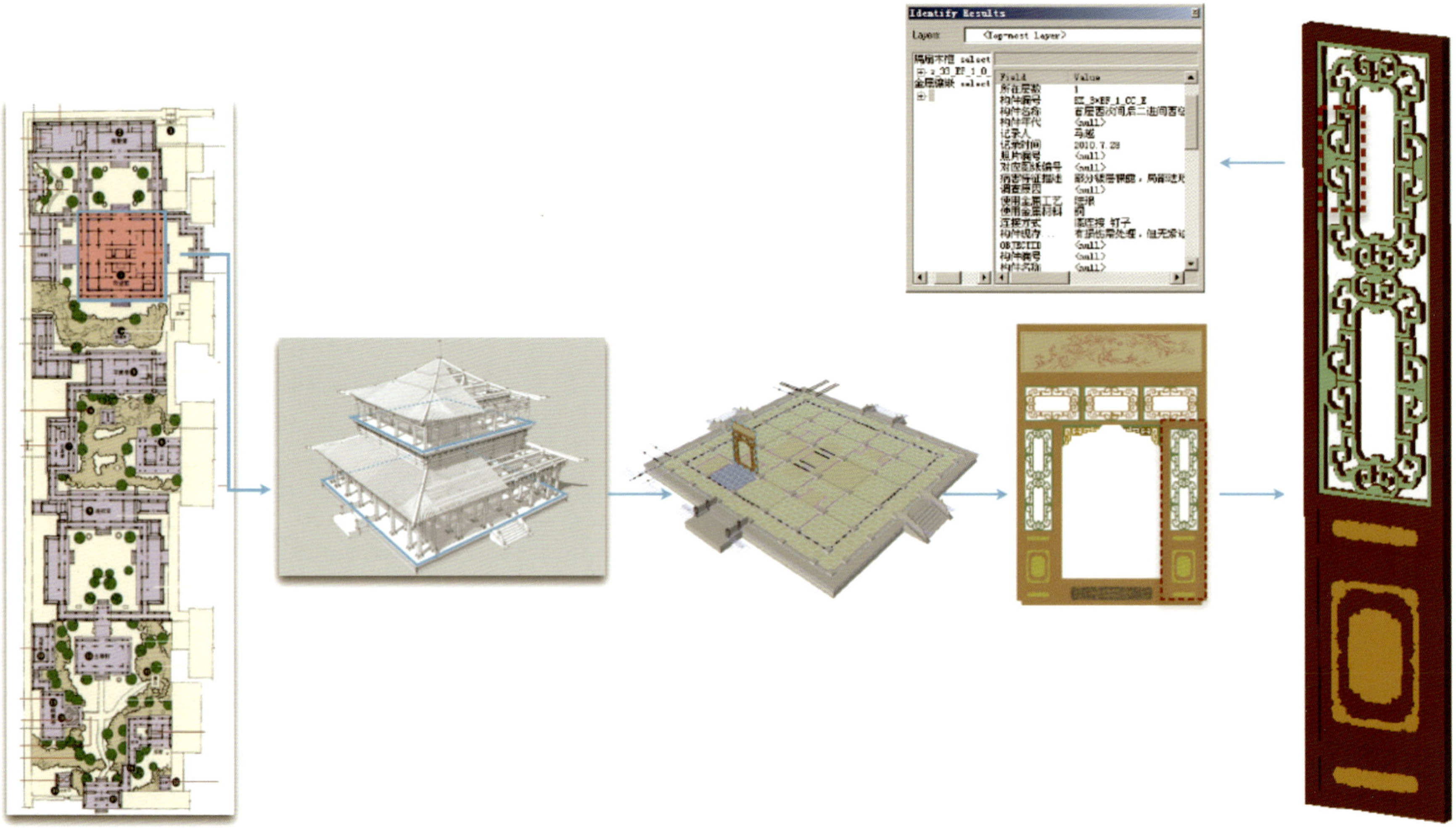

图 6-3-1　符望阁内檐装修记录系统的信息层次：
花园——建筑单体——各层平面——整体隔断和单件隔扇——装饰构件——信息记录

第四节
项目展望

4 Further Assignment of the Project

符望阁内檐装修的记录还是一个尝试，勘察过程中的记录也只是整体记录的一个阶段。在接下来的工作中，还有很多方面需要完善，并希望能在一些方面更进一步探索和发展：

第一，记录是一个长期持续的过程，贯穿保护干预的过程和日常管理的始终。通过符望阁内檐装修勘察建立起来的信息管理系统，需要长期维护和使用。并且需要专职的信息管理员，从信息记录专业的角度，综合各个阶段保护人员、研究人员的成果，不断完善这个系统。

第二，通过符望阁内檐装修勘察中对现场填表和绘制病害图的初步尝试，发现纸本现场采集后期数字化的采集效率较为低下，成为项目迅速进展的瓶颈。在后续的工作中尝试使用 MedigoMap 一类现场记录软件，更直接地进行数字化记录和绘图。

第三，随着项目的深入，记录者对于残损类型和影像有了更深的认识。残损病害描述的规范化将是一个重要而长期的工作，需要在接下来的工作中，注重积累，制定更规范的病害描述体系，完善病害名称图解。

第四，目前使用的信息记录软件更多地用于规划、地理信息管理的宏观方面，在文物保护上有一定的应用经验。但是软件自身开发的专业针对性不强，造成使用上的一些难度。希望能够通过积累，逐步开发更专业化、更简化、功能更有针对性，且能网络版操作，可以直接在现场完成维护的新软件。

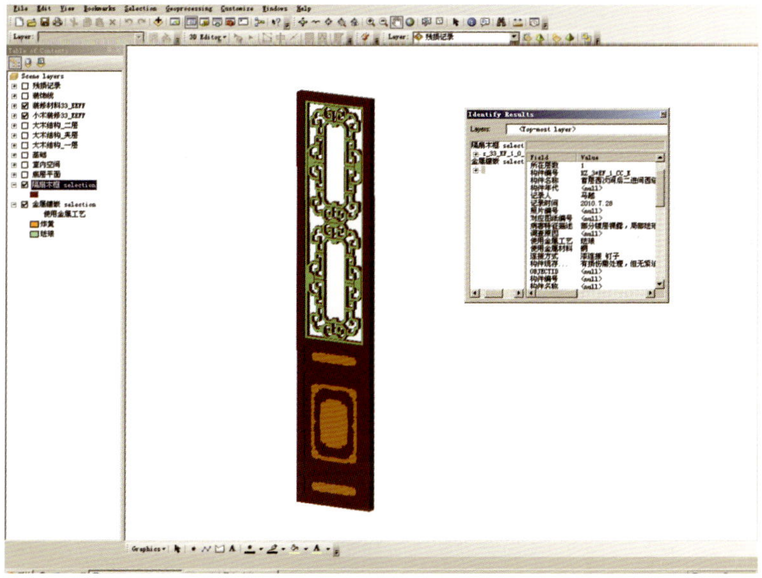

图 6-3-2　符望阁内檐某隔扇信息记录界面样例

第五节

符望阁内檐装修各工艺残损图解词汇表

5 Illustration Glossary on the Deterioration of Interior Decoration Techniques in Fuwangge

内檐装修病害分类

木构件病害

- 结构性构件破坏
  - 构件缺失
  - 榫卯连接的破坏
  - 劈裂
  - 弯曲变形
  - 构件歪闪
  - 腐朽
- 装饰木构件破坏
  - 包镶起翘
  - 包镶缺失
  - 木镶嵌起翘
  - 木镶嵌缺失
  - 木镶嵌开裂
- 木材表面状况
  - 表面沉积物
  - 表面褪色
- 竹丝镶嵌病害
  - 灰尘堆积
  - 竹丝缺失
  - 竹丝起翘
  - 竹丝表面水渍

髹漆构件病害

- 结构性劣化
  - 垂直于内部木材纹理的裂纹
  - 平行于内部木材纹理的裂纹
  - 漆膜起翘
  - 漆膜空鼓
  - 漆膜缺失
- 漆膜表面劣化
  - 灰尘堆积
  - 漆膜失去光泽
  - 细小龟裂
- 镶嵌物病害
  - 嵌件缺失
  - 表面开裂
  - 嵌件灰尘堆积
  - 嵌件变色
  - 嵌件表面风化
  - 嵌件表面粉化
  - 嵌件表面划痕、磨损
  - 嵌件起翘、弯曲

金属构件病害

- 珐琅构件结构病害
  - 与结构连接缺失
  - 与结构连接构件损坏
  - 构件变形
- 珐琅构件表面病害
  - 表面灰尘堆积
  - 珐琅釉表面划痕、磨损
- 镏金构件结构病害
  - 构件缺失
- 镏金构件表面病害
  - 构件锈蚀

丝织品病害

- 与结构连接状况
  - 与结构连接失效
- 表面变化
  - 泛黄
  - 褪色
  - 霉斑
  - 污染
- 完整性变化
  - 抽丝
  - 断裂
  - 残缺
  - 蛀洞
  - 表面图案脱落
- 以往不当修复
  - 以往不当修复

纸制品病害

- 与结构连接状况
  - 脱落
  - 空鼓
- 纸质表面变化
  - 灰尘堆积
  - 泛黄
  - 褪色
  - 污渍
  - 霉斑
  - 图案褪色
  - 表面磨损
- 形态变化
  - 褶皱
  - 卷曲
- 完整性变化
  - 断裂
  - 虫蚀
  - 腐烂

木构件病害 | 结构性构件破坏 | Condition of structural elements

构件缺失

定义：
结构性构件整体或局部与原有结构脱离。

同义词：
构件脱落、构件缺损。

病害特征：
构件整体或部分不存。

备注：
整体构件缺失是由榫卯连接破坏或黏结剂失效造成的整体脱落，局部构件缺失是由于构件表面先出现裂缝后局部脱落。

花芽缺失

花芽局部缺失

木镶嵌缺失

炕裙边局部缺失

木构件病害 | 结构性构件破坏 | Condition of structural elements

榫卯连接的破坏

定义：
构件连接榫卯出现松动、脱榫、木楔外露、裂缝或局部损坏。

同义词：
出榫、脱榫、断榫。

病害特征：
构件与内檐结构连接松动，可看到榫卯等连接构件，但未与结构脱离。

备注：
榫卯连接的破坏可能导致构件缺失，发生构件位移或变形等。

榫卯松动

脱榫

断榫

木构件病害 | 结构性构件破坏 | Condition of structural elements

劈裂

定义：
贯穿于木材纤维方向的裂缝，甚至木构件结构整体断裂。

同义词：
顺纹开裂。

病害特征：
裂缝沿木材纤维发生。

备注：
物理致因：快速变化的相对湿度、干燥环境，分布不均衡的压力，内部木材与贴面材料不同的收缩性能差异都可能导致劈裂。

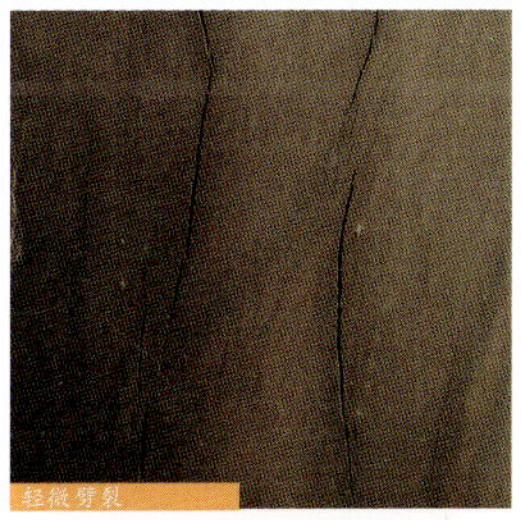
轻微劈裂

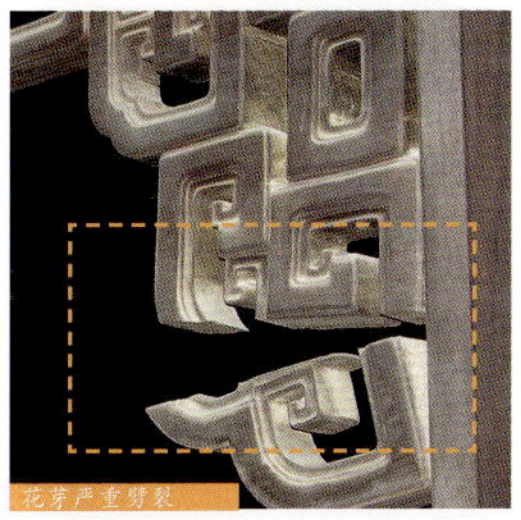
花芽严重劈裂

绦环板一般劈裂

木构件病害 | 结构性构件破坏 | Condition of structural elements

弯曲变形

定义：
木装修由于物理环境变化导致的不均匀伸缩变形。

同义词：
空鼓、弯曲。

病害特征：
木装修表现为局部凸出或凹陷变形。

备注：
物理致因：木装修表面的烫蜡层是有效的防水层，使木材正面受到水分影响较小，产生较小的变形。如此，相对湿度较低时，背面会产生更明显的收缩，木材向外凸出；相对湿度较高时，背面会产生明显膨胀，木材凹进。而湿度较高时，木材的变形可恢复，当湿度降低，木材仍会向外凸出。

绦环板轻微弯曲

木构件病害　结构性构件破坏　Condition of structural elements

构件歪闪

定义：
由于结构内部应力变化，造成部分构件整体或局部变形。

同义词：
局部变形。

病害特征：
构件整体或局部发生变形。

备注：
一是由于榫卯连接破坏，使原本牢固连接的木构件之间出现拔榫、连接松动现象，在重力的作用下木构件逐渐下沉；二是由于紧近靠柱子的木构件受到柱子表面脱落的地仗油饰层的挤压外力而出现的歪闪现象。

木构件病害　结构性构件破坏　Condition of structural elements

腐朽

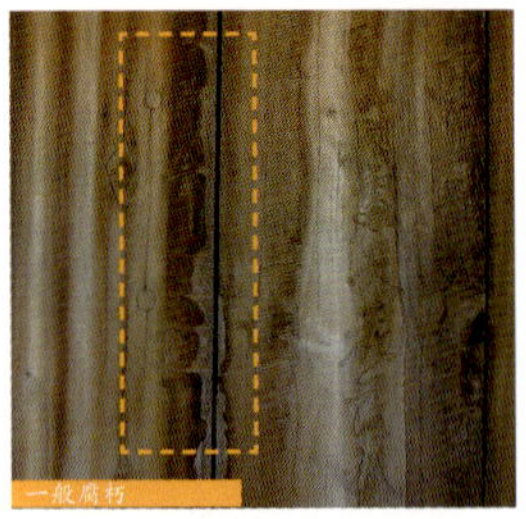

定义：
由于木腐菌生长造成的微生物损害，木腐菌通过酶溶过程使木材分解的过程。可根据木腐菌的种类不同，分为褐腐、白腐和软腐。

同义词：
糟朽、腐蚀、龟裂（褐腐）。

病害特征：
1. 褐腐：木材中的纤维素和半纤维素降解，腐朽木材为褐色，呈方块形破裂。
2. 白腐：木材中的多糖和木质素被降解，腐朽后呈白色，为海绵状或大理石花纹状，表面凹凸不平，粗糙断裂。
3. 软腐：软腐菌分解木材细胞壁的多糖，使之产生空腔，造成整齐的断裂面。

备注：
1. 木腐菌多是属于担子菌亚门（Basidiomycotina）的真菌。
2. 大多数木腐菌适宜生长的温度为 25 ～ 30oC，木材含水率 36%～60%。由此，室内温湿度应避开以上范围。此外，酶解过程也受到 ph 值、酶的抑制剂的影响，也可以通过利用化学物质影响酶的活性，达到木材防腐的目的。
3. 木材腐朽将大大影响木材的强度和密度，一旦发现，需要尽快进行处理。
4. 可以用受害木材在 1%碱性溶液中的溶解度来表示木材受损害的程度。

木构件病害　装饰木构件破坏　Damage of wood decoration elements

包镶起翘

定义：
包镶表层硬木贴面与内部木基层局部脱离连接。

同义词：
贴面开起。

病害特征：
包镶表层贴面局部和木基层脱离连接、松动。

备注：
1. 物理致因：由于内部和贴面材料的差异，导致在长期温湿度变化中，两者的伸缩程度和方向不同。这是连接构件松动；或由于黏结剂失效导致的。
2. 人为机械致因。
3. 贴面木材与内部木材热特性差距，高湿度环境以及频繁的温湿度变化，将加速病害的发生。
4. 起翘贴面可能由于缺少结构约束而发生轻微的弯曲、扭曲等变形。

木构件病害　装饰木构件破坏　Damage of wood decoration elements

包镶缺失

定义：
构件包镶层局部或整体与木基层分离。

同义词：
贴面脱落、贴面丢失。

病害特征：
表面贴面与木基层完全分离，脱落，内部木基层裸露在外。

备注：
1. 物理致因：由于内部和贴面材料的差异，导致在长期温湿度变化中，两者的伸缩程度和方向不同。这时连接构件松动、脱落或黏结剂失效将导致起翘发生。
2. 人为机械致因。
3. 贴面木材与内部木材热特性差距，高湿度环境以及频繁的温湿度变化，将加速病害的发生。
4. 木基层大面积暴露在外，容易受到外界环境影响，发生进一步破坏，需进行干预。

木构件病害 | 装饰木构件破坏 | Damage of wood decoration elements

木镶嵌起翘

木镶嵌轻微起

木镶嵌起翘

定义：
木镶嵌与木基层局部脱离，翘起或空鼓。

同义词：
嵌件开起。

病害特征：
1. 木镶嵌局部与木基层脱离连接。
2. 情况严重时，木镶嵌会发生变形，极易脱落。

备注：
1. 填嵌，将室内装修或家居木材表面依据嵌件纹样挖槽剔沟，将嵌件填入粘牢。嵌件表面又有磨光、划理、阴刻、突起等多种做法。
2. 物理致因：由于内部和填嵌材料的性能差异，导致在长期温湿度变化中，两者的伸缩程度和方向不同，如此造成连接构件松动；或由于黏结剂失效导致。
3. 大面积的镶嵌起翘，需进行干预，以防止嵌件脱落而丢失。

木构件病害 | 装饰木构件破坏 | Damage of wood decoration elements

木镶嵌缺失

局部缺失

定义：
木镶嵌与木基层完全丧失连接。

同义词：
嵌件脱落、丢失。

病害特征：
木镶嵌断裂，局部脱落，甚至丢失，木基层裸露在外。

备注：
物理致因：由于内部和填嵌材料的性能差异，导致在长期温湿度变化中，两者的伸缩程度和方向不同，如此造成连接构件松动；或由于黏结剂失效导致。

木构件病害 | 装饰木构件破坏 | Damage of wood decoration elements

木镶嵌开裂

木镶嵌开裂

定义：
木镶嵌构件出现的沿木纤维方向的表面裂缝，或垂直木纤维方向的整体断裂。

同义词：
劈裂、断裂。

病害特征：
开裂往往发生在木镶嵌截面较小，最为脆弱的位置。

备注：
物理致因：由于内部和填嵌材料的性能差异，导致在长期温湿度变化中，两者的伸缩程度和方向不同，如此造成连接构件松动；或由于黏结剂失效导致。

木构件病害 | 木材表面状况 | Condition of wood surface

表面沉积物

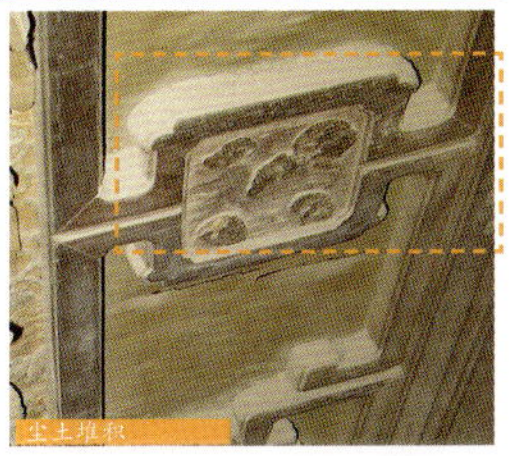
尘土堆积

地台尘土堆积

裙板金属装饰件周围水和尘土渍

定义：
大量灰尘、污渍、色迹长期附着在木装修表面。

同义词：
灰尘、污迹、污垢、色斑。

病害特征：
长期灰尘堆积在木材表面，影响木材表面质感，改变表面颜色。

备注：
1. 化学致因：灰尘与水作用将产生弱酸性溶液。酸性溶液与木材长期作用将使其多糖水解，从而降低其力学强度，破坏结构。
2. 经常性地粗心地擦拭表面灰尘，将破坏木装修表面光泽，甚至导致污渍沉淀。

裙板下部水渍

棂条上的油漆

裙板上的色斑

木构件病害　木材表面状况　Condition of wood surface

表面褪色

表面褪色

定义：
木材表面颜色变浅。

同义词：
变色、泛白。

病害特征：
木材表面颜色变浅，发灰，失去光泽。

备注：
1. 化学致因：木材表面褪色与光照强度（特别是紫外线辐射）、温度、暴露时间、木材含水量等多种因素相关。
2. 这种变化往往是不可逆的。

木构件病害　竹丝镶嵌病害　Condition of bamboo thread inlay

灰尘堆积

竹丝镶嵌灰尘堆积

定义：
大量灰尘、污渍附着在竹丝表面。

同义词：
灰尘、污迹、污垢。

病害特征：
灰尘附着竹丝表面，使其表面颜色改变。

备注：
由于竹丝非常纤细，很容易在清理灰尘的过程中受到损害，甚至脱落。需要格外小心。

木构件病害　竹丝镶嵌病害　Condition of bamboo thread inlay

竹丝缺失

竹丝镶嵌缺失

竹丝全部缺失

定义：
竹丝与木基层完全脱离。

同义词：
竹丝脱落、丢失。

病害特征：
竹丝脱落，造成木基层裸露在外，且镶嵌图案不完整或整体消失。

备注：
1. 竹丝缺失多由于黏结剂老化、失效所致。
2. 机械损伤。
3. 竹丝镶嵌的原始图案可根据木基层上残留的墨线开展研究。

木构件病害　竹丝镶嵌病害　Condition of bamboo thread inlay

竹丝起翘

竹丝起翘

竹丝严重起翘

定义：
竹丝与木基层局部脱离。

同义词：
竹丝松动。

病害特征：
竹丝与木基层连接松动，装饰图案不完整。

备注：
1. 竹丝缺失多由于黏结剂老化、失效所致；
2. 也可能由于机械损伤引起；
3. 对于发生竹丝起翘的装修构件，应在拆卸、搬运前先进行竹丝加固，以保证不会由于近期干预造成进一步破坏。

木构件病害 | 竹丝镶嵌病害 | Condition of bamboo thread inlay

竹丝表面水渍

竹丝水渍

定义：
竹丝表面局部有水渍残留痕迹。

同义词：
无

病害特征：
竹丝表面局部发白，发灰，有水印。

备注：
竹丝表面水渍可能是由于室内长期过于潮湿，或不科学的人工擦拭所致。

髹漆构件病害 | 结构性劣化 | Structural deterioration of lacquer

垂直于内部木材纹理的裂纹

垂直木纹理裂纹

垂直木纹理裂纹

垂直木纹理裂纹

定义：
漆膜发生垂直于基层材料纹理方向的开裂。

同义词：
无

病害特征：
1. 多为一系列间距相似的平行裂缝。
2. 属于长期形成的、普遍存在的病害。

备注：
物质致因：垂直于木材纹理的裂缝，一般并非由于相对湿度变化引起，而是由于制作过程中遗留的残余应力造成。在漆干燥的过程中，漆皮表面的收缩会产生一定拉力。起初，这一拉力平行或垂直于木基层方向，而由于木材在沿天然纹理方向收缩较小，这一方向的拉力被保留下来，并最终造成了垂直于木基层纹理的一系列裂缝。

注：参考Marianne Webb. Lacquer: Technology and Conservation. Butterworth-Heinemann. 2000. pp. 59 ~ 60.

髹漆构件病害 | 结构性劣化 | Structural deterioration of lacquer

平行于内部木材纹理的裂纹

平行木纹理裂纹

漆膜开裂

定义：
漆膜发生沿基层材料纹理方向开裂。

同义词：
无

病害特征：
1. 裂纹较长，多与地仗层同时开裂。
2. 属于长期形成的结构性破坏。

备注：
1. 物理致因：多为相对湿度变化导致；木材、纸、织物等材料都会因相对湿度变化，在沿纹理方向发生较大变形，而漆虽然在湿度较高时吸收水分，但不会产生如基层那样的变形。如此，不同的伸缩率将产生各层接触面的应力，最终导致这一方向漆膜开裂。
2. 由于丧失漆膜的保护，木材等基层材料将因为湿度进一步形变。
3. 漆膜裂缝首先出现在与基层木材纹理平行的方向，而后可能漆膜起翘，最终脱离。

注：参考Marianne Webb. Lacquer: Technology and Conservation. Butterworth-Heinemann. 2000. pp. 60 ~ 61.

髹漆构件病害 | 结构性劣化 | Structural deterioration of lacquer

漆膜起翘

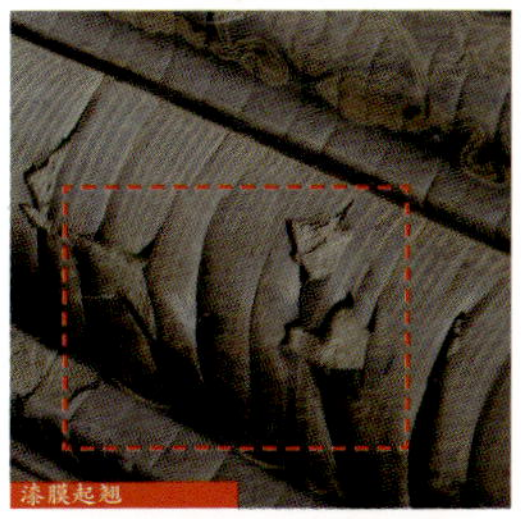
漆膜起翘

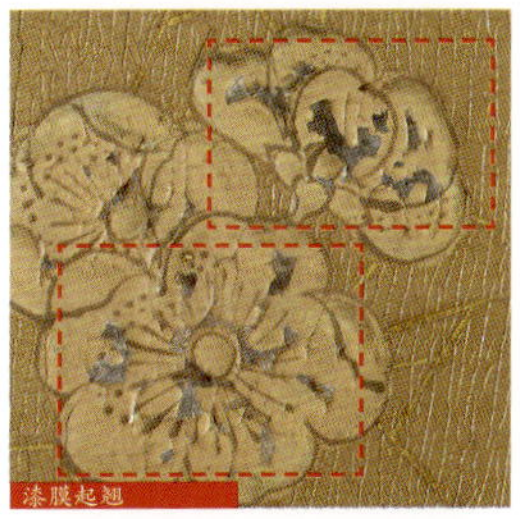
漆膜起翘

雕漆起翘

定义：
由于开裂引发的，漆膜与地仗层或基底层的局部脱离。

同义词：
起皮。

病害特征：
1. 漆膜、或漆膜与地仗层一起与基层局部脱离，卷曲。
2. 长期卷曲的漆膜会以该状态定型，难以恢复。
3. 属于长期形成，较脆弱，需紧急处理的病害；起翘的漆膜极易在构件拆装过程中脱落。

备注：
1. 物理致因：在木基层上的髹漆构件，裂缝首先形成在垂直于木纹理方向，之后形成在平行于木纹理方向，形成方格裂纹，与地仗或基层脱离。漆膜内部的拉力使脱离部分卷曲。
2. 漆膜起翘往往从拉力最大的位置开始，一般为构件的中部而非边缘位置。

髹漆构件病害　结构性劣化　Structural deterioration of lacquer

漆膜空鼓

漆膜空鼓

定义：
局部漆膜在表面未破裂的情况下，与基层脱离、并突出于表面。

同义词：
起鼓。

病害特征：
1. 基层收缩，漆膜保持完整性情况下发生变形，与基层脱离。
2. 空鼓的漆膜由于内部没有支撑，非常脆弱，极易破裂、脱落。
3. 长期卷曲的漆膜会以该状态定型，难以恢复。

备注：
物理致因：极端的温度和湿度变化可能造成木基层永久性收缩，这时漆膜无法产生相应的形变，而与基层在未破裂情况下脱离，产生空鼓。

髹漆构件病害　结构性劣化　Structural deterioration of lacquer

漆膜缺失

漆膜缺失

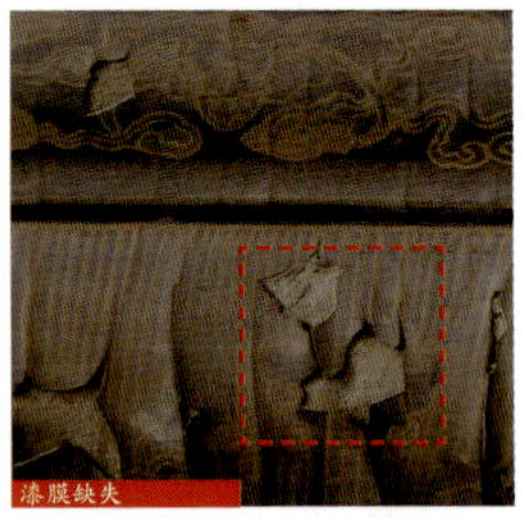
漆膜缺失

定义：
漆膜与地仗或基层完全丧失连接。

同义词：
缺损、破损、脱落。

病害特征：
1. 漆膜完全脱落，丧失。
2. 地仗或木基层裸露在外，丧失保护。

备注：
1. 致因与平行裂缝和起翘产生原因相似，一般漆膜先发生裂缝、起翘，然后碎裂、缺失。
2. 由于木基层缺乏保护而对环境变化更为敏感，易受到进一步破坏。

雕漆缺失

雕漆严重缺失

髹漆构件病害　漆膜表面劣化　Structural deterioration of lacquer

灰尘堆积

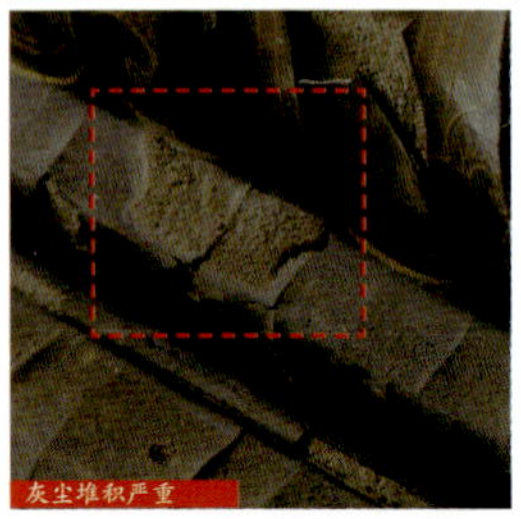
灰尘堆积严重

漆雕和点螺灰尘堆积

漆雕和点螺灰尘堆积

定义：
大量尘土粘附在漆膜表面。

同义词：
灰尘沉积。

病害特征：
大量灰尘不均匀地吸附在漆膜表面，有时与沙尘、水渍、油渍混杂在表面。

备注：
1. 化学致因：灰尘吸附空气中的水份，形成含酸性物质，可能腐蚀漆膜表面，形成难以去除的污垢。
2. 不恰当的清洗将产生难以挽回的后果。
3. 应尽可能地减少不必要的清洗，避免因人为擦拭造成的破坏。

髹漆构件病害　漆膜表面劣化　Structural deterioration of lacquer

漆膜失去光泽

失去光泽

定义：
漆膜表面光泽度下降，颜色改变。

同义词：
漆膜变色。

病害特征：
失去光泽的漆膜在放大镜观察中表现为，表面形成一系列细小的裂纹。

备注：
1. 电磁性致因：光线照射将使漆膜失去光泽，改变构件颜色和光泽度。光线中含有的能量破坏了漆聚合物的分子键，形成更小的分子，这些小分子更易从表面丧失。
2. 漆膜在受到光线破坏后，将变得脆弱，进一步可能受到水渍、油渍、褪色的损害。
3. 光线对漆膜造成的损害是永久性的，且不可逆的。
4. 应在未来保存中，避免光线直接照射髹漆构件。

髹漆构件病害　漆膜表面劣化　Structural deterioration of lacquer

细小龟裂

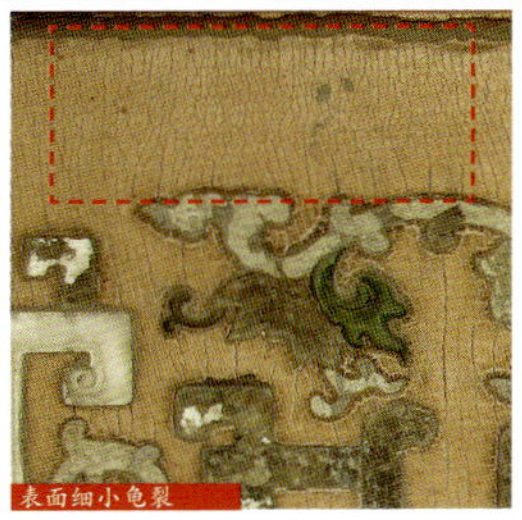
表面细小龟裂

定义：
漆膜表面形成的一系列相关联的细小裂缝网格。

同义词：
无

病害特征：
1. 裂缝细小而密集，相距不过 2mm ～ 3mm 左右，相互关联；
2. 属于长期形成的，普遍存在的病害。

备注：
1. 物理致因：漆膜表面的细小龟裂，可能由于制作过程中的残余应力所致。也可能是后期存放时木基层因相对湿度变化而产生的伸缩所致。
2. 一般情况下，这一病害危害程度不高。

髹漆构件病害　镶嵌物病害　Decorative inlay damage

嵌件缺失

石类镶嵌物缺失

螺钿缺失局部

定义：
点螺、金属等镶嵌物与漆底或髹漆构件脱离。

同义词：
脱落。

病害特征：
1. 镶嵌物脱落，图案完整性和艺术价值被破坏。
2. 属于物理破坏，在符望阁内檐普遍存在。

备注：
1. 多为黏结物失效造成的；而且点螺较薄，易碎、易分层，经常先断裂，后局部脱落。
2. 由于镶嵌物无法适应基层的形态变化而脱落。
3. 为防止更多点螺等镶嵌物的脱落，这类构件的拆卸、搬运都需特别小心。

髹漆构件病害　镶嵌物病害　Decorative inlay damage

表面开裂

螺钿开裂局部

定义：
点螺镶嵌物局部分裂为两个或多个部分、层次。

同义词：
点螺裂缝。

病害特征：
点螺分裂为多个层次或部分。

备注：
1. 物理致因：螺钿开裂很可能由于木基层形态变化，造成漆膜开裂所致，其形态与漆膜裂缝相符。也有可能因为点螺自身制作过程，形成多个层次。
2. 表面开裂的螺钿由于黏结剂失效，极易脱落。

髹漆构件病害　镶嵌物病害　Decorative inlay damage

嵌件灰尘堆积

石类镶嵌物上灰尘堆积

定义：
大量灰尘吸附在镶嵌物表面。

同义词：
灰尘沉积。

病害特征：
灰尘长期存在于镶嵌物表面。

备注：
化学致因：若石材含有碳酸钙，则会和灰尘中的酸性物质反应，形成疏松而细小的物质，易受到进一步侵蚀。

髹漆构件病害　镶嵌物病害　Decorative inlay damage

嵌件变色

牙骨变色

定义：
镶嵌物改变表面颜色。

同义词：
染色。

病害特征：
1. 比较容易发生变色的镶嵌物包括象牙、绿松石等。
2. 象牙由于长期日照会变黄。
3. 绿松石由于日照会褪色，甚至变白；而在潮湿的环境中则会变绿。

备注：
1. 长期阳光照射和温湿度变化都会使镶嵌物颜色变化。
2. 不同材质的镶嵌物会产生不同的色彩变化。

髹漆构件病害　镶嵌物病害　Decorative inlay damage

嵌件表面风化

石类镶嵌物上灰尘堆积

定义：
镶嵌物表面或内部起层，局部脱落、丧失。

同义词：
粉化、起层。

病害特征：
1. 多发生在螺钿或犀牛角等镶嵌物上。
2. 螺钿和犀牛角多表现为内部起层，表面局部碎裂、丧失。

备注：
表面风化的致因、破坏程度和镶嵌物材料性质相关。

髹漆构件病害　镶嵌物病害　Decorative inlay damage

嵌件表面粉化

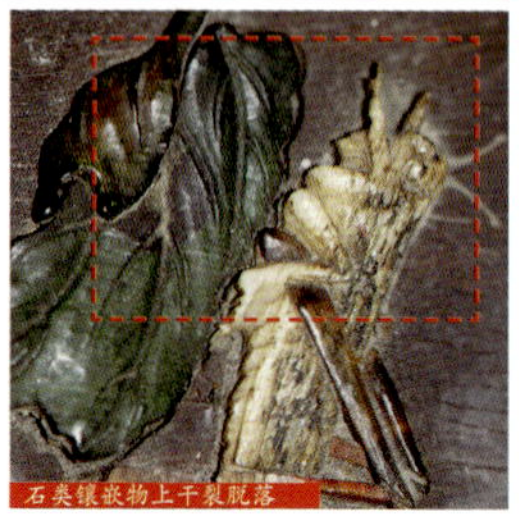
石类镶嵌物上干裂脱落

定义：
镶嵌物出现细碎的网状裂缝和或表面粉末化，局部丧失。

同义词：
干裂、龟裂。

病害特征：
1. 表面粉化多发生在蜜蜡、琥珀等材料中。
2. 出现内部网状裂缝，或表面呈粉末状，非常脆弱，容易整体碎裂。

备注：
多为材料老化的结果。

髹漆构件病害　镶嵌物病害　Decorative inlay damage

嵌件表面划痕、磨损

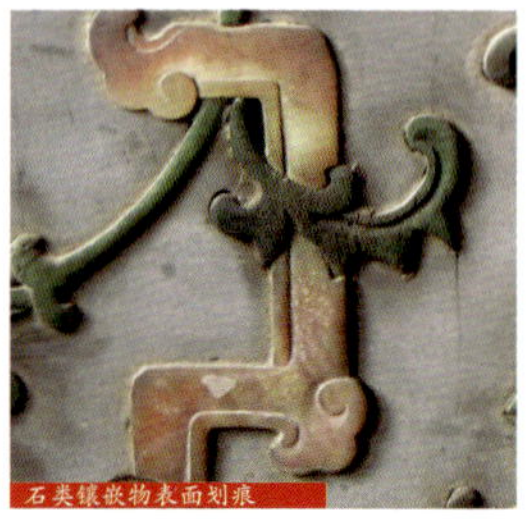
石类镶嵌物表面划痕

定义：
镶嵌物表面形成的一系列细小裂纹，或微小的局部损失。

同义词：
无

病害特征：
表面一系列细小裂纹，端头位置的微小损失。

备注：
可能是由于使用或擦拭不慎造成的。

髹漆构件病害 镶嵌物病害 Decorative inlay damage

嵌件起翘、弯曲

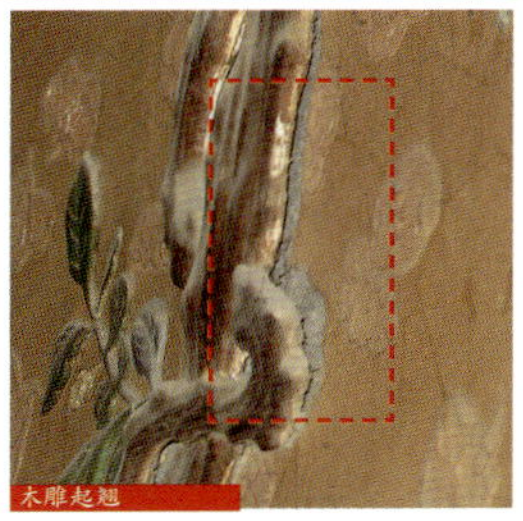
木雕起翘

定义：
木材镶嵌局部与漆底或木基层丧失连接，镶嵌物自身发生局部变形。

同义词：
镶嵌变形。

病害特征：
木材镶嵌和基底连接松动，自身弯曲变形，突出于基底。

备注：
1．物理致因：由于基底和镶嵌木材的性能差异，导致在长期温湿度变化中，两者的伸缩程度和方向不同，如此造成镶嵌松动、变形。
2．局部黏结剂失效导致。

金属构件病害 珐琅构件结构病害 Structural deterioration of Cloisonné

与结构连接缺失

定义：
金属构件与木构件连接松动，部分连接件缺失。

同义词：
连接松动、连接失效。

病害特征：
金属构件多通过小钉、金属线或黏结剂与木结构连接。连接构件的松动、丢失会造成珐琅构件与木构件连接松动。

备注：
无特殊注释。

构件连接松动

构件连接松动

与木结构连接松动

构件连接松动

金属构件病害 珐琅构件结构病害 Structural deterioration of Cloisonné

与结构连接构件损坏

定义：
珐琅构件与木结构的连接构件缺失、损坏或表面封蜡缺失。

同义词：
连接件破损。

病害特征：
1．连接构件的缺失会对珐琅造成局部损害，并使珐琅颜料暴露在空气中。
2．铜钉表面封蜡缺失，可能造成铜钉生锈，变色。

备注：
珐琅构件一般通过铜钉与木结构连接，铜钉表面有封蜡保护，防止生锈。

顶部封蜡缺失

钉子缺失

钉子缺失

连接松动

金属构件病害 珐琅构件结构病害 Structural deterioration of Cloisonné

构件变形

定义：
金属构件与木结构局部连接松动，发生弯曲变形。

同义词：
起翘。

病害特征：
与木结构连接松动，或局部失去连接，使构件发生局部变形。

备注：
变形的原因主要为制作过程中保留下的残余应力。

胎体起翘

胎体涨缩

构件变形

金属构件病害 | 珐琅构件结构病害 | Structural deterioration of Cloisonné

表面灰尘堆积

镀金层锈蚀

灰尘堆积

定义：
表面与空气中污染物接触，产生的复合沉积物。

同义词：
表面污渍。

病害特征：
1. 珐琅表面形成的斑点状污物，影响表面的光泽，改变金属和颜料的颜色。
2. 镏金表面色彩改变。

备注：
1. 表面尘土存在的可溶性盐类物质和有害气体可以吸收环境中的水份，溶解，形成电解质溶液作用于珐琅表面。但一般这种反映多发生在表面的蜡层，而没有侵蚀到金属表面。
2. 具体的生成物还需要进行实验检验。

金属构件病害 | 珐琅构件结构病害 | Structural deterioration of Cloisonné

珐琅釉表面划痕、磨损

表面磨损

表面磨损

定义：
由于人为因素造成珐琅釉局部机械损伤或表面磨损。

同义词：
无

病害特征：
1. 由于人为因素造成的珐琅釉表面磨损或局部脱落。
2. 这种病害在画珐琅构件上尤其常见，因为画珐琅构件胎体很薄，珐琅釉层也较薄，且纹饰中间没有掐丝珐琅的金属丝隔拦，更容易大块脱落。

备注：
无特殊注释。

金属构件病害 | 镏金构件结构病害 | Structural deterioration of gilt

构件缺失

镏金构件缺失

定义：
由于连接构件松动、缺失，造成的金属构件脱落。

同义词：
构件遗失、脱落。

病害特征：
金属构件与木结构完全失去连接，脱落并遗失。

备注：
镏金构件与木结构一般通过小铁钉连接。

金属构件病害 | 镏金构件表面病害 | Surface deterioration of gilt

构件锈蚀

构件表面锈蚀

构件表面锈蚀

定义：
由多种原因导致镏金构件镀层中的铜被氧化的过程。

同义词：
生锈、侵蚀。

病害特征：
1. 镏金表面颜色不均匀，局部呈深红色、绿色。
2. 局部表面变得粗糙，形成不均匀微孔。

备注：
对于锈蚀产物需通过实验检验。

丝织品病害　与结构连接状况　Structural condition

与结构连接失效

定义：
由于局部黏结剂失效，导致丝织品与木结构连接松动，或局部脱离。

同义词：
连接松动、起翘、局部脱离。

病害特征：
丝织品与木结构局部丧失连接，或局部连接不紧密。

备注：
无特殊注释。

与结构连接完好

与结构连接松动

与结构连接脱离

丝织品病害　表面变化　Surface condition change

泛黄

定义：
长时间阳光照射等原因导致的丝织品色彩变化。

同义词：
晕色。

病害特征：
1、丝织品色彩变化，多为不均匀加深或褪去。
2、色彩变化的方式根据丝织品的种类不同而不同。

备注：
无特殊注释。

夹纱表面泛黄

丝织品病害　表面变化　Surface condition change

褪色

定义：
丝织品出现色度降低的现象。

同义词：
无

病害特征：
1、丝织品色彩变化，多为不均匀加深或褪去。
2、色彩变化的方式根据丝织品的种类不同而不同。

备注：
无特殊注释。

表面褪色

丝织品病害　表面变化　Surface condition change

霉斑

定义：
霉菌等微生物滋生对丝织品造成的损害。

同义词：
霉变、菌害。

病害特征：
斑点状污染。

备注：
无特殊注释。

夹纱表面霉斑

丝织品病害 | 表面变化 | Surface condition change

污染

定义:
由于局部黏结剂失效，导致丝织品与木结构连接松动，丝织品由于与外界构件或物质接触，后者的呈色物质向丝织品扩散、沾染的现象。

同义词:
污渍。

病害特征:
丝织品表面原有颜色受到与外界构件接触的部位影响而改变，并向周围扩散。

备注:
无特殊注释。

表面污染

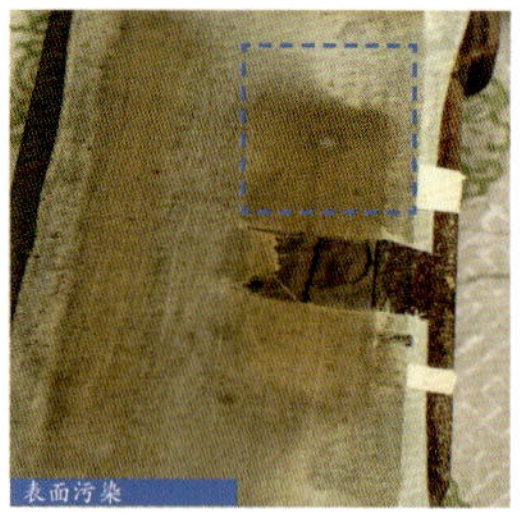
表面污染

表面尘土

丝织品病害 | 完整性变化 | Change of integrity

抽丝

定义:
丝织品因破裂、残缺而导致经线、纬线进一步缺失或疏松。

同义词:
跳丝。

病害特征:
丝织品局部织线缺失、松动或断裂。

备注:
无特殊注释。

夹纱抽丝

丝织品病害 | 完整性变化 | Change of integrity

断裂

定义:
丝织品的经线、纬线断裂形成的破口或裂纹。

同义词:
裂缝、破裂。

病害特征:
丝织品表面出现裂缝。

备注:
无特殊注释。

夹纱断裂

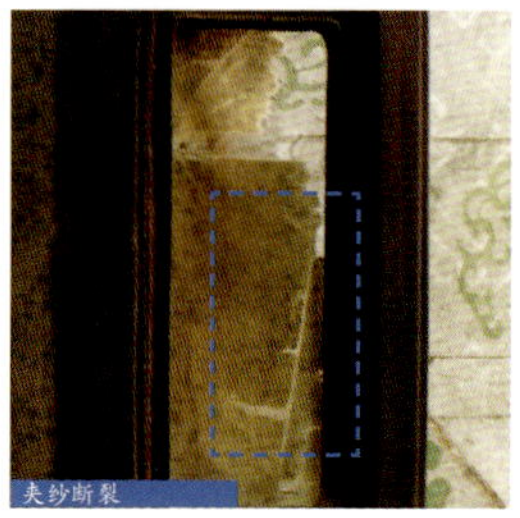
夹纱断裂

丝织品病害 | 完整性变化 | Change of integrity

残缺

定义:
丝织品局部破损、缺失。

同义词:
局部缺失、脱落。

病害特征:
丝织品完整性受到破坏。

备注:
无特殊注释。

夹纱局部残缺

丝织品病害 | 完整性变化 | Change of integrity

蛀洞

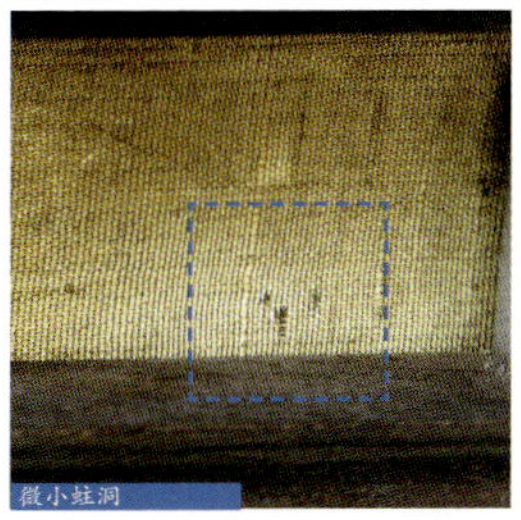
微小蛀洞

严重蛀洞

定义：
由于昆虫等动物的活动对丝织品造成的局部损害。

同义词：
动物损害、虫洞。

病害特征：
丝织品表面出现多处小孔洞，孔洞边缘切割明确，多呈直线排列。

备注：
无特殊注释。

丝织品病害 | 完整性变化 | Change of integrity

表面图案脱落

表面褪色

夹纱表面褪色

定义：
表面图案缺失，露出其下的沥粉。（此病害出现在漆纱部分。）

同义词：
无

病害特征：
表面图案颜色明显变化，图案形态模糊。

备注：
无特殊注释。

丝织品病害 | 以往不当修复 | Inappropriate intervention

以往不当修复

以往不恰当修复

定义：
历史上对丝织品进行的不恰当保护干预措施。

同义词：
历史修复。

病害特征：
可见以往修复痕迹或材料。

备注：
无特殊注释。

纸制品病害 | 与结构连接状况 | Condition of the linkage with structural support

脱落

壁纸脱落

壁纸脱落

定义：
由于多种原因造成纸制品与其黏结结构局部脱离，甚至脱落。

同义词：
缺失。

病害特征：
纸制品与墙体完全失去连接，局部缺失。

备注：
可能的脱落原因包括机械损伤、黏结剂失效或长期物理环境变化。

纸制品病害 | 与结构连接状况 | Condition of the linkage with structural support

空鼓

定义：
由于与支撑结构局部丧失黏结力，纸制品产生凹凸变形。

同义词：
无

病害特征：
纸制品局部与墙体失去连接，周边仍与墙体存在连接，产生凹凸变形。

备注：
无特殊注释。

壁纸空鼓

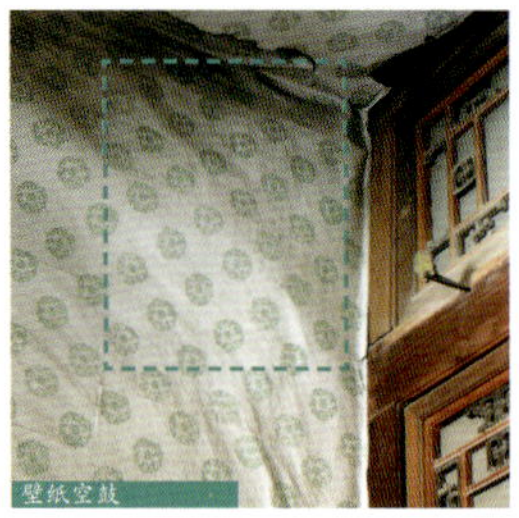
壁纸空鼓

纸制品病害 | 纸质表面变化 | Paper surface change

灰尘堆积

定义：
灰尘覆盖在纸制品表面，使其表面颜色变化。

同义词：
沉积。

病害特征：
纸制品表面存在大量灰尘，颜色产生变化。

备注：
无特殊注释。

表面尘土堆积

纸制品病害 | 纸质表面变化 | Paper surface change

泛黄

定义：
因物理、化学或生物等原因导致纸制品化学结构发生变化，纸张颜色改变。

同义词：
晕色。

病害特征：
纸制品表面颜色变化，多变为深黄色。

备注：
长期的光线照射是纸制品泛黄的主要原因之一。

表面泛黄

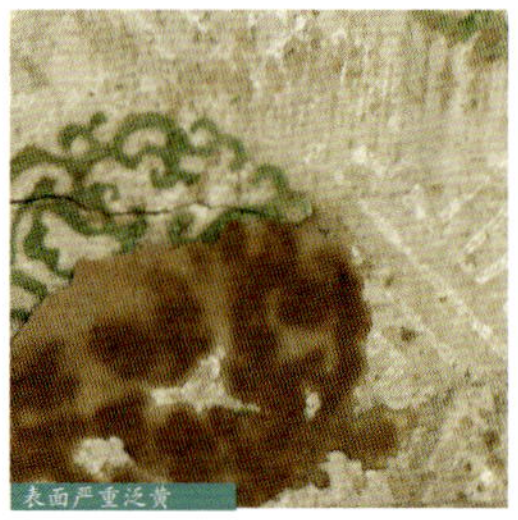
表面严重泛黄

纸制品病害 | 纸质表面变化 | Paper surface change

褪色

定义：
因物理、化学或生物等原因导致化学结构变化，颜色变浅。

同义词：
无

病害特征：
纸制品色彩变迁，呈现不均匀分布。

备注：
无特殊注释。

表面褪色

纸制品病害 | 纸质表面变化 | Paper surface change

污渍

定义：
纸制品因受到外界环境或物品的污染而形成的斑迹。

同义词：
污染。

病害特征：
纸制品表面由于污染物沉积而产生的痕迹。

备注：
无特殊注释。

表面污渍

贴落痕迹

表面水渍

纸制品病害 | 纸质表面变化 | Paper surface change

霉斑

定义：
由于微生物生长对纸制品造成的损害。

同义词：
微生物损害。

病害特征：
霉斑多形成黑色、灰色斑痕。

备注：
无特殊注释。

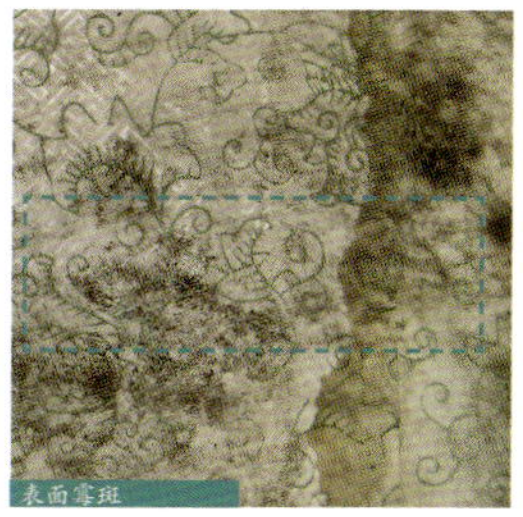
表面霉斑

纸制品病害 | 纸质表面变化 | Paper surface change

图案褪色

定义：
由于物理、化学或生物等原因导致纸制品图案化学结构发生变化，图案颜色变浅。

同义词：
无

病害特征：
纸制品图案整体或局部模糊不清，难以辨识。

备注：
无特殊注释。

图案褪色

图案褪色

纸制品病害 | 纸质表面变化 | Paper surface change

表面磨损

定义：
纸制品随着时间增加和机械作用，表面损伤的累积。

同义词：
无

病害特征：
纸制品表面的起毛、划痕、表面不均匀等。

备注：
无特殊注释。

表面磨损

纸制品病害 | 形态变化 | Change of form

褶皱

褶皱

定义:
纸制品因受到各种因素作用在其表面形成的凹凸皱纹。

同义词:
皱纹。

病害特征:
纸制品表面不平整。

备注:
无特殊注释。

纸制品病害 | 形态变化 | Change of form

卷曲

卷曲

定义:
纸制品因受到不均衡的应力作用，在纸张表面形成的凹凸变形。

同义词:
起翘。

病害特征:
纸制品表面形成的凹凸变化或局部起翘。

备注:
无特殊注释。

纸制品病害 | 完整性变化 | Change of integrity

断裂

断裂

断裂

定义:
纸制品从一个整体或局部断为两个甚至多个部分。

同义词:
裂缝、裂纹。

病害特征:
纸制品出现局部裂缝。

备注:
无特殊注释。

纸制品病害 | 完整性变化 | Change of integrity

虫蚀

蛀洞

蛀洞

表面残缺

定义:
昆虫、鼠类等动物活动对纸制品造成的污染或损害。

同义词:
蛀蚀、虫洞、动物损害。

病害特征:
纸制品表面出现多处小孔洞，孔洞边缘切割明确。

备注:
无特殊注释。

腐烂

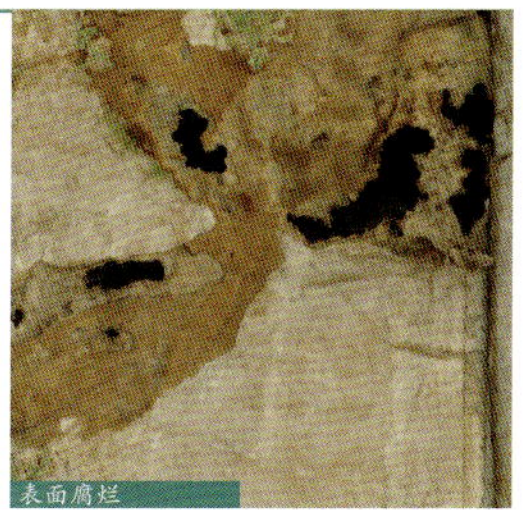
表面腐烂

定义：
因化学结构发生严重降解，导致纸张结构疏松，力学强度大幅降低。

同义词：
糟朽。

病害特征：
纸制品表面出现较大孔洞，孔洞边缘形态不规则。

备注：
无特殊注释。

注 释

1 1964年的《威尼斯宪章》中第16条“历史文物建筑的一切保护、修复和发掘工作都要有精确的记录，并给予有分析有评论的报告，同时配上插图和照片”。“清理、加固、重新整理与组合的每一阶段，以及工作过程中所确认的技术及形态特征均应包括在内。记录和报告应当保存在公共机构的档案室里，使研究人员都可以查阅，最好公开出版发行。”

2 1990年，国际古迹遗址理事会颁布的《记录历史建筑指南》（*Guide to Recording Historic Buildings*）指出，记录包括在必要的干预之前记录建筑的历史沿革和本体结构，以及干预之后据实记录全部的干预过程这两个阶段，记录工作是一个不断积累的过程。1996年10月，保加利亚索菲亚第11届国际古迹遗址理事会大会通过了《记录古迹、建筑组群和遗址的准则》（*Principles for the Recording of Monuments, Groups of Buildings and Sites*）是第一个关于文化遗产记录的国际性规范，表明记录工作在文化遗产的保护中上升到了一个更加突出的位置。在这一文件中尤其清晰的说明了记录的重要性在于“记录是为深入理解文化遗产而获取知识的过程”、“通过记录的信息内容的宣传推广增加人们对建筑保护的参与兴趣”、“保障文化遗产干预是基于充分信息的管理和干预，保障日常维护和干预充分尊重遗产的材料、历史、文化意义”。2000年颁布的《中国文物古迹遗址保护准则》（以下简称《准则》）的文字阐述中设专门章节对记录档案进行了说明。依据《准则》，记录档案在保护工作中有以下几个方面的作用：在评估价值时，是判断文物古迹的历史变迁和现存实物年代的重要依据。在制订保护规划时，是了解古迹原状、地下遗存、环境变迁，以及管理条件等方面的重要参考资料。在设计保护工程方案时，是分析形成实物现存状态各种原因的基本论据。在管理事务中，在解决历史上遗留的有关地界、产权、经济、功能等争议中可以提供必要的证据，同时也有助于处理现实中建设与保护的某些矛盾。

附录一：符望阁内外檐各项目检测报告

Appendix I: Test Report on Interior and Exterior of Fuwangge

一　符望阁大木构件木材树种检测报告 [1]

（一）符望阁立柱材质状况勘察

符望阁一层及三层外围檐柱均状况良好，地障保存完整，但其殿内金柱因地障严重脱落导致原木裸露，可以很直观地检查表面状况，并发现多数金柱均带有包镶，且包镶开裂现象较为普遍，个别宽度已达 3cm 以上且贯通，已可直视其内部，内部原木状况较好，经过仪器探测原木内部也未发现严重腐朽，只有个别存在轻微或中度腐朽现象。（图 1 ～ 3）

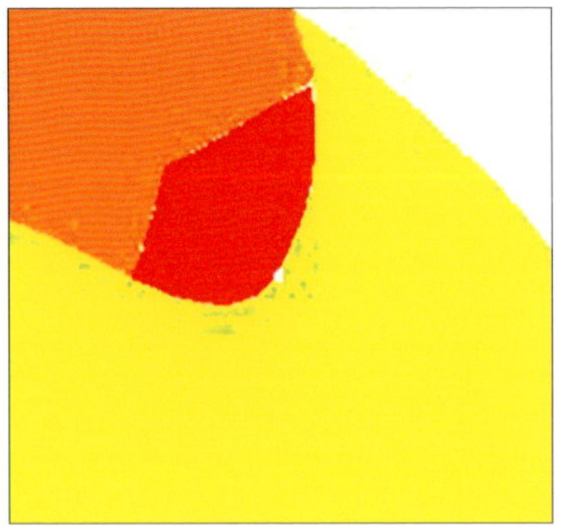

图 1　一层立柱 D3 在 10cm 高度勘察情况

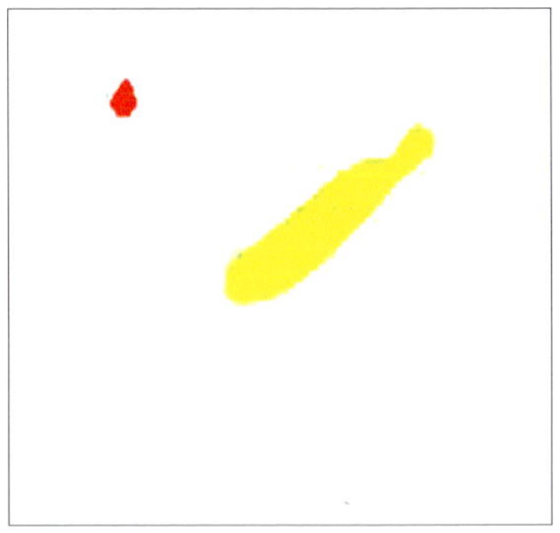

图 2　一层立柱 A1 在 50cm 高度勘察情况

图 3　一层立柱 E3 在 10cm 高度勘察情况

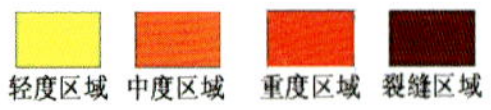

（二）树种构成

符望阁结构用材由六个树种构成，即落叶松（*Larix* sp.）、松木（硬木松）（*Pinus* sp.）、松木（软木松）（*Pinus* sp.）、云杉（*Picea* sp.）、润楠（*Machilus* sp.）、桢楠（*Phoebe* sp.）。（图 4）

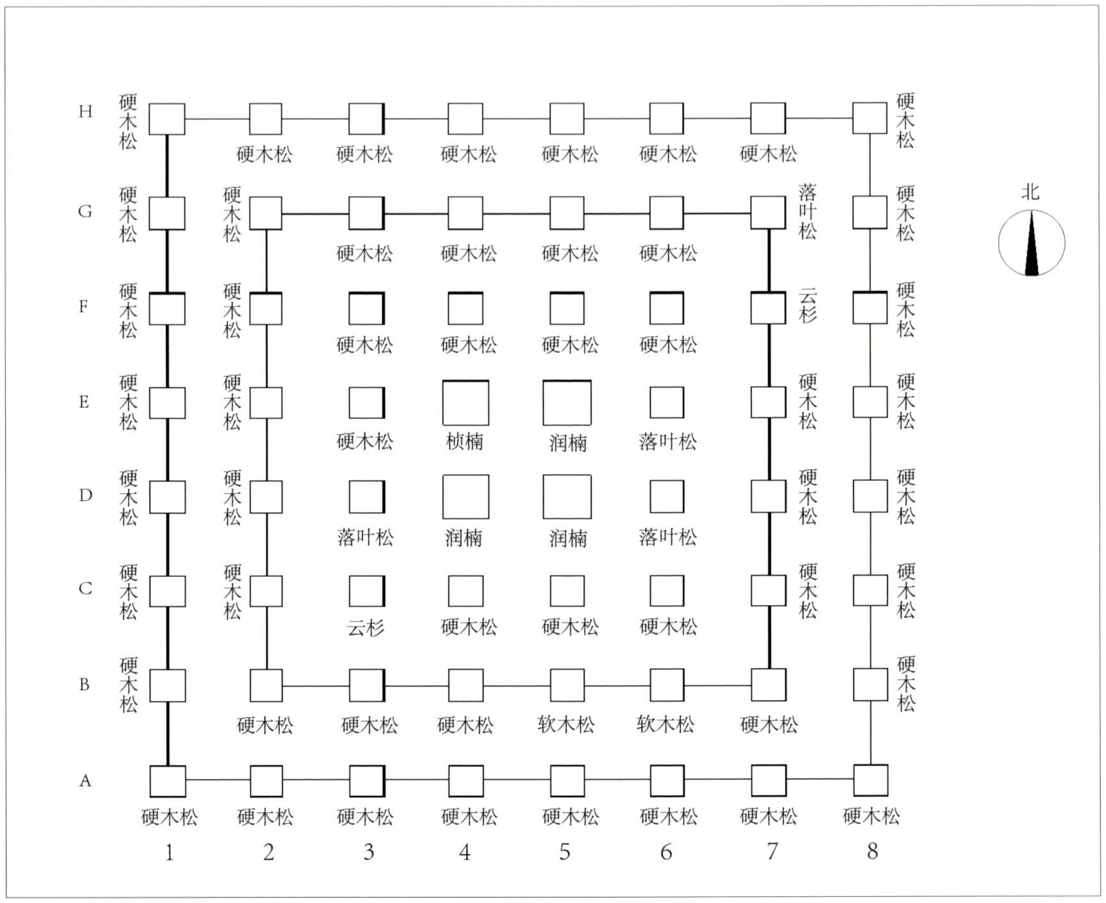

图 4　符望阁一层各柱用材分布图

二　符望阁内檐装修用材树种鉴定报告[2]

（一）隔扇用材紫檀木的显微图片

1. 送检木样：隔扇框架表层板

2. 鉴定结果

中文名：紫檀

拉丁名：*Pterocarpus* sp.

科　名：蝶形花科 Fabaceae

（1）宏观鉴别要点：散孔材。心材与边材界限明显。边材近白色，心材紫红色或近黑色。管孔在肉眼下略见，放大镜下明显；单管孔，少数径列复管孔。轴向薄壁组织者放大镜下可见带状及傍管状。木射线放大镜下可见。波痕不明显或略见。木屑水浸出液具荧光反应。

（2）微观鉴别要点：单管孔和径列复管孔。管间纹孔式互列，系附物纹孔；单穿孔，导管 - 射线间纹孔式类似管间纹孔式。轴向薄壁组织主为带状、翼状及聚翼状，具分室含晶细胞，叠生。木射线叠生，主为单列射线，高 2 ～ 7 细胞；射线组织同形单列。（图 1）

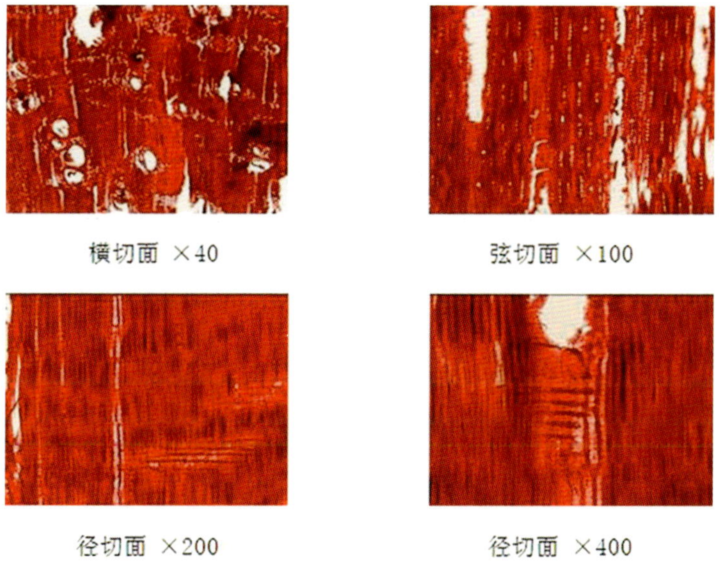

图 1　紫檀显微图片

（3）木材主要性质：结构细，均匀；木材甚重（气干密度 1.02g/ cm^3），强度高（顺纹抗压强度 98MPa，抗弯弹性模量 12.47GPa）。木材干燥时间宜长，干燥性质良好；天然耐腐性强，未见白蚁和其他虫害。由于木材重、硬，加工略困难，但精加工后木材表面光滑。

（4）木材主要用途：高级家具、雕刻工艺品等。

（二）隔扇用材桢楠的显微图片 1

1. 送检木样：隔扇报框芯

2. 鉴定结果

中文名：桢楠

拉丁名：*Phoebe* sp.

科　别：樟科 Lauraceae

（1）宏观鉴别要点：散孔材。心材黄褐色带绿，与边材区别不明显。新切面有香味，滋味略苦。生长轮明显，轮间呈深色带。管孔略少，略小至中，肉眼下可见。轴向薄壁组织放大镜下明显，呈傍管状。木射线极细至略细。

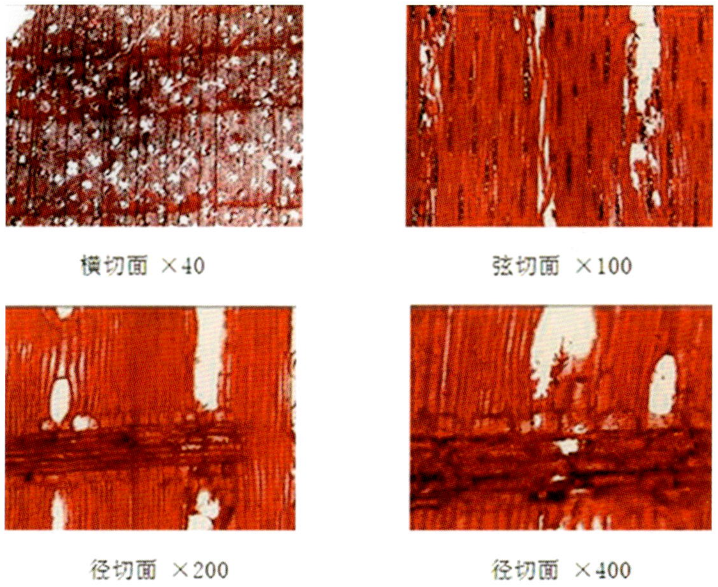

图 2　桢楠显微图片 1

（2）微观鉴别要点：单管孔及径列复管孔。单穿孔，稀梯状复管孔，导管 - 射线间纹孔式多为刻痕状。轴向薄壁组织环管状、环管束状、似翼状及似聚翼状；油细胞多。木射线非叠生，单列射线数少，宽木射线宽 2 ～ 3 细胞；射线组织异形 Ⅲ 型或 Ⅱ 型；射线中具油细胞，有的细胞含小的长方形晶体。（图 2）

（3）木材主要性质：结构细，均匀，气干密度 0.61g/cm^3。强度中或低，干缩小，尺寸稳定性优良。性耐腐。切削容易，切面光滑；油漆后光亮性好，胶黏性能优良。握钉力颇佳。

（4）木材主要用途：高级家具、雕刻工艺品、钢琴壳、箱盒、门窗、房屋结构及室内装修等。

（三）隔扇用材桢楠的显微图片 2

1. 送检木样：隔扇木雕下层板

2. 鉴定结果

中文名：桢楠

拉丁名：*Phoebe* sp.

科　名：樟科 Lauraceae

（1）宏观鉴别要点：散孔材。心材黄褐色带绿，与边材区别不明显。新切面有香味，滋味略苦。生长轮明显，轮间呈深色带。管孔略少，略小至中，肉眼下可见。轴向薄壁组织放大镜下明显，呈傍管状。木射线极细至略细。

（2）微观鉴别要点：单穿孔，稀梯状复管孔，导管 - 射线间纹孔式多为刻痕状。轴向薄壁组织环管状、环管束状、似翼状及似聚翼状；油细胞多。木射线非叠生，单列射线数少，宽木射线宽 2 ～ 3 细胞；射线组织异形 Ⅲ 型或 Ⅱ 型；射线中具油细胞，有的细胞含小的长方形晶体。（图 3）

（3）木材主要性质：结构细，均匀，气干密度 0.61g/cm^3。强度中或低，干缩小。性耐腐。切削容易，切面光滑；油漆后光亮性好，胶黏性能优良。握钉力颇佳。

（4）木材主要用途：高级家具、雕刻工艺品、钢琴壳、箱盒、门窗、房屋结构及室内装修等。

（四）隔扇用材乌木的显微图片

1. 送检木样：隔扇嵌条

2. 鉴定结果

中文名：乌木

拉丁名：*Diospyros* sp.

科　名：柿树科 Ebenaceae

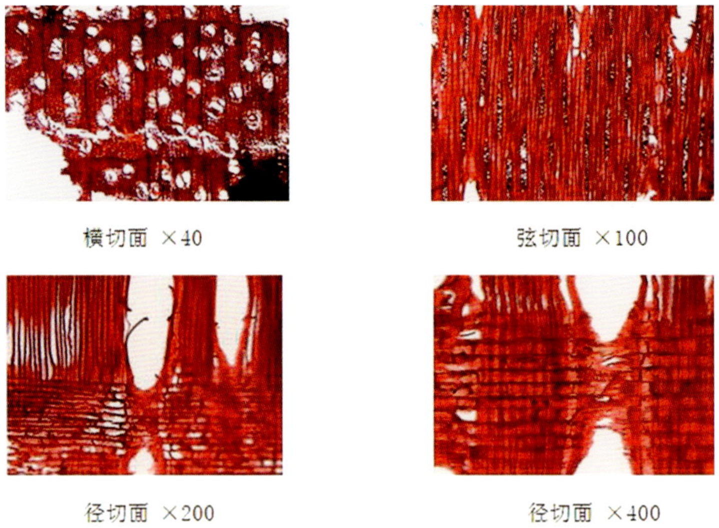

图 3　桢楠显微图片 2

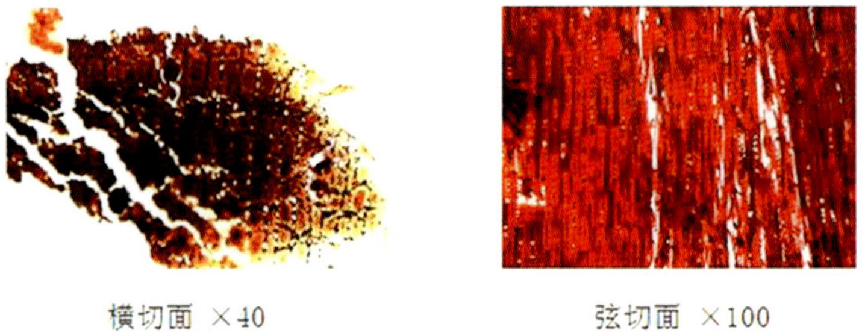

图 4　乌木显微图片

（1）宏观鉴别要点：散孔材。心材乌黑，与边材区别明显；边材浅黄褐色。生长轮不明显。管孔放大镜下略见，多数含树胶。轴向薄壁组织放大镜下不可见。木射线放大镜下可见。

（2）微观鉴别要点：单管孔，少数径列复管孔（多为 2 ～ 3 个），散生或径列，管孔多数含树胶。管间纹孔式互列，单穿孔，导管 - 射线间纹孔式类似管间纹孔式。轴向薄壁组织离管带状，宽 1 细胞，多呈同心细线状、稀环管状，薄壁细胞内多充满树胶。木纤维壁厚。木射线非叠生，单列射线（稀 2 列）；射线组织异形单列，菱形晶体常见于木射线的直立或方形细胞中。（图 4）

（3）木材主要性质：结构细而匀，气干密度 1.09g/cm³。强度高，耐腐。干燥慢，易开裂。加工困难，消耗动力大。车旋、刨切、胶黏性能良好。

（4）木材主要用途：雕刻、装饰艺术品、乐器用材等。

（五）隔扇用材白木香的显微图片

1. 送检木样：隔扇木雕表层板

2. 鉴定结果

中文名：白木香（沉香木）

拉丁名：*Aquilaria* sp.

科　名：瑞香科 Thymelaeaceae

（1）宏观鉴别要点：散孔材。木材白黄色，久露空气中，材色转深，心边材无区别；微具甜香气味，生长轮不明显，轮间具深色线。管孔在放大镜下明显；内含韧皮部甚多，肉眼下可见，系多孔式（岛屿式，在横切面上呈长椭圆形的空洞，由于细胞壁薄，被切破），均匀分布在纤维组织中。

（2）微观鉴别要点：径列复管孔及管孔团；轴向薄壁组织甚少。多孔式内含韧皮部甚多。管间纹孔式互列，系附物纹孔；单穿孔，导管与射线间式类似管间纹孔式。木射线非叠生，单列射线；具方形和直立射线细胞；射线组织异形 III，极少 II 型。（图 5）

（3）木材主要性质：纹理直，结构细而匀，气干密度 0.4g/cm³。强度甚低。干燥容易，不耐腐，易蓝变。切削很容易，因有内含韧皮部存在不易刨光。容易胶黏，握钉力弱。

（4）木材主要用途：非常名贵的木料，是工艺品最上乘的原材料。明、清两代，宫廷皇室皆崇尚用此木制成各类文房器物，工艺精细，如用作乾隆花园符望阁的隔扇雕花，制香的原料等。

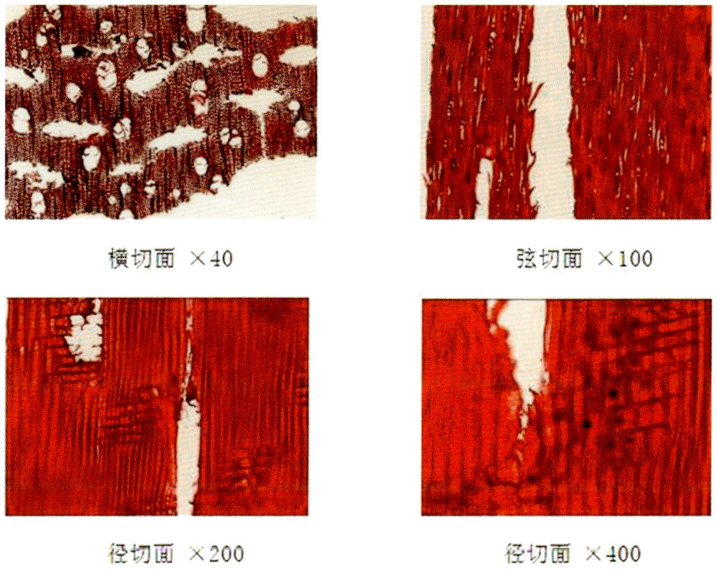

图 5　白木香显微图片

三　符望阁内檐装修材料显微分析报告[3]

本项工作利用剖面和偏光显微镜分析技术研究和识别符望阁内檐装修中早期的墙纸、彩绘、大漆和贴金材料，同时对装修构件进行相应的分析检测。这项研究有助于修复师辨别原始装修材料的组成及后期人为干预的措施和自然劣化的进程，分析结果还用于指导上述材料的清洁、加固和复制工作。

2008 年 6 月和 2009 年 4 月分别在现场做了两次勘察和取样。对于墙纸碎片和原状保留的彩绘、大漆和贴金部分，先用便携单目显微镜（放大 30 倍）进行检测，然后提取具有代表性的少量样品（大约 1/8 英寸）用于分析。所有剖面样品都包埋在聚酯类树脂立方体中。这些立方体经过研磨抛光后作剖面显微分析和拍照。分散的颜料颗粒和纤维置于显微镜薄片上，用折射率为 1.66 的 Cargille MeltMount 树脂覆埋，并用 Nikon Eclipse 80i 数码 epi 荧光显微镜数码照相设备进行分析和拍照。

（一）玉石镶嵌炕裙板黏合剂的分析

黏蜡是玉石镶嵌工艺的主要黏结材料，但有关该材料的配方没有详细记载。为了弄清黏蜡的组成，通过对符望阁内迎风板黏合剂残留的细致分析，初步弄清了黏蜡的组成。同时发现了石绿、石青、朱砂等绘画颜料的使用。紫檀渗出的颜色对黏结材料的影响也是此次分析的一个发现。主要的分析构件和部位如下。

1. 样品 F–12 炕裙板中心区域蓝色黏合剂残留

样品 F-12（图 1）的木基层上部是白色黏结层，最上面是石青（图 2 左侧）。白色黏结层就是常说的黏蜡层，该层与 DFC 试剂发生阳性反应，呈黄色（图 2 右侧），表明其中存在大量油质成分。这层黏结层有大量白色颗粒，目的是为了遮盖下方木基层的颜色。

2. 样品 F–14 炕裙板中心区域红色黏合剂残留

样品 F-14（图 1）上层的红色颜料是朱砂与铅丹的

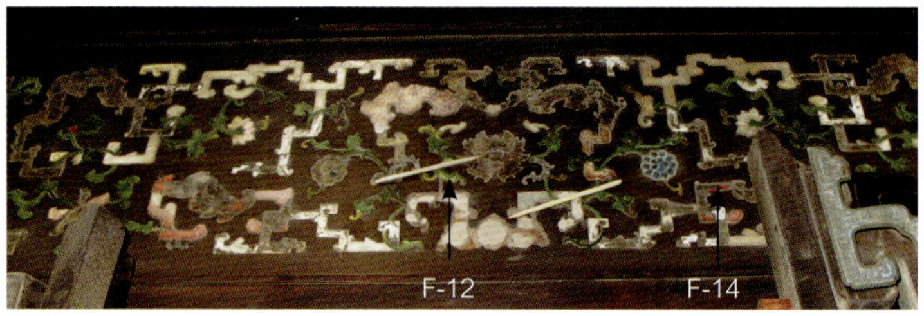

图 1　迎风板样品 F-12、F-14 的取样位置

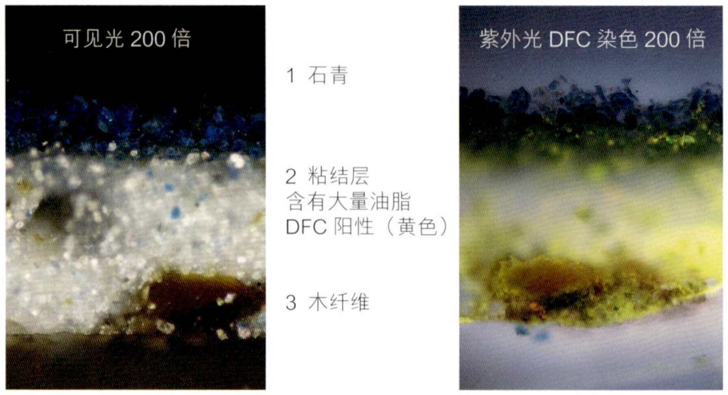

图 2　迎风板蓝色区域样品（F-12）的剖面照片和染色分析

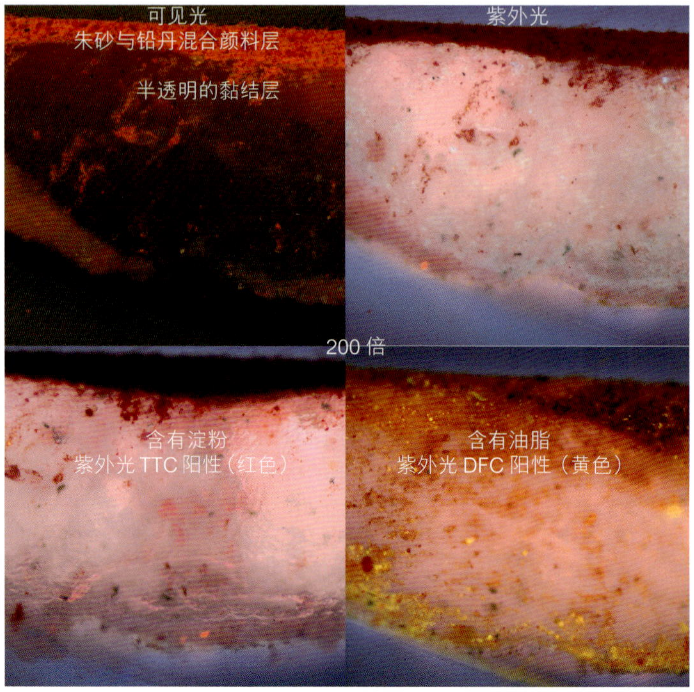

图 3　迎风板红色黏合剂（F-14）的剖面照片和染色分析

混合物（图 3 左上），下面的半透明黏合剂含有淀粉与油脂的成分（图 3 右下、左下），这与之前分析的编号 417-0757 黏蜡样品（松香与蜂蜡的混合物）十分相似。

3. 样品 F–16 炕裙板木质嵌件背面的黏结材料残留

图 4 迎风板样品 F-16 的取样位置。

样品 F-16 黏合材料取自一个脱落的木质嵌件背面（图 4），在显微镜下观察，该残留与曾经分析的黏蜡很接近（图 5 右上）。染色分析结果显示只有表面有油的成分（图 5 下）。

图 5 是迎风板嵌件背面黏结材料（F-16）的剖面照片和染色分析。

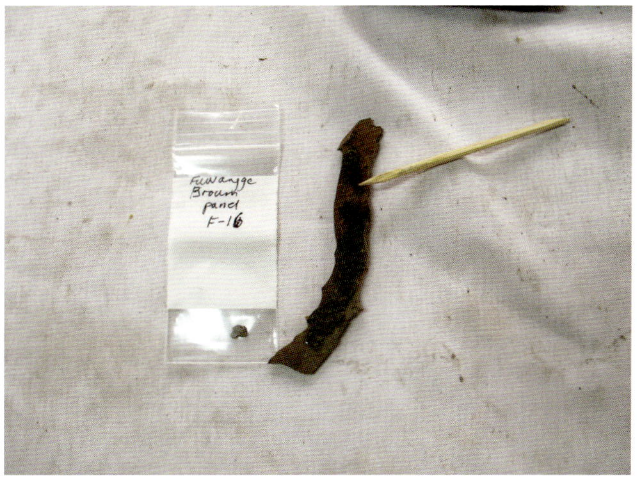

图 4　迎风板样品 F-16 的取样位置

4. 部分样品的黏结材料的分析结果汇总

本项研究同时采用了光学显微镜、荧光染色分析、傅利叶红外光谱分析、气象色谱和质谱联用几种手段分析迎风板黏结材料的种类和组分。因此，有必要汇总这几种分析方法的研究结果（表 1）。

表 1　部分样品黏结材料的分析结果

样品编号和位置	剖面和偏光显微镜分析	荧光染色分析	傅利叶红外光谱分析	气质联用分析	推论
417-0753 玉黏结材料	一层混有黏合剂的材料。	少量油的成分	蜡、天然树脂	松香	蜡和松香混合黏结材料，可能是传统的黏蜡。
417-0754 石英黏结材料	混有红色染料、铅白、红色赭石、烟炱的深红色坚硬材料。	碳水化合物和油	蜡、铅白	松香	混有颜料的松香、蜡还有少量油的混合黏结材料 。
417-0756 西侧炕裙板的浅色接材料	掺有纤维的地仗上有一层白色不透明彩绘，表层是绿色薄层。彩绘颜料包括石灰、铅白、烟炱和黄色赭石 。	碳水化合物和蛋白质	石灰	桐油、松香	该材料不含蜡，更像是彩绘层。
417-0757 西侧炕裙板的深色黏结材料	半透明的灰色地仗的上面是红色彩绘层，主要是朱砂和铅丹 。	只有油	蜡	蜂蜡、松香	传统黏蜡。
417-0762 漆纱装饰	应用在纺织材料上的贴金彩绘工艺，红色颜料主要是铅丹和朱砂。	颜料中有碳水化合物和油	石膏和一种未知材料	油、雪松醇、松香	金箔装饰可能采用了含有松香的黏结材料。
417-0762 漆纱装饰	纸黏结在纺织材料上，红色彩绘和贴金装饰则绘制在纸上 。	彩绘和纸上有少量碳水化合物	石膏、石英、可能有蛋白质的成分	样品太少无法进行气质联用分析	金箔装饰可能采用了含有蛋白质的黏结材料。
CT-11 大漆迎风板	在漆层上方有六层混有雌黄和雄黄的棕色漆层，表层有后来的上光涂层。	每层都有碳水化合物，地仗层有蛋白质和油，表层也有油	天然树脂，石灰、硬脂酸	松香	

（二）漆纱彩绘隔扇

1. 样品 F–10 漆纱彩绘显微分析

用 30 倍的放大镜观察位于符望阁南侧须弥座隔扇上已模糊的贴金彩绘装饰（图 6），由于其表面过于模糊，在低倍数的放大镜下已经难以看出任何微小的贴金装饰细节。从西侧的隔扇取样后（样本 F-10），通过观察其剖面的结构，得知该彩绘装饰由颜料、金箔、树脂胶及金属粉颜料等几层构成。更重要的是，其剖面结构及部分样本显示颜料及金箔是在一层纤维层（可能为纸）上制作的。

对样本 F-10 的分析为研究漆纱隔扇上贴金彩绘的制作及工艺过程提供了重要的线索。用偏光显微镜观察后发现，剖面的最底层由一些纸纤维构成，有可能为亚麻纤维及桑树纤维。纸纤维上的第一层是一层深红色颜料，主要由朱砂及树脂黏合剂组成（可能为一种植物树脂涂层）。该层红色颜料层上面覆盖了一层金箔层。在金箔的上层又覆盖了两层颜料（先为一层黄褐色颜料，后为一层黑色颜料）。最上层是中红色颜料，之上覆盖了一层薄薄的树脂材料（可能为虫胶漆），该层为金属粉末的胶。用荧光染色进行的黏合介质的分析表明所有涂层对碳水化合物呈阳性反应。金箔的树脂胶及金属粉的胶料均对油呈阳性反应。对碳水化合物呈阳性反应说明了有机黏合剂的组成物中可能含有树脂。黏合剂由中国漆构成的可能性不大，因为中国漆干后延展性非常不好，与弹性较好的丝织底层并不相容。也许，这些花纹装饰的制作方法为先将金箔及颜料涂在一张粗糙的长纤维纸上，待这些脆弱的花纹干后，将其剪下并黏在隔扇上。档案记录可能帮助我们更好地理解这些彩绘装饰隔扇的制作方法，据说这种技术曾在乾隆时期被广泛运用。（图 7 ～ 9）

对漆纱彩绘装饰上的两片碎片进行仔细的清洁测试后，发现了一些有趣的结果。用棉签及天然酶溶液（唾液，一种十分有效的保护性清洁剂）对碎片进行清洁，并在 20 倍的放大镜下观察后发现在彩绘装饰上有用金属粉末绘制的精美图案（条纹，卷曲的图案）。这些图案由截然不同的金属粉末绘制而成，可能为金、银和铜。需要用其他技术，如扫描电镜能谱仪（SEM-EDS）或 X 射线荧光（XRF），分析识别准确的金属种类。这些图案十分的精美并且微细，尤其在考虑到漆纱彩绘装饰的宽度后显得尤为细小。

2. 漆纱样品取样分析

样品取自一片脱落的漆纱（图 10），该样品的剖面分析显示这类装饰采用明亮的红色颜料做基底，基底里含有油和松香的成分。在纤维之间有填充孔隙的石灰材料。在光学显微镜下看，两面都有五层彩绘，表层的金粉用来营造闪烁的效果（图 11）。

3. 漆纱彩绘贴金样品（F–22A）的扫描电镜分析

Winterthur 博物馆的 Catherine Matsen 女士通过扫描电镜做进一步的分析。彩绘各层的元素分析结果和对应的矿物成分如下表。（表 2）

表 2　漆纱样品 F-22A 的扫描电镜能谱分析结果

层位	检测到的元素	使用的成分
污染层	Ca	石膏、石灰
	Al、Si、Fe	灰尘
贴金层	Au	金
第五层	Hg	朱砂
	Pb	铅丹
贴金层	Au	金
第四层	Ag	银
薄层	Fe	赤铁矿
第三层	Pb	铅白
	Fe	赤铁矿
第二层	Pb	铅白
	Fe	赤铁矿
第一层	Pb	铅丹
薄层	Fe	赤铁矿
	Ca	石膏、石灰
纱芯	Ca	石膏、石灰

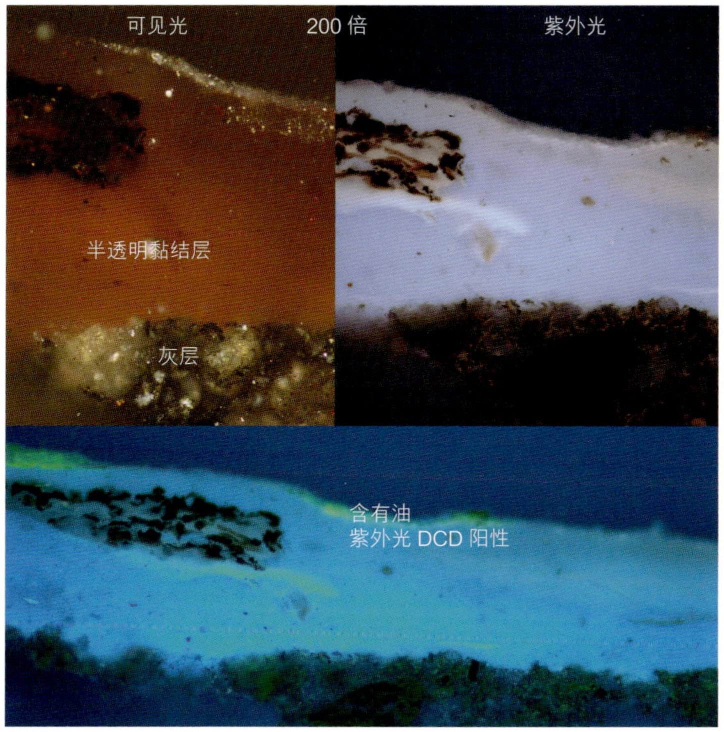

图 5　迎风板嵌件背面黏结材料（F-16）的剖面照片和染色分析

图 6　符望阁南侧须弥座隔扇上已模糊的贴金花纹

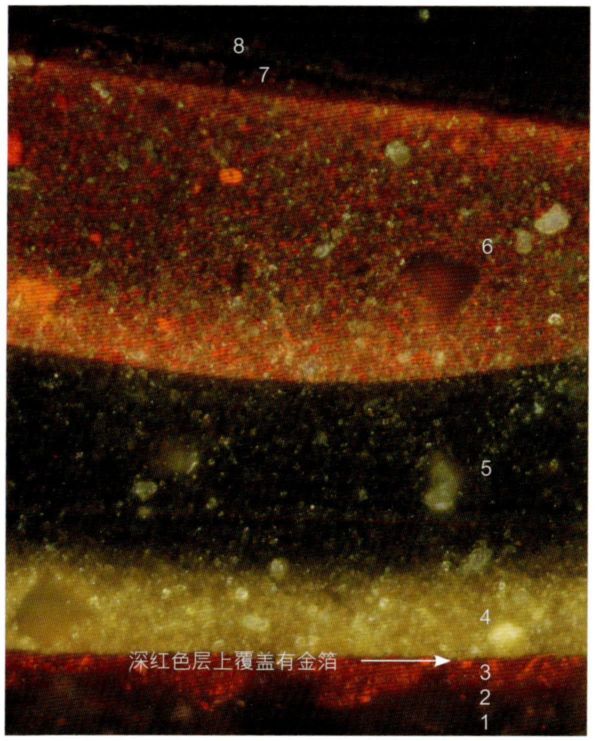

图 7　样本 F-10 可见光 400 倍

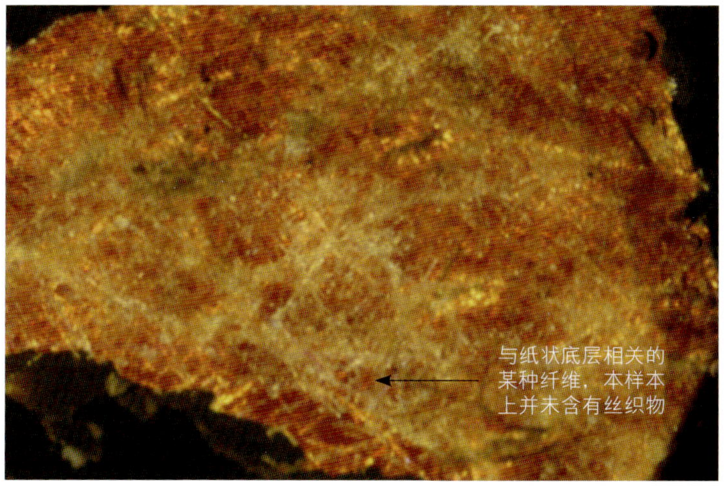

图 8　第一层红色颜料下方有一层纤维纸状基底（40 倍）

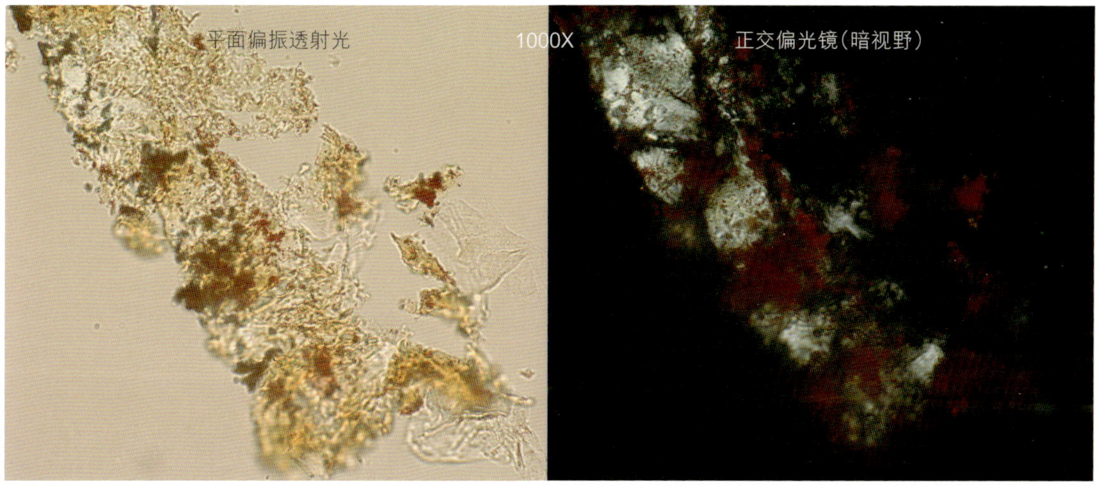

图 9　漆纱贴金装饰第一层深红色颜料中含有的颗粒

图 10　漆纱样品取样位置

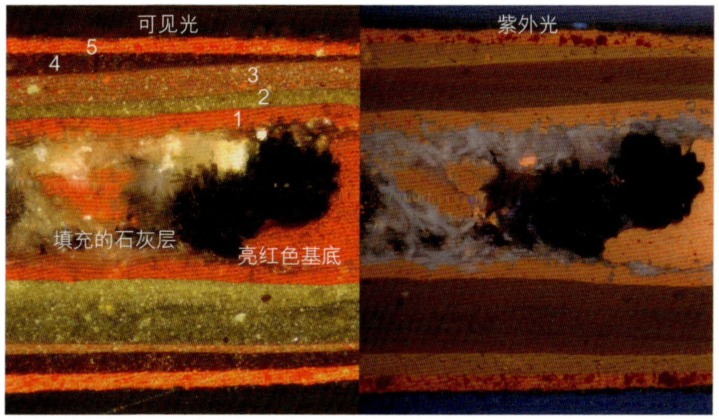

图 11　漆纱彩绘剖面

扫描电镜和能谱的分析观察结果表明纱芯含有石灰和石膏的成分（图 12 ~ 15）；在放大 450 倍的扫描电镜下，纱芯上面有一个光学显微镜无法观察到的一个含 Fe、Ca 的薄层，这表明可能采用赤铁矿和石膏或石灰打底。

光学显微镜下看到的一、二、三层在扫描电镜下很难分析出成分上的差别，只是第一层的含铅量高一些，应当是铅丹含量高一些。这三层主要都含有较高的 Pb 和 Fe，表明铅白和铁红颜料的存在。在第三、四层间还有一个富含 Fe 的薄层；而第四层主要是一些悬浮在有机介质里的金箔。第五层是两层贴金层间的一层，汞和铅含量都很高，表明朱砂和铅丹的存在，而且颗粒较大。剖面的最表层主要含有 Ca、Fe、Al 和 Si，主要是污染物的成分，其中钙的成分应该是石膏。

（三）木制品表层封护的分析

为了研究木制家具表面似乎存在的封护材料，选取了几件木制品进行了相应的剖面分析。

1. 样品 F–18 迎风板硬木框架连接处

样品 F-18 取自一件紫檀木炕裙（图 15）。剖面分析表明该紫檀框架内部充斥着天然树脂和一些天然的圆形二氧化硅。紫外线下的 DCF 染色分析表明该紫檀表面有一层可能是桐油的涂层（图 16 ~ 17）。

2. 样品 F–23 漆纱隔扇的木制框架

样品 F-23 取自一个漆纱隔扇的木质框架连接处（图 18），剖面分析表明框架内部存在天然树脂，紫外线下的 DCF 染色分析表明该紫檀表面也有一薄层可能是桐油的涂层（图 19）。

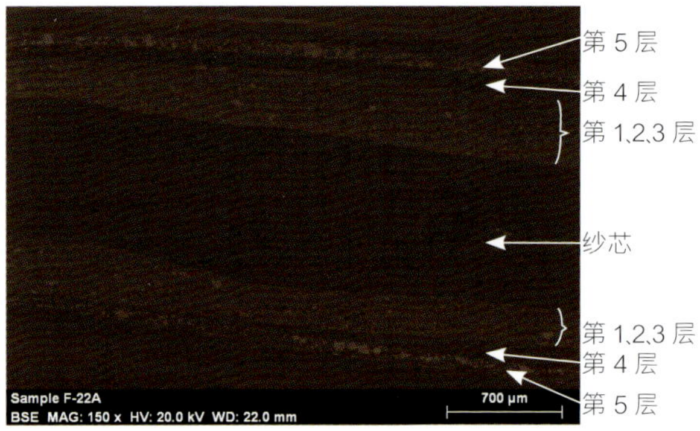

图 12 漆纱样品（F-22A）放大 150 倍背散射照片

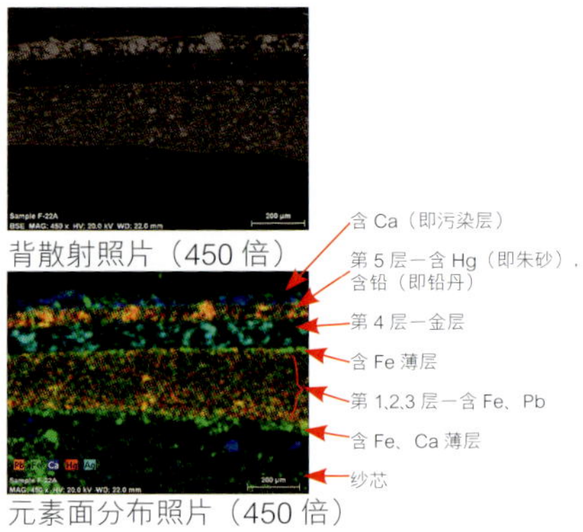

图 13 漆纱样品（F-22A）放大 450 倍背散射和元素扫描照片

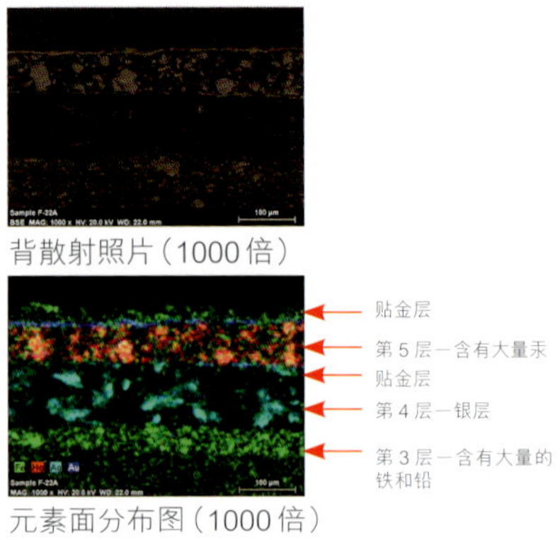

图 14 漆纱样品（F-22A）放大 1000 倍背散射和元素扫描照片

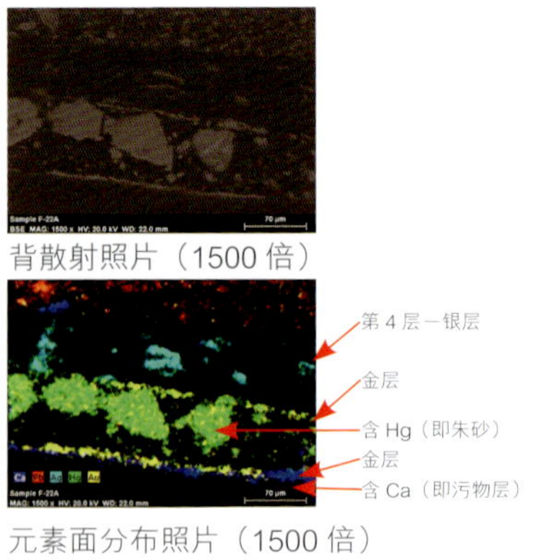

图 15 漆纱样品（F-22A）放大 1500 倍背散射和元素扫描照片

图 16 样品 F-18 的取样位置

图 18 样品 F-23 的取样位置

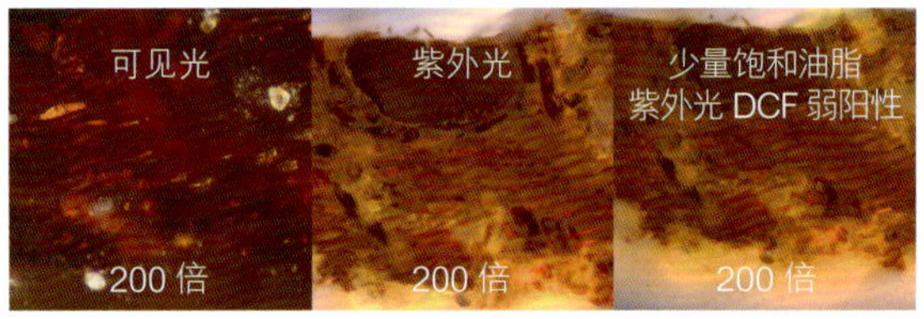

图 17 紫檀炕裙木构架连接处（F-18）的剖面分析照片

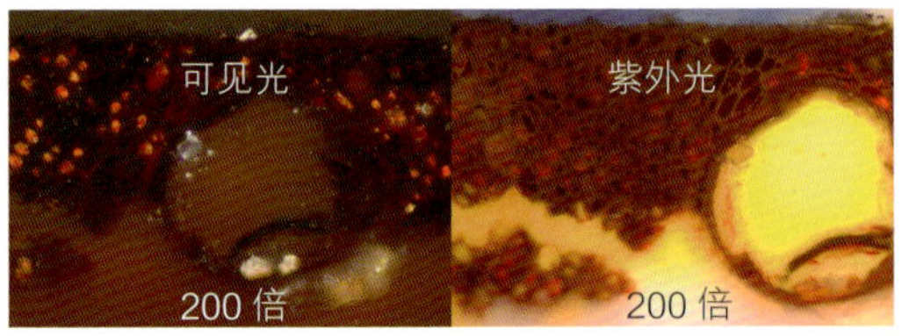

图 19 漆纱隔扇的木制框架（F-23）的剖面照片和染色分析

（四）迎风板、炕裙板油饰彩绘的显微分析

1. 样品 F–9 炕裙板米色底漆

样品 F-9 取自底部材料的缺失边缘（图 20）。剖面只有两层：底层为粗糙的深棕灰色地仗层；上层为较厚，并且不平整的粉米色颜料层。偏光显微分析显示粉米色颜料层含有大量雄黄，不均匀分布的小颗粒有朱砂、烟炱、铅白和碳酸钙。（图 21 ~ 23）

2. 样品 F–11 迎风板米色底漆

样品 F-11（图 24）剖面包括粉米色底层和亮白色表层。偏振光显微分析显示粉米色层包含朱砂、铅白、烟炱和碳酸钙。这层没有黄色颜料。最上面那层白色物质主要是铅白和一些碳酸钙小颗粒。荧光染色分析表明在地仗层和表层对碳水化合物呈较强的阳性反应（可能是含中国漆成分）。地仗层还对蛋白质呈阳性反应，可能是动物皮胶类添加剂。地仗层对油类物质呈阳性反应，但是表层粉米色的物质用 Rhodamine B 染色后，染色剂只是沉积，不发生阳性反应。表层的剖面样本也对油类物质呈阳性反应，表明这些板子上面覆盖了一层油类物质，也可能是后来做的一些维护措施。（图 25 ~ 27）

图 20　样品 F-9 炕裙板取样部位

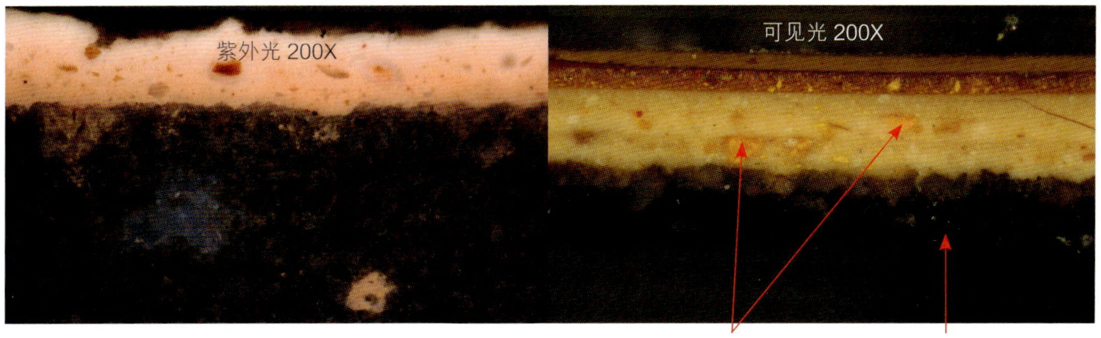

图 21　炕裙板的剖面分析照片

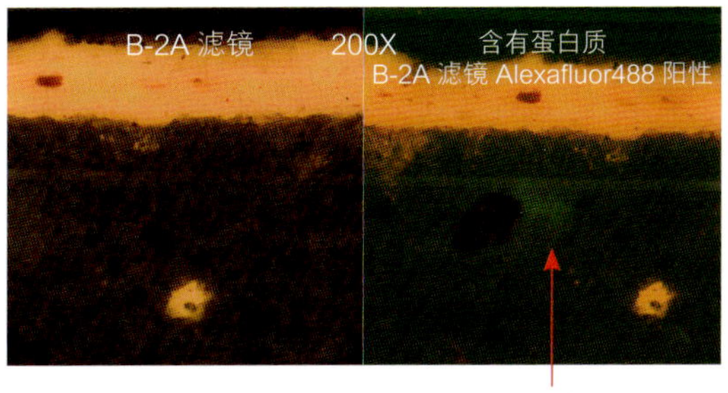

图 22　炕裙板的剖面染色分析照片

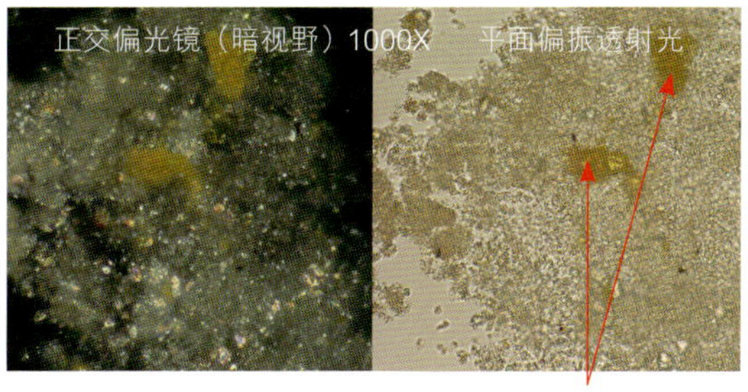

图 23　炕裙板的米色底层的偏光显微镜分析照片

图 24　一层南侧东梢间落地罩米色迎风板，花卉装饰沿着中间底部边缘

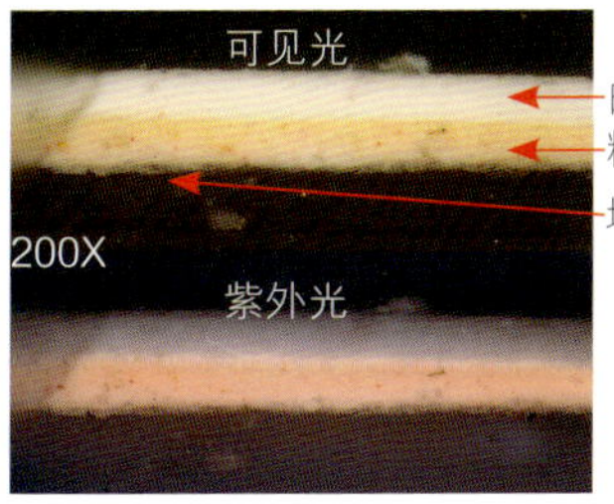

图 25　米色迎风板花卉装饰中间底部边缘的剖面照片

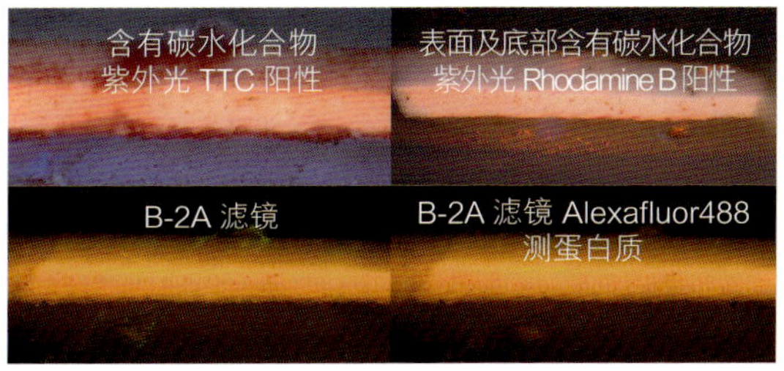

图 26　米色迎风板花卉装饰中间底部边缘的剖面染色分析照片

图 27　米色迎风板白色花型装饰物米色底层的偏光显微镜照片

3. 样品 F–45 硬木框架内边缘米色彩绘

样品取自一件米色炕裙板内边缘（图 28），该样品剖面样品分析表明该位置的表层没有重绘层（图 29），与另一个迎风板（Panel 2）的米色重绘装饰存在差别。

4. 样品 417–074/65 迎风板米色彩绘

样品 417-074/65 取自一件米色迎风板（图 30），剖面分析显示地仗上面有三层不透明的、较薄的黄色颜料层（主要由雌黄、雄黄、铅白和少量朱砂组成）；这些黄色颜料层上方有一层暖色漆层，其中的黄色颗粒较粗大；其上方是一个覆盖有金属粉末的红色颜料层；最上方是覆盖有污物的黄色漆层（图 31）。

该样品染色试验分析表明（表 3）每一层都含有碳水化合物，大漆材料普遍使用。地仗中蛋白质阳性反应，表明可能有动物胶或含有蛋白的成分存在。地仗和最外层都含有油性物质，表示这两层可能经过桐油类材料的处理。

表 3　样品 417-064/65 迎风板米色装饰的剖面染色分析

层次编号	描述	TTC（鉴别碳水化合物）	Alexafluor（鉴别蛋白质）	DCF（鉴别油脂）
	表层污染	-	-	+
1	半透明大漆层（掺混颜料）	+	-	-
2	金属粉末	-	-	-
3	红色薄层	+	-	-
4	半透明暖色大漆	+	-	-
5	不透明黄色大漆	+	-	-
6	不透明黄色大漆	+	-	-
7	不透明黄色大漆	+	-	-
8	粗灰地仗层	+	+	+
9	粗灰地仗层	+	+	+

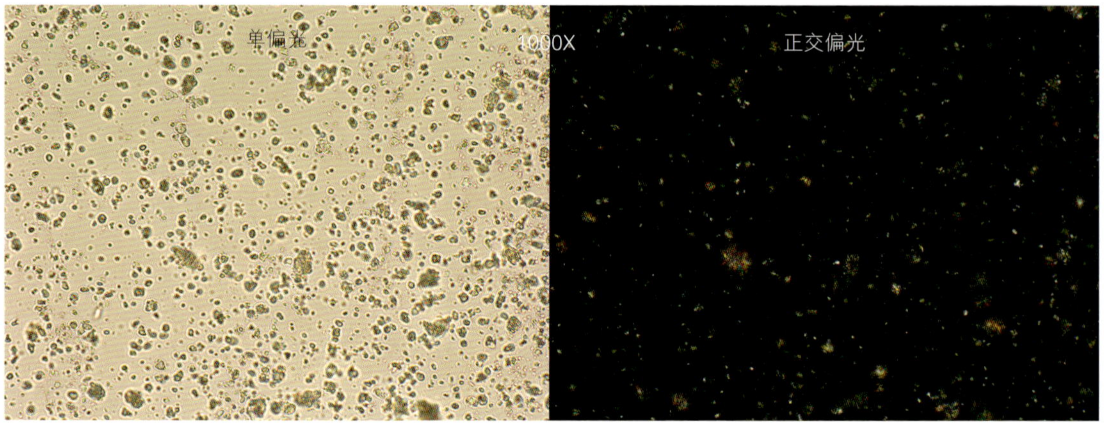

图 28　样品 F-45 米色炕裙内边缘取样位置

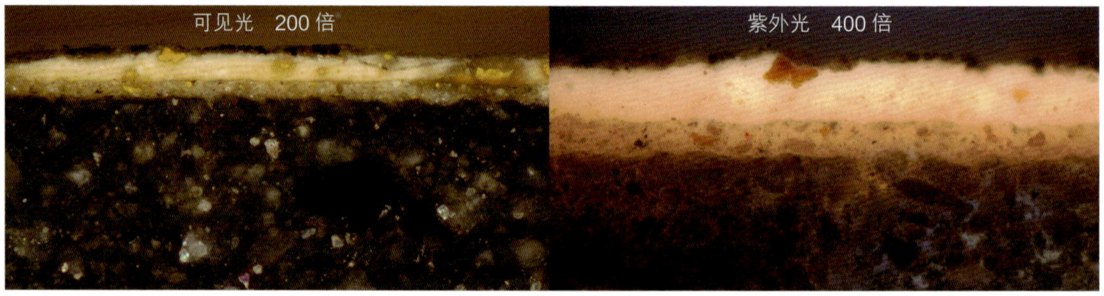

图 29　样品 F-45 米色炕裙彩绘剖面照片

图 30　样品 417-07465 的取样位置

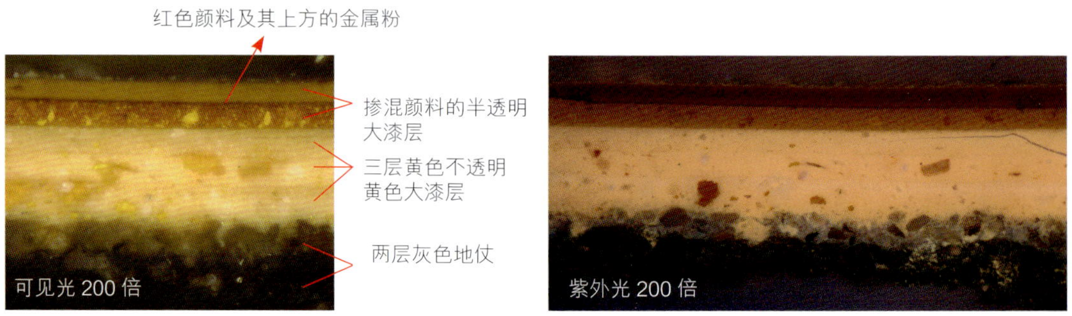

图 31　样品 417-06465 迎风板米色装饰的剖面照片

5. 样品 Panel CT–10 炕裙板米色彩绘

样品 Panel CT-10 取自符望阁一层炕下的一件米色炕裙板（图 32），该样品剖面照片显示在地仗层上方有四层不透明的黄色漆层，每层之间的界限非常不明显。荧光染色试验与样品 417-064/65 类似，表层有后来油饰处理的痕迹（图 33）。

6. 样品 Panel 1 迎风板米色花瓣彩绘

样品 Panel 1、2、3、4、5 与样品 417-074/65 相同，都是取自一件有花卉装饰的米色迎风板。样品 Panel 1（图 34）取自地仗上有三层不透明的黄色漆层；黄色漆层之上是一个红色漆层，上面是一层贴金和透明大漆层，这些是最初的早期彩绘。后期彩绘包括一层白色彩绘和两层米色彩绘，在两层米色彩绘间还有灰色的花瓣勾勒线（图 35）。表层和地仗含有桐油的成分。

7. 样品 Panel 2 迎风板米色彩绘

与 Panel 1 相同，样品 Panel 2 也是取自同一件有花卉装饰的米色迎风板（图 36）。该样品的剖面照片表明在大漆彩绘的花朵表面重绘有米色的一层彩绘，但这层彩绘在样品 F-45 中没有发现。在三层不透明的黄色漆层上面有一层半透明的黄色漆层。之上还有一层混有雌黄和金属粉的半透明漆层。每一层装饰都有大漆的成分（图 37）。

图 32　样品 CT-10 的取样位置

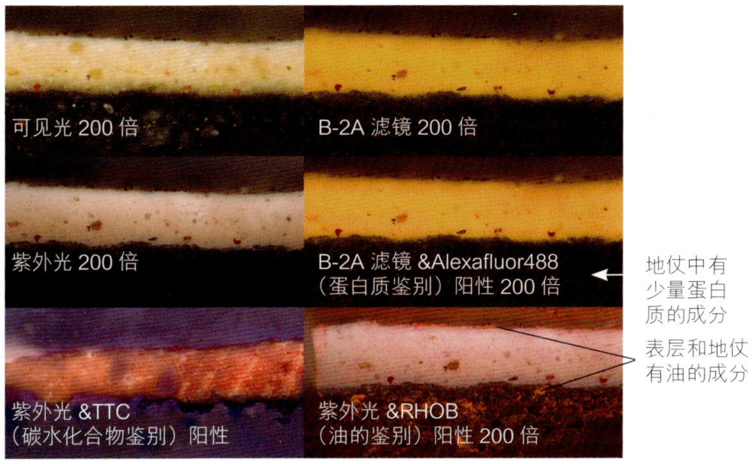

图 33　样品 CT-10 的剖面照片和染色分析

图 34　样品 Panel 1 花瓣装饰米色迎风板的取样位置

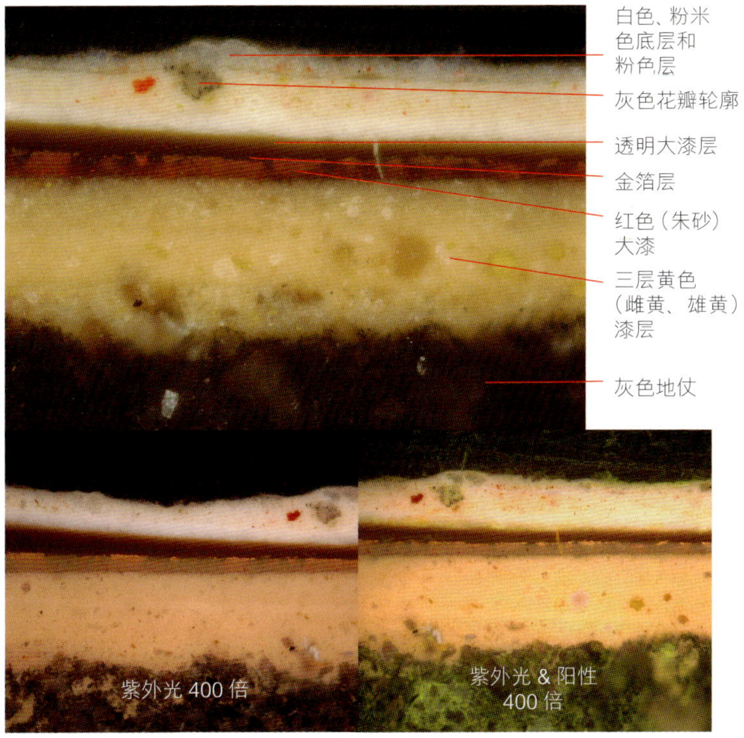

图 35　样品 Panel 1　迎风板米色彩绘装饰的剖面和染色分析照片

图 36　样品 Panel 2 的取样位置

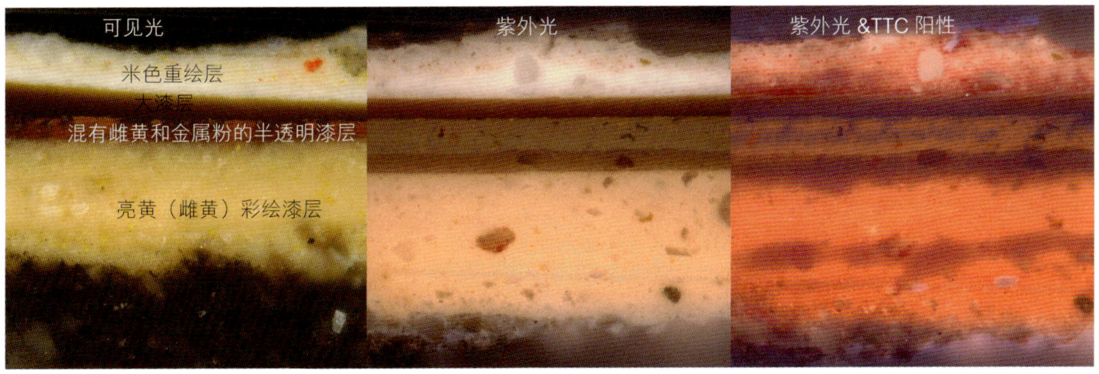

图 37　样品 Panel 2 迎风板米色彩绘装饰的剖面和染色分析照片

8. 样品 Panel 3 迎风板米色彩绘

样品 Panel 3（图 38）的剖面照片（图 39）表明，三层黄色漆层覆盖在框架内边缘上，表明该迎风板的漆层装饰是在框架组装后绘制的。

图 38 样品 Panel 3 迎风板米色彩绘装饰的取样位置

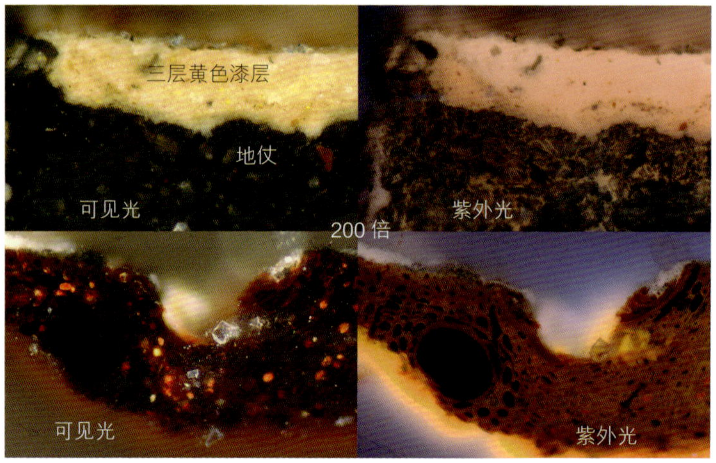

图 39 样品 Panel 3 迎风板米色彩绘装饰的剖面照片

（五）内檐彩绘装饰

1. 符望阁顶层天花彩绘

符望阁顶层天花（图 40）用彩绘装饰并且周围的梁及边框已被着色，许多精美绘制的彩画部分或全部脱落。样本取自一块掉在地上的天花彩画。尽管该彩画已经很脆弱，但仍然保留了原有颜料及涂层顺序的重要迹象。并且尽管故宫工匠的手艺十分精湛，但也几乎不可能成功复制颜料、材质以及装饰的三维效果。天花板中心大面积的镀金装饰已经很脏（图 41），但尽管覆盖了一层污垢，不同的金色（有可能为金属粉末颜料）依然呈现出不同的感观效果。

对样本的剖面进行分析后，发现一块取自天花装饰的样本与倦勤斋戏台檐口上原有的装饰有相似的结构，有一些微小的不同。

（1）红色条纹是半透明的，并且极薄，主要由朱砂颜料构成。

（2）天花上的蓝绿色底漆由石青色颜料与黄色、红色赭石颜料混合构成，这点与倦勤斋戏台檐口的蓝色漆的构成不同，该蓝色漆由纯石青颜料构成，并且绿色漆由纯石绿色构成。

（3）红色条纹的白色背景表面已褪色成微黄色，但是仍然和红色条纹及蓝绿色底漆形成鲜明对比。变暗的部分原因是由于堆积的污垢。白色条纹中含有的颜料为铅白及碳酸钙。

（4）黏合剂分析显示在各层漆中均含有油性物质。

（5）天花上的蓝绿色彩绘已经很大程度的变暗并且逐渐呈绿色，主要是由于油质黏合剂的降解，以及在较热的环境下，含石青的油性漆会变暗。

（6）在颜料的表面没有罩清漆，但为了使彩绘颜色饱和，随后覆盖了薄薄的一层油性涂料。

（7）藻井区域的样品显示红色树脂底层的上层是覆盖了一层金箔，下层为粗糙的褐色地仗层。

（8）由于在褐色地仗层上面涂有虫胶漆，所以虫胶漆可能为天花织物上的封护剂。

2. 样品 F–29 符望阁顶层藻井南侧天花支条彩画颜料分析

彩画样品 F-29 取自符望阁第三层藻井南面的天花（图 42）。显微镜分析表明只有一层绿色彩绘层，使用的颜料是石绿，呈卵石状分布，且沉积了大量的污物（图 43）。

3. 样品 F–30 符望阁顶层西门内侧裱糊纸上的凸起残留

样品 F-30 取自符望阁顶层西门北侧裱糊纸上的凸起残留（图 44），剖面分析表明这可能是原先制作沥粉装饰的试验痕迹（图 45）。

4. 样品 F–31 符望阁顶层西门南侧红色彩绘残留

样品 F-31 取自望阁顶层西门南侧红色彩绘残留（图 46），剖面分析表明其主要是在纸质衬底上的红色朱砂彩绘，功能可能与 F-30 样品类似（图 47）。

图 40　顶层的天花装饰

图 42　样品 F-29 符望阁顶层天花彩画取样位置

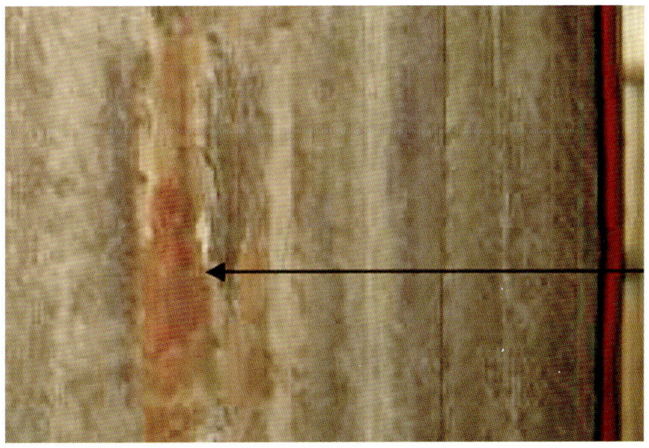
图 44　样品 F-30 符望阁裱糊纸凸起残留的取样位置

图 41　顶层的藻井装饰

图 43　样品 F-29 符望阁顶层天花的剖面照片

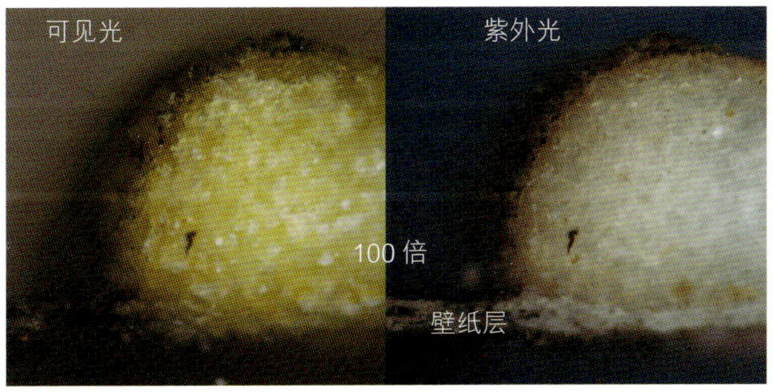

图 45　样品 F-30 符望阁裱糊纸凸起残留的剖面照片

图 46　样品 F-31 符望阁裱糊纸红色残留的取样位置

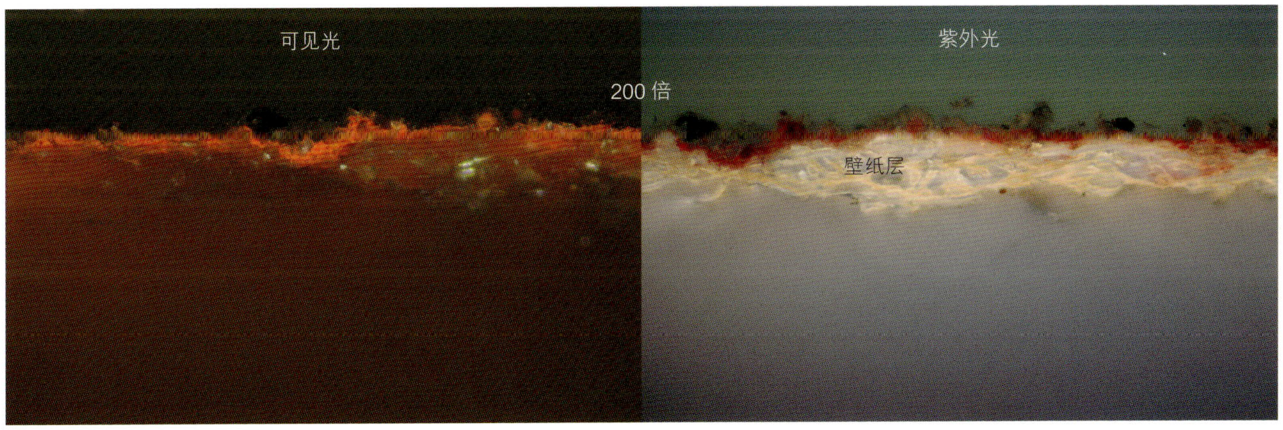

图 47　样品 F-31 符望阁裱糊纸红色残留的剖面照片

5. 样品 F–32 符望阁顶层南槛窗抱框的残留

样品 F-32（图 48）是为了确认地仗是否使用了猪血，但剖面分析没有发现猪血使用的痕迹（图 49）。另外根据 Catherine Matsen 女士的傅利叶红外光谱的分析结果，可以发现 -OH 基团在 3550 cm^{-1} 和 3350cm^{-1} 的强伸缩振动，表明了小麦淀粉的存在（图 50）；而 1625cm^{-1} 的弯曲振动峰十分尖，表明了石膏的存在。在红外光谱的指纹区“1500 cm^{-1}-1250 cm^{-1}”可以看到茜草红的存在（图 51）。

红外谱中没有看到 N-H 伸缩振动峰（3300 cm^{-1}）和酰胺 I 带，即羰基伸缩振动峰（1650cm^{-1}）酰胺 II 带，及 N-H 面内弯曲振动峰 (1550cm^{-1})（图 52）。因此没有发现使用猪血的证据。

6. 顶层的外檐彩画装饰

符望阁顶层外檐彩画也进行了相应的采样（图 53）和显微镜分析，分析结果表明外檐存在多个时期的彩画装饰。

样品 F-43 存在三个时期的贴金装饰。第一次是在红底色的表面涂刷一层大漆后进行的贴金工艺；第二次是在分别绘制了黄色和白色颜料层后的贴金；第三次的贴金工艺有些粗糙，使用的并非真正的金箔，因此已经腐蚀（图 54）。

样品 F-39 最早期的彩绘是黄色与红色叠压的，后期是一层蓝色的彩绘。这里的红黄色早期彩绘与后面的 F-40 样品的晚期彩绘十分接近，应是一个时期的。这表明这个取样点最早期的彩绘并没有残存下来（图 55）。

样品 F-40 最下面有一层早期的暗红色彩绘，之后是

图 48　样品 F-32 符望阁顶层南槛窗抱框灰层的取样位置

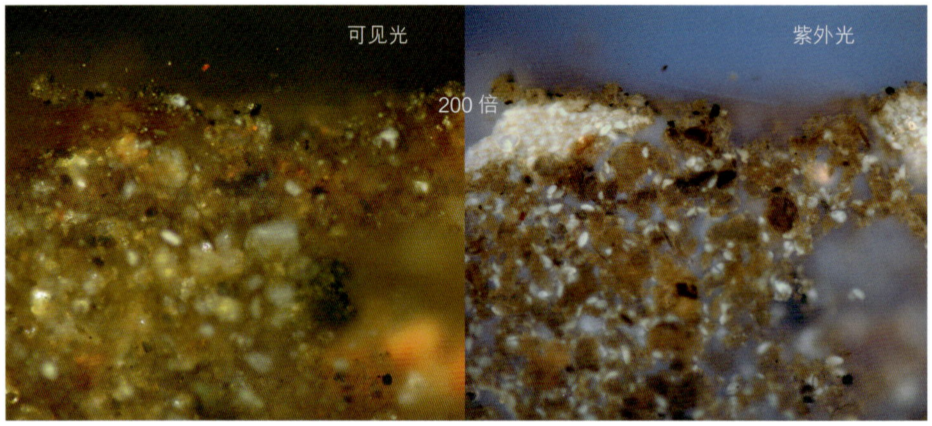

图 49　样品 F-32 符望阁顶层南槛窗抱框灰层的剖面分析

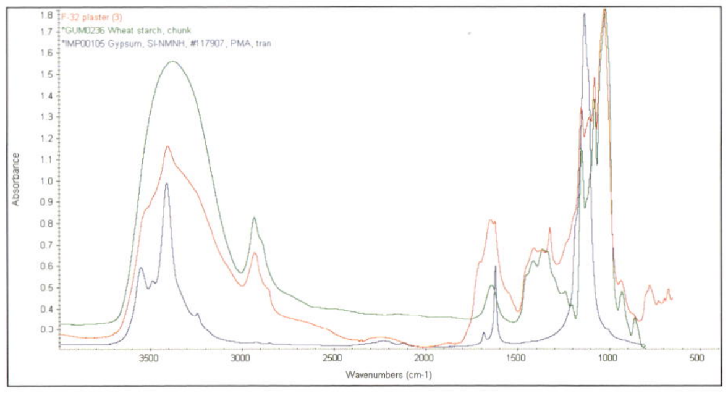

图 50　样品 F-32 灰与小麦淀粉的红外光谱对比

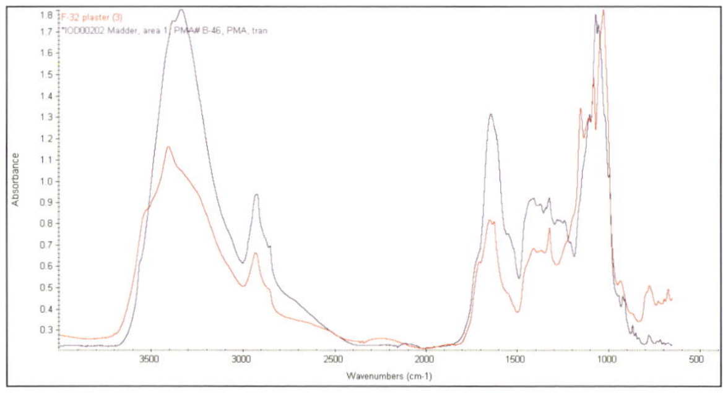

图 51　样品 F-32 灰与茜草红的红外光谱对比

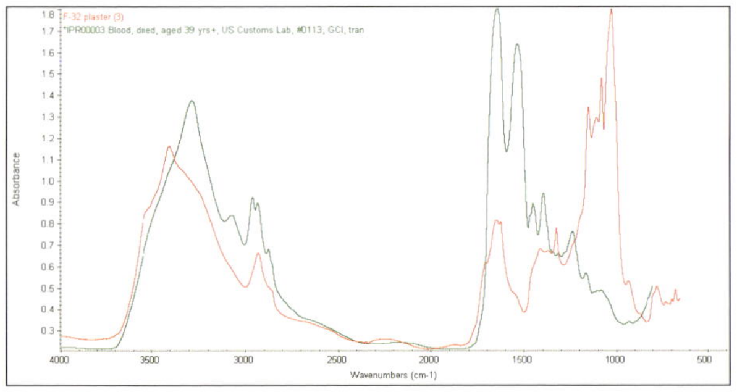

图 52　样品 F-32 灰与血的红外光谱对比

黄色与红色叠压的彩绘。在最上面还沉积了较厚的污物灰尘。同时整个区域含有少量的油脂（图 56）。

样品 F-41 只有一层黄色的彩绘层，但下面可以看到灰层沉积的痕迹，表明之前可能有更早时期的彩绘（图 57）。

样品 F-42 主要也只有一层黄色的彩绘层，但下面可以看到一些红色颜料的痕迹，表明之前有更早时期的红色彩绘（图 58）。

因此，样品 F-43 和 F-40 保留了各个（三个）时期的彩绘。其它样品的则最早期彩绘已经遗失。

图 53　顶层外檐彩画取样位置

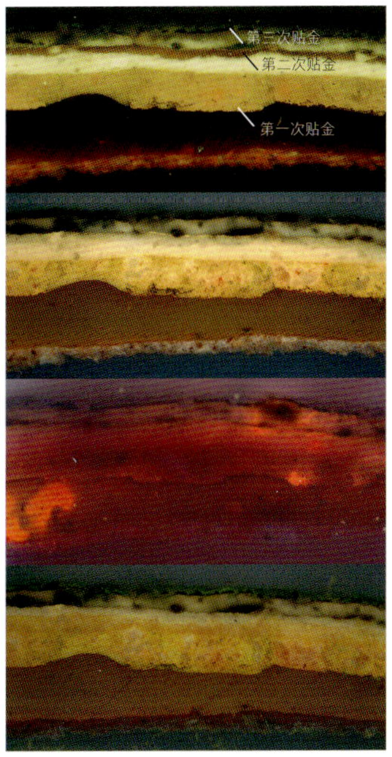

图 54　样品 F-43 的剖面和染色分析照片

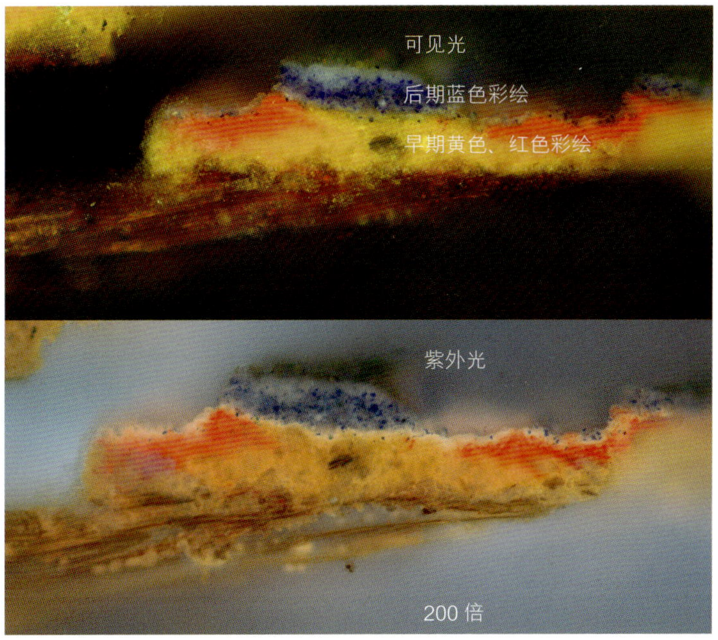

图 55　样品 F-39 的剖面分析照片

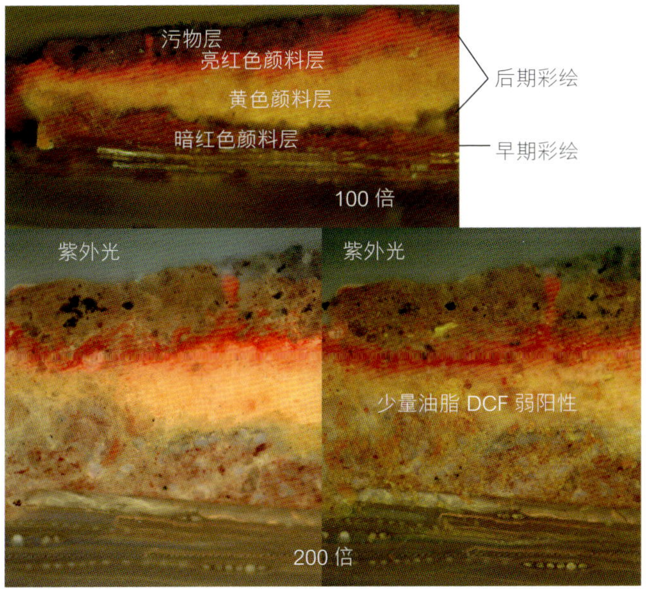

图 56　样品 F-40 的剖面和染色分析照片

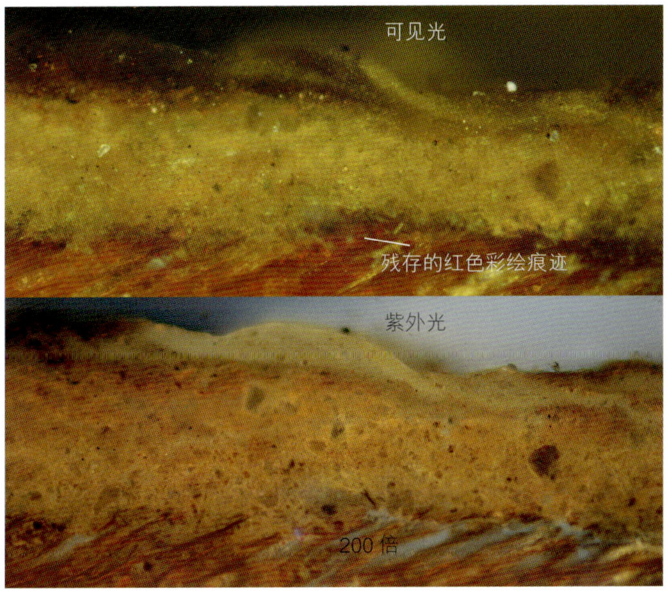

图 57　样品 F-41 的剖面分析照片

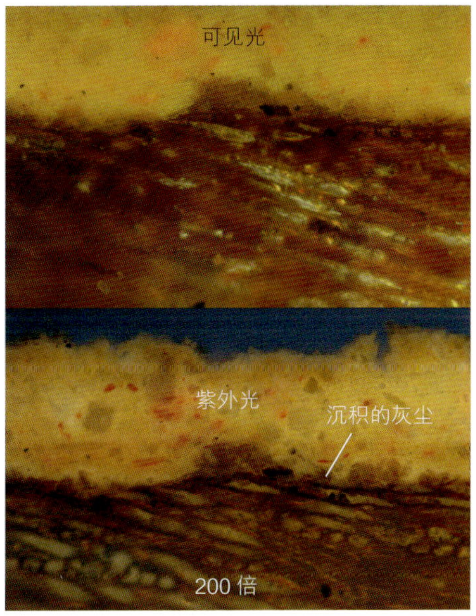

图 58　样品 F-42 的剖面分析照片

7. 一层的柱面装饰材料

于符望阁一层柱子两个不同区域分别采集了一份样品（玉粹轩一层墙上也发现类似棕色物）。（图 59）

两份样品的剖面（图 60 ~ 63）显示这个物质是一种比较粗糙的深棕色地仗，表面覆盖一层很薄的密封剂。这层很薄的密封剂发出白色荧光，表示它可能是一种天然植物树脂清漆，也可能是一种天然树胶（可能为阿拉伯树脂）。在棕色地仗层的上面有一层红棕色的颜料，好像是较粗的油漆层。偏振光显微分析表明很薄的那层红棕色颜料是红色赭石、黄色赭石、炭黑、碳酸钙和分散的铅丹颗粒。

图 59　柱面装饰材料取样位置

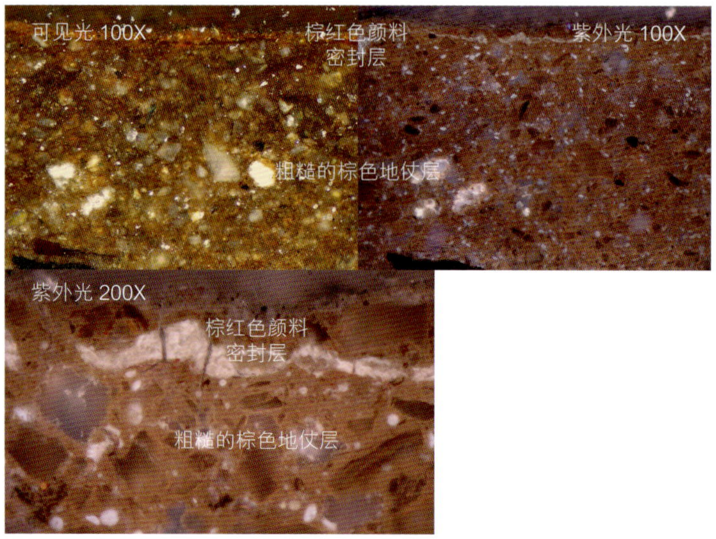

图 60　样品 F-3 一层南侧宝座左柱上的地仗的剖面照片

荧光染色分析表明在柱子上面地仗层和红棕色油漆中含有少量蛋白成分和一些油类物质。样本剖面的所有层中均含有碳水化合物。这说明天然植物树胶可能是主要黏合物，或者大漆添加到各层中使地仗层更加牢固、持久。

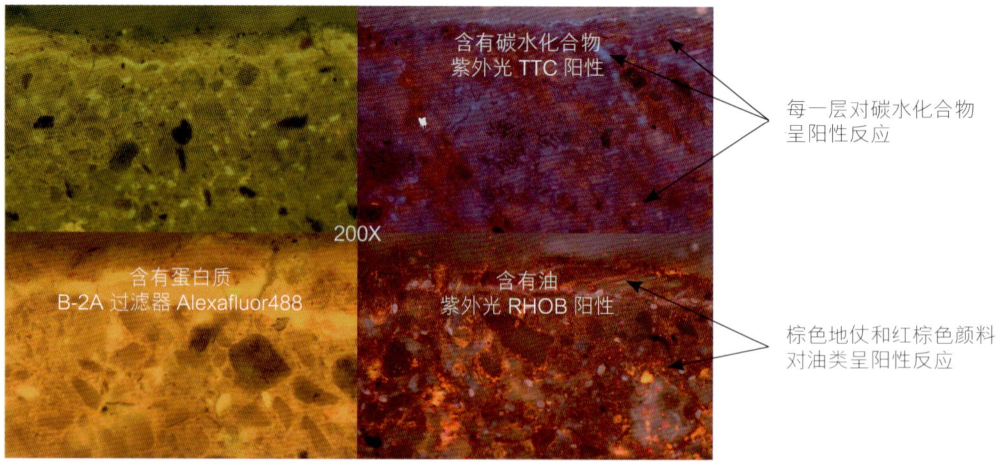

图 61　一层南侧宝座左柱上的地仗（样品 F-3）的剖面染色分析照片

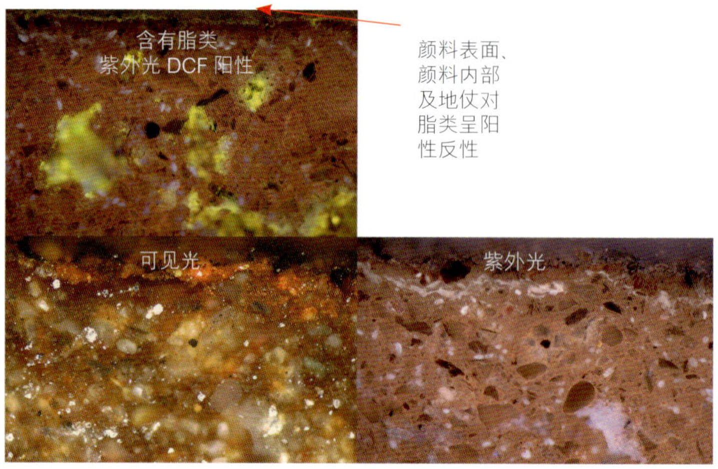

图 62　样品 F-8 一层西面室内柱子棕色涂层的剖面和染色分析照片

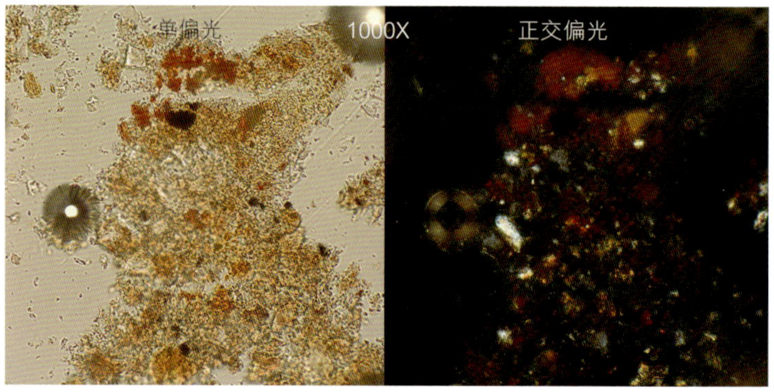

图 63　样品 F-8 一层西面室内柱子上棕色涂层的偏光显微镜分析照片

8. 总结

对符望阁装饰性材料取样并进行第一阶段分析后发现，建筑内部依然存在早期装饰材料，保持着建筑内檐装修的原始性。尽管大部分脆弱的材料已经受到极度的损坏，但是所有这些材料的组成仍然可以通过各种方法进行识别。其中米色漆底、贴金纹饰、蓝绿色彩绘均在前期修复的倦勤斋内发现。可以预见，在对乾隆花园研究不断进行的过程中，很可能还会发现更多不同的装饰性材料。

剖面及偏光显微镜的研究结果总结见下表（表 4）。

表 4　符望阁样本剖面偏光显微分析汇总

样品位置	剖面分析	糖	蛋白	油	偏光显微镜分析
室外飞檐	地仗层上的一层绿色彩绘。	两层都有	地仗中微弱	两层中都较弱	绿色彩绘：孔雀石，碳酸钙，黄赭石。
三层隔扇丝织品	丝织品上较粗糙地仗层上的多层彩绘，金叶。	所有层	地仗中微弱	所有层	红色彩绘：朱红。白漆：铅白，碳酸钙。蓝绿漆：石青，黄红赭石。
一层南侧上石膏	粗糙的棕色地仗最上面密封剂上的红棕色彩绘。	所有层	地仗中微弱	地仗和漆中	红棕色彩绘：红黄赭石，炭黑，碳酸钙，铅丹。
一层南侧墙纸	红棕色彩绘和深色地仗层上的一层绿色墙纸。	—	—	—	纸层中有桑皮纤维。
一层南侧后期墙纸	五层不同时期绿色墙纸的变化成分。	—	—	—	
顶楼梯间墙纸	两层印着绿色图案的墙纸中白色漆里含有闪光的云母。	—	—	—	
顶楼梯间墙纸	两层印着绿色图案的墙纸中白色漆里含有闪光的云母。	—	—	—	
一层西屋墙灰泥	粗糙棕色地仗上的红棕色彩绘。	所有层	地仗中较弱	所有层	红棕色彩绘：红色和黄色赭石，炭黑，碳酸钙，铅丹。
一层戏台下米色装饰板	粗糙深灰色基板上较厚的浅粉 - 棕黄色彩绘。	所有层	底层中	底层中	粉色层：朱红，铅白，烟炱，碳酸钙。
一层南侧夹丝隔扇的窗格	在纸上使用了树脂浆纱，金叶，彩绘，浆纱和金属粉颜料，顺序复杂。	所有层	没反应	浆纱层和金属粉层反应强列。	纸质之上的红色层：朱红，纸纤维，桑树和亚麻。
一层南侧东面的装饰板	浅粉 - 棕黄色底层上面的白色彩绘。	所有层	没反应	表面层和底层。	白色彩绘：铅白，碳酸钙。浅粉 - 棕黄色底层：朱红，铅白，烟炱，碳酸钙。

四　乾隆花园贴落霉菌鉴定报告[4]

（一）采样记录

采样时间：2009 年 4 月 28 日

采样地点：乾隆花园养和精舍、玉粹轩

样本编号：09-1（养和精舍 T14 号贴落画心山头）

09-2（养和精舍 T14 号贴落斑渍山头旁）

09-3（玉粹轩 T1 号贴落中间人物石绿色背面高丽纸）

09-4（玉粹轩 T1 号贴落中间人物石绿色背面高丽纸）

09-5（玉粹轩 T1 号贴落中间人物石绿色背面高丽纸，带黑色斑点）

09-6（玉粹轩 T1 号贴落中间人物石绿色背面高丽纸）

表 1　2009 年 5 月样品（共六个样品）

样品编号	培养出的霉菌及编号
09-1	黄褐色霉菌，编号为 09-1。
09-2	黄褐色霉菌，编号为 09-2。
09-3	霉菌，中央褐色，周围白色菌丝，表面孢子，背面中心黑褐色，编号为 09-3。
09-4	黄绿色霉菌，编号为 09-4。
09-5	共三种霉菌：黄褐色霉菌，编号为 09-5-1；黑褐色霉菌，编号为 09-5-2；黑色，表面黑色孢子，编号为 09-5-3。
09-6	无。

（二）鉴定结果

分别用沙氏培养基和马铃薯培养基进行文物真菌分离，六个样品中共鉴定出四种霉菌，鉴定结果见表 2。

表 2　2009 年 4 月样品（共六个样品）

样品编号	鉴定结果
09-1	细交链孢霉（Alternaria tenuis）
09-2	细交链孢霉（Alternaria tenuis）
09-3	分孢属（Meria）
09-4	娄地干酪青霉（Penicillium roqueforti）
09-5-1	细交链孢霉（Alternaria tenuis）
09-5-2	土生交链孢霉（Alternaria humicola）
09-5-3	土生交链孢霉（Alternaria humicola）

鉴定菌种的特征描述如下。

1. 细交链孢霉（Alternaria tenuis）

在沙氏培养基上，菌落黄褐色，中心黑色孢子，菌落边缘白色菌丝。菌丝细，透明，菌丝有隔。孢子梗直立，分枝或不分枝，产生大量分生孢子，分生孢子形成长达 10 个左右孢子组成的孢子链，孢子有喙或无喙，形状变化很大，卵形、肾形、倒棍棒形等。（图 1）

2. 分孢属（Meria）

菌落正面中心黑色，绒毛状，菌丝边缘白色，向周围扩散生长，菌落较薄，菌落背面黑褐色。菌丝无色、较细，产生大量孢子，孢子卵形。（图 2）

3. 娄地干酪青霉（Penicillium roqueforti）

菌落正面和背面都是墨绿色，菌落扩散，边缘呈蜘蛛网状，菌落表面产生大量分生孢子。菌丝较细，分生孢子梗稍粗，二级小梗不对称，分生孢子球形至卵圆形。（图 3）

4. 土生交链孢霉（Alternaria humicola）

菌落图见上图右，菌落黑褐色，中央突起，边缘颜色浅的菌丝，背面黑褐色。分生孢子梗总状分枝，有隔膜，分生孢子成链，长达 12 个孢子，圆筒形，倒棍棒形或葫芦形，壁砖状分隔，横隔膜 3 ～ 7 个，纵隔膜 1 ～ 5 个。分布与土壤中或木材上，引起木材变色。（图 4）

注　释

1　本报告由中国科学院木材研究所提供。
2　本报告由中国科学院木材研究所提供。
3　本报告由美国特拉华大学 Susan Buck 博士提供，由故宫博物院文保科技部雷勇博士翻译校核。
4　故宫博物院文保科技部实验室提供。

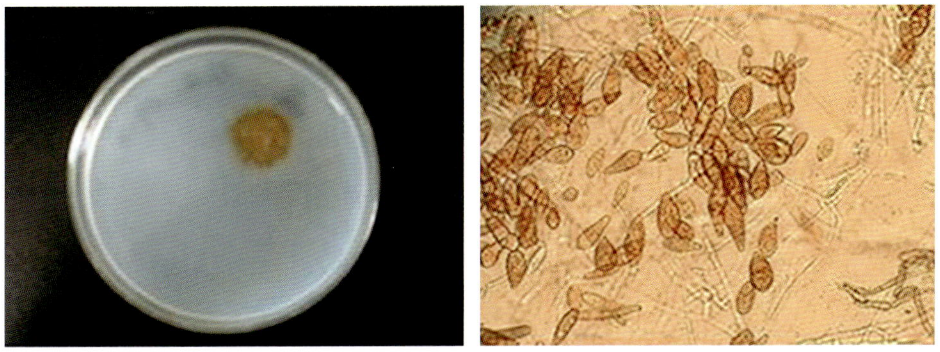

图 1　细交链孢霉菌落（左）及产孢结构（右）

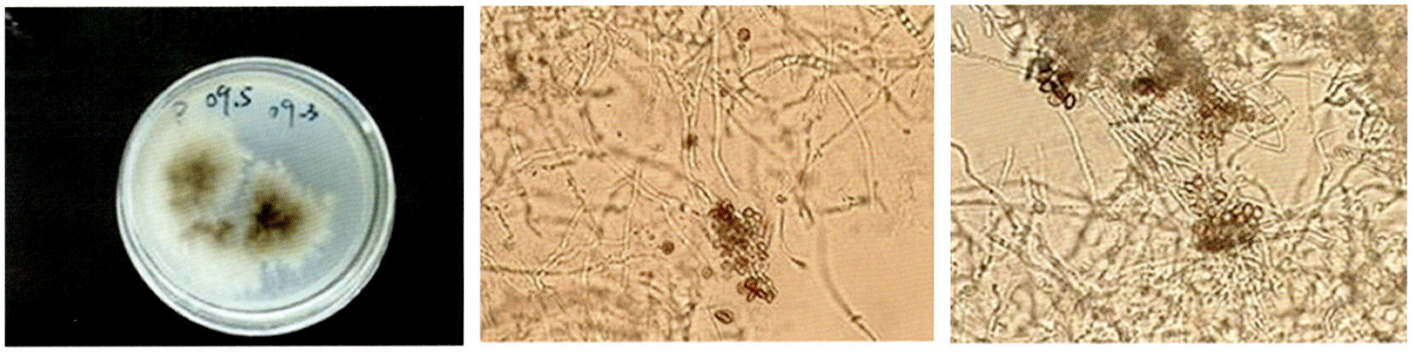

图 2　分孢霉菌落（左）、菌丝及产孢子结构（右）

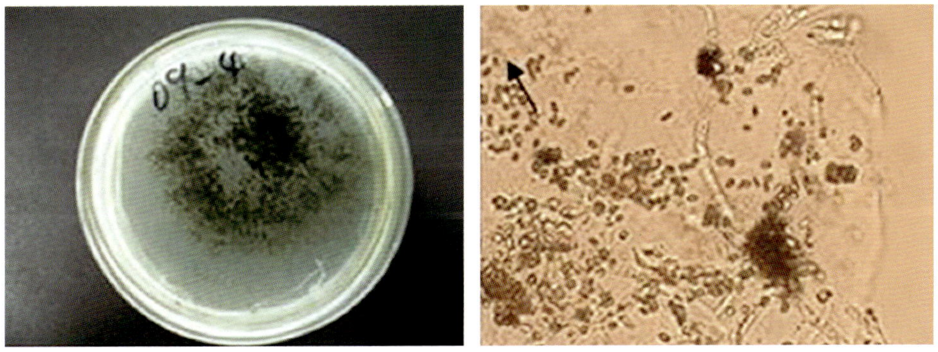

图 3　娄地干酪青霉菌落（左）及产孢子结构（右）

图 4　土生交链孢霉菌落（左）及产孢子结构（右）

附录二：符望阁室内贴落一览表[1]

Appendix II: Tieluo in Fuwangge

序号	作者	文物编号	类别	质地	尺寸（cm）	款识及背书
1	乾隆御笔	故 198972	法书	纸	纵 142、横 141.5	左下角钤方形篆书阳文印：乾隆宸翰（图 1） 又钤方形篆书阴文印：陶冶性灵 背面墨书：符望阁东门正处宝座内北墙
2	方琮	故 198975	绘画	绢	纵 153、横 112	左下角落款：臣方琮恭绘（印文残缺不存）（图 2） 背面贴白条，墨书：符望阁下层西部北间东炕上南面贴落一张
3	黄念	故 198971	绘画	纸	纵 163、横 112	钤方形篆书阳文印：黄念（图 3） 又钤方形篆书阳文印：恭画
4	董邦达	故 198996	绘画	绢	纵 174、横 54	正面左下角落款：臣董邦达恭画（图 4） 钤方形篆书阴文印：臣邦达印 又钤方形篆书阴文印：敬画 背面贴白条，墨书：符望阁下层北部东头东门北边贴落一张，山水，董邦达
5	嘉庆御笔	故 198980	法书	绢	纵 66、横 67	左下角钤方形篆书阴文印：嘉庆御笔（图 5） 又钤方形篆书阳文印：朝乾夕惕
6	乾隆御笔	故 199008	法书	纸	纵 163、横 43	上联右上角钤椭圆形篆书阳文印：中得天地心（图 6） 下联左下角钤方形篆书阳文印：所宝惟贤 又钤方形篆书阴文印：乾隆御笔
7	无	故 199004	拓片	纸	纵 96、横 53.5	钤方形篆书阴文印：乾隆宸翰（图 7） 又钤方形篆书阳文印：得象外意 中部楷书：子子孙孙 永保鉴之 右侧钤椭圆形篆书阳文印：鉴古 中部钤圆形篆书阳文印：古稀天子 左侧钤长方形篆书阴文印：保泰 左下部行楷：乌云一朵簇银蹄，画肉还看世鲜齐，底识明皇亲试马，宣和余得瘦金题。乾隆御题 钤方形篆书阳文印：比德 又钤方形篆书阳文印：朗润 右下部楷书：韩干明皇试马图 钤圆形篆书阴文印：乾隆鉴赏
8	高钊中	故 198993	法书	纸	纵 184、横 98	左下角钤方形篆书阴文印：臣高□□（图 8） 又钤方形篆书阳文印：敬书
9	嘉庆御笔	故 198988	法书	绢	纵 189、横 93	左下角钤方形篆书阴文印：嘉庆御笔之宝（图 9） 又钤方形篆书阳文印：夙闻诗礼凛心传 背面墨书：一墙上
10	董诰	故 199003	绘画	纸	纵 98、横 225	右下角落款：臣董诰敬绘（图 10） 钤方形篆书阳文印：臣 又钤方形篆书阴文印：诰 背面墨书：符望阁北门西南间西墙
11	王以衔	故 198987	法书	纸	纵 97、横 91	左下角钤方形篆书阴文印：臣王以衔（图 11） 又钤方形篆书阳文印：敬书
12	嘉庆御笔	故 198989	法书	纸	纵 192、横 83	左下角钤方形篆书阴文印：嘉庆御笔之宝（图 12） 又钤方形篆书阳文印：夙闻诗礼凛心传

1　故宫博物院宫廷部宗教文物科提供。

序号	作者	文物编号	类别	质地	尺寸（cm）	款识及背书
13	嘉庆御笔	故 198994	法书	纸	纵 184、横 98	左下角钤方形篆书阴文印：嘉庆御笔之宝（图 13） 又钤方形篆书阳文印：执两用中
14	谢遂	故 198979	绘画	纸	纵 162、横 72	正面左下角落款：臣谢遂恭绘（图 14） 钤方形篆书阴文印：臣遂 又钤方形篆书阳文印：恭画 背面贴白条，墨书：符望阁下层南部东小间炕上南墙上贴落一件
15	无	故 198976	绘画	纸	纵 178、横 52	正面左下角落款缺失（图 15） 背面贴白条，墨书：符望阁下层北部东头东门南边贴落一张，山水
16	嘉庆御笔	故 198981	法书	绢	纵 100、横 63	左下角钤方形篆书阴文印：嘉庆御笔之宝（图 16） 又钤方形篆书阳文印：执两用中
17	嘉庆御笔	故 198984	法书	绢	纵 103、横 32	上联右上角钤葫芦形篆书阳文印：菑畬经训（图 17） 下联左下角钤方形篆书阴文印：嘉庆御笔 又钤方形篆书阳文印：朝乾夕惕
18	嘉庆御笔	故 198983	法书	绢	纵 98、横 24	下联左下角钤方形篆书阴文印：嘉庆御笔（图 18） 又钤方形篆书阳文印：朝乾夕惕
19	嘉庆御笔	故 199005	法书	绢	纵 73、横 140.5	左下角钤方形篆书阴文印：嘉庆御笔之宝（图 19） 又钤方形篆书阳文印：执两用中 背面贴白条，墨书：符望阁下层东部中间西炕以北北墙横幅一张，嘉庆御笔
20	乾隆御笔	故 199007	法书	纸	纵 107、横 42	上联右上角钤椭圆形篆书阳文印：奉三无私（图 20） 下联左下角钤方形篆书阴文印：所宝惟贤 又钤方形篆书阳文印：乾隆御笔
21	嘉庆御笔	故 198973	法书	绢	纵 115、横 29.5	下联左下角钤方形篆书阴文印：嘉庆御笔（图 21） 又钤方形篆书阳文印：朝乾夕惕
22	嘉庆御笔	故 198978	法书	绢	纵 104、横 67	左下角钤方形篆书阳文印：嘉庆御笔（图 22） 又钤方形篆书阴文印：所宝惟贤
23	嘉庆御笔	故 198999	法书	绢	纵 57.5、横 112	左下角钤方形篆书阳文印：嘉庆御笔（图 23） 又钤方形篆书阴文印：所宝惟贤 背面贴白条，墨书：符望阁下层北部东头东门上黄色横幅一张，嘉庆御笔
24	无	故 198997	绘画	绢	纵 155.5、横 112	钤方形篆书阴文印：臣钱口口（图 24） 又钤方形篆书阳文印，印文不辨 背面贴白条，墨书：符望阁下层西部北间东炕上北面贴落一件
25	乾隆御笔	故 198995	法书	纸	纵 82、横 110	左下角钤方形篆书阴文印：惟精惟一（图 25） 又钤方形篆书阳文印：乾隆宸翰 背面贴白条，墨书：符望阁下层东部北后间西墙上乾隆御笔黄色横幅一张
26	嘉庆御笔	故 198992	法书	绢	纵 175.5、横 78	左下角钤方形篆书阴文印：嘉庆御笔之宝（图 26） 又钤方形篆书阳文印：夙闻诗礼凛心传 背面贴白条，墨书：符望阁下层南部台东东小间北墙上嘉庆御笔中堂贴落一件
27	嘉庆御笔	故 198991	法书	纸	纵 107、横 114	左下角钤方形篆书阴文印：嘉庆御笔之宝（图 27） 又钤方形篆书阳文印：执两用中 背面贴白条，墨书：符望阁下层西部中间东炕迤南南墙上嘉庆御笔贴落一件 背面墨书：符望阁西门内明间南墙
28	袁瑛	故 198998	绘画	纸	纵 158、横 72	正面左下角落款：臣袁瑛恭绘（图 28） 钤方形篆书阳文印：臣 又钤方形篆书阴文印：瑛 背面贴白条，墨书：符望阁下层北部西头南假门上贴落一张，山水
29	嘉庆御笔	故 198985	法书	绢	纵 100、横 37	上联右上角钤椭圆形篆书阳文印：谦受益（图 29） 下联左下角钤方形篆书阳文印：嘉庆御笔 又钤方形篆书阴文印：所宝惟贤
30	嘉庆御笔	故 198982	法书	绢	纵 106、横 65	左下角钤方形篆书阴文印：嘉庆御笔之宝（图 30） 又钤方形篆书阳文印：夙闻诗礼凛心传

序号	作者	文物编号	类别	质地	尺寸（cm）	款识及背书
31	嘉庆御笔	故 198977	法书	绢	纵 78、横 157	左下角钤方形篆书阴文印：嘉庆御笔之宝（图 31） 又钤方形篆书阳文印：夙闻诗礼凛心传
32	嘉庆御笔	故 198999	法书	绢	纵 57.5、横 112	左下角钤方形篆书阳文印：嘉庆御笔（图 32） 又钤方形篆书阴文印：所宝惟贤 背面贴白条，墨书：符望阁下层北部东头东门上黄色横幅一张，嘉庆御笔
33	董诰	故 198965	绘画	纸	纵 193、横 60.5	左下角落款：臣董诰敬绘（图 33） 钤方形篆书阳文印：臣 又钤方形篆书阴文印：董诰
34	乾隆御笔	故 199006	法书	纸	纵 60、横 90	左下角钤方形篆书阳文印：所宝惟贤（图 34） 又钤方形篆书阴文印：乾隆御笔
35	嘉庆御笔	故 199002	法书	绢	纵 101.5、横 190	左下角钤方形篆书阳文印：嘉庆御笔（图 35） 又钤方形篆书阴文印：所宝惟贤 背面贴白条，墨书：符望阁下层东部炕南南墙上，嘉庆横幅贴落一件
36	嘉庆御笔	故 199000	法书	绢	纵 70、横 114	左下角钤方形篆书阳文印：周甲延禧之宝（图 36） 又钤方形篆书阴文印：健行不息
37	嘉庆御笔	故 198990	法书	绢	纵 106、横 113	左下角钤方形篆书阳文印：周甲延禧之宝（图 37） 又钤方形篆书阳文印：执两用中
38	嘉庆御笔	故 198974	法书	绢	纵 127、横 107.5	左下角钤方形篆书阴文印：嘉庆御笔之宝（图 38） 又钤方形篆书阳文印：夙闻诗礼凛心传 背面贴白条，墨书：符望阁下层西部北间东炕上东墙嘉庆御笔贴落一件
39	嘉庆御笔	故 198970	法书	绢	纵 166、横 113	左下角钤方形篆书阴文印：嘉庆御笔之宝（图 39） 又钤方形篆书阳文印：夙闻诗礼凛心传 背面贴白条，墨书：符望阁下层……（残）……南面贴落……（残）……
40	魏鹤龄	故 198968	法书	纸	纵 138、横 144	右下角落款：臣魏鹤龄恭画（图 40） 钤方形篆书阴文印：臣魏鹤龄 又钤方形篆书阳文印：恭画
41	沈世杰	故 198967	法书	绢	纵 152、横 153	左下角落款：臣沈世杰恭画（图 41） 钤方形篆书阴文印：臣沈世杰 又钤方形篆书阳文印：恭画 背面贴白条，墨书：乾隆花园南部旭辉庭内贴落
42	乾隆御笔	故 199001	法书	纸	纵 94、横 186	左下角钤圆形八卦乾文印（图 42） 又钤方形篆书阳文印：隆
43	董诰	故 198986	绘画	绢	残纵 270、残横 270	正面右下角落款：臣董诰恭画 钤方形篆书阴文印：臣诰私印 又钤方形篆书阴文印：□□供奉 背面墨书：符望阁东门内明间南墙通景画一片 背面又贴白条，墨书：符望阁下层东部南间南墙上大贴落一张
44	蒋懋德	故 198966	绘画	绢	纵 446、横 282	左下角落款：臣蒋懋德恭画 钤方形篆书阳文印：臣德 又钤方形篆书阳文印：恭画 背面贴白条，墨书：符望阁下层北部西小间内南墙上大贴落一张

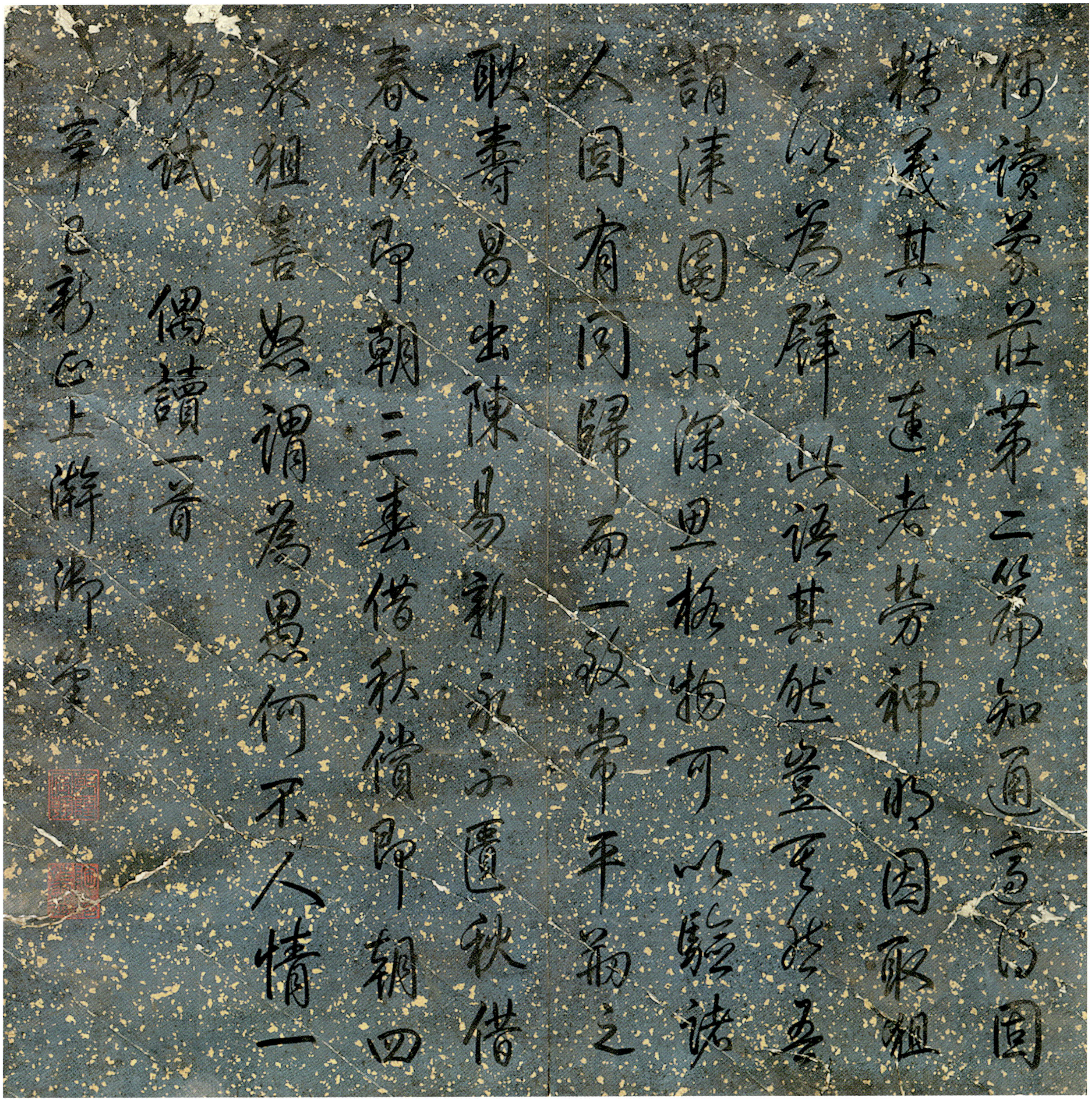

图 1　乾隆御笔贴落

图 2　方琮画山水贴落

图 3　黄念画人物贴落

图4　董邦达画山水贴落

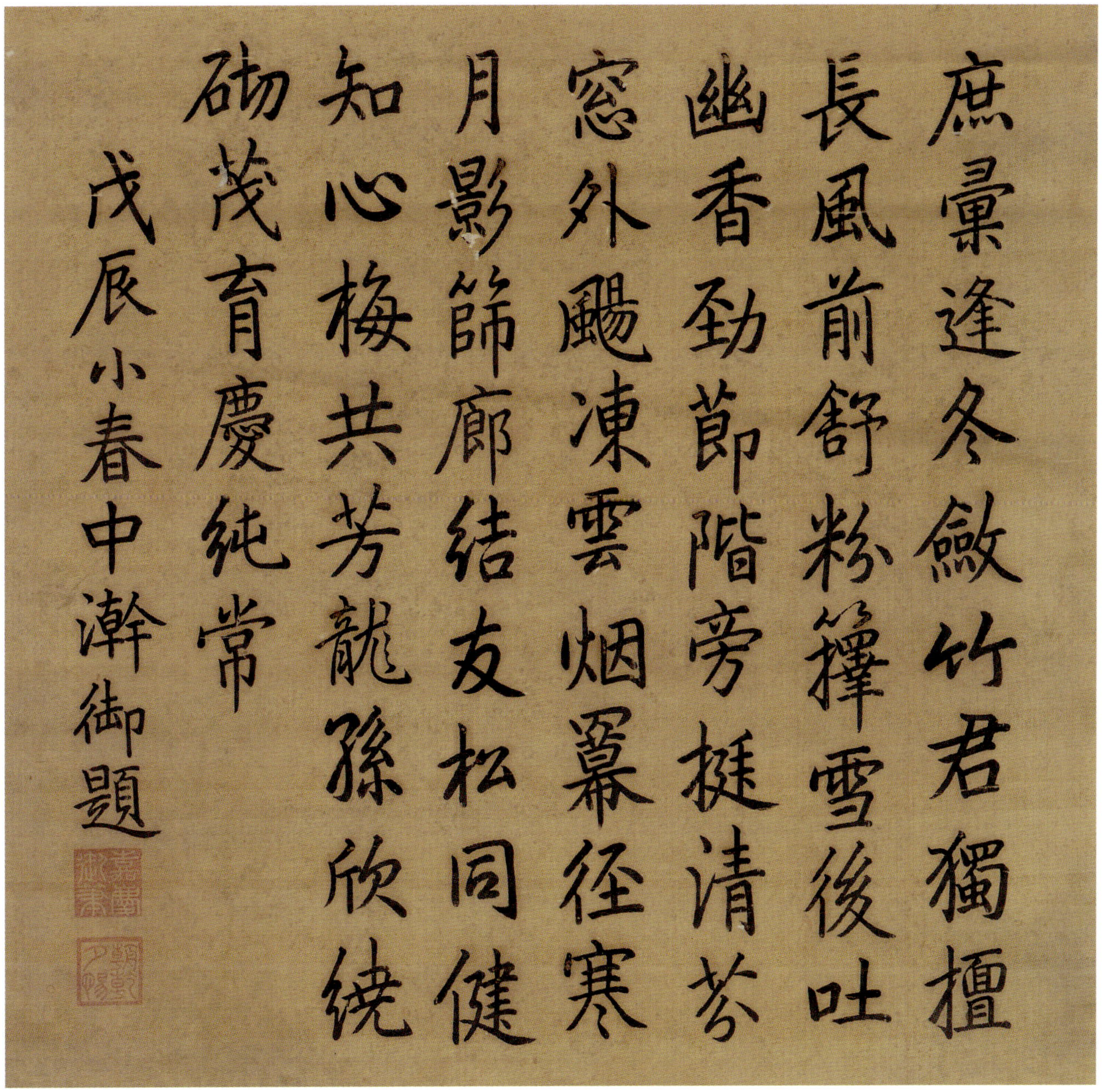
庶彙逢冬斂竹君獨擅
長風前舒粉籜雪後吐
幽香勁節階旁挺清芬
窓外颼凍雲烟冪径寒
月影篩廊结友松同健
知心梅共芳龍孫欣绕
砌茂育慶纯常
戊辰小春中澣御題

图 5　嘉庆御笔贴落

图 6　乾隆御笔贴落

图 7　墨拓韩干明皇试马图

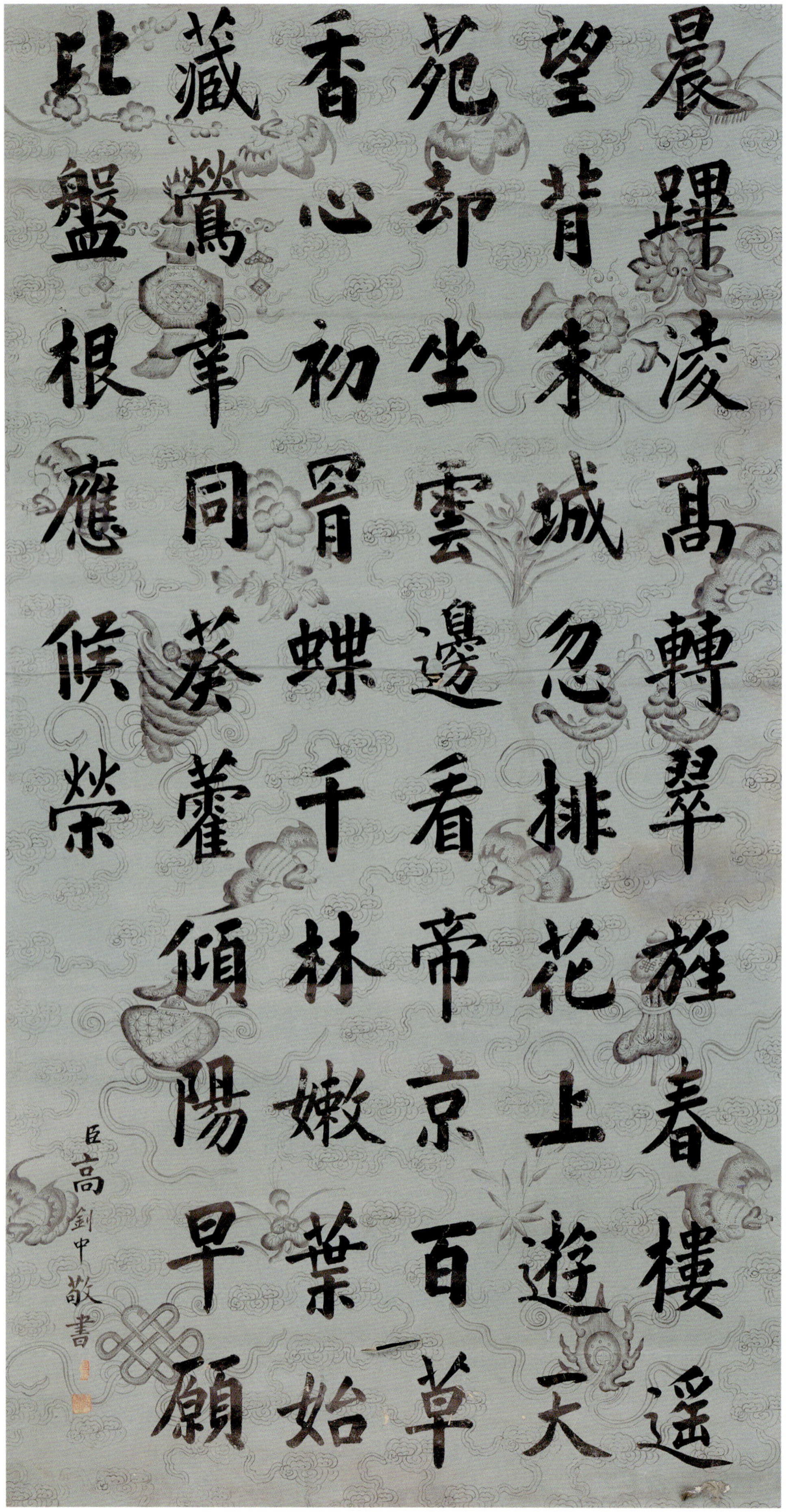
晨躍淩高轉翠旌春樓遥
望背朱城忽排花上遊天
苑却坐雲邊看帝京百草
香心初罥蝶千林嫩葉始
藏鶯幸同葵藿傾陽早顧
比盤根應候榮
臣高釗中敬書

图8　高钊中书贴落

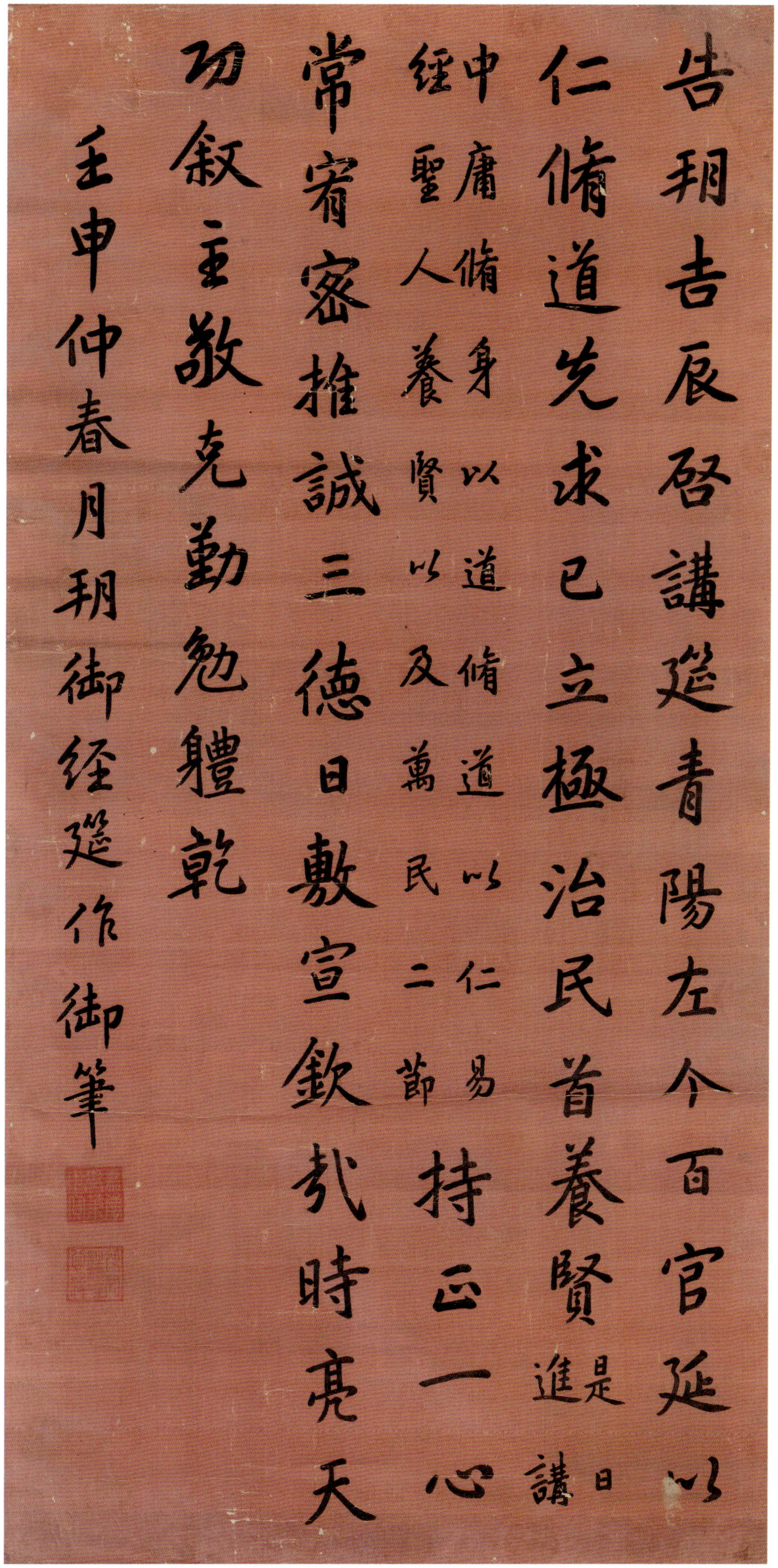
告朔吉辰啓講筵青陽左个百官延以
仁脩道先求己立極治民首養賢
是日進講
中庸脩身以道脩道以仁易
經聖人養賢以及萬民二節
持正一心
常宥密推誠三德日敷宣欽哉時亮天
功敘主敬克勤勉體乾
壬申仲春月朔御經筵作御筆

图 9　嘉庆御笔贴落

图 10　董诰画梅竹水仙山茶贴落

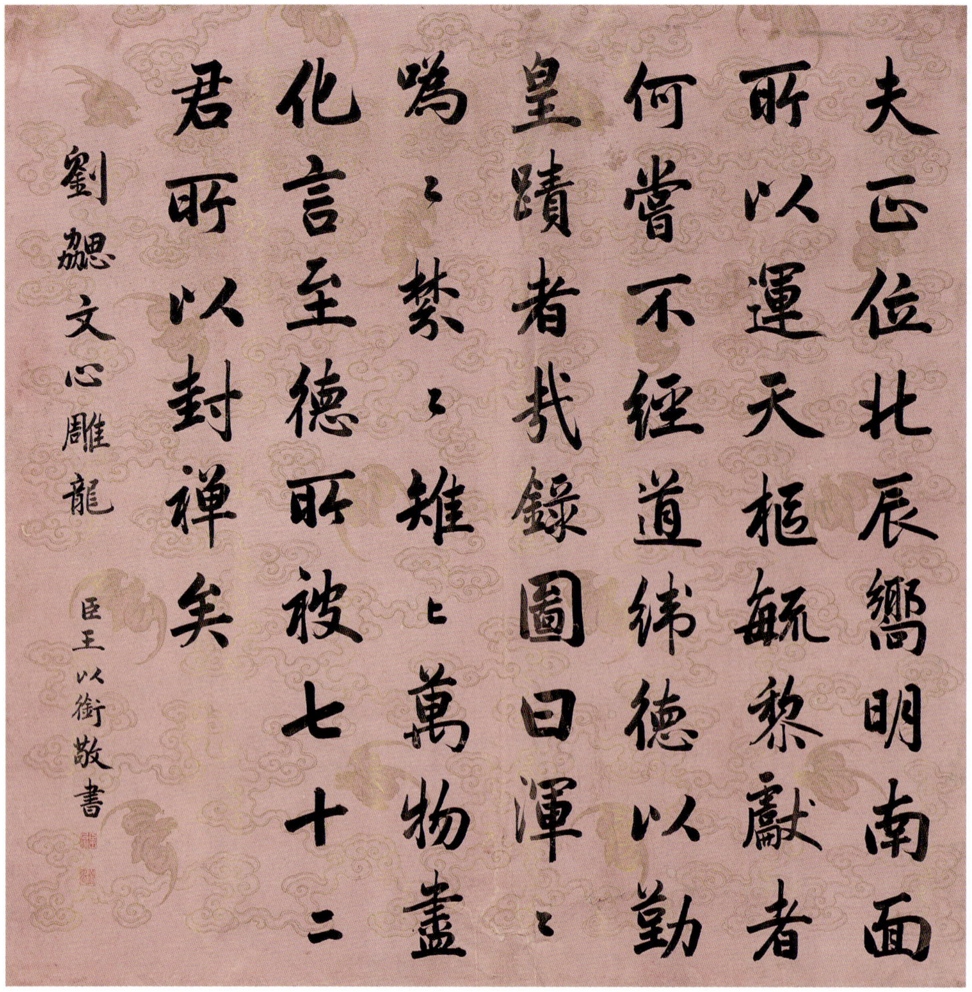

图 11　王以衔书贴落

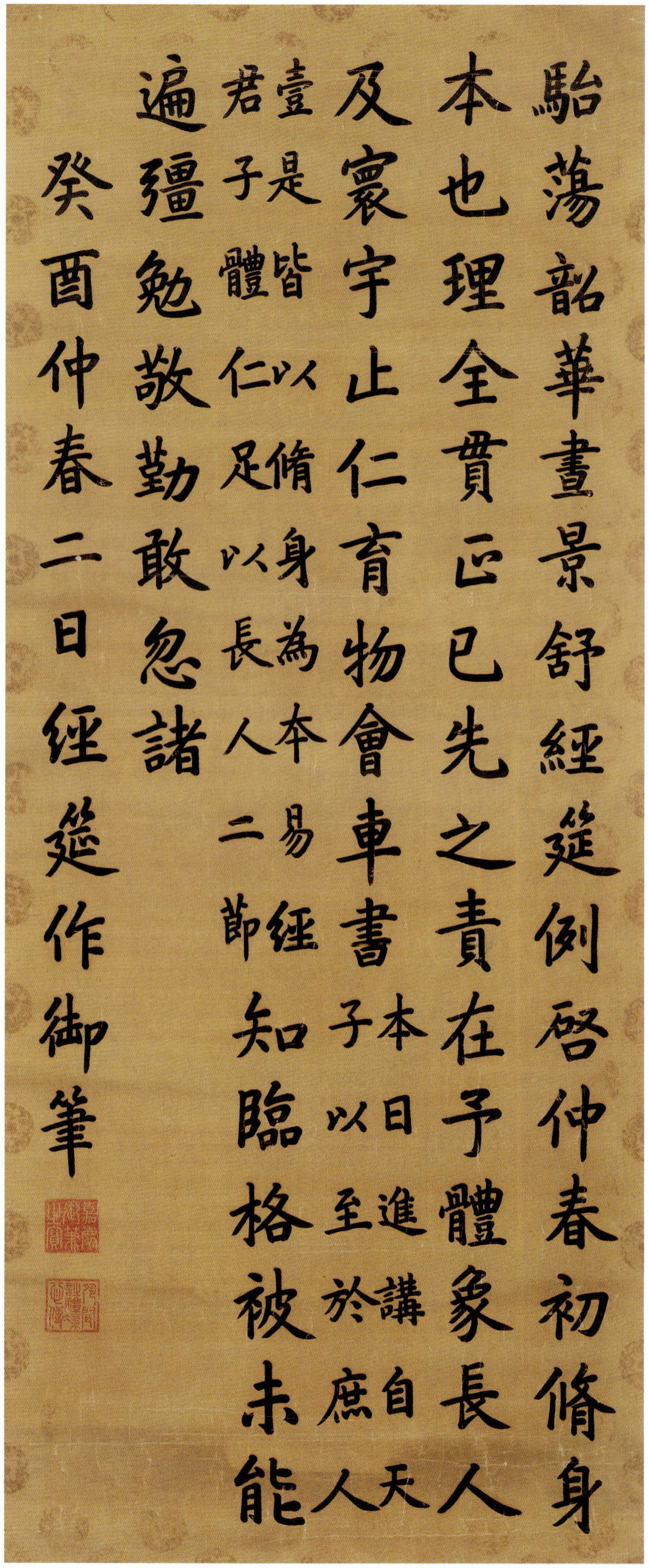

图 12　嘉庆御笔贴落

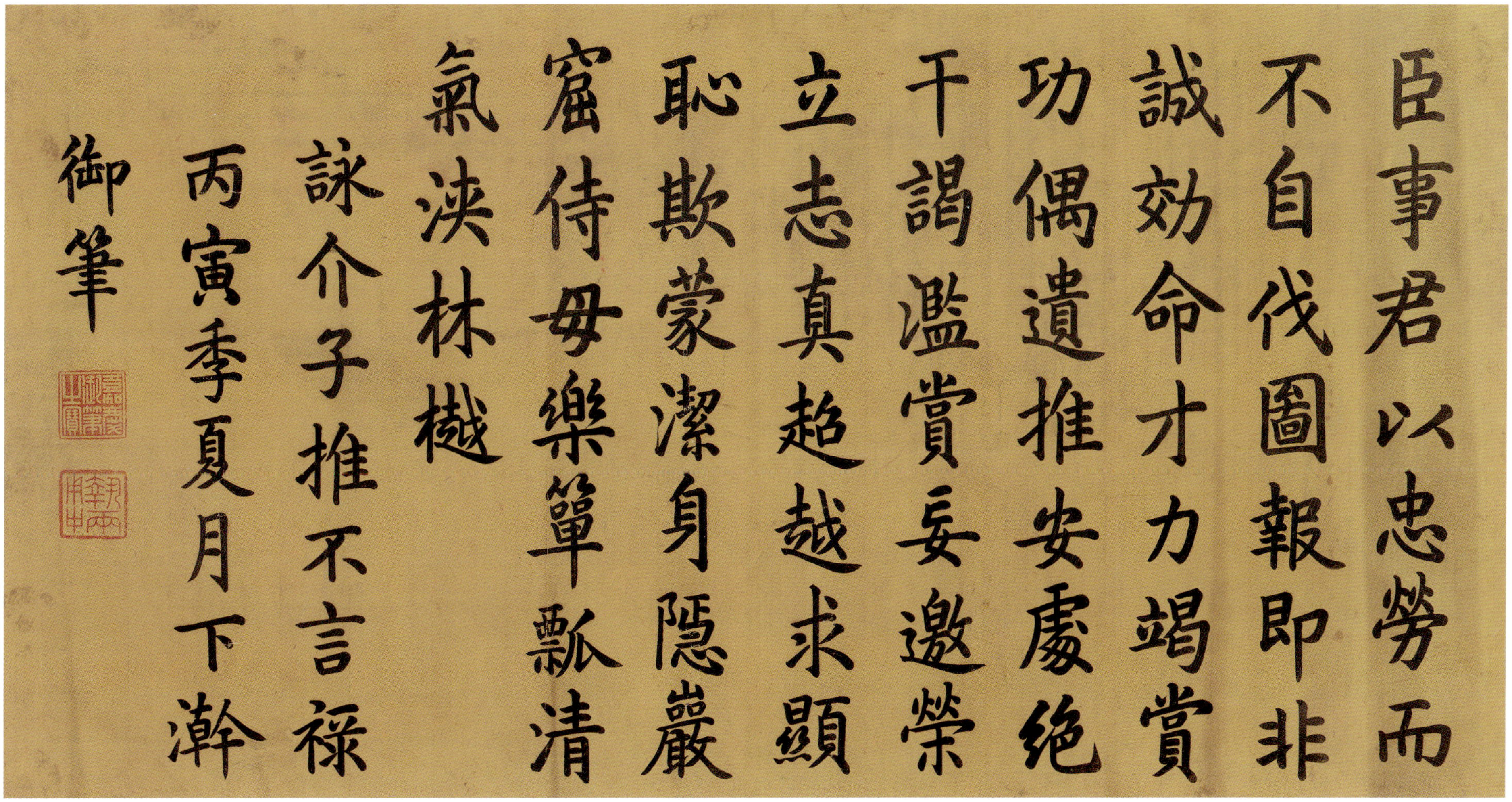
臣事君以忠勞而
不自伐圖報即非
識効命才力竭賞
功偶遺推安處绝
干謁濫賞妄邀榮
立志真超越求顯
恥欺蒙潔身隱巖
窟侍毋樂簞瓢清
氣浹林樾
詠介子推不言祿
丙寅季夏月下澣
御筆

图 13　嘉庆御笔贴落

图 14 谢遂画人物贴落

图 15　山水贴落

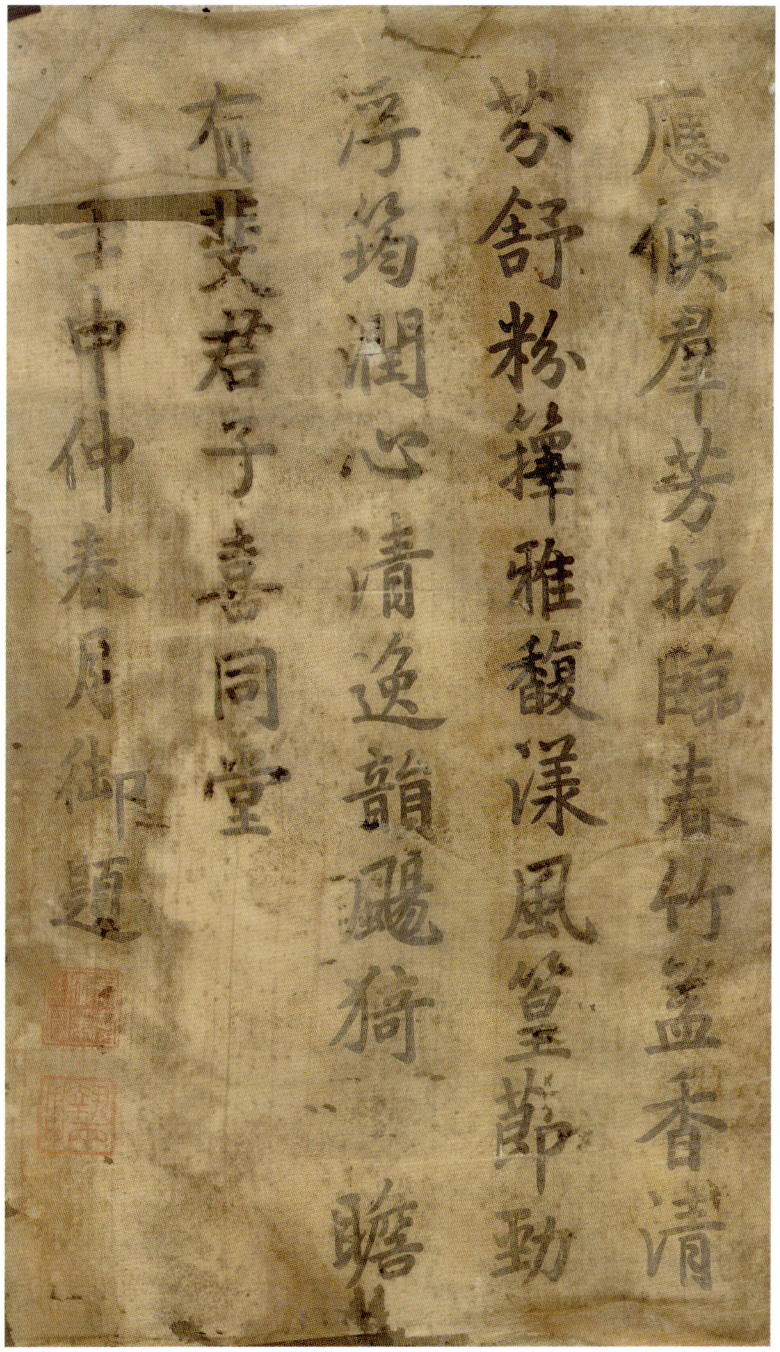

图 16　嘉庆御笔贴落

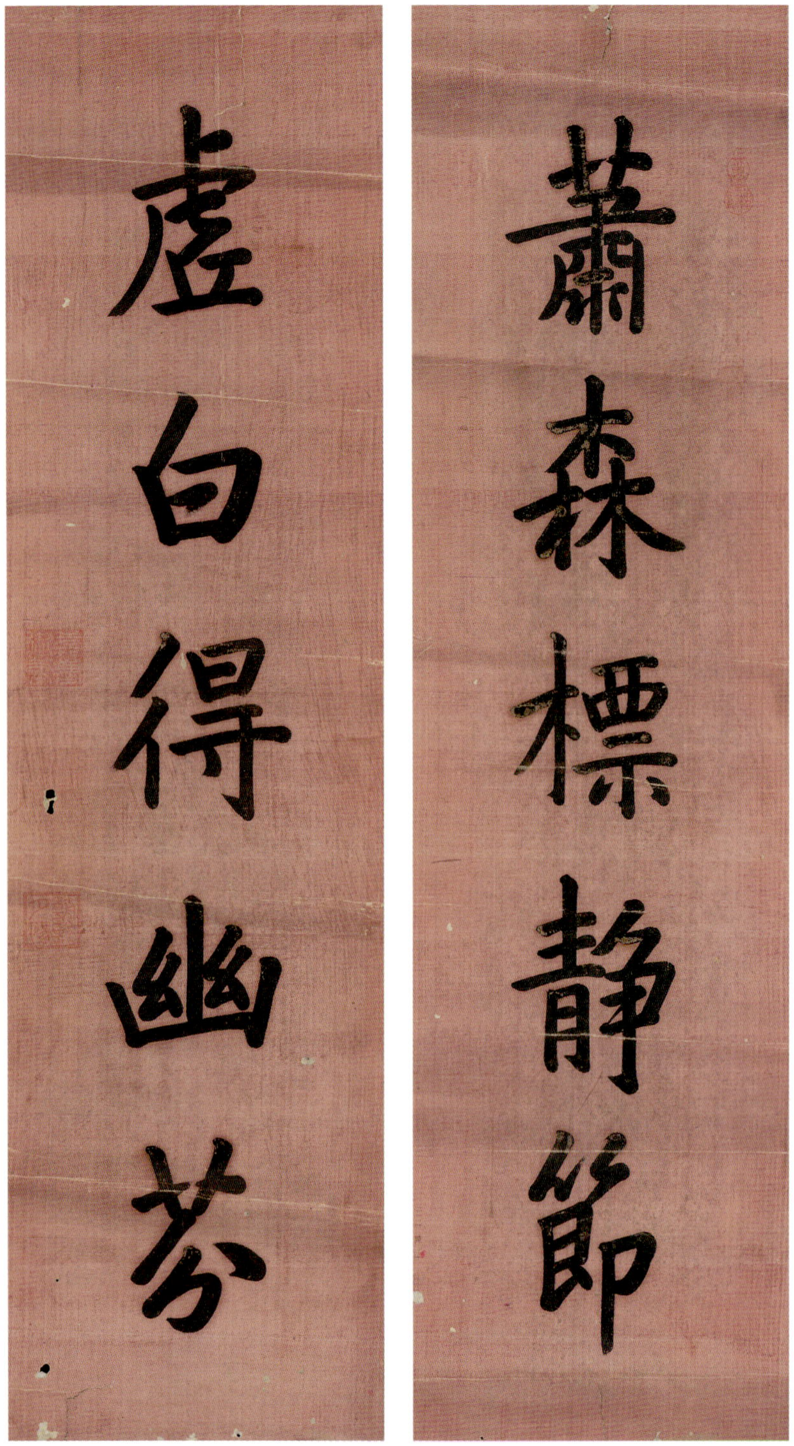

图 17　嘉庆御笔贴落

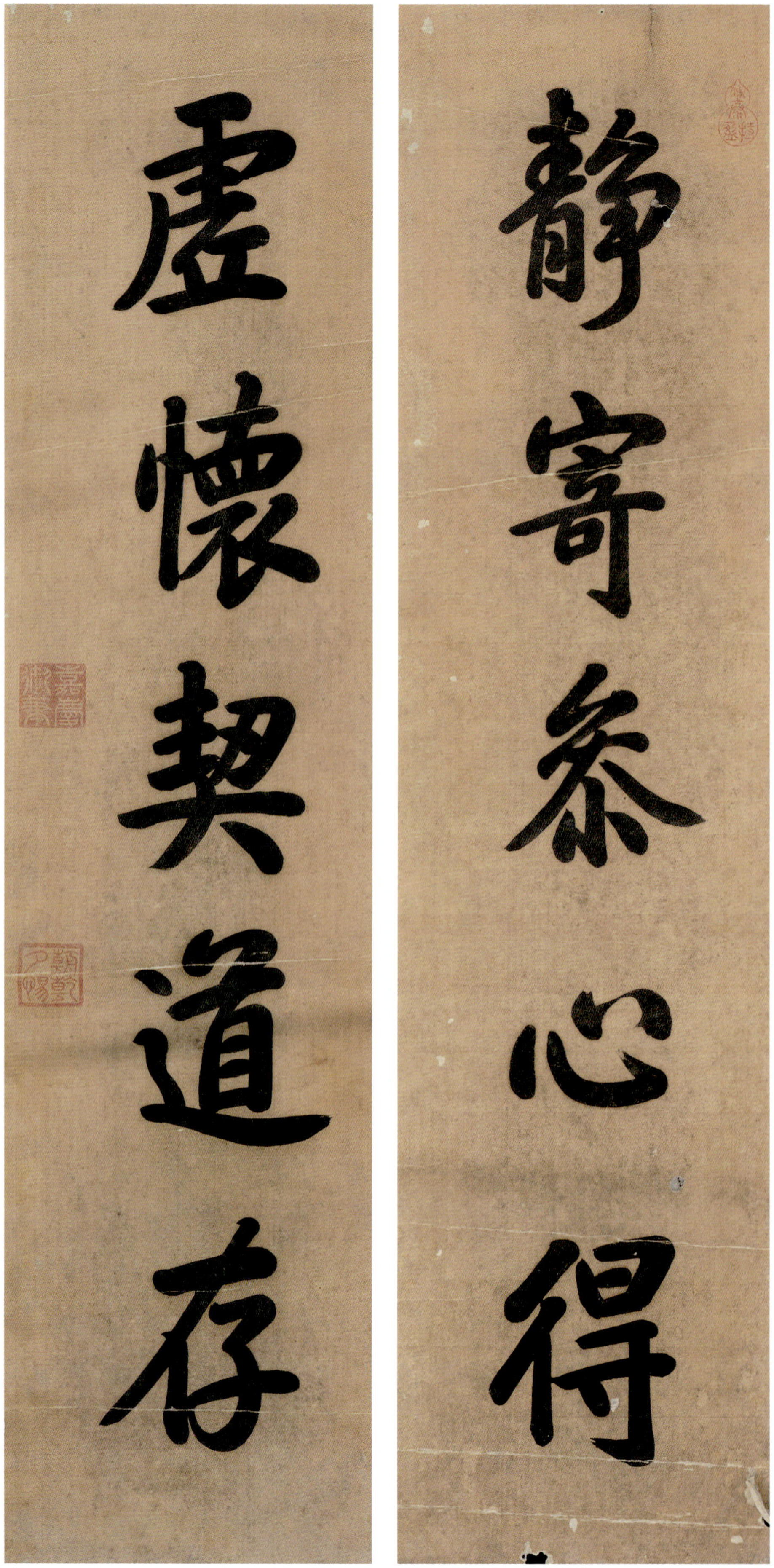

图 18　嘉庆御笔贴落

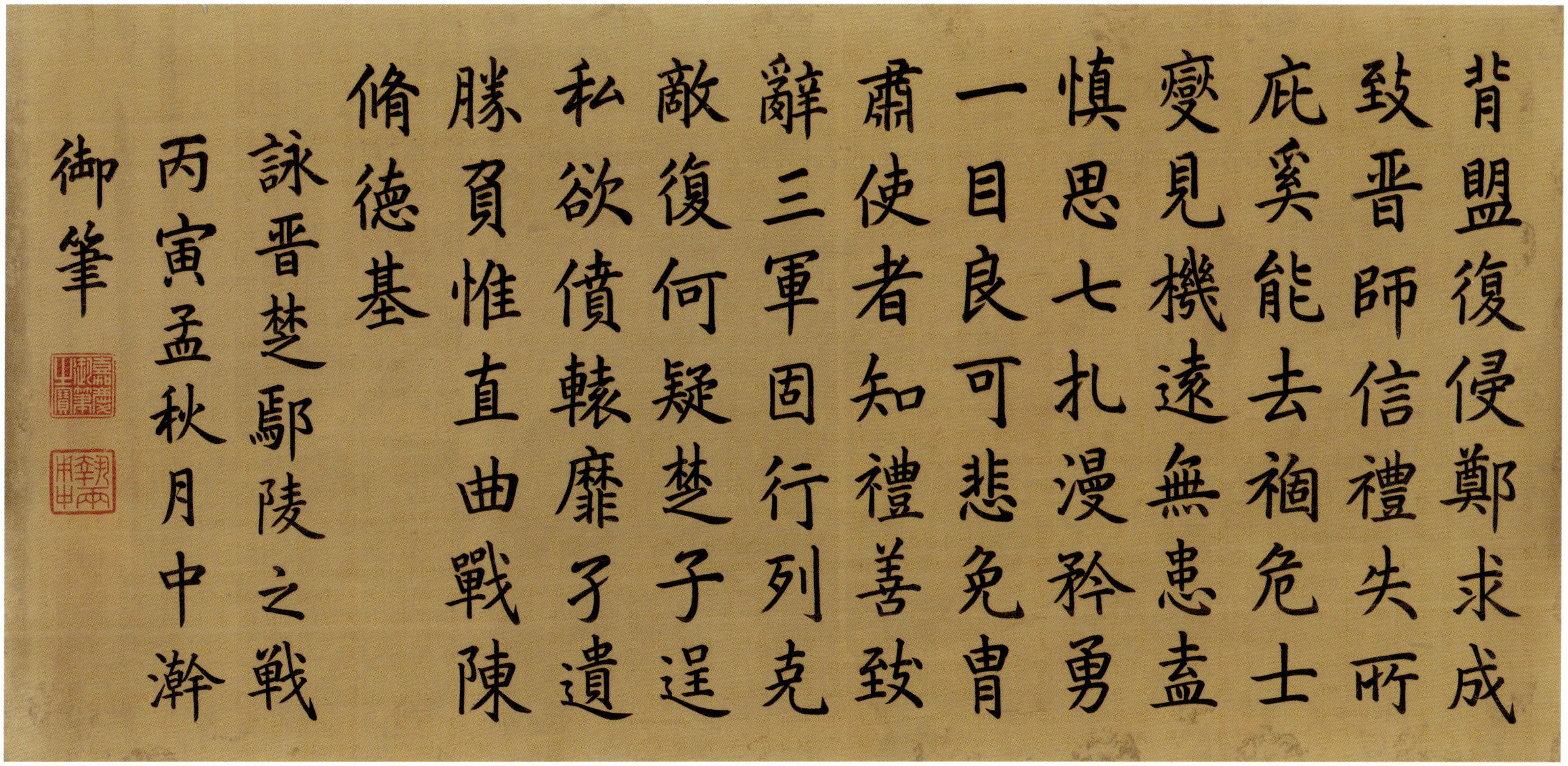
背盟復侵鄭求成
致晋師信禮失所
庇奚能去禍危士
燮見機遠無患盡
慎思七札漫矜勇
一目良可悲免冑
肅使者知禮善致
辭三軍固行列克
敵復何疑楚子逞
私欲僨轅靡孑遺
勝負惟直曲戰陳
脩德基
詠晋楚鄢陵之戰
丙寅孟秋月中澣
御筆
图 19　嘉庆御笔贴落

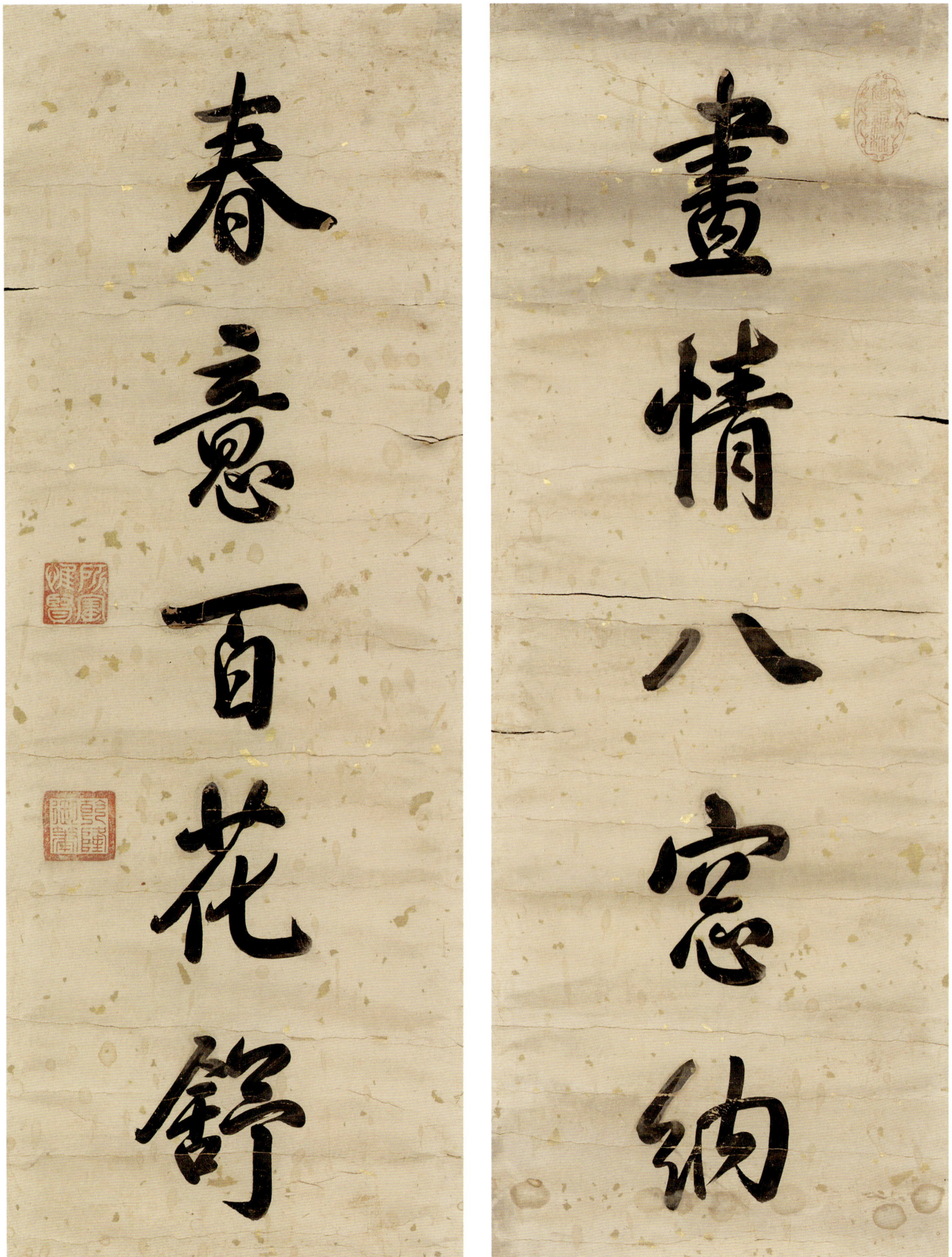

图 20　乾隆御笔贴落

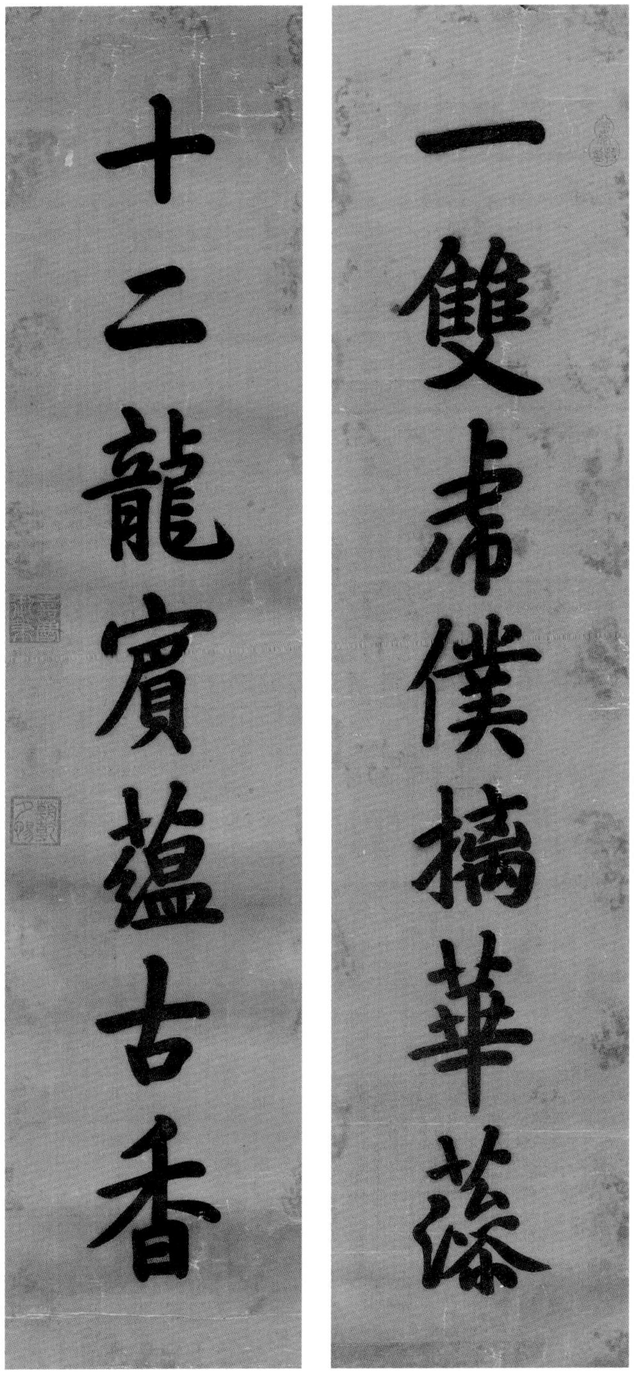

图 21　嘉庆御笔贴落

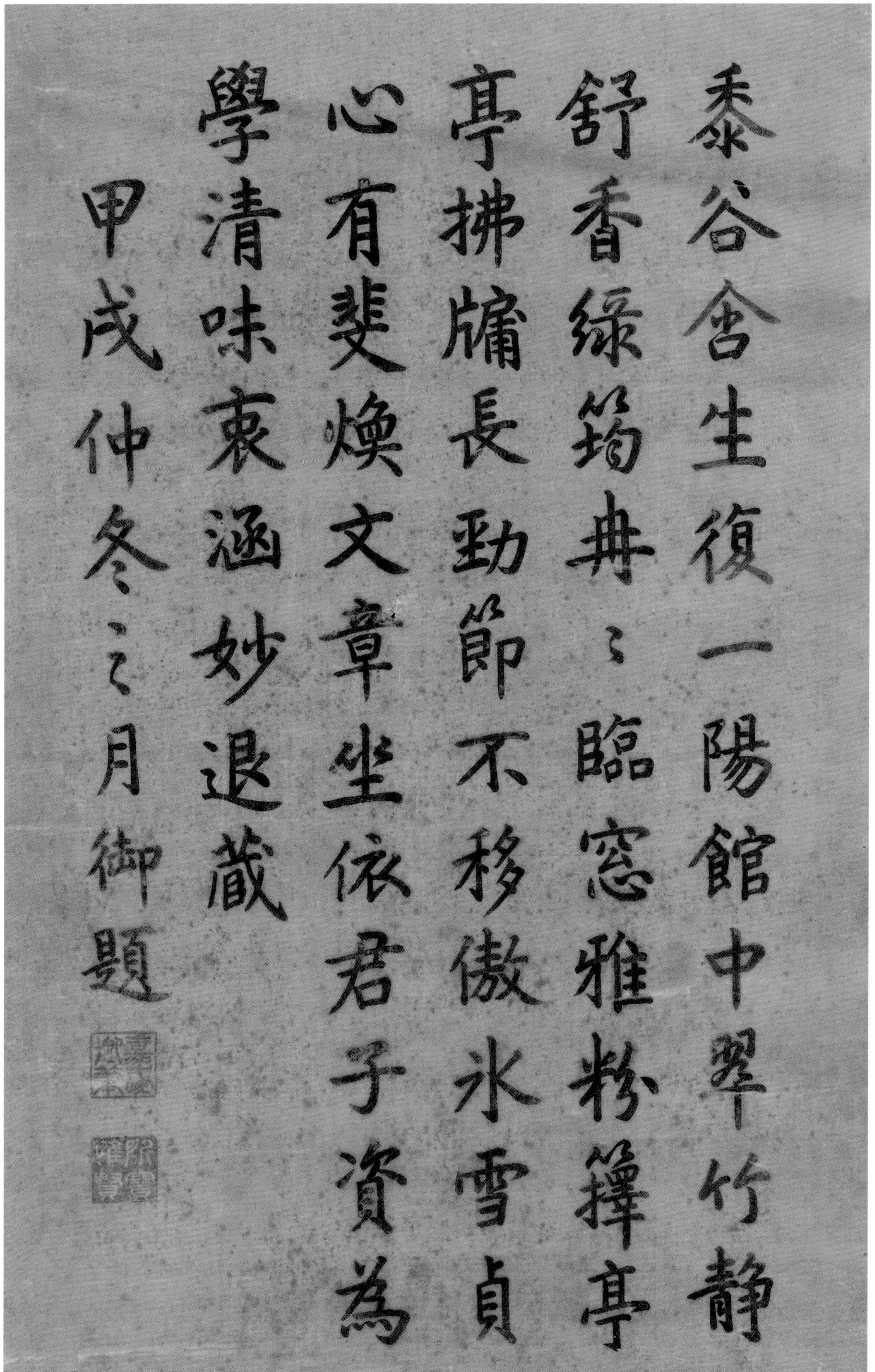

图 22　嘉庆御笔贴落

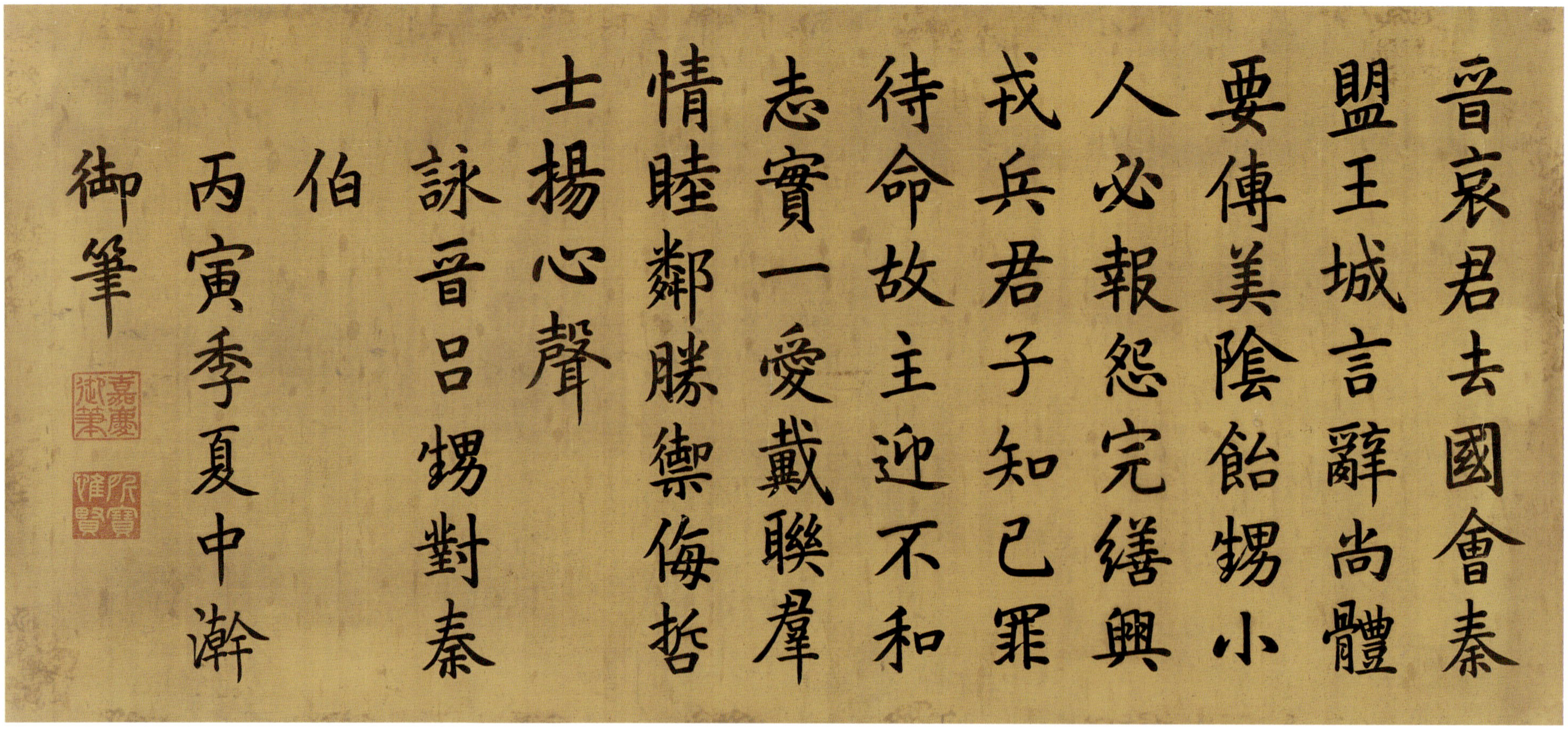
晉哀君去國會秦
盟王城言辭尚體
要傳美陰飴甥小
人必報怨完繕興
戎兵君子知己罪
待命故主迎不和
志實一愛戴聯羣
情睦鄰勝禦侮哲
士揚心聲
詠晉呂甥對秦
伯
丙寅季夏中澣
御筆
嘉慶御筆
所寶惟賢
图 23　嘉庆御笔贴落

图 24　山水贴落

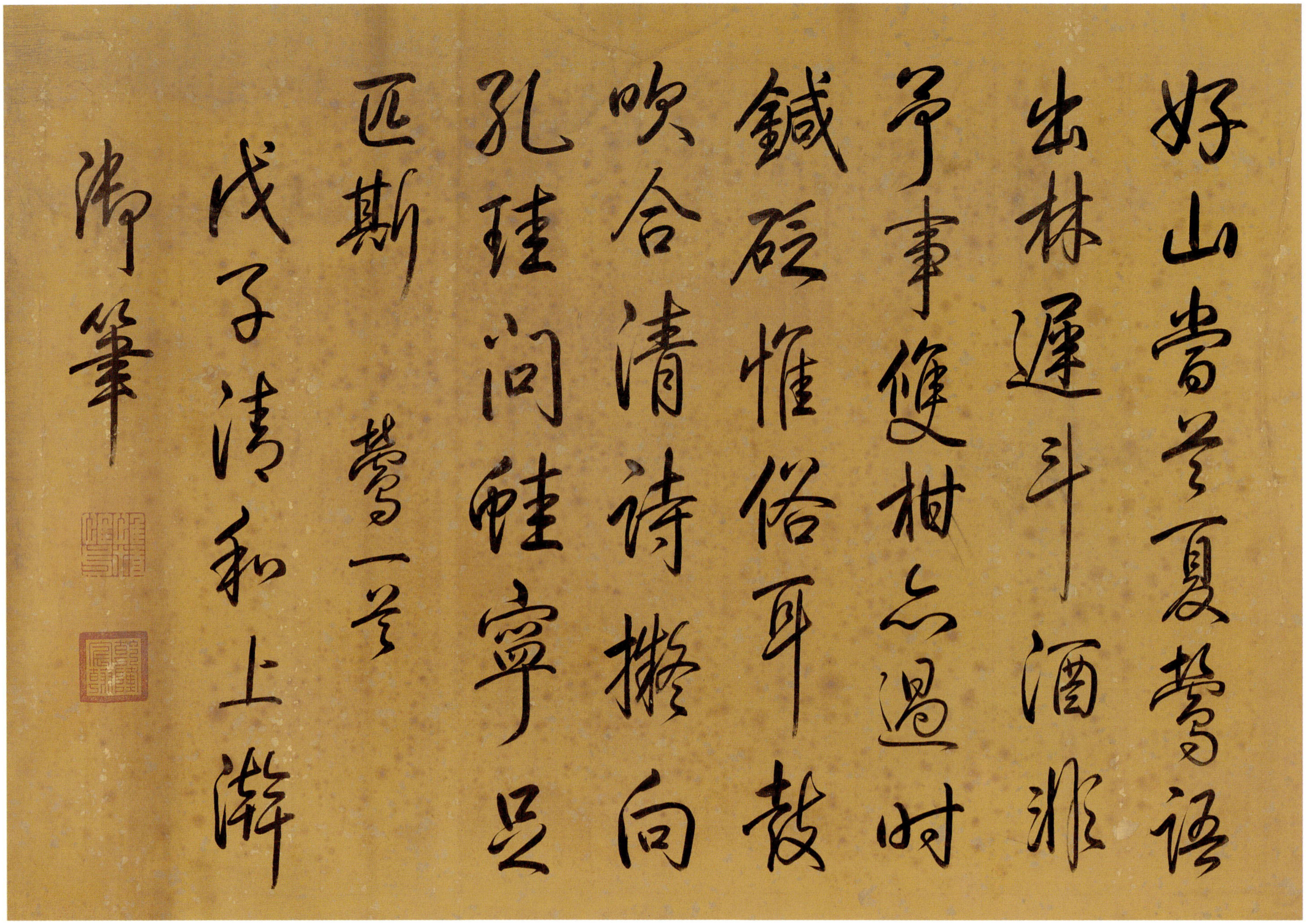

图 25　嘉庆御笔贴落

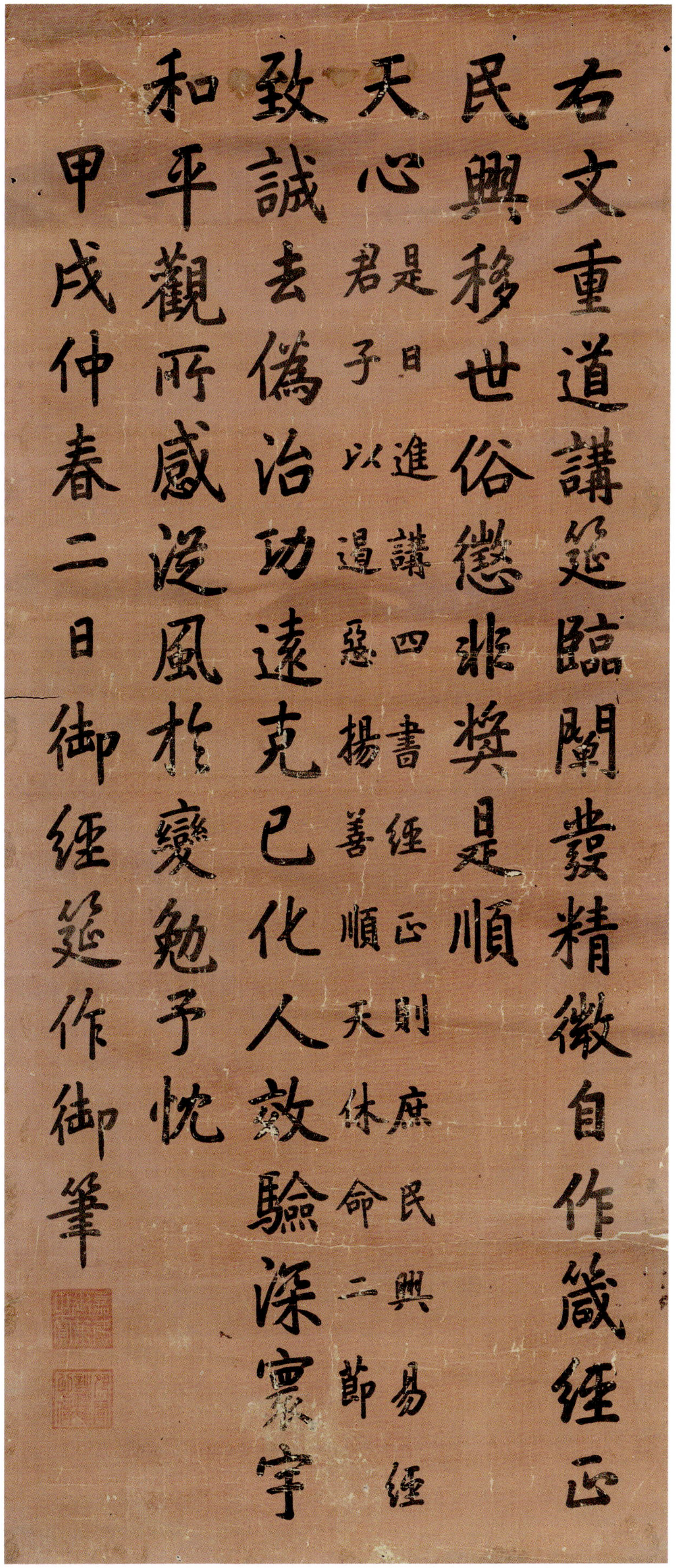
右文重道講筵臨闡發精微自作箴經正
民興移世俗懲非獎是順
天心
是日進講四書經正則庶民興易經
君子以遏惡揚善順天休命二節
致誠去偽治功遠克己化人敦驗深宸宇
和平觀所感從風於變勉予忱
甲戌仲春二日御經筵作御筆

图 26　嘉庆御笔贴落

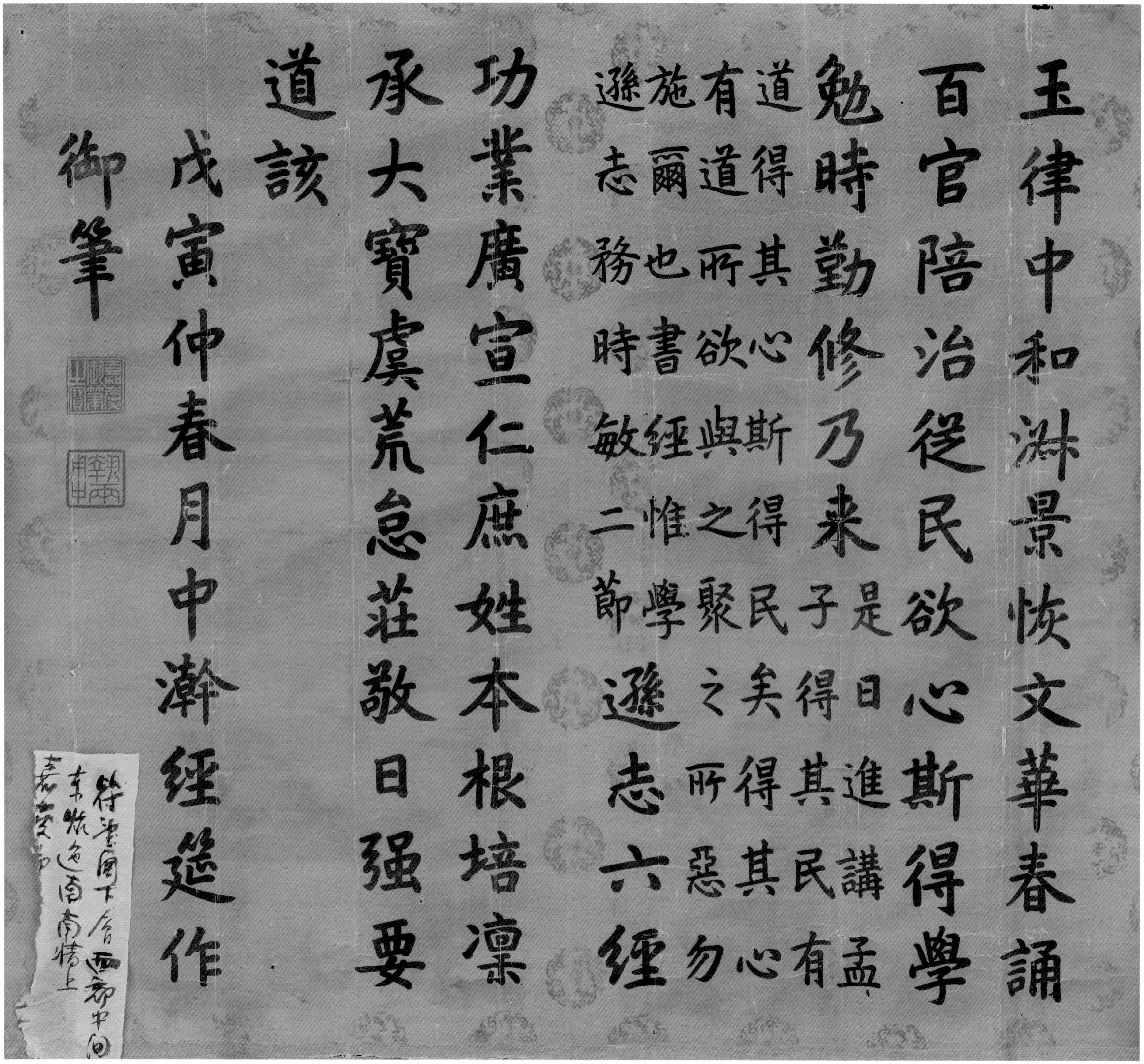
玉律中和淑景恢文華春誦
百官陪治從民欲心斯得學
勉時勤修乃来
是日進講孟
子得其民有
道得其心斯得民矣得其心
有道所欲與之聚之所惡勿
施爾也書經惟學
遜志務時敏二節
遜志六經
功業廣宣仁庶姓本根培凜
承大寶虞荒怠莊敬日強要
道該
戊寅仲春月中澣經筵作
御筆

图 27　嘉庆御笔贴落

图 28　袁瑛画山水人物贴落

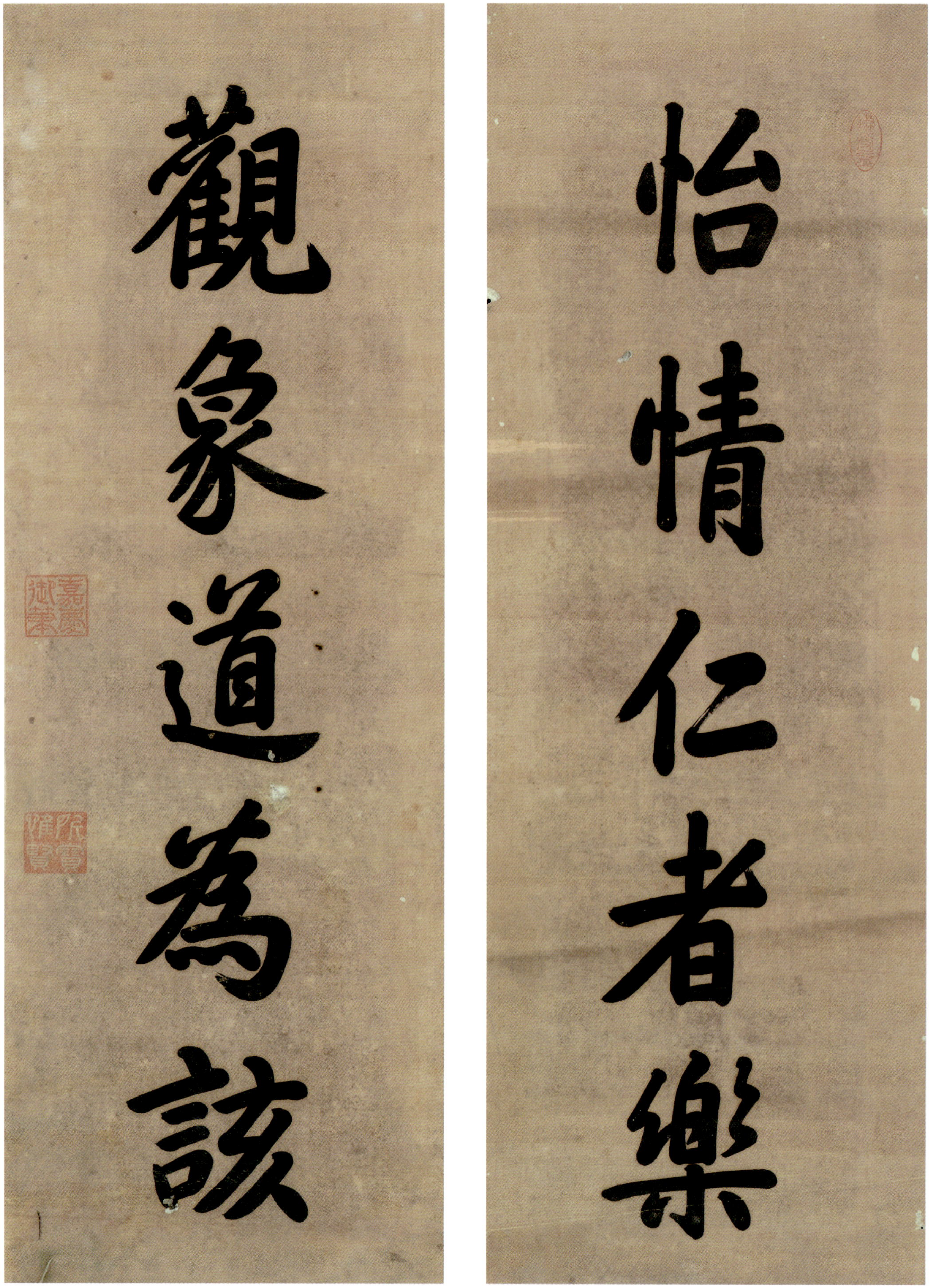

图 29　嘉庆御笔贴落

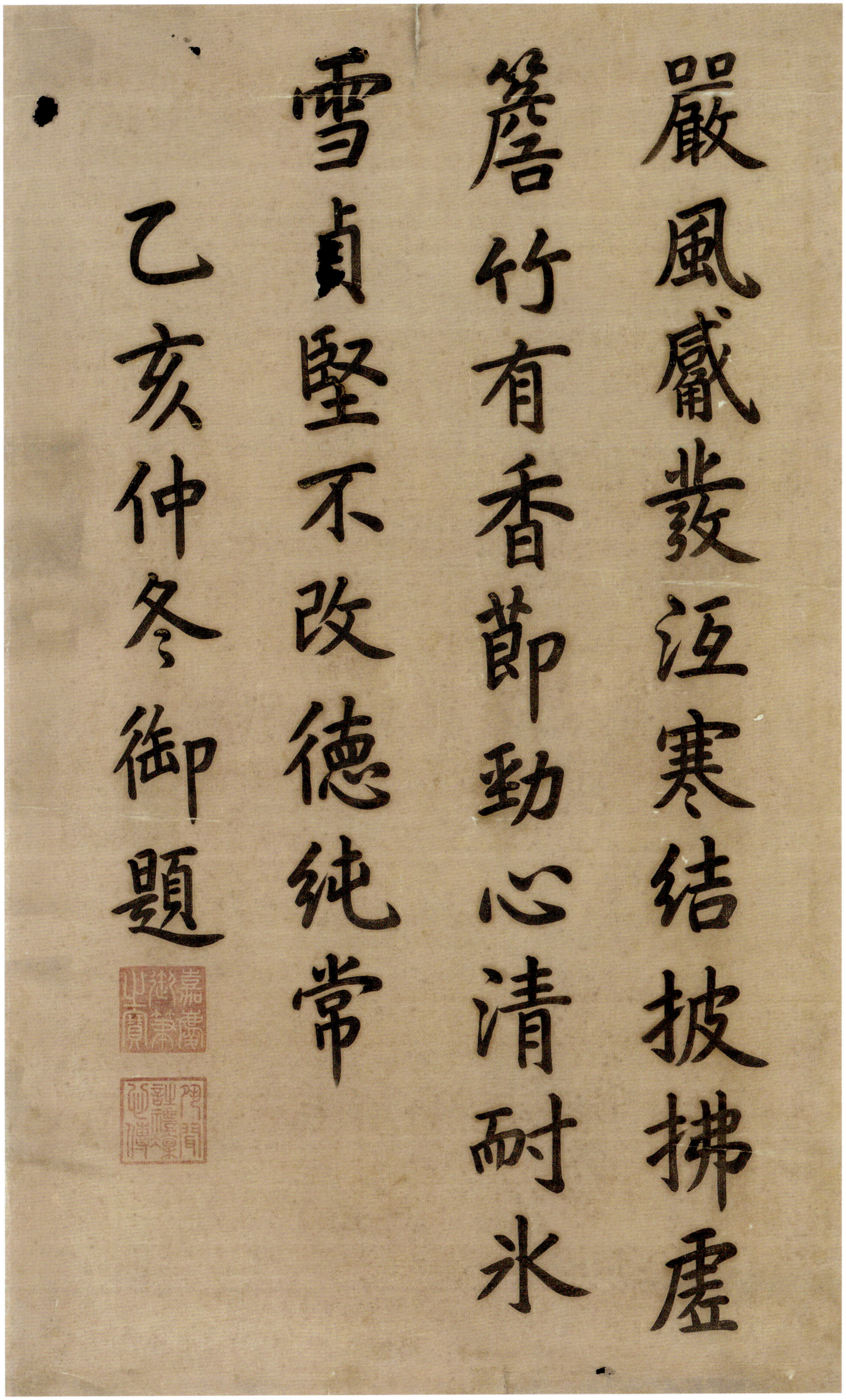

图 30　嘉庆御笔贴落

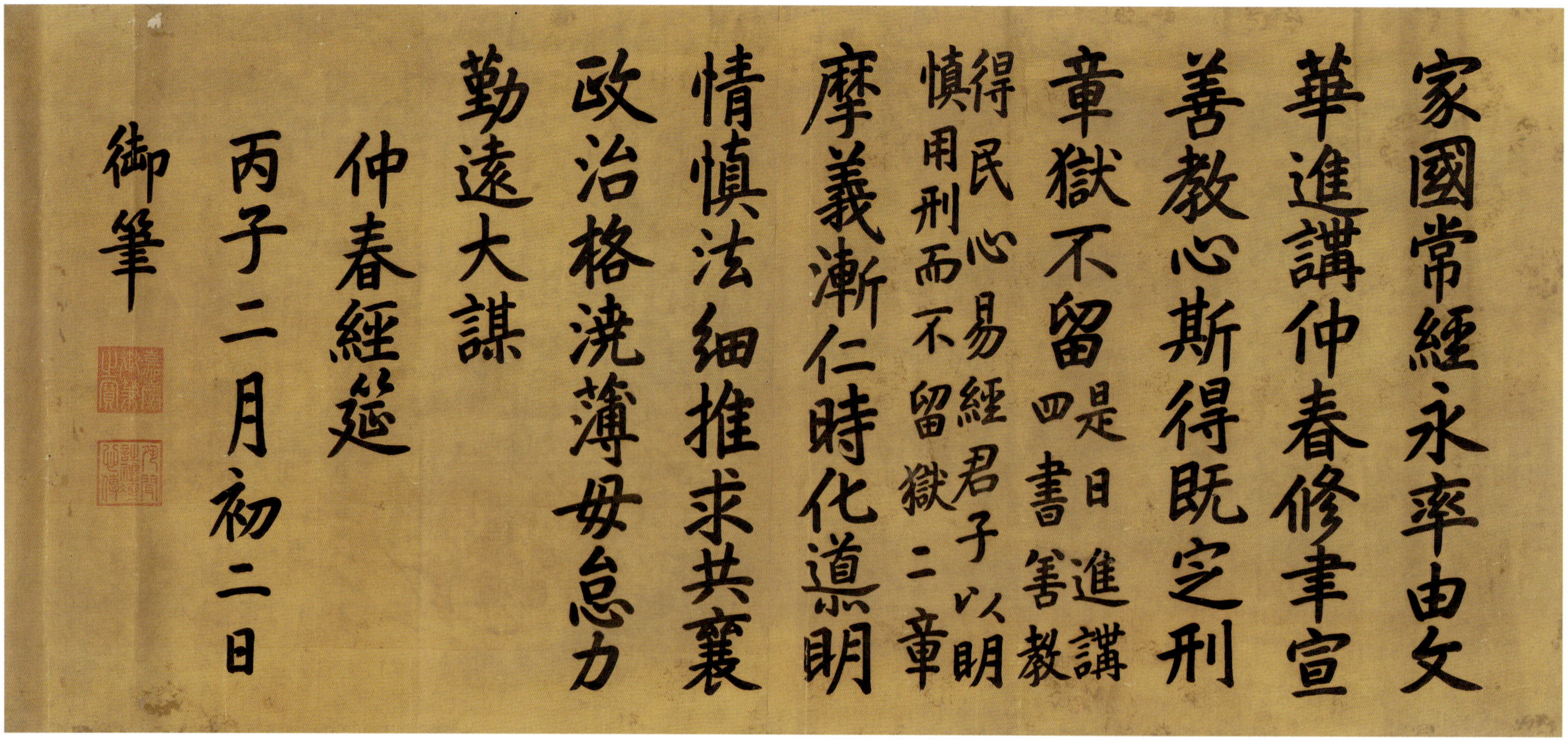

图 31　嘉庆御笔贴落

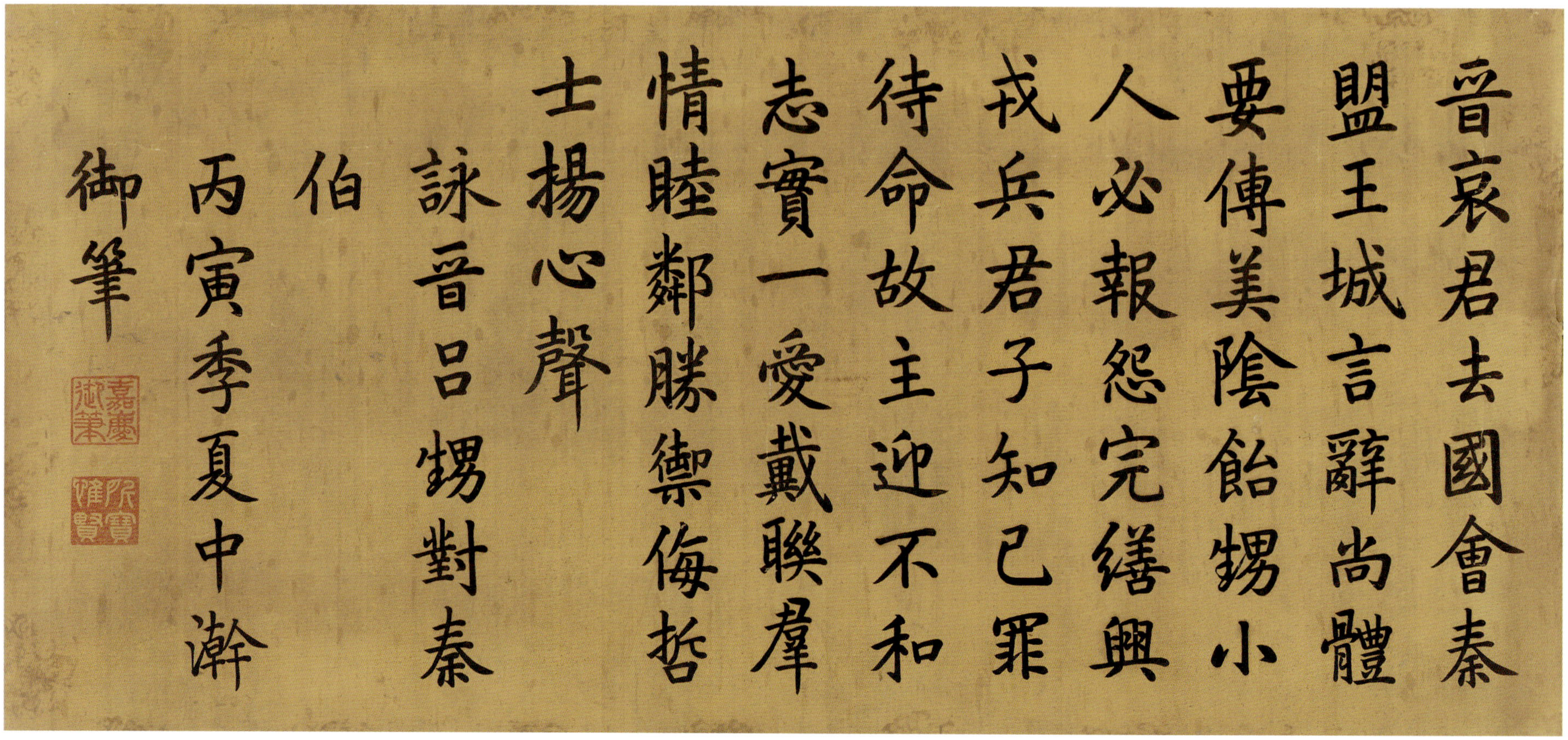

图 32　嘉庆御笔贴落

图 33　董诰画梅竹贴落

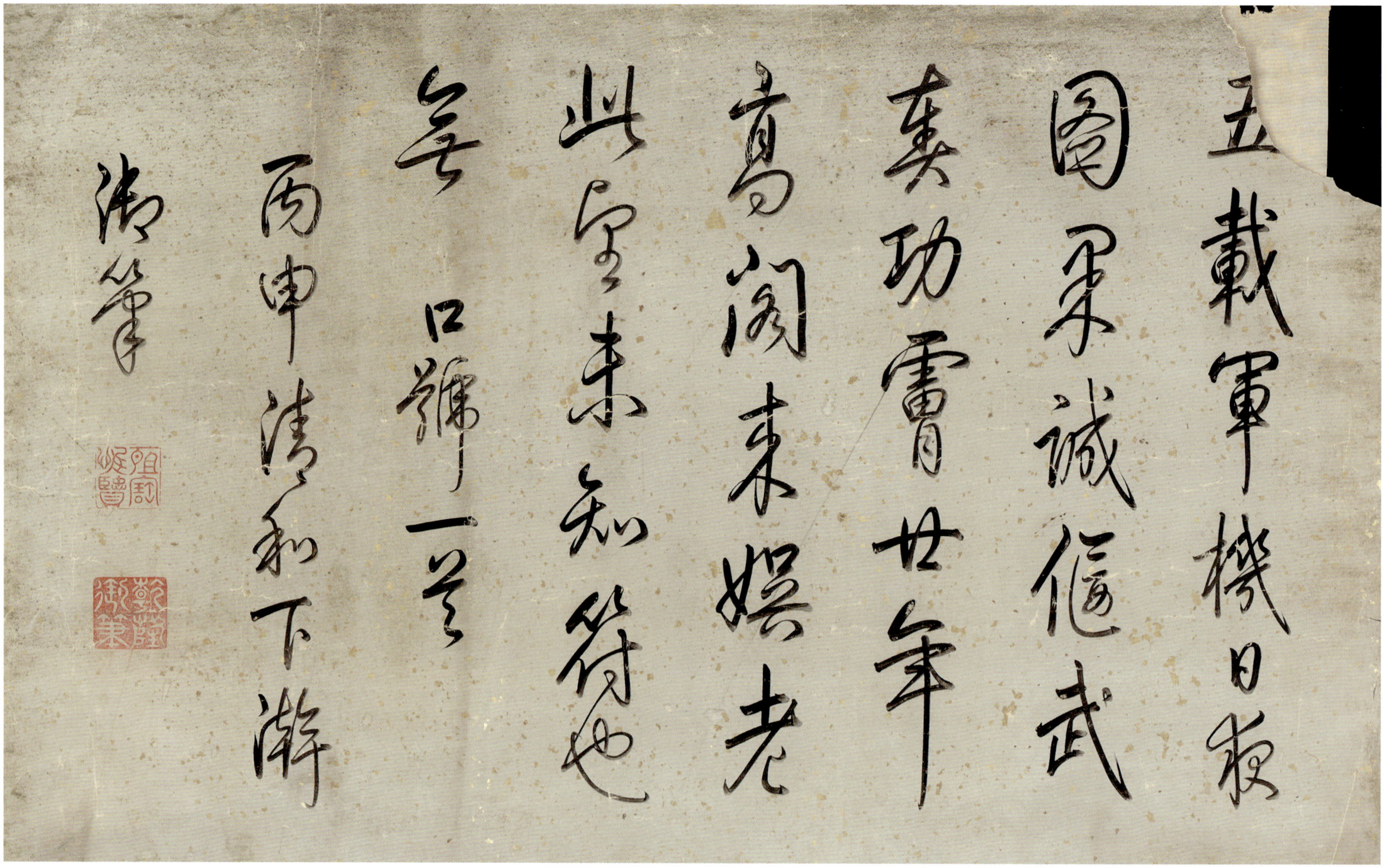

图 34　乾隆御笔贴落

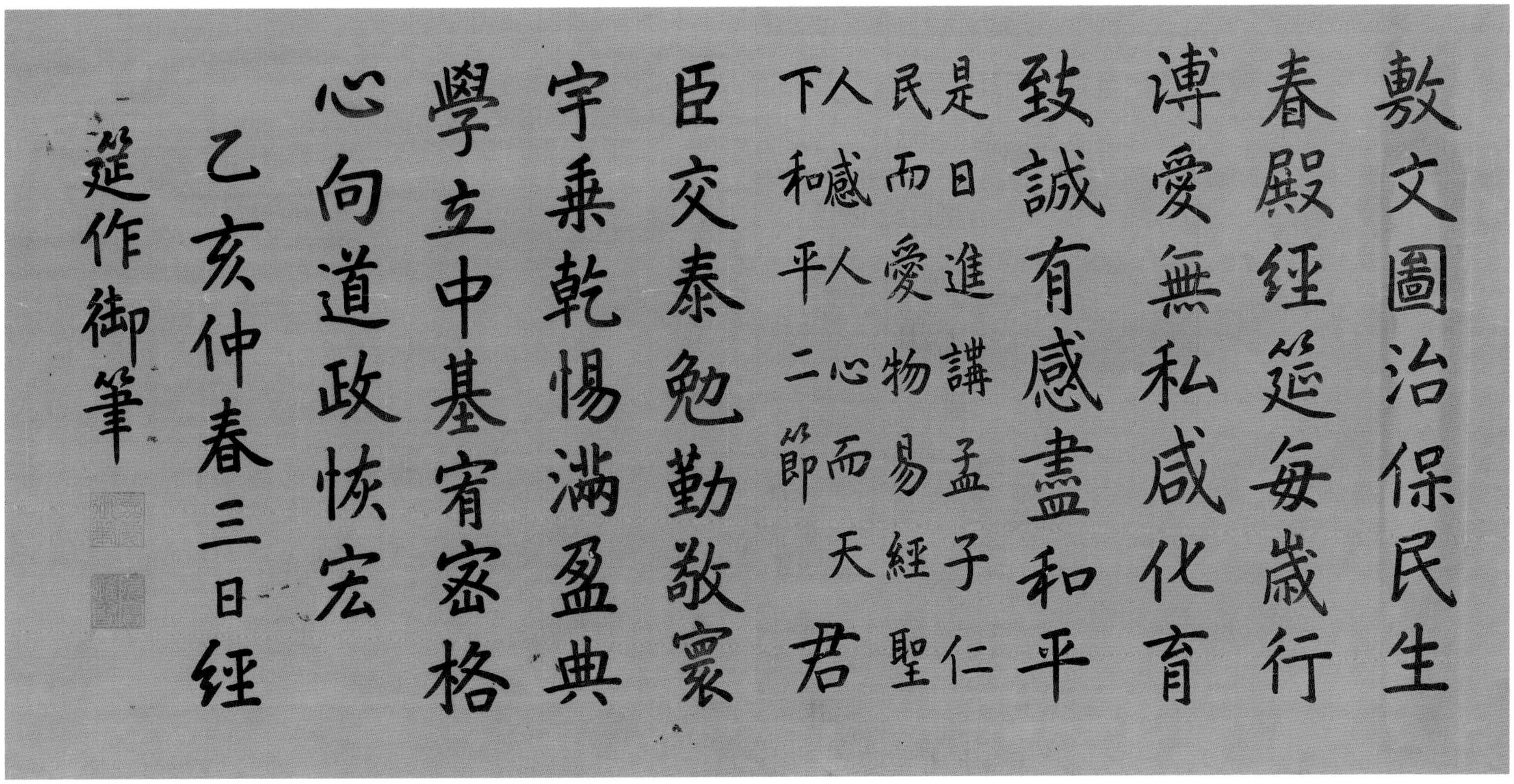

图 35　嘉庆御笔贴落

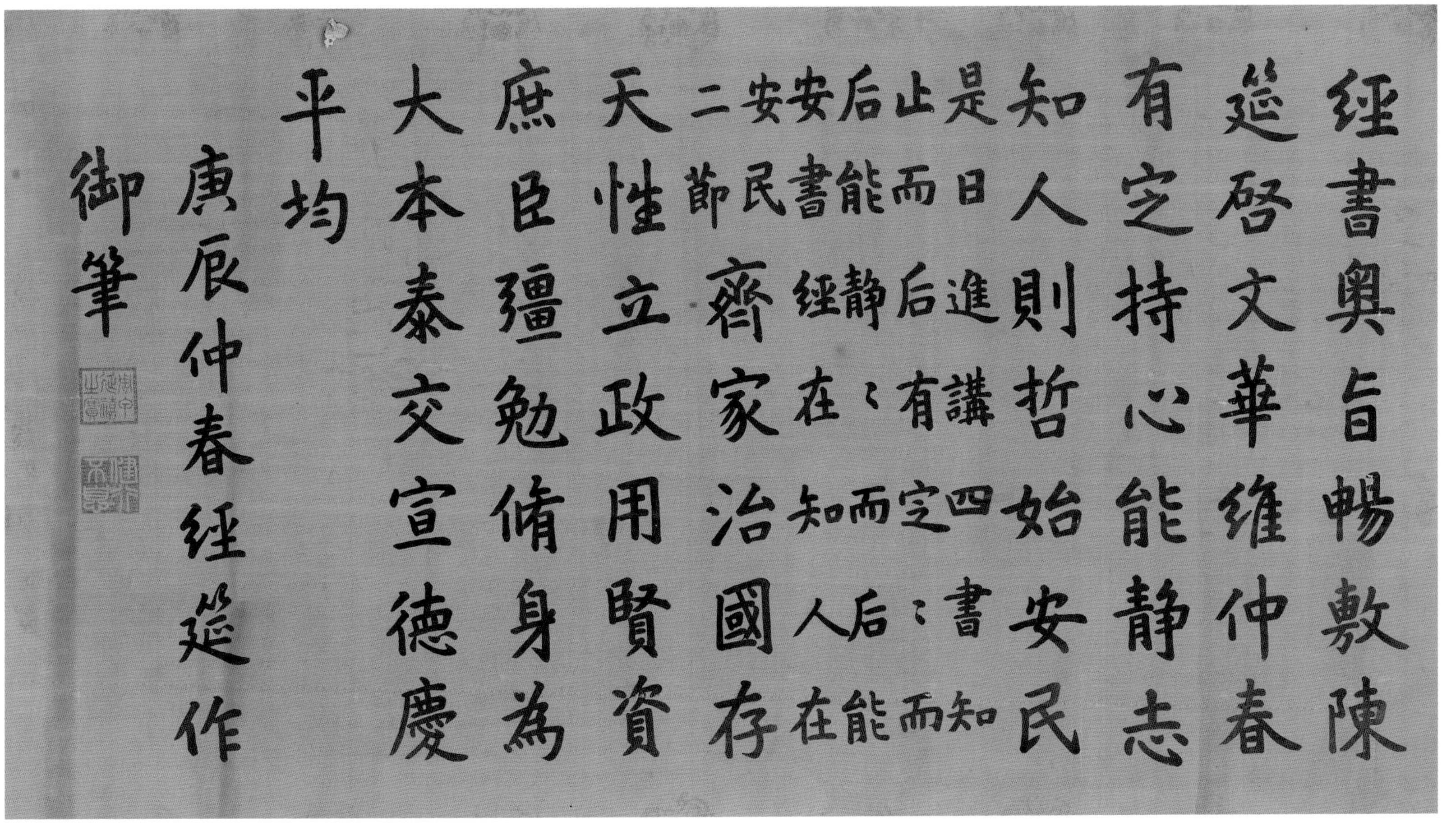

图 36　嘉庆御笔贴落

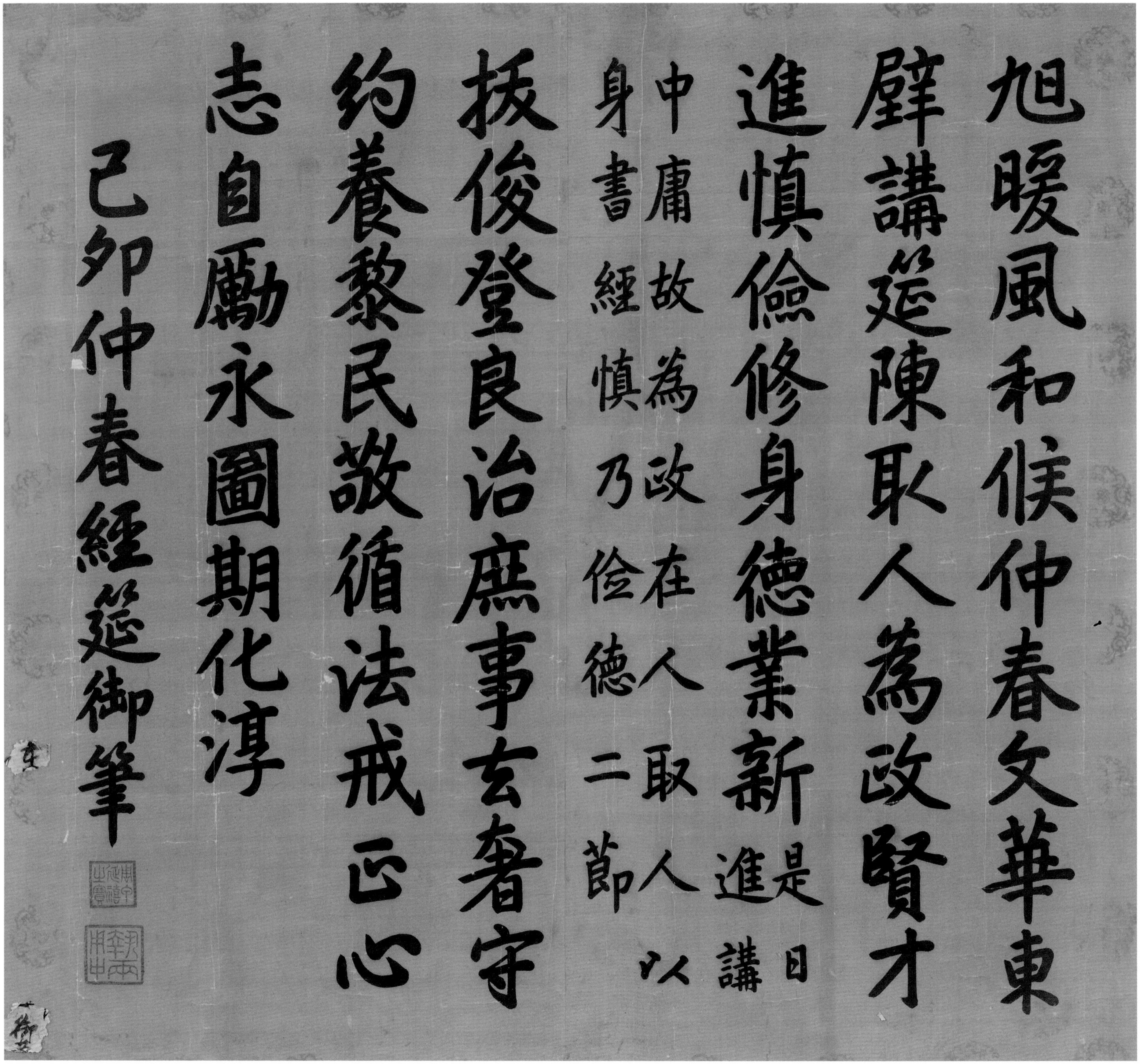

旭暖風和候仲春文華東
辟講筵陳取人爲政賢才
進慎儉修身德業新
是日進講
中庸故爲政在人取人以
身書經慎乃儉德二節
拔俊登良治庶事去奢守
約養黎民敬循法戒正心
志自勵永圖期化淳
己卯仲春經筵御筆

图 37　嘉庆御笔贴落

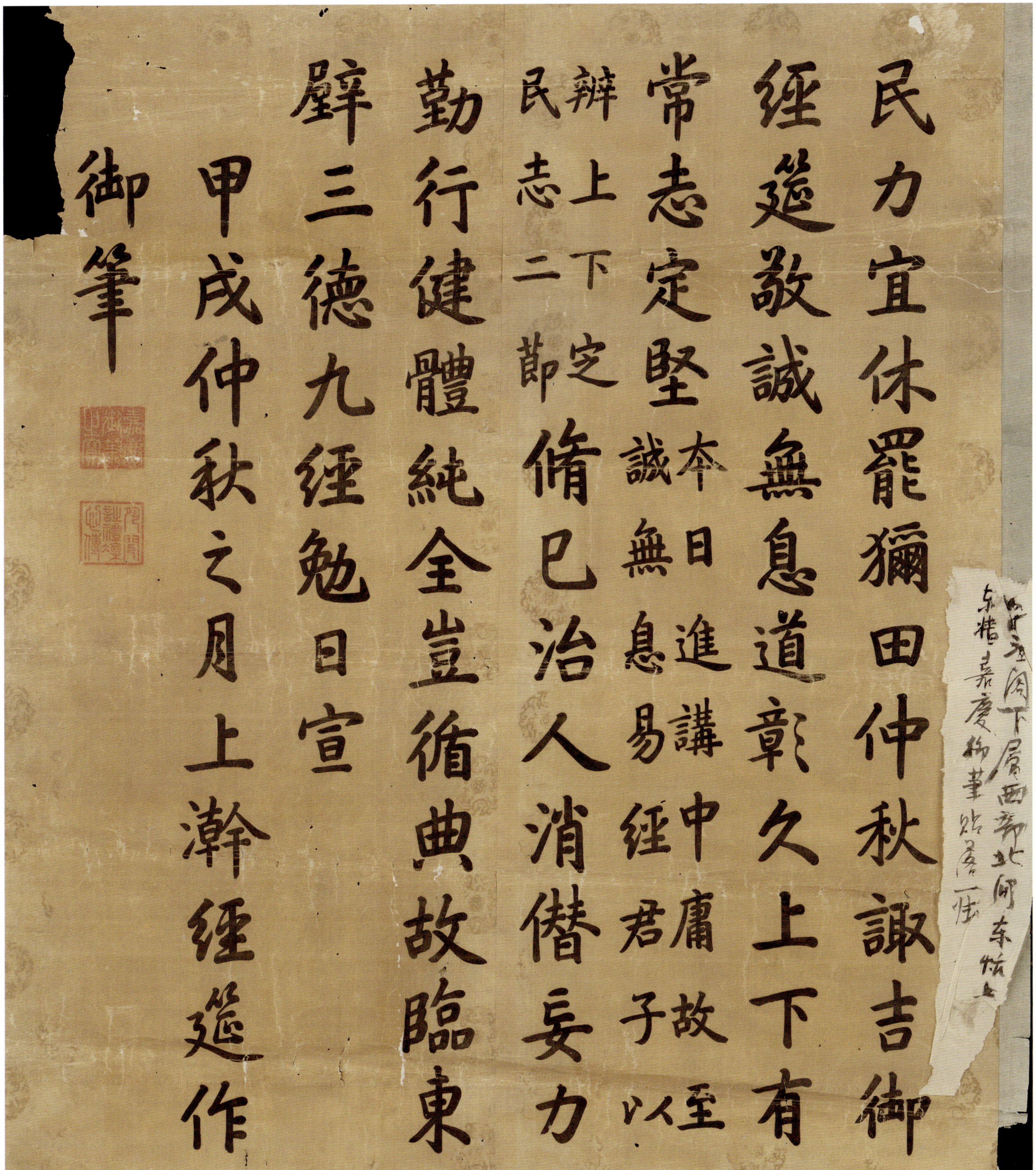
民力宜休罷獵田仲秋諏吉御
经筵敬誠無息道彰久上下有
常志定堅本日進講中庸故至誠無息易经君子以辨上下定民志二節脩已治人消僭妄力
勤行健體純全豈循典故臨東
辟三德九经勉日宣
甲戌仲秋之月上澣经筵作
御筆
图 38　嘉庆御笔贴落

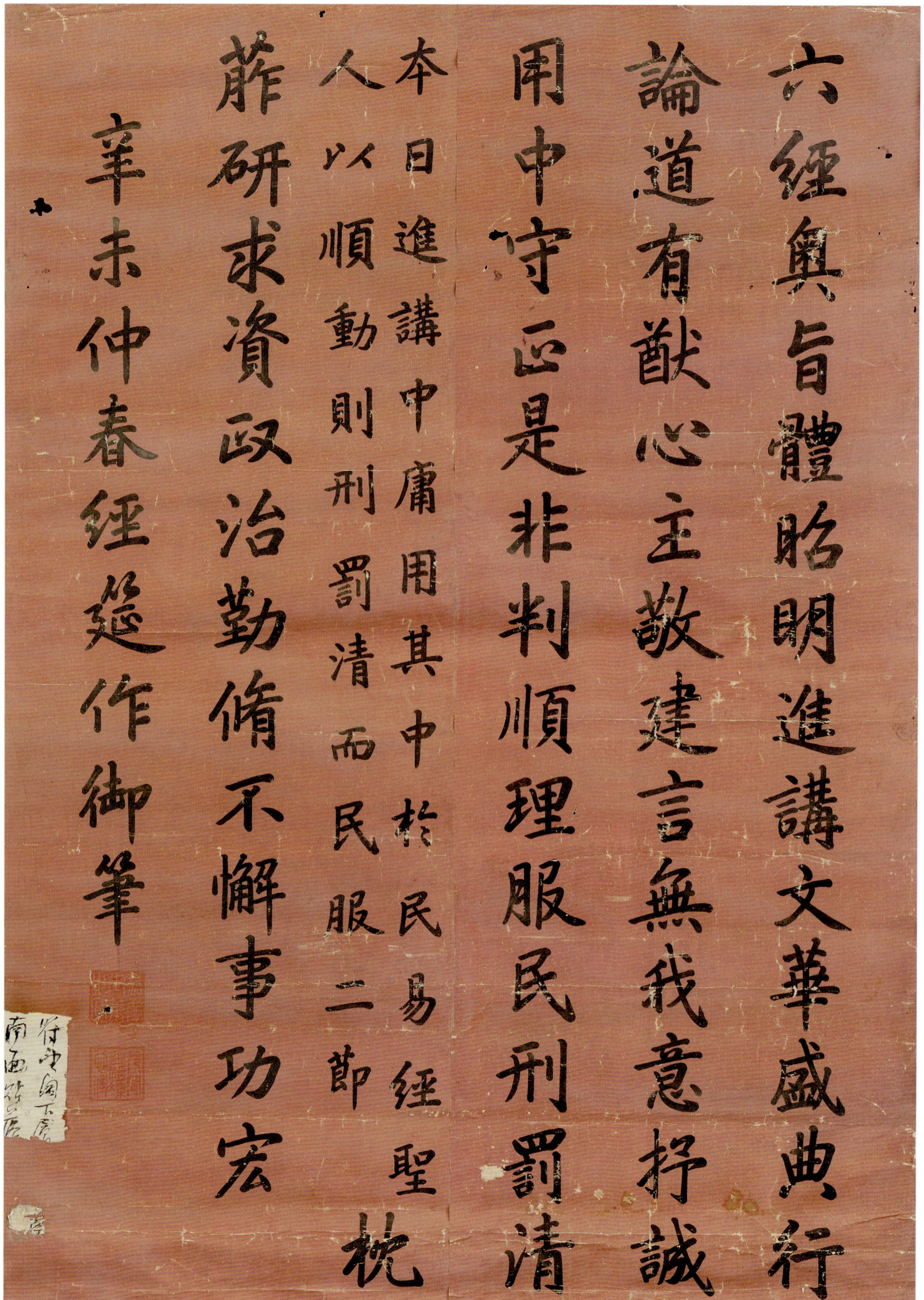
六經奥旨體昭明進講文華盛典行
論道有猷心主敬建言無我意抒誠
用中守正是非判順理服民刑罰清
本日進講中庸用其中於民易經聖
人以順動則刑罰清而民服二節
枕
葄研求資政治勤脩不懈事功宏
辛未仲春經筵作御筆

图 39　嘉庆御笔贴落

图 40　魏鹤岭画山水贴落

图 41　沈世杰画灵芝松竹贴落

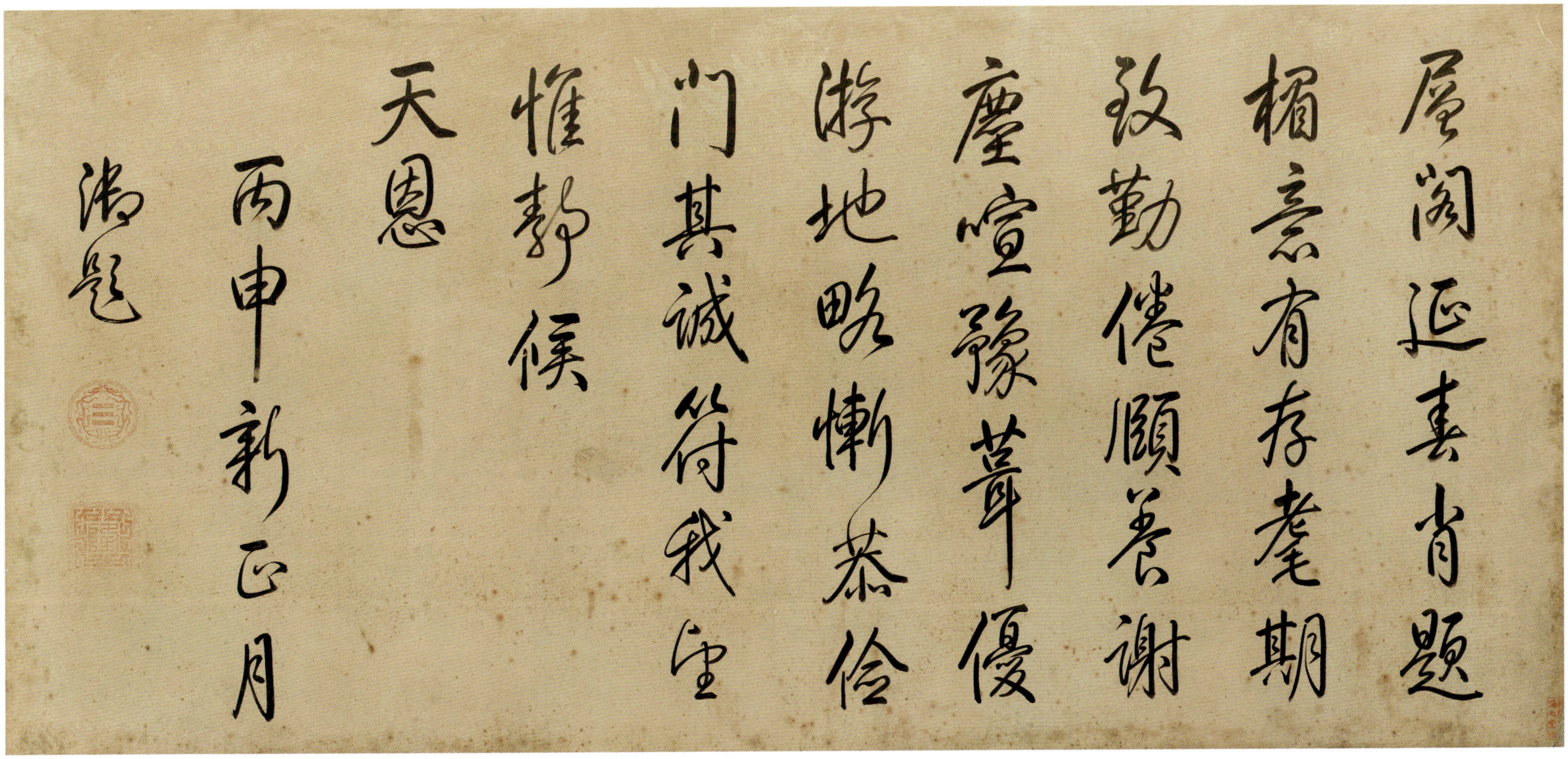

图 42　乾隆御笔贴落

附录三：符望阁相关历史档案[1]

Appendix III: Archives on Fuwange

一　清高宗御制诗

1. 《新葺宁寿宫落成于新正二日恭侍皇太后宴敬纪八韵》　　《清高宗御制诗四集》卷三十三
2. 《宁寿宫落成联句召大学士及内廷翰林等至重华宫茶宴即席成什》　　《清高宗御制诗四集》卷三十三
3. 《新茸宁寿宫落成新正恭侍皇太后宴因召廷臣即事联句》　　《清高宗御制诗四集》卷三十三
4. 《题符望阁》　　《清高宗御制诗四集》卷三十四
5. 《符望阁口号》　　《清高宗御制诗四集》卷三十七
6. 《题符望阁》　　《清高宗御制诗四集》卷七十七
7. 《符望阁》　　《清高宗御制诗五集》卷四十三
8. 《宁寿宫题句》　　《清高宗御制诗五集》卷七十七
9. 《符望阁》　　《清高宗御制诗五集》卷八十六
10. 《新正符望阁》　　《清高宗御制诗五集》卷九十三

二　《内务府奏销档》、《乾隆朝汉文录副奏折》、《内务府呈稿》

1. 乾隆三十五年十一月二十六日"奏为修理宁寿宫工程银两先向广储司支领事折"　　《奏销档》
2. 乾隆三十七年十一月初六日"奏为修建宁寿宫殿宇房座估需工料银两事折"　　《奏销档》
3. 乾隆三十八年四月初八日丙申"江苏巡抚萨载奏明办造宁寿宫工程需用金砖动支耗羡银数事"　　《军机处录副奏折》
4. 乾隆三十八年十月初六日"[两淮盐政]李质颖奏请陛见并交卸盐政印务事"　　《军机处录副奏折》
5. 乾隆三十八年十一月十九日"奏为修建宁寿宫殿宇房座估需工料银两事折"　　《奏销档》
6. 乾隆四十年五月二十四日"奏为修建宁寿宫等处续估工料银两事折"　　《奏销档》
7. 乾隆四十一年十二月二十日"奏为报销宫内各处用过缎纱布匹事折"　　《奏销档》
8. 嘉庆七年六月二十二日辛酉"为拆安宁寿宫符望阁琉璃顶珠等项支领银两事"　　《内务府呈稿》
9. 嘉庆二十一年十二月十六日庚寅"为修理宁寿宫西路殿座房间等项找领银两事"　　《内务府呈稿》
10. 光绪十三年二月二十八日"奏报遵旨查勘宁寿宫殿宇应修情形折"　　《奏销档》

光绪十三年四月初十日"奏呈遵旨修理宁寿宫需用钱粮数目清单折"　　《奏销档》

1　本附录中一、四、五部分现存于故宫博物院，二、三部分现存于中国第一历史档案馆。本附录图像资料详见光盘。

三 《养心殿造办处各作成做活计清档》

1. 乾隆三十九年正月二十三日　做钟处
2. 乾隆三十九年十一月初七日　金玉作
3. 乾隆三十九年十一月二十二日　记事录
4. 乾隆三十九年十二月初六日　灯裁作
5. 乾隆三十九年十二月十六日　行文
6. 乾隆四十年三月十九日　如意馆
7. 乾隆四十年十月十八日　灯裁作
8. 乾隆四十年十一月初九日　如意馆
   乾隆四十年十一月十八日　如意馆
9. 乾隆四十年十一月二十日　灯裁作
10. 乾隆四十一年二月初六日　灯裁作
11. 乾隆四十一年十月十二日　油木作
12. 乾隆四十四年十二月十四日　油木作
13. 乾隆四十五年十月二十一日　金玉作
14. 乾隆四十六年十月二十二日　铸炉处
15. 乾隆四十九年正月初七日　行文
16. 乾隆五十年十一月二十三日　如意馆

四 《内务府陈设档》

1. 符望阁陈设清册（光绪朝）
2. 符望阁库存陈设册（道光朝）
3. 符望阁陈设

五 清室善后委员会点查报告

从符望阁一层望倦勤斋

后记

符望阁前期勘察与研究历时两年多了，今天，当这本厚厚的书稿陈于案上，我却愈发感觉它是如此的厚重。厚重的不仅仅是内容与文字，更多的是来自于文字背后的那些文物的故事。

朝代的更迭，人物的变迁，就像一台戏，不停地变换着情节与角色。是谁，历经岁月的洗礼，虽已沧桑尽现但却依然玉树临风？是守望着建筑的每一个构件与陈设。它们，才是历史当之无愧的见证者。

拂去百年尘土，轻触历史的痕迹，透过表象窥其本因，用我们的热情和理智唤醒沉睡的生灵……作为置身其间的文物保护工作者，守护这份厚重的历史，我们能否胜任？对故宫而言，建筑本身就是艺术品。当我们面对那一幢幢建筑、一槽槽装修，它们那华美壮丽的程度，很难用文字来形容。我们今天所做的每一件事都将延续或改变它的生命，所以我们深知自己的使命。

还记得两年来在符望阁走过的每一个脚步。寒日里，裹着大衣，打着手电，爬上冰冷的脚手架，在室温仅有1℃的室内逐一记录着每一槽隔扇的病害；酷日里，挥汗如雨，却唯恐汗水沾染了文物……是的，这是一支年轻的队伍，对于文物保护事业尚属稚嫩，但热情和探索的欲望燃烧在每一个人心中。我们是在用责任拂去百年的尘土，用心灵和眼睛记录文物的故事，也记录下这个时代和我们自己。就算是一次尝试吧，希望我们今天探索和尝试的一小步，能让后来者坚实地迈出一大步。

今天呈现给读者的这份报告是我们历时两年，在大量现场调查、实验室分析和档案汇集整理的基础上完成的，是故宫博物院乾隆花园项目办公室会同我院5个部门近20位专业人员和院外多家合作单位，以及美国世界文物保护基金会的专家共同承担的。其中，第一章“符望阁与宁寿宫花园”由笔者撰稿，第二章“建筑空间结构与保存状况”由赵鹏先生完成，第三章“内檐装修各工艺保存状况”中按照不同的工艺类型分节论述，是各专业人士在大量现场调研的基础上整理成文的，其中，第一节“总述”、第二节“木装修”由郭泓、赵鹏现场调研，并由郭泓撰稿；第三节“漆艺”、第四节“百宝镶嵌”分别由闵俊荣和孔艳菊完成；第五节“金属镶嵌”由高飞、曲亮、马越现场勘查和实验室分析并最终成稿；第六节“丝织品”由周旸率领的中国丝绸博物馆团队共同完成；第七节“书画装裱”由我院科技部裱画专家杨泽华、书画部研究馆员李湜、傅红展完成；第八节“室内裱糊”由杨红女士完成。第四章“符望阁室内环境监测”由王方、马越完成第一节“符望阁环境现状调查”，由张昕教授率领的清华大学建筑学院完成第二节“符望阁光环境保护研究”；第五章“原状陈设研究”由赵丛山先生完成第一节“不可忽视的痕迹”，由苑洪琪研究馆员完成第二节“寻档问物”；第六章“符望阁内檐装修的信息采集、存档和管理”由李建芸女士率领的北京清华同衡规划设计研究院同仁完成。在本书呈稿之际，特别感谢以上同仁辛勤的付出和不懈的努力。当然，我们还不应该忘记Susan Buck博士，是她数次来院采样，并将样品送至美国实验室，与我院科技部雷勇博士共同完成多种材料的显微分析，为工艺成分的判定提供了可靠的依据；还有张淑娴研究馆员，是她在繁杂的档案中理清脉络，为保护修复提供了大量的历史依据。

纵观全书，也许文笔还不尽精彩，记录还不够详尽，分析也有待深入，但大家对修复保护的热情与投入却贯穿始终。希望本书能够为文物爱好者和保护修复的科研人员提供一个了解宫廷建筑与内檐装修的窗口。

李越

2013年10月

图书在版编目（CIP）数据

符望阁. 上 / 故宫博物院编. — 北京：故宫出版社，2014.1
（乾隆花园研究与保护）
ISBN 978-7-5134-0556-0

Ⅰ. ①符… Ⅱ. ①故… Ⅲ. ①古典园林—研究—北京市—清代 Ⅳ. ①TU986.621

中国版本图书馆CIP数据核字(2014)第005302号

乾隆花园研究与保护
符望阁（上）

故宫博物院　编
主　　编：王时伟
执行主编：李　越
撰　　稿（按章节次序排序）：
李　越　赵　鹏　郭　泓　闵俊荣　孔艳菊　高　飞
曲　亮　周　旸　杨泽华　李　湜　傅红展　杨　红
王　方　马　越　张　昕　赵丛山　苑洪琪　李建芸
孙　燕　张淑娴
英文翻译：宋悦兰　王丹青
摄　　影：司　冰　田明杰
责任编辑：杨付红　伍容萱
英文编辑：周　怡
装帧设计：李　猛
出版发行：故宫出版社
地址：北京市东城区景山前街4号　邮编：100009
电话：010-85007808　010-85007816　传真：010-65129479
网址：www.culturefc.cn　邮箱：ggcb@culturefc.cn
印　　刷：北京雅昌彩色印刷有限公司
开　　本：889毫米×1194毫米　1/12
印　　张：27
字　　数：230千字
版　　次：2014年1月第1版
2014年1月第1次印刷
印　　数：1~1000册
书　　号：ISBN 978-7-5134-0556-0
定　　价：560.00元